Aachener Bausachverständigentage 2015

Martin Oswald · Matthias Zöller (Hrsg.)

# Aachener Bausachverständigentage 2015

## Außenwände und Fenster

*Herausgeber*
Martin Oswald
AIBau – Aachener Inst. für Bauschadensforschung und angewandte Bauphysik
Aachen, Deutschland

Matthias Zöller
AIBau – Aachener Inst. für Bauschadensforschung und angewandte Bauphysik
Aachen, Deutschland

ISBN 978-3-658-11001-7 ISBN 978-3-658-11002-4 (eBook)
DOI 10.1007/978-3-658-11002-4

Die Deutsche Nationalbibliothek verzeichnet diese Publikation in der Deutschen Nationalbibliografie; detaillierte bibliografische Daten sind im Internet über http://dnb.d-nb.de abrufbar.

Springer Vieweg


Gedruckt auf säurefreiem und chlorfrei gebleichtem Papier

Springer Fachmedien Wiesbaden ist Teil der Fachverlagsgruppe Springer Science+Business Media (www.springer.com)

# Vorwort

In den letzten Jahren hat sich die Bautechnik in einer zuvor noch nicht da gewesenen Geschwindigkeit geändert. Dies trifft insbesondere für Fenster und Fassaden zu. Seit Anfang der 1970er Jahre stiegen die Anforderungen immer weiter. Seitdem dämmen Fenster, Türen und Wände immer besser und werden immer dichter gegen Wasser und Wind. Nun sind ein großer Teil der „modernen" Außenwandbauteile in die Jahre gekommen und lassen einen Rückblick auf die technische Entwicklung zu. Es stellt sich heraus, dass die steigenden Anforderungen nicht nur Verbesserungen, sondern auch Probleme mit sich gebracht haben. Andererseits werden unvermeidbare Alterungserscheinungen ungerechtfertigter Weise als Mangelfolgen und als Fehlschlag neuer Bauweisen interpretiert.
Während der 41. Aachener Bausachverständigentage wurden die technischen Entwicklungen bei Außenwand- sowie Fensterkonstruktionen vorgestellt und diskutiert. Für die Bewertung von Schimmelpilzschäden wurden die Lösungsansätze des neuen Umweltbundesamt-Schimmelleitfadens vorgestellt. Danach sind Instandsetzungen von der Nutzungssituation abhängig. Die noch immer kontrovers diskutierten Aspekte über die Eignung von Wärmedämmverbundsystemen wurden aufgezeigt, mit Fakten belegt und Lösungsmöglichkeiten vorgeschlagen. Weitere Beiträge befassten sich mit der Entwicklung neuer Dämmstoffe, den Chancen sowie Risiken beim Einbringen von Dämmstoffen in die Schalenfuge von zweischaligem Mauerwerk im Bestand, Anforderungen an den Korrosionsschutz verdeckt liegender Fassadenteile sowie Anforderungen an Fassaden- und Fensterprofile zur Vermeidung von typischen Fehlern bei der Wasserführung. Weitere Themen der Tagung waren Maßnahmen zur Vermeidung von Schimmelpilzen bzw. Tauwasser bei bodentiefen Fensteranlagen, typische Schäden an Fenstern, Türen, Rollläden und Beschlägen, die richtige Vorgehensweise bei der energetischen Modernisierung von Fenstern und Glasfassaden sowie der Aussagewert von hygrothermischen Simulationen.
Im Rahmen des Programmpunktes „Das aktuelle Thema" sind die Neuerungen der Abdichtungsnormen DIN 18531 ff., deren Entwürfe noch 2015 erscheinen, ausführlich vorgestellt worden.
Im juristischen Beitrag wurden Grundsätze zum richtigen Umgang mit Fragen nach merkantilen Minderwerten aufgearbeitet, die in Beweisbeschlüssen immer häufiger gestellt werden.
Für sorgfältig arbeitende und überzeugend argumentierende Sachverständige sind nicht nur die detaillierte Kenntnis der wesentlichen Regelwerke und des gesicherten Wissensstands, sondern auch Hinweise zu weiterhin ungelösten Fragen wesentlich. Der vorliegende Tagungsband enthält daher nicht nur die umfassend aufgearbeiteten Vorträge der Aachener Bausachverständigentage 2015, sondern auch die Mitschriften der Podiumsdiskussionen. Er dokumentiert als Nachschlagewerk den jeweiligen Stand der anerkannten Regeln der Technik, gibt zu noch nicht etablierten Verfahren die derzeitigen Diskussionsstände wieder und zeigt offene Fragen auf. Er ist ein Baustein zur in diesem Sinne seriösen Tätigkeit der am Bau Beteiligten.
Wir danken den Referenten für die engagierte Mitarbeit, insbesondere aber allen Tagungsteilnehmern für das Vertrauen, das sie unserer unabhängigen Arbeit schenken, die wir nach dem zu frühen Tod von Prof. Dr. Rainer Oswald fortsetzen.

Oktober 2015
Dipl.-Ing. Matthias Zöller

# Nachruf Prof. Dr.-Ing. Rainer Oswald

(27. Januar 1944 – 29. August 2014)

Nach dem Studium der Architektur an der RWTH Aachen mit den Schwerpunkten Baukonstruktion und Bauphysik arbeitete Prof. Dr. Oswald ab Anfang der 1970er Jahre innerhalb einer von Prof. Dr. Schild ins Leben gerufenen Forschungsgruppe, zunächst an der RWTH Aachen, später als Geschäftsführer des von ihm, Prof. Schild und mir als gemeinnützige Gesellschaft gegründeten unabhängigen Aachener Instituts für Bauschadensforschung und angewandte Bauphysik. Mit großer Energie erforschte er die Ursachen von Bauschäden. Diese in damaliger Zeit erstmals systematisch angegangene Bauschadensforschung ist eng mit seinem Namen verbunden und diente der Entwicklung von praktischen Handlungsanweisungen zur Vermeidung von Bauschäden. Eine Vielzahl von Untersuchungen und eine große Zahl von Forschungsberichten und z. T. europaweit bekannten Buchveröffentlichungen sind daraus hervorgegangen, z. B. die Buchreihe „Schwachstellen".

Zu einer Zeit, als das Thema Weiterbildung noch keineswegs in aller Munde war, hat er vor 40 Jahren zusammen mit Prof. Schild und Prof. Rogier die Aachener Bausachverständigentage konzipiert und leitete diese über mehr als 25 Jahre. Insbesondere die Vortragsfolge „Pro und Kontra" lag ihm am Herzen. Er hörte genau zu, um dann in aller Kürze und Klarheit den Sachverhalt zusammenzufassen und auf den Punkt zu bringen. So gelang es ihm immer wieder, bestehende Unklarheiten in den Regelwerken durch gezielte Nachfragen klarer zu machen bzw. zu beseitigen.

Er hat bei unzähligen Vortrags- und Seminarveranstaltungen Architekten und Bauingenieure aus- und fortgebildet. So hat er die Seminarreihe „Schäden an Gebäuden" zur Weiterbildung von Sachverständigen bzw. zur Vorbereitung auf die Sachverständigentätigkeit konzipiert.

Als weiterer Schwerpunkt seines Schaffens war seine umfangreiche Tätigkeit als öffentlich bestellter und vereidigter Sachverständiger für Schäden an Gebäuden, Bauphysik und Bautenschutz. Rainer Oswald wurde insbesondere dann gefragt, wenn die Probleme, die Ursachenfindung und die Abschätzung der Verantwortlichkeit schwierig waren. Er war sicherlich einer der bekanntesten Sachverständigen Deutschlands.

Bei seiner umfangreichen, ehrenamtlichen Mitarbeit in Arbeits- und Sachverständigenausschüssen des DIN und des DIBt zu Themen der Abdichtungstechnik und des Wärmeschutzes hat er die Arbeit dieser Gremien entscheidend vorangetrieben und so das Bauen sicherer gemacht.

Der besondere Erfolg seiner vielen Aktivitäten hängt mit der Grundhaltung von Rainer Oswald zusammen: absolut unabhängig und unpolemisch, abwägend und zugleich entscheidungsfreudig, Probleme – seien sie nun technischer oder berufsständischer Natur – einer Lösung näher zu bringen.

Hervorzuheben sind sein ausgeprägter Gerechtigkeitssinn und seine große soziale Verantwortung. Er spornte seine Mitarbeiterinnen und Mitarbeiter zu guten Leistungen an, bezog sie aber auch in die Entscheidungsfindung ein. Er gab Ihnen unbedingte Sicherheit am Arbeitsplatz und förderte sie in ihrer Entwicklung.

Alle diese nur beispielhaft genannten positiven Eigenschaften zusammen schufen für Mitarbeiter und Partner ein freies und kollegiales Klima, in dem hervorragende Arbeit gedeihen konnte. Seine menschlichen Qualitäten und die überragende fachliche Qualifikation waren die Quelle seiner erfolgreichen Aktivitäten. Er wird Generationen von Sachverständigen als Lehrer und Vorbild für die eigene Berufstätigkeit in guter Erinnerung bleiben.

20. April 2015
Günter Dahmen

# Inhaltsverzeichnis

# Merkantiler Minderwert – auch nach einer Mängelbeseitigung?

Uwe Liebheit, Vors. ROLG i.R., Münster

Die Ausführungen des Beitrags zur Tagung wurden bei der Ausarbeitung dieses Beitrags durch technische Anmerkungen von Dipl.-Ing. Architekt Matthias Zöller ergänzt. Die Textpassagen sind entsprechend gekennzeichnet.

## *I.1. Der technische und merkantile Minderwert eines Bauwerks*

Der **technische Minderwert** eines Bauwerks ist der **Schaden**, der durch einen Baumangel verursacht worden ist, dessen Beseitigung unverhältnismäßig oder trotz einer sorgfältigen und fachgerechten Nacherfüllung nicht vollständig möglich ist[1]. Maßstab für seine Berechnung ist die Beeinträchtigung der technischen und optischen Funktionstauglichkeit, Haltbarkeit und Höhe der Betriebs- oder Instandsetzungskosten des **jeweiligen Bauteils** sowie der Nutzbarkeit und damit des Ertrags- und **Veräußerungswerts des Gebäudes**[2]. Seine Höhe kann mit Hilfe nachvollziehbarer und nachprüfbaren Schätzungsmethoden festgestellt werden[3], z. B. von Oswald/Abel[4] oder der Zielbaummethode nach Aurnhammer[5]. Der Ersatz des technischen Minderwerts stellt einen Schadensersatz statt der Leistung nach §§ 634 Nr.4, 280 Abs. 1, 281 Abs.1 BGB dar[6].

Verlangt der Besteller eine „**Minderung**" wegen des technischen Minderwerts eines Bauteils, wird die Vergütung gem. § 638 BGB in dem Verhältnis herabgesetzt, in welchem der Wert des Werkes in mangelfreiem Zustand (Sollwert, vereinbarte Vergütung) zur Zeit des Vertragsschlusses zu dem wirklichen Wert gestanden haben würde, der sich nach einem Abzug der Nacherfüllungskosten und der verbleibenden Wertbeeinträchtigung verbleibt, wenn die Nacherfüllung nicht unverhältnismäßig oder unmöglich ist[7]. In diesem Fall erfolgt der Vergleich zu dem Verkehrswert der mangelhaften Leistung. Die Minderung ist entsprechend dem Wertverhältnis der geschuldeten zur mangelhaften Leistung abzuschätzen. Sie führt zu einer Umgestaltung des Vertrages, die zur Folge hat, dass das Werk nicht mehr mangelhaft ist, weil die Ist-Beschaffenheit der angepassten Soll-Beschaffenheit entspricht, so dass keine Schadensersatzansprüche begründet sind, die einen Mangel des Werks voraussetzen[8]. Das betrifft auch den Minderwert.

Der Bauherr soll nach der h. M.[1] gem. **§§ 634 Nr.4, 280 BGB**[9] neben der Leistung (Nacher-

---

1 BGH, Urt. v. 06.12.2012 – VII ZR 84/10 (Putzrisse, keine Beseitigung d. Mangels), NJW 2013, 525, NZBau 2013, 159, IBR 2013, 70 – Vogel; BGH, Urt. v. 9.01.2003 – VII ZR 181/00 (Deckentragkraft) m.w,N., BGHZ 153, 279, NJW 2003, 1188, NZBau 2003, 214, IBR 2003, 187 – Schulze-Hagen; BGH Urt. v. 15.12.1994 VII ZR 246/93 (Deckentragkraft), BauR 1995, 388, NJW-RR 1995, 591; BGH, Urt. v. 25.02.1953 – II ZR 172/52 (Mörtelmangel), BGHZ 9, 98, NJW 1953, 659; BB 1953, 248; Kniffka/Koeble, Kompendium des Baurechts, 4. Aufl., 6. Teil, Rdnr. 149, 150; BeckOK BGB/Schubert BGB (01.11. 2011) § 251 Rdnr. 25; Günther, IBR-online 2012, 1240, Rdnr. 8

2 BGH, Urt. v. 9.01.2003 – VII ZR 181/00 (Deckentragkraft), s. Fn.1; ausführlich Oswald/Abel Hinzunehmende Unregelmäßigkeiten bei Gebäuden, 3. Aufl., Kap. 5.3.2.

3 Kniffka/Koeble: Kompendium des Baurechts, 4. Aufl., 6.Teil, Rdnr. 150

4 Oswald/Abel: Hinzunehmende Unregelmäßigkeiten bei Gebäuden, 3. Aufl., Kap. 5

5 Aurnhammer: BauR 1983, 97

6 BGH, Urt. v. 11.10.2012 – VII ZR 179/11, Rdnr. 13, (Rohrdämmung), NJW 2013, 370, NZBau 2013, 99, IBR IBR 2012, 700 – Krause-Allenstein

7 BGH, Urt. v. 17.12.1996 – X ZR 76/94, NJW-RR 1997, 688; BGH, Urt. v. 11.10.2012 – VII ZR 179/11, s. Fn.6

8 BeckOK BGB/Voit BGB (1.02.2015) § 638, Rdnr. 3; Kniffka/Krause-Allenstein, ibr-online-Kommentar Bauvertragsrecht (12.01.2015) § 638 Rdn. 3; Palandt/Sprau,74. Aufl. BGB, § 634 Rdn. 5; a.A. Kniffka/Koeble, s.Fn. 1

9 Vgl. Fn. 1 und Kniffka/ Koeble, a.a.O. 6.Teil, Rdnr. 156, Kniffka/ Krause-Allenstein, ibr-online-Kom. BauvertragR § 280 BGB Rdnr. 56; BeckOK BGB, Schubert (01.11.2011), § 251 Rn. 26; Günther, IBR 2012, 691, Rdnr. 5

füllung) den **Ersatz** des **merkantilen Minderwertes** verlangen können, **wenn** die vertragswidrige Ausführung im Vergleich zur vertragsgemäßen eine verringerte Verwertbarkeit zur Folge hat, weil die maßgeblichen Verkehrskreise ein im Vergleich zur vertragsgemäßen Ausführung geringeres Vertrauen in die Qualität des Gebäudes haben. Überwiegend wird die unklare Differenzierung des BGH[10] so verstanden, dass ein nicht (vollständig) beseitigter Mangel einen technischen Minderwert einschließlich eines **geringeren Veräußerungswerts** verursacht und ein **merkantiler Minderwert** dann in Betracht kommt, wenn der Mangel **fachgerecht beseitigt** wurde.

Bausachverständige bezweifeln nahezu einhellig die Annahme, dass der Verkehrswert eines Gebäudes durch den technisch nicht begründbaren Verdacht von potenziellen Käufern, das Gebäude könne verborgene Mängel aufweisen, reduziert wird. Für die Bewertung solch einer unbegründeten Befürchtung existieren naturgemäß im Gegensatz zu den Methoden nach Aurnhammer[5] und Oswald[4], die sich auf den technischen Minderwert beziehen, keine technischen Verfahren.

### *I.2. Merkantiler Minderwert trotz fachgerechter Beseitigung eines Mangels?*

Der Verfasser hat bei verschiedenen Veranstaltungen Sachverständige für Immobilienbewertungen befragt, ob und wie sie trotz einer fachgerechten Beseitigung eines Mangels einen merkantilen Minderwert berücksichtigen. Das haben diese spontan verneint, solange sie nicht wussten, dass der Verfasser ein pensionierter Richter ist. Sobald ihnen das bekannt wurde, korrigierten einige ihre Antwort wegen der ihnen bekannten Rechtsprechung dahingehend, dass eine geringfügige Reduzierung des Verkehrswerts des Gebäudes in Betracht komme.

Andere verwiesen darauf, dass die Auswirkung einer fachgerechten Mangelbeseitigung auf den Verkaufswert entsprechend den sich aus § 2 ImmoWertV ergebenden Grundsätzen nur zu berücksichtigen sei, „wenn sie mit hinreichender Sicherheit auf Grund konkreter Tatsachen zu erwarten" sei. Gem. § 194 BauGB werde der Verkehrswert (Marktwert) durch den Preis bestimmt, der in dem Zeitpunkt, auf den sich die Ermittlung bezieht, im gewöhnlichen Geschäftsverkehr nach den **tatsächlichen Eigenschaften** und rechtlichen Gegebenheiten, der sonstigen Beschaffenheit und der Lage des Grundstücks oder des sonstigen Gegenstands der Wertermittlung ohne Rücksicht auf ungewöhnliche oder persönliche Verhältnisse zu erzielen wäre. Bei einem Gerichtsgutachten müsse das Gericht dem Sachverständigen Weisungen bezüglich der zu berücksichtigenden „rechtlichen Gegebenheiten" erteilen, also bezüglich der Frage, welche Bedeutung ein beseitigter Mangel aus rechtlicher Sicht hat.

Bei einer Sachverständigentagung in Frankfurt (Mai 2015) gründeten ein Wertgutachter und ein Baujurist ihr Referat dementsprechend auf das vielen Sachverständigen bekannte Urteil des BGH vom 8.12.1977[11]:

> „Der merkantile Minderwert liegt in der Minderung des Verkaufswertes einer Sache, die trotz völliger und ordnungsgemäßer Instandsetzung deshalb verbleibt, weil bei einem großen Teil des Publikums, vor allem wegen des Verdachts verborgen gebliebener **Schäden**, eine den Preis beeinflussende Abneigung gegen den Erwerb besteht[12]. Ein derartiger Minderwert kann auch Gebäuden anhaften[13]. Dass die **Mängel** durch Umkonstruktion und Erneuerung der fehlerhaften Teile beseitigt worden sind, steht dem ebenso wenig entgegen wie der Umstand, dass der Kläger etwaige Kaufinteressenten die umfassende Mängelbeseitigung überzeugend darlegen könnte; denn die Annahme des merkantilen Minderwertes beruht gerade auf der

10 BGH, Urt. v. 9.01.2003 – VII ZR 181/00, s.Fn. 1; BGH, Urt. v. 11.10.2012 – VII ZR 179/11, s. Fn. 6, vgl. Volze, DS 2015, 25; BeckOK BGB, Schubert, § 251 Rn. 26 (trotz **fachgerecht beseitigtem Mangel**); das OLG Oldenburg, Urt. v 11.12. 2014 – 8 U 141/09 (Rohrdämmung) IBRRS 2015, 0640, interpretiert den BGH (s.Fn. 6) so, dass ein merkantiler Minderwert neben dem technischen Minderwert wg. **nicht beseitigtem Mangel** zu bejahen ist.

11 BGH, Urt. v. 8.12.77 – VII ZR 60/76, BauR 79, 158, BeckRS 1977 30381669

12 BGH, Urt. v. 29.4.1958 – VI ZR 82/57 (**Unfallwagen**), BGHZ 27, 181, 182, NJW 1958, 1085, dazu s. u. II.

13 BGH, Urt. v. 5.10.1961 – VII ZR 146/60, BGHZ 55, 198 = BB 1961, 1216; Bindhardt, VersR 65, 18 ff.

Lebenserfahrung, dass eine einmal mit Mängeln behaftet gewesene Sache trotz sorgfältiger und vollständiger Reparatur im Geschäftsverkehr vielfach niedriger bewertet wird."

Dahmen[14] weist zutreffend darauf hin, dass sich die Entscheidung auf einen Ausnahmefall bezieht, weil das Gebäude ein abwertendes Medieninteresse verursacht hatte. Aus dem in BauR 79, 158 veröffentlichten Teil des Urteils ergibt sich zudem nicht, dass es sich auf die Zahlung eines Gesamtschuldners (Architekten) bezieht, die aufgrund seines Vergleichs mit dem Bauherrn ausdrücklich als „Teilausgleich der technischen und vor allem merkantilen Wertminderung" erfolgt ist und weitere Gesamtschuldner geltend gemacht haben, dass die Tilgungsvereinbarung unwirksam und die Zahlung deshalb auf nicht abgegoltene Mängelansprüche anzurechnen sei, für die auch sie haften.

**BGH**: Ein Einzelvergleich mit einem Gesamtschuldner ist zulässig. Er muss nicht auf die Interessen der übrigen Gesamtschuldner Rücksicht nehmen. Die Zahlung hat nicht zum Erlöschen der weiteren Ersatzansprüche geführt. Die Tilgungsvereinbarung ist weder als ein Scheingeschäft noch wegen eines arglistigen Missbrauchs des Gläubigerrechtes unwirksam. Im Rahmen des Vergleichs ist „durchaus Raum für die Bejahung eines merkantilen Minderwerts" vorhanden gewesen.

Um ein arglistiges Verhalten der Parteien bei einer vergleichsweisen Einigung zu verneinen, war die Feststellung eines merkantilen Minderwerts mit Hilfe von Sachverständigen nicht erforderlich. Der BGH hat es lediglich unter Bezugnahme auf die **Unfallwagen-Rechtsprechung** des VI. Zivilsenats des BGH[12] und der von ihm zitierten Entscheidung des VII. Zivilsenats[13], die sich auf einen **nicht beseitigten Baumangel** bezog, als ausreichend angesehen, dass nach der von ihm lediglich unterstellten „*Lebenserfahrung*" die Bejahung eines merkantilen Minderwerts in Betracht kam.
Die Annahme, dass ein „merkantiler Minderwert trotz völliger und ordnungsgemäßer Instandsetzung" verbleiben könne, hat der VII. Zivilsenat des BGH[15] bis 1991 stets wiederholt. Keine dieser Entscheidungen bezog sich jedoch auf die Feststellung, dass ein Mangel völlig beseitigt worden war. In den neueren Entscheidungen verwendet der BGH die Formulierung nicht mehr.
Das Urteil vom 9.01.2003[1] bezieht sich auf die Betondecke einer Parkhaus-Tiefgarage, die mit einem Beton der Güteklasse B25 statt der vereinbarten Güteklasse B35 hergestellt worden ist. Das Berufungsgericht hat eine Mangelbeseitigung als unverhältnismäßig angesehen und die Minderwertfrage nicht weiter aufgeklärt.
Der BGH hat ausgeführt, dass der Bauherr Ersatz des **technischen Minderwertes** verlangen kann, **wenn** die vertragswidrige Ausführung eine Minderung der Funktionstauglichkeit des Werks verursacht sowie das Risiko, dass das ausgeführte Werk im Vergleich zu dem vertraglich geschuldeten Werk eine geringere Haltbarkeit und Nutzungsdauer hat und erhöhte Betriebs- oder Instandsetzungskosten erforderlich werden. „Maßstab für die Berechnung des **technischen Minderwertes** ist die Beeinträchtigung der Nutzbarkeit und des Ertrags- und **Veräußerungswertes** des **Gebäudes**."
Das Urteil vom 06.12.2012[1] bezieht sich auf das Fehlen einer funktionsfähigen Fuge zwischen dem Leichtmauerwerk und im Stahlbeton-Attikaelement. Dieser Mangel war nicht beseitigt worden, sondern nur die durch ihn verursachten Putzrisse. Weitere Schäden waren unwahrscheinlich, aber nicht auszuschließen. In beiden Urteilen hat der BGH ausgeführt:

„Ein merkantiler Minderwert liegt vor, wenn nach erfolgter Mängelbeseitigung eine verringerte Verwertbarkeit gegeben ist, weil die maßgeblichen Verkehrskreise ein im Vergleich zur vertragsgemäßen Ausführung geringeres Vertrauen in die Qualität des Gebäudes haben."

Aus dieser Definition folgt nicht, dass nach einer Mängelbeseitigung stets ein merkantiler Minderwert zu bejahen ist. Das ist nur der Fall, **wenn** die vom BGH genannten Voraussetzungen

14 Dahmen, BauR 2012, 24, 27

15 BGH, Urt. v. 11.07.1991 – VII ZR 301/90 – Heizung bei offener Bauweise, BauR 1991, 744; NJW-RR 1991, 1429; Urt. v. 19.09.1985 – VII ZR 158/84, NJW 1986, 428; Kniffka/Koeble, Kompendium, 4. Aufl. 6. Teil Rdnr. 161

zungen vorliegen. Ein Gericht, das selbst in der Regel nicht über die erforderliche Fachkunde zu deren Feststellung verfügt, muss ihr Vorliegen mit Hilfe von Sachverständigen aufklären[16].

Die völlige Beseitigung eines Mangels war dagegen für ein Urteil des RG[17] entscheidungsrelevant, das sich auf die Beseitigung eines Hausschwamms bezog. Das RG hat mit einer eingehenden Begründung unter Bezugnahme auf ein Sachverständigengutachten einen **merkantilen Minderwert** verneint. Es sei „keine Rechtsfrage, sondern **Sache tatsächlicher Beurteilung**, ob nach Beseitigung des Schwammes noch eine Schwammverdächtigkeit bestehe". Wenn „objektiv" die Befürchtung der Wiederkehr, auch nach den Anschauungen des Verkehrs, nicht bestehe, könne ein Minderwert nicht damit begründet werden, dass ein Teil der Kauflustigen, obgleich innerlich von der Nachhaltigkeit der Beseitigung des Schwammes überzeugt, eine angebliche Schwammverdächtigkeit zum Vorwande nehme, um auf dem Preis zu drücken.

Der BGH hat in dem Urteil vom 8.12.1977[11] nicht erläutert, dass sich seine „*Lebenserfahrung*" auf Erkenntnisse gründet, die von denen des RG bezüglich der Bewertung von Bauwerken abweichen, deren Mängel vollständig beseitigt worden sind. Entsprechende Urteile sind nicht ersichtlich.

Fraglich ist, ob der Verweis auf die Unfallwagen-Rechtsprechung zur Begründung eines merkantilen Minderwerts ausreicht.

## II. Grundlagen der Unfallwagen-Rechtsprechung

### *II.1. Deliktsrechtliche Schadensersatzanspruch und vertragsrechtlicher Mängelanspruch*

Seit dem Urteil des BGH vom 8.12.1977[11] wird in der Rechtsprechung und Literatur die Auffassung vertreten, dass die umstrittene **Unfallwagen-Rechtsprechung** des BGH[18], die sich ausschließlich auf deliktsrechtliche Schadensersatzansprüche wegen eines durch einen **Unfall verursachten Schaden** bezieht, auf **vertragsrechtliche Mängelansprüche** übertragbar sei, wenn ein **Baumangel** durch eine Nacherfüllung **beseitigt wurde**.

Diese Auffassung berücksichtigt nicht, dass jene Rechtsprechung **nicht auf vertragsrechtliche Mängelansprüche** angewandt wird, die sich aus dem **Kauf eines Kraftfahrzeugs** ergeben, dass z. B. als „Montagsauto" verschiedene **Fabrikationsmängel** aufweist. Seit der Schuldrechtsreform (2002) muss einem Verkäufer gem. §§ 437 Nr.1, 439 BGB ebenso wie einem Werkunternehmer Gelegenheit zu einer Nacherfüllung gegeben werden. Die Lieferung eines mangelhaften Fahrzeugs kann eine Pflichtverletzung gem. §§ 280 Abs. 1 S.1, 433 Abs.1 S. 2 BGB darstellen, für die der Verkäufer keinen Entlastungsbeweis gem. § 280 Abs. 1 S. 2 BGB führen kann[19]. Es ist kein Urteil ersichtlich, das dem Käufer eines Kfz trotz der Beseitigung eines Fabrikationsmangels einen merkantilen Minderwert zuerkannt hat.

Im Gegenteil, wenn der mit der Inspektion beauftragte Händler während der Gewährleistungsfrist wiederholt versucht hat, solch einen Fabrikationsmangel zu beseitigen, bietet er dem Käufer vorsorglich nur eine Verlängerung der Gewährleistungsfrist gegen Zahlung von 400 – 600 € p.a. für einen Mittelklassewagen an. Diese Kosten verdeutlichen die Höhe des Risikos, dass nicht alle Herstellungsmängel beseitigt wurden. Dennoch ist auch kein Urteil ersichtlich, das in solchen Fällen beim Weiterverkauf eines „Montagsautos" einen merkantilen Minderwert angenommen hat.

### *II.2. Eigenschaften eines Unfall-Wagens vor dem Unfall: Gewissheit der Mängelfreiheit*

Die Herstellung eines Neuwagens erfolgt mit computergesteuerten Präzisionsmaschinen, die einen hohen technischen Entwicklungsstand aufweisen. Sie werden durch handwerkliche Leistungen ergänzt, die auf einer stereotypen Routine geschulter Arbeitnehmer beruhen. Schließlich findet eine Endkontrolle unter laborähnlichen Bedingungen statt. Werden Mängel nach der Auslieferung reklamiert, werden sie beseitigt. Im Zeitpunkt eines Un-

---

16 BGH, BGH, Urt. v. 25.02.1953 – II ZR 172/52 (Mörtelmangel), BGHZ 9, 98, NJW 1953, 659

17 RG, Urt. v. 11.07.1914, RGZ 85, 252

18 BGH, Urt. v. 23.11.2004 – VI ZR 357/03 (Bestätigung d. Rspr. m.w.N.), BGHZ 161, 151; MDR 2005, 268; NJW 2005, 277; NZV 2005, 82; VersR 2005, 284; vgl. Eggert, VersR 2004, 280: Differenzierungen dieser Rspr.

19 BGH, Urt. v. 20. 7. 2005 – VIII ZR 275/04, NJW 2005, 2848

falls weisen solche Fahrzeuge in der Regel mit hoher Wahrscheinlichkeit **keine verborgenen Mängel** und **keine Schäden** auf.

### *II.3. Unfallschäden und deren Reparatur*

Bei einem Unfall erleidet solch ein Fahrzeug in der Regel zahlreiche unterschiedliche Schäden, deren umfassende Feststellung teilweise kaum oder nur mit einem Kostenaufwand möglich wäre, der in keinem Verhältnis zu dem in Betracht kommenden merkantilen Minderwert steht. Bei einem Fahrzeugwert von beispielsweise 60.000 € und Reparaturkosten von 30.000 € kann er 1.000 € – 2.000 €, höchstens 3.000 € betragen. Er soll die mangelnde Gewissheit ausgleichen, ob die gem. § 249 BGB geschuldete Wiederherstellung des ursprünglichen Zustands erreicht wird.
Der Bausachverständige **Dipl.-Ing. Keßler**[20] hat zur Klärung der Vergleichbarkeit eines Unfallschadens mit einem beseitigten Baumangel folgende Informationen von Kfz-Sachverständigen, Handwerksmeistern für Kfz-Elektrik, Karosseriebau und Autolackierung sowie einem namenhaften Fahrzeughersteller aus der Nähe von Stuttgart eingeholt:

> Bei der Fahrzeugherstellung werden die einzelnen Karosseriebleche mit einem Kleb- und Dichtstoff versehen und anschließend punktuell verschweißt. Diese Dichtstoffe sorgen für eine luftdichte Fügung der einzelnen Bleche, sodass dort keine Luft bzw. Feuchtigkeit eindringen kann. Die Verklebungen sind ein wichtiger Bestandteil des Korrosionsschutzes im Kraftfahrzeugbau.
> Bei einem Unfall wirken starke Kräfte auf das gesamte Fahrzeug ein, die zu sichtbaren Blechschäden führen. Die Klebenähte nicht sichtbar beschädigter Blechverbindungen können bei Unfällen ebenfalls aufreißen, sind aber nicht erkennbar beschädigt und nur mit sehr hohem Aufwand prüfbar. Das führt zu einem deutlich höherem Korrosionsrisiko bei Unfallwagen im Vergleich zu einem „Nicht-Unfallwagen". Ein Meister des Kfz-Lackierhandwerks hat bestätigt, dass vorzeitige Korrosionen an bestimmten Stellen sehr häufig auf einen Unfallschaden zurückzuführen sind.
> In Neufahrzeugen werden viele elektronische Bauteile eingebaut. Diese sind zwar robust ausgelegt, sie werden jedoch bei Unfällen einer starken Beschleunigung ausgesetzt, die z. B. zu Mikrorissen in Platinen führen kann. Solche Risse sind nicht erkennbar bzw. messbar und das Bauteil ist weiterhin uneingeschränkt funktionsfähig. Das Risiko eines Ausfalls derart geschädigter elektronischer Komponenten ist bei einem Unfallwagen sehr viel größer als bei Neuwagen.

Das entspricht den Ausführungen von Eggert[21], auf die der BGH im Urteil vom 23.11.2004 verweist:

> „Die Fülle von Elektronikteilen, z. B. Airbags rundum, hochfeste Stähle, neue Materialien und Fügetechniken stellen heute ganz andere Anforderungen an die Instandsetzungsbetriebe. Selbst Stoßfänger sind vielfach mit elektronischen Bauteilen bestückt. Schon bei einem leichten Auffahrunfall („Bagatellunfall"?) kann mehr als nur Blech und Kunststoff in Mitleidenschaft gezogen worden sein. Kurz: Die Instandsetzung unfallbeschädigter Kraftfahrzeuge ist heute nicht einfacher als in den Sechzigern und Siebzigern. Die Fehleranfälligkeit ist eher höher als früher, eine Erkenntnis, die einer Restriktion beim merkantilen Minderwert entgegensteht."

Haftpflichtversicherer sind grundsätzlich an einer raschen, endgültigen Schadensregulierung interessiert, so dass es in der Regel auch ihrem wirtschaftlichen Interesse entspricht, zur Vermeidung weiterer Sachverständigenkosten, einen merkantilen Minderwert in Fällen zu akzeptieren, in denen eine umfassende Sachverhaltsaufklärung zu dessen Verneinung führen könnte.
Merkantile Minderwerte nach Kfz-Instandsetzungen beschränken sich aber im Wesentlichen auf Neufahrzeuge und solche, die ein bestimmtes Alter nicht überschreiten. Mit zunehmender Nutzungsdauer treten je nach Fahrzeugtyp unterschiedliche Verschleißerscheinungen auf, so dass bei älteren Fahrzeugen der Verkaufswert im Vergleich zum Neuwert ohnehin gering ist. Bei einem Alter von mehr als fünf Jahren bzw. einer Kilometerleistung von über 100 000 km wurde früher

---

20 Dipl.-Ing. Architektur (FH), Dipl.-Wirtsch.-Ing. (FH) Christoph Keßler, Schönau

21 Eggert, VersR 2004, 280, 282; ebenso BGH, Urt. v. 23.11.2004 – VI ZR 357/03, BGHZ 161, 151, s. Fn. 18

im Regelfall kein merkantiler Minderwert mehr anerkannt. Wegen der technischen Entwicklung wird in begründeten Ausnahmefällen inzwischen auch bei älteren Fahrzeugen mit höherer Laufleistung noch ein merkantiler Minderwert bejaht[22].
Nicht jeder Unfallschaden begründet also einen merkantilen Minderwert. Das ist auch bei Bagatellschäden nicht der Fall. Wann dieser zu bejahen ist, ist unklar[23]. Das kommt in Betracht, wenn nach einer ordnungsmäßen Instandsetzung unter Beachtung der oben dargestellten Umstände der Verdacht verborgen gebliebener Schäden ausgeschlossen ist[24].

### *II.4. Gebrauchtwagenmarkt*

Kraftfahrzeuge sind Gebrauchsgüter, die häufig nach einer relativ kurzen Nutzung wieder verkauft werden, so dass ein riesiger Gebrauchtwagenmarkt existiert, auf dem unfallfreie Fahrzeuge neben Fahrzeugen mit Unfallschäden angeboten werden. Die zahlreichen Angebote sind nicht ortsgebunden. Fahrzeuge werden im Internet, in Zeitungsanzeigen, auf Gebrauchtwagenmärkten und von Kraftfahrzeughändlern angeboten[25]. Käufer lassen sich vor dem Verkauf in der Regel nicht fachkundig beraten, stattdessen erhalten sie bei einem Unfallwagen einen geringen Abschlag.

### *II.5. Die Unfallwagen-Rechtsprechung ist auf beseitigte Baumängel nicht übertragbar*

**Liebheit/Zöller**: Die Grundsätze für merkantile Minderwerte bei Kfz lassen sich nicht auf den Immobilienmarkt übertragen, weil die Produktionsbedingungen für die Erstellung von Gebäuden sich grundlegend von denen für Kraftfahrzeuge unterscheiden. Bei Kraftfahrzeugen handelt es sich um industriell hergestellte Massenware mit einer entsprechend großen Verfügbarkeit und Angebotselastizität. Gebäude sind ortsgebunden und werden individuell für einen Bauherrn errichtet. Die durchschnittliche Nutzungsdauer von Gebäuden unterscheidet sich wesentlich von der von Kraftfahrzeugen.
Der Marktwert bestimmt sich überwiegend durch die Lage. Der Sachwert oder die Erstellungskosten eines Gebäudes bestimmen nur noch ganz unwesentlich den Marktwert einer Immobilie. In innerstädtischen Situationen ist das Angebot mittlerweile häufig sehr viel geringer als die Nachfrage, so dass der Marktwert nicht selten deutlich über dem Sachwert liegt. In ländlichen und strukturschwachen Gegenden lässt sich häufig der Sachwert oder die Erstellungskosten bei einem Verkauf bei weitem nicht mehr erzielen. Der Markt für Immobilien ist daher ein grundlegend anderer als der für mobile Gegenstände, die in großen Mengen vorhanden und austauschbar sind.

### *III.1. Voraussetzung des merkantilen Minderwerts eines Bauwerks ist ein Baumangel*

Der **merkantile Minderwert** ist der durch einen Mangel verursachte Schaden. Er haftet dem gesamten Bauwerk selbst an[26] und setzt voraus, dass **nach erfolgter Mängelbeseitigung** eine verringerte Verwertbarkeit des Gebäudes gegeben ist, weil die maßgeblichen Verkehrskreise ein geringeres Vertrauen in dessen Qualität im **Vergleich zur vertragsgemäßen Ausführung** haben[1].
Ein **Schaden** ist nach der Differenzhypothese durch einen Vergleich des tatsächlichen Vermögens mit dem hypothetischen Vermögensstand zu ermitteln, der ohne das **schädigende Ereignis** vorgelegen hätte[27]. Das schädigende Ereignis ist die Bauleistung, die einen Mangel aufweist. Der Verdacht, dass ein Mangel nicht vollständig beseitigt worden sein könnte, begründet nur dann einen Schaden des Bestellers, wenn er und **potenzielle Kaufinteressenten** im Zeitpunkt der Abnahme die **Gewissheit** haben durften, dass das **Werk völlig mangelfrei** ist und **keine verborgenen Mängel** aufweist sowie, dass sie diese Gewissheit aufgrund des in Erscheinung getretenen Mangels verloren haben, obwohl er fachgerecht beseitigt wurde.
Wird eine Bauleistung vereinbarungsgemäß in einen Neubau integriert, ist dessen Verkehrswert für die Bewertung durch potenzielle Käufer maßgebend.
Wird ein Altbau renoviert, erhöht sich der Wert einer Immobilie um einen Wert, der nicht der vollen Höhe der Investitionskosten entspricht. Weist die Renovierungsmaßnahme einen

22 MüKoBGB/Oetker BGB, 6. Auflage 2012 § 249 Rn. 56 mit umfangreichen Rechtspr.Nachw.
23 Eggert, VersR 2004, 280
24 Vuia, DS 2014, 25, 26
25 Vergl. zu den zu berücksichtigenden Marktverhältnissen ausführlich Eggert, VersR 2004, 280, 284 f.
26 BGH Urt. v. 24. 2. 69 – VII ZR 173/66 , VersR 69, 473, WPM 69, 666; Oswald/Abel, 5.3.2
27 BeckOK BGB/Schubert BGB (01.03.2011), § 249 Rdnr. 12 m.w.N. der Rechtspr. und h.L.

Mangel auf, dessen Beseitigung unverhältnismäßig ist, wird der Verkehrswert der Immobilie auch durch solch eine Maßnahme – etwas geringfügiger – erhöht und nicht reduziert. Die Qualität des gesamten Gebäudes leidet durch solch eine Maßnahme nicht. Der Mangel der geschuldeten Leistung muss durch den Ersatz des technischen Minderwerts ausgeglichen werden. Nach einer vollständigen Mangelbeseitigung ist kein technischer Minderwert vorhanden und auch kein merkantiler Minderwert, weil der Markt den Wert eines letztlich mangelfrei renovierten Gebäudes höher bewertet als den eines nicht renovierten.

### *III.1.1. Geschuldete Soll-Beschaffenheit: Keine Gewissheit der Mängelfreiheit*

**Zöller**: Gebäude werden mit Ausnahme von industriell vorgefertigten Bauelementen durch handwerkliche Einzelleistungen nach teilweise vagen individuellen Planungsvorgaben unter Berücksichtigung von speziellen Bauherrenwünschen oft unter widrigen Bedingungen errichtet. Weil die meisten Gebäude nur einmal ohne vorhergehende Prototypen errichtet werden und sogar Reihenhäuser sich häufig voneinander unterscheiden, lassen sich bei den auf Baustellen vorherrschenden Bedingungen Ausführungsmängel nicht ausschließen. Es ist wegen des unter Wettbewerbsbedingungen entstehenden Preisdrucks üblich, dass viele Bauleistungen nicht durch gut ausgebildete Fachkräfte, sondern durch der Landessprache nicht mächtige Hilfsarbeiter erbracht werden. Wenn selbst gut ausgebildete Handwerker Fehler machen, ist die Wahrscheinlichkeit von Mängeln unter solchen Bedingungen größer.
Viele Mängel werden aber bereits bei bzw. unmittelbar nach der Ausführung erkannt und behoben. Es handelt sich dabei um eine übliche Vorgehensweise. Dem könnte nur durch einen hohen Rationalisierungsgrad bei stark vereinheitlichter Bauweise oder dem ausschließlichen Einsatz von besonders qualifizierten Handwerkern bei einer sorgfältigen Koordination und erheblich längeren Bauzeiten entgegnet werden.
Ob durch den Einsatz ausschließlich fachlich geschulter und qualifizierter Bauhandwerker sowie deren ständige Überwachung durch qualifizierte Bauleiter eine völlig mangelfreie Herstellung eines Bauwerks möglich wäre, erscheint fraglich. Solch eine Bauausführung wäre aber mit einem Kostenaufwand verbunden, der nicht der üblichen Baupraxis entspricht und deshalb nicht vertraglich vereinbart wird. Eine Bauleistung muss mit einem wirtschaftlichen Anforderungen entsprechenden Aufwand erbracht werden, der **in der Regel** dazu führt, dass **Mängel vermieden** werden.

Aus den Erfahrungen der Baupraxis folgt also, dass Bauwerke im Zeitpunkt der Abnahme häufig noch **verborgene Baumängel** aufweisen. Dennoch findet regelmäßig bei einer Abnahme keine zerstörende Bauteilöffnung statt, um das Vorhandensein verborgener Mängel auszuschließen.
Der Sachverständige Dipl.-Ing. Klingelhöfer hat dem Verfasser ebenso wie zahlreiche andere Bausachverständige bestätigt, dass auch ein erfahrener Sachverständiger bei der Abnahme das Vorhandensein verborgener Mängel nicht ausschließen könne. Er hat darauf hingewiesen, dass der Gesetzgeber aufgrund dieser Erkenntnis den Versuch, die Fälligkeit von Werklohnforderung durch eine Fertigstellungsbescheinigung zu beschleunigen, wieder aufgegeben hat. Die am 01.05.2000 in Kraft getretene Regelung des § 641a BGB sah vor, dass eine Bauleistung als abgenommen gilt, wenn ein Gutachter bestätigt, dass das Werk frei von Mängeln ist, die der Besteller gegenüber dem Gutachter behauptet hat oder die für den Gutachter bei einer Besichtigung feststellbar sind. Dieses Gesetz hat in der Praxis keine Bedeutung erlangt, da es für Gutachter wegen der verborgenen Mängel nur schwer oder gar unmöglich war, die Risiken einer fehlerhaften Begutachtung durch eine Haftpflichtversicherung abzusichern. Der Gesetzgeber hat den § 641a BGB mit Wirkung vom 01.01.2009 wieder gestrichen.
Dass der Besteller eines Bauwerks **keine Gewissheit** haben kann, dass dieses **keine verborgenen Mängel aufweist**, wird durch Rechtsprechung des BGH[28] bestätigt, nach der eine gem. §§ 634a Abs.1 Nr.2, § 309 Nr. 8b BGB unwirksame Verkürzung der fünfjährigen Verjährungsfrist von Mängelansprüchen gem. § 307 BGB auch für den kaufmännischen Verkehr Bedeutung hat, weil sie zu einer unangemessenen Benachteiligung des

28 BGH, Urt. v. 8.3.1984 – VII ZR 349/82, BauR 1984, 390; „Kniffka/Schulze-Hagen", ibr-online-Kommentar Bauvertragsrecht (12.01.2015), § 634a BGB Rdnr. 195

Kaufmanns führen kann, wenn er zunächst verborgene Mängel erst nach Ablauf der verkürzten Frist erkennt. Aus ähnlichen Erwägungen hat das OLG Hamm[29] einen Gewährleistungsausschluss in einem Notarvertrag als unwirksam angesehen, weil der Notar den Erwerber nicht darüber belehrt hat, dass sich Baumängel, die auf einer geringeren Haltbarkeit und Nutzungsdauer der Bauleistung beruhen, gelegentlich erst nach einer Langzeitbelastung während der Gewährleistungsfrist von 5 Jahren zeigen können.

Die **Gewissheit**, dass das **Werk** im Zeitpunkt der Abnahme **keinen Mangel aufweist**, wird also unter Berücksichtigung der Baupraxis vom Auftragnehmer **nicht geschuldet**. Die Höhe eventueller Nacherfüllungskosten und die mangelnde Fälligkeit des Werklohns für eine mangelhafte Leistung bzw. nach der Abnahme das Leistungsverweigerungsrecht des Bestellers gem. § 641 Abs. 3 BGB tragen dazu bei, dass der Unternehmer sich bemüht, ein Werk herzustellen, das mangelfrei ist.

Der Vergleich eines Bauwerks mit einem Unfallwagen ist allenfalls mit einem Fahrzeug zulässig, das einen Bagatellschaden erlitten hat oder einem Fahrzeug, das älter als 5 Jahre ist, bei dem zwar keine Mängel erkennbar sind, aber auch nicht ausgeschlossen werden können, so dass bei solchen Fahrzeugen kein merkantiler Minderwert mehr bejaht wird.

### *III.1.2. Vollständige Beseitigung eines festgestellten Baumangels*

**Zöller**: Auf den Sparren im nicht ausgebauten Dachboden eines neu errichteten Einfamilienwohnhauses bildeten sich noch während der Bauzeit Schimmelpilze. Durch eine Oberflächenbehandlung mit Erstmaßnahmen, Abschleifen und Nachbehandlung wurden die Schimmelpilze vollständig beseitigt. Dennoch begehrte der Hauseigentümer vom Bauträger den Austausch des Dachstuhls, weil er kein ehemals schadhaftes Gebäude haben wolle und er ein Restrisiko eines neuen Befalls vermutet. Er wäre auch mit einem merkantilen Minderwert einverstanden, der den zu erwartenden Abschlag beim eventuellen Verkauf des Hauses ausgleichen soll.

Merkantile Minderwerte werden mit dem Verdacht einer erhöhten Schadensgeneigtheit begründet. Die Beseitigung von Fehlern bei Gebäuden führt aber eher zu einer höheren Qualität und verringert das Risiko neuer Schäden gegenüber einem Vergleichsobjekt. Schimmelpilze sind in unserer Umgebung allgegenwärtig. Die Wahrscheinlichkeit eines Schimmelpilzbefalls hängt vom Substrat, dem pH-Wert, dem Angebot von Feuchtigkeit, der Temperatur und anderen Voraussetzungen ab. So trägt ein neuer Dachstuhl tendenziell ein größeres Risiko in sich, von Schimmelpilzen befallen zu werden, als ein älterer und trockener Dachstuhl, der von Schimmelpilzen befreit und nachbehandelt wurde. Nach der vollständigen Beseitigung der Schimmelpilze auf dem vorhandenen Dachstuhl ist das Risiko eines neuen Befalls tendenziell geringer (es ist in jedem Fall nicht höher) als auf neuen, nicht behandelten Hölzern, die entsprechend der neuen Holzschutznorm DIN 68800-2:2012-02 im Regelfall zu verwenden sind. Daher besteht kein Restrisiko eines neuen Befalls, allenfalls ein Grundrisiko für alle Dachstühle aus Holz.

Der Verfasser hat dieses Beispiel mit mehreren Sachverständigen[30] für dieses Fachgebiet besprochen. Sie stimmen den Ausführungen von Zöller zu, dass Schimmelpilzsporen allgegenwärtig sind. Wenn Feuchteeinwirkungen durch Verzögerungen oder Unregelmäßigkeiten im Bauablauf gefördert werden, kann das zu einem Schimmelbefall führen. Dieser kann auf unterschiedliche Weise beseitigt werden. Werde die Holzfeuchte reduziert und weitere Feuchteeinwirkungen verhindert, sei ein weiteres Schimmelwachstum ausgeschlossen. Erfolgt das vor der Abnahme, weist das Werk keine Mängel auf, die danach einen merkantilen Minderwert begründen könnten.

Das RG[14] hat bereits vor 100 Jahren ausgeführt, dass es „Sache tatsächlicher Beurteilung" sei, ob nach Beseitigung des Schwammes noch eine Schwammverdächtigkeit bestehe, die es unter Bezugnahme auf Sachverständigengutachten verneint hat.

**Zöller**: Der echte Hausschwamm ist ein braunfäulnisauslösender Pilz, der in vielen

29 OLG Hamm, Urt. v. 20.12.2007 – 24 U 53/06; BGH, Beschluss vom 27.11.2008 – VII ZR 32/08 (NZB zurückgew.)

30 Dr. Warscheid, Sachverständiger im Bereich des mikrobiologischen Materialschutzes u.a. im Bauwesen; Dipl.-Wirtsch.-Ing. Ulrich Müther, Haltern; Dipl.-Ing. (FH) BDB Richard Adriaans, Bielefeld

alten Gebäuden in inaktivem Zustand vorhanden ist. Er zählt zu den gefährlichen Gebäudezerstörern. In Neubauten bzw. in Gebäuden mit massiven Bauteilen (Mauerwerkswände, Stahlbetonbauteile und -decken) sind der echte Hausschwamm oder artverwandte Pilze, die in der Entstehungsphase langsam ihr Myzel bilden, sehr selten anzutreffen. Ist aber in einem älteren Gebäude ein inaktiver Hausschwammbefall vorhanden, genügen auch geringfügige Veränderungen, wie zum Beispiel das Verschließen von Kellerfenstern und damit Abstellen von Zugerscheinungen oder partielle Feuchtebildung, dass der Hausschwamm auch in kurzer Zeit starkes Wachstum aufzeigt. Hausschwammpilze benötigen wie alle holzzerstörende Pilze freies Porenwasser im Holz, das erst ab der Fasersättigung vorliegt. Schimmelpilze dagegen bilden sich auf Bauteiloberflächen und hängen nicht von der tatsächlichen Holzfeuchtigkeit ab. Schimmelpilze zählen nicht zu den holzzerstörenden Pilzen und unterscheiden sich grundlegend von diesen. Schimmelpilzbildungen werden auch nicht in der Normenreihe für Holzschutz DIN 68 800 behandelt.

Der Sachverständige **Dipl.-Ing. Keßler**[20] hat bezüglich der Wärmedämmverbundsysteme darauf hingewiesen, dass diese häufig verborgene Mängel aufweisen. Deren Nacherfüllung unter einer sachverständigen Aufsicht führe regelmäßig zu einer **qualitativ höherwertigen Bauleistung** als die nicht beanstandete Leistung eines Unternehmers. Dem hat der auf diesem Fachgebiet ebenfalls erfahrene Sachverständige **Dipl.-Ing. Gänßmantel** unter Hinweis auf die Subunternehmerproblematik zugestimmt. Häufig werde eine fachgerechte Prüfung des Bestandsuntergrundes versäumt, typisch seien verborgene Mängel beim Verkleben der Dämmplatten. Die allgemeinen bauaufsichtlichen Zulassungen sehen als sogenannte letzte Seite die „Information für den Bauherrn" vor, die das ausführende Fachunternehmen eigentlich ausfüllen sollte, was selten geschehe. Die Rechtsprechung verkennt die Bedeutung solcher Dokumentationspflichten. Nach einer fachgerecht geplanten und durchgeführten Nacherfüllung weise das WDVS keine Mängel mehr auf.
Das entspricht dem Ergebnis eines Bausymposiums im Juni 2014 in Dresden. Der Sachverständige **Dipl.-Ing. (FH) Ulrich Steinert**, Leipzig, hat u. a. über häufig vorhandene Mängel eines WDVS im Bereich der Fensterlaibungen referiert. Nach einer fachgerecht geplanten, ausgeführten und überwachten Nacherfüllung seien entsprechende Mängel nachhaltig beseitigt, die Bauleistung sei qualitativ höherwertig als eine solche, bei der der Mangel noch nicht in Erscheinung getreten ist.

Bei den Aachener Bausachverständigentagen 2015 hat der Verfasser mit sehr vielen Sachverständigen erörtert, ob eine Nacherfüllung nach ihren Erfahrungen regelmäßig zur **Herstellung des vertraglich geschuldeten Erfolgs** führt. Das haben sie bejaht und darauf hingewiesen, dass die Mängelbeseitigung mit einer größeren Sorgfalt erfolgt als die übliche Herstellung des Werks. Ihr Erfolg werde abschließend nochmals von einem Bauüberwacher oder Sachverständigen kritisch überprüft. Nach den übereinstimmenden ausdrücklichen Stellungnahmen der Bausachverständigen wird der in Erscheinung getretene Mangel bei einer Nacherfüllung in der Regel vollständig und nachhaltig beseitigt.
Der Sachverständige **Dipl.-Ing. Klingelhöfer** hat dem zugestimmt und ergänzend erklärt, dass dagegen die **Beschädigung eines intakten Bauwerks** durch äußere Einwirkungen, z. B. durch Bergschäden, zu vielfältigen Schäden führen könne, deren umfassende Feststellung ebenso wenig möglich sei wie die Feststellung, dass voraussichtlich keine weiteren Schäden entstehen werden.
Der entscheidende Unterschied eines Schadens, der durch einen Baumangel verursacht worden ist, zu solchen Beschädigungen eines Bauwerks oder Unfallwagens besteht darin, dass die Ursache eines mangelbedingten Bauschadens und die Möglichkeit seiner nachhaltigen Beseitigung aufgrund des Ergebnisses umfangreicher Forschungsarbeiten und Untersuchungsmethoden von einem Bausachverständigen in der Regel sehr konkret und genau aufgeklärt werden kann, so dass eine Nacherfüllung mit hoher Wahrscheinlichkeit erfolgreich ist. Die Unfallwagen-Rechtsprechung und die gesamte Rechtsprechung, die sich auf den merkantilen Minderwert von Gebäuden bezieht, die durch äußere Einwirkungen beschädigt wurden[31], beruht darauf, dass solche Feststellungen nicht möglich sind, so dass diese Rechtspre-

31 z. B. BGH v. 20. 6. 68 III ZR 32/66 – BB 68, 1355 WPM 68, 1220 u.a.

chung auf die Bewertung eines völlig beseitigten Baumangels nicht übertragbar ist.

*III.1.3. Zwischenergebnis*

Erfahrungsgemäß kann nicht ausgeschlossen werden, dass ein Bauwerk **verborgene Baumängel** aufweist. Der Auftragnehmer schuldet dem Besteller keine Gewissheit, dass das Werk im Zeitpunkt der Abnahme **keinen Mangel aufweist**. Die gesetzliche Regelung sieht vor, dass die Mangelfreiheit durch eine Nacherfüllung herbeigeführt werden kann. Wird die Beseitigung eines in Erscheinung getretenen Mangels fachgerecht ausgeführt und überwacht, führt das erfahrungsgemäß dazu, dass ein entsprechendes Gebäude als qualitativ höherwertig einzustufen ist im Vergleich zu einem Gebäude, bei dem nicht ausgeschlossen werden kann, dass es einen entsprechenden verborgenen Mangel aufweist, der lediglich noch nicht in Erscheinung getreten ist. In dem für die Bewertung des merkantilen Minderwerts relevanten Zeitpunkt **nach einer Mängelbeseitigung** lässt sich bei einer objektiven Bewertung kein merkantiler Minderwert feststellen.

*III.2.1. Der Verdacht des Vorliegens weiterer verborgener Mängel*

Der **merkantile Minderwert** eines Bauwerks ist der **durch einen Mangel verursachte Schaden**. Ein Kläger, der einen Schadensersatzanspruch wegen eines Mangels geltend macht, muss die dafür erforderlichen anspruchsbegründenden Tatsachen vortragen[32]. Es ist deshalb erforderlich, dass der Besteller den Mangel, aus dem er Schadensersatzansprüche ableitet, konkret bezeichnet[32].

Das Urteil des BGH vom 26.09.1991[32] bezieht sich auf die Zulässigkeit einer Klage auf Feststellung der Verpflichtung des Unternehmers zum Ersatz aller Schäden, die auf Mängeln beruhen können, die die Gutachter noch nicht festgestellt haben. Der Kläger hat zur Begründung des Anspruchs lediglich die **Besorgnis** vorgetragen, es seien **noch weitere Mängel** vorhanden. Der BGH hat beanstandet, dass der Vortrag den Richter nicht in die Lage versetze, über die Verpflichtung des Unternehmers zum Ersatz der Schäden aus etwaigen Mängeln zu entscheiden. Der Unternehmer, der den Mangel noch nicht kennt, sei nicht in der Lage, sich gegen die Klage zu verteidigen. Eine Feststellungsklage ist im Regelfall unzulässig, wenn sie auf die Feststellung gerichtet ist, dass ein Bauunternehmer Schadensersatz für Mängel an einem Bauwerk zu leisten hat, die bisher nicht in Erscheinung getreten sind[32].

Das gilt erst recht, wenn durch ein Urteil nicht nur festgestellt werden soll, dass der Unternehmer zum künftigen Ersatz des durch einen Mangel verursachten Schadens verpflichtet ist, wenn dieser eintritt, sondern er gem. §§ 633, 634 Nr.4, 280 BGB zur **Zahlung eines Schadensersatzes** verurteilt werden soll, weil der Verdacht besteht, dass der Schaden eintreten könnte. Der merkantile Minderwert setzt als ein Mangelfolgeschaden die **Feststellung eines Mangels** gem. § 633 BGB voraus, der ihn verursacht hat. Dieser ist eine anspruchsbegründende Tatsache, deren Vorliegen der Besteller gem. **§ 286 ZPO** beweisen muss. Der nach dem Gesetz erforderliche Ursachenzusammenhang zwischen Mangel und Schaden liegt nicht vor, wenn der Schaden mit einem nicht feststellbaren Mangel begründet wird. Erst wenn ihm dieser Vollbeweis gelungen ist, greift für die **Entstehung** und den **Umfang** des **durch den Mangel verursachten Schadens** die Beweiserleichterung des **§ 287 ZPO** zu Gunsten des Geschädigten ein[33], die eine Schadensschätzung erlaubt.

Die **Besorgnis** des Vorhandenseins weiterer Mängel erfüllt die Anspruchsvoraussetzungen der §§ 633, 634 Nr. 4, 280 BGB nicht. Wenn ein Sachverständiger keine Anhaltspunkte für das Vorliegen eines **weiteren** (anspruchsbegründenden) Mangels feststellen kann, ist es auch weder ihm noch dem Gericht in einem rechtstaatlichen Verfahren möglich, greifbare Anhaltspunkte für die Höhe des merkantilen Minderwerts zu benennen, den der nicht feststellbare Mangel verursacht haben soll.

Das gilt auch für andere Fälle, in denen irgendwelche Umstände, die keinen Mangel i. S. v. § 633 BGB darstellen, zu einer Reduzierung des Verkehrswerts geführt haben können. Legt ein Bauherr z. B. Wert auf einen barrierefreien Zugang zu einer Dachterrasse, so dass diese nach seiner Aufklärung über die Vor- und Nachteile ohne Schwelle und Gefäl-

32 BGH, Urt. v. 26.09.1991 – VII ZR 245/90; NJW 1992, 697

33 BGH, Urt. v. 06.12.2012 – VII ZR 84/10, (Putzrisse, keine Beseitigung d. Mangels), s. Fn.1

le fachgerecht hergestellt wird, weist diese keinen Mangel auf. Dann kann ein merkantiler Minderwert nicht damit begründet werden, dass einige Sachverständige die Auffassung vertreten, dass eine Aufkantung der Abdichtung an aufgehende Rahmenprofile von zum Belag niveaugleichen Dachterrassentüren gegen die anerkannten Regeln der Technik verstoße[34]. Ein vorhandener Mangel, mit dem wegen dessen Verjährung gem. § 634a Abs. 1 Nr. 2 BGB keine Ansprüche mehr begründet werden können, darf bei der Feststellung des merkantilen Minderwerts nicht mehr berücksichtigt werden, obwohl er sich negativ auf den Verkehrswert der Immobilie auswirken kann.

Der Glaube, dass eine bestimmte Ausrichtung eines Hauses über einer Wasserader zu gesundheitlichen Störungen der Bewohner führe oder der Bau eines Hauses in einer Entfernung zu einer Hochspannungsleitung, die aus sachverständiger Sicht eine Beeinträchtigung ausschließt, begründet keinen merkantilen Minderwert. Das gilt auch für die Abwertung eines Gebäudes in Medien, wie bei dem oft zitierten Beispiel des „Mörderhauses" oder die pauschale Abwertung eines bestimmten Bauunternehmers in den Medien, dass die von ihm errichteten Häuser regelmäßig Mängel aufweisen. Nicht jeder Schaden ist ersatzfähig, sondern nur derjenige, der durch einen feststellbaren Mangel gem. § 633 BGB verursacht worden ist.

> **Zöller**: Nicht selten hat ein potenzieller Käufer einer Immobilie, die den individuellen Wünschen eines Bauherrn entspricht, einen anderen Geschmack als der Bauherr. Ohne Berücksichtigung anderer marktbeeinflussender Größen wird ein potenzieller Käufer die Änderung von Gestaltungselementen, zum Beispiel eines ihm hässlich erscheinenden braunen Badezimmerfliesenbelags, gedanklich von einem Kaufpreis abziehen, um den Gesamtaufwand zum Erwerb einer Immobilie in einer für ihn finanzierbaren Grenze zu halten. Solche Preisbeeinflussungen lassen sich nicht in einer objektivierten Marktgröße berücksichtigen.

34 Eingehend Liebheit, Der BauSV 3/2012, 46

### *III.2.2. OLG Hamm, Urt. v. 10.05.2010 – 17 U 92/09 (Kellerabdichtung)*[35]

Ein vom AN errichtetes Haus wies eine mangelhafte Kellerabdichtung auf, die beseitigt wurde. Das OLG Hamm hat einen merkantilen Minderwert i. H. v. 7.800 € „bezogen auf den maßgeblichen Zeitpunkt der Abnahme" bejaht. Eine mangelhafte Kellerabdichtung sei der „klassische Fall eines merkantilen Minderwerts"[36]. Dieser beruhe trotz der Mangelbehebung auf dem **objektiv unbegründeten Verdacht**, das Bauwerk könne noch **weitere** verborgene **Mängel** aufweisen.

Das vom OLG Hamm zitierte Urteil des OLG Stuttgart bezieht sich auf die Bewertung des technischen Minderwerts eines **nicht beseitigten Mangels** mit Hilfe der Zielbaummethode nach Aurnhammer und nicht auf einen objektiv unbegründeten Verdacht, dass das Bauwerk **noch weitere Mängel** aufweisen könne. Dieser reicht zur Begründung eines Schadensersatzanspruchs nicht aus (s. III.2.1.). Für die Feststellung eines merkantilen Minderwerts ist nicht der Zeitpunkt der Abnahme maßgeblich, sondern derjenige **„nach erfolgter Mängelbeseitigung"**[1] (s. III.1.).

Günther[37] meint zu Recht, dass es zu weit gehe, einen merkantilen Minderwert selbst im Fall eines objektiv völlig unbegründeten Verdachts des Fortbestehens von Mängeln anzunehmen. Dahmen[38] weist darauf hin, dass ein geltend gemachter Schaden im konkreten Fall nachzuweisen sei.

Der Verfasser war während der 16 Jahre seiner Tätigkeit in einem Bausenat mit einer kaum noch überschaubaren Anzahl von undichten Kellern befasst. In keinem Fall wurde vom Besteller der Ersatz eines merkantilen Minderwerts geltend gemacht. Nach der übereinstimmenden Bewertung qualifizierter Bausachverständiger ist das Risiko einer Kellerundichtheit nach der Beseitigung entsprechender Mängel durch ein Fachunternehmer bei einer sorgfältigen Bauüberwachung und Dokumentation der Arbeiten sowie einer abschließenden Begutachtung ihres Erfolges

35 OLG Hamm, Urt. v. 10.05.2010 – 17 U 92/09, IBR 2010, 555, BauR 2010, 1637, NJW-RR 2010, 1392

36 OLG Stuttgart Urt. v. 14.03.1989 – 12 U 29/88, BauR 1989, 611

37 Günther, IBR-online 2012, 1240, Rdnr. 23

38 Dahmen, BauR 2012, 24, 26, 27; sie spricht auf S. 29 zutreffend von einem „Strafschadensersatz"

wesentlich geringer als bei einem Neubau, bei dem keine Nacherfüllung stattgefunden hat, weil auch ein Sachverständiger entsprechende verborgene Mängel bei einer Abnahme nicht erkennen kann.

*Beispiel:* Ein Bauträger errichtet 4 Häuser. Das 1. (verkaufte) Haus weist einen undichten Keller auf. Daraufhin lässt der Bauträger die Häuser 2 und 3 untersuchen. Das 2. weist ebenfalls eine Undichtheit auf, die unter der Aufsicht eines qualifizierten Bauüberwachers fachgerecht beseitigt wird, was entsprechend dokumentiert wird. Ein Sachverständiger bestätigt den Erfolg. Beim 3. Haus hat der Sachverständige keinen Mangel festgestellt, er weist aber auf die Schwierigkeit der umfassenden Prüfung und sicheren Feststellung der Mangelfreiheit hin. Das 4. Haus wurde noch nicht untersucht. Der Käufer B interessiert sich aufgrund der Architektur, Größe und Lage für eines dieser Häuser. Er fragt einen Sachverständigen, welches Haus er ihm empfiehlt.

Alle vom Verfasser befragten Sachverständigen bei Baurechts- und Sachverständigenveranstaltungen in Aachen, Düsseldorf, Berlin, Hamburg, Frankfurt und Nürnberg haben das 2. Haus empfohlen und zwar sowohl Schadenssachverständige als auch Wertgutachter. Der häufig zitierte Vergleich zweier gleichwertiger Gebäude, von denen eins einen Mangel aufweist und das andere nicht[39], ist irreführend, weil bei einem Gebäude, bei dem (noch) keine Mängel in Erscheinung getreten sind, die Möglichkeit, dass es verborgene Mängel aufweist, erfahrungsgemäß nicht auszuschließen ist. Solch einen Vergleich muss ein Makler unterlassen, weil die ohne jede sachliche Grundlage und ohne Berücksichtigung der Erfahrungen der Baupraxis aufgestellte Behauptung, dass ein Gebäude mangelfrei ist, als arglistige Täuschung bewertet werden kann[40].

Weist eine Bauleistung einen Mangel auf, ist es nach der **Systematik des Werkvertragsrechts** geboten, dass der Besteller dem Unternehmer Gelegenheit gibt, diesen zu beseitigen, damit er den vollen Werklohn für das letztlich **mangelfrei hergestellte Werk** erhält. Es ist mit den **wesentlichen Grundgedanken des Werkvertragsrechts** nicht zu vereinbaren, dass ein Auftragnehmer trotz der Herstellung eines völlig mangelfreien Werks nicht den vollen oder sogar keinen Werklohn erhält[41] und ggf. darüber hinaus sogar Schadensersatz wegen eines unbegründeten Verdachts leisten muss. Da sich der merkantile Minderwert auf den Verkehrswert des gesamten Bauwerks bezieht und nicht nur auf die einzelne Bauleistung (s. III.1.) kann er eine Art Hebelwirkung haben.

*Beispiel:* Der AN wird mit der Kellerabdichtung einer Villa (Verkehrswert 500.000 €) beauftragt. Der Werklohn beträgt 10.000 €. Der Keller weist eine Undichtheit auf, die vom AN fachgerecht beseitigt wird, was ein Sachverständiger bestätigt. Der Besteller rechnet dennoch mit einem merkantilen Minderwert in Höhe von 2 % des Verkehrswerts, d. h. 10.000 €. Soll der Unternehmer keinen Werklohn für das mangelfreie Werk erhalten?
Muss der AN dem Besteller trotz der mangelfreien Herstellung sogar 5.000 € Schadensersatz wegen eines merkantilen Minderwerts zahlen, wenn der Sachverständige diesen unter Bezugnahme auf seine nicht überprüfbaren „Erfahrungen" auf 3 % des Verkehrswerts schätzt?
Ist der objektiv unbegründete Verdacht unbeachtlich, wenn sich die Abnahme verzögert hat, so dass der AN noch Gelegenheit hatte, die Undichtheit vor der Abnahme zu beseitigen mit der Folge, dass der Besteller das mangelfreie Werk abnehmen muss?

In diesen Fällen ist der in Erscheinung getretenen Mangel nachhaltig beseitigt, so dass das Gebäude objektiv gesehen als qualitativ höherwertig zu bewerten ist. In dem entscheidungsrelevanten Zeitpunkt nach der Mangelbeseitigung weicht die Ist-Beschaffenheit nicht von der Soll-Beschaffenheit ab, so dass sich nach der Differenzhypothese kein merkantiler Minderwert ergibt.

39 BGH, BGH, Urt. v. 25.02.1953 – II ZR 172/52 (Mörtelmangel), BGHZ 9, 98, NJW 1953, 659; MüKoBGB/Busche BGB § 634, Rdnr. 47, Volze, DS 2015, 25

40 BGH, Urt. v. 08.05.1980 – IV a ZR 1/80, NJW 1980, 2460

41 BGH, Urt. v 29.04.2004 – VII ZR 107/03 (Asphalt), NJW-RR 2004, 1023, NZBau 2004, 389, BauR 2004, 1290

### *IV.1. Beweis der Entstehung und des Umfang des Schadens*

Nur wenn das Vorhandensein eines Mangels zur Überzeugung des Gerichts feststeht (§ 286 ZPO), greift für die **Entstehung und den Umfang des Schadens** die Beweiserleichterung des **§ 287 ZPO** zu Gunsten des Geschädigten ein[42]. Diese bezieht sich nach der hier vertretenen Auffassung auf die Feststellung, dass ein Schaden besteht, weil ein festgestellter bzw. unstreitig vorhanden gewesener **Mangel nicht vollständig** beseitigt worden ist. Die Bewertung des technischen und merkantilen Minderwerts muss sich auf den **festgestellten Mangel des konkreten Objekts** beziehen und unter **Berücksichtigung** von dessen **individuellen Eigenschaften und der konkreten Schadensursache** sowie den **zum Wertermittlungsstichtag** herrschenden **allgemeinen Marktbedingungen** vorgenommen werden.

Die richterliche Schadensschätzung gemäß § 287 ZPO ist unzulässig, wenn mangels **greifbarer Anhaltspunkte** eine **realitätsgerechte Grundlage** für diese Tatsache nicht feststellbar ist und das **richterliche Ermessen völlig in der Luft** hängen würde. Wenn eine Schätzung nicht möglich ist, bleibt es bei der Regel, dass der Geschädigte die Beweislast für die klagebegründenden Tatsachen trägt und deren Nichterweislichkeit ihm schadet[42].

### *IV.2. Vertrauensverlust potenzieller Kaufinteressenten*

Die Klärung, ob ein fachgerecht beseitigter Baumangel unabhängig von der objektiven Bewertung (s. III.1.3.) ein objektspezifisches Grundstücksmerkmal i. S. v. § 8 Abs. 3 ImmoWertV darstellt und welcher Abschlag insoweit ggf. in Betracht kommt, kann nach dem Urteil des BGH vom 06.12.2012[42] in der Weise geschehen, „dass ein Sachverständiger Fachleute befragt, die den Markt kennen und in der Lage sind, **fundierte Werteinschätzungen der betroffenen Gebäude** abzugeben und dabei die Auswirkungen der durchgeführten Mängelarbeiten auf die Bereitschaft potenzieller Kaufinteressenten, den üblichen Marktpreis mangelfreier Gebäude zu zahlen, einzuschätzen". Dieses Zitat bezieht sich allerdings auf ein Gebäude, dessen Mängel nicht beseitigt worden sind und nicht auf die hier erörterten Fälle einer fachgerechten und vollständigen Mangelbeseitigung.

Nach der Legaldefinition des § 194 BauGB richtet sich der Verkehrswert nach den **tatsächlichen Eigenschaften** und **rechtlichen Gegebenheiten** der Immobilie am Wertermittlungsstichtag. Ihr Wert ergibt sich aus den Verhältnissen auf dem Grundstücksmarkt, der allgemeinen wirtschaftlichen Situation, dem Kapitalmarkt, den regionalen Umständen und nach Angebot und Nachfrage im gewöhnlichen Geschäftsverkehr. Grundlage für die Ermittlung sind zahlreiche Vorschriften und Gesetze, z. B. die Bewertungsrichtlinien der ImmoWertV, die Bodenrichtwerte, Kaufpreissammlungen, aktuelle Liegenschaftszinssätze, Indextabellen der Gutachterausschüsse (§ 192 BauGB) etc. Die Verkehrswertermittlung gründet sich demnach im Wesentlichen auf objektive Maßstäbe bezüglich des konkreten Objekts. Im Marktgeschehen wird erst dann ein Minderwert eingepreist, wenn mit dem (im rechtlichen oder technischen Sinne vorliegenden) Mangel auch eine Nutzungseinschränkung vorliegt.

Diese Kriterien müssen von einem Immobiliensachverständigen bewertet werden. Soweit der Marktwert durch die unter III.2.1. erörterten Befürchtungen und Kriterien beeinflusst wird, sind diese von dem Sachverständigen zwar ebenso wie alle anderen o. g. Kriterien zu berücksichtigen, sie müssen aber von denjenigen abgegrenzt werden, die durch einen haftungsbegründenden Mangel gem. §§ 633, 634 Nr. 4, 280 BGB verursacht worden sind, weil nur diese für die Schadensschätzung des Gerichts gem. § 287 ZPO relevant sind.

Wegen dieser erforderlichen Differenzierung ist nicht eine spontane Meinungsäußerung eines nach dem Zufallsprinzip befragten Publikums (Fußgängerzone, Telefonumfrage) entscheidend, bei dem eine Vermengung relevanter und nicht relevanter Kriterien nicht ausgeschlossen werden kann, sondern die differenzierende Bewertung von potenziellen Kaufinteressenten, die von dem Makler pflichtgemäß umfassend und sachgerecht informiert worden sind. Die Beschaffung verwertbarer Informationen ist eine Pflicht eines Wertgutachters.

Der Kauf einer Immobilie hat eine erhebliche finanzielle und wirtschaftliche Bedeutung für den Erwerber und gründet sich wegen der erforderlichen Finanzierung in der Regel auf

---

42 BGH, Urt. v. 06.12.2012 – VII ZR 84/10 (Putzrisse, keine Beseitigung d. Mangels), s. Fn. 1

eine umfassende Informationsbeschaffung und **sachkundige Beratungen** des Käufers. Die Rechtsprechung sieht bei einer Reaktion auf einen Baumangel die **verständige Würdigung** eines **wirtschaftlich vernünftig denkenden Bestellers** als entscheidend an[43]. Das muss in gleicher Weise für einen **potenziellen** Käufer **gelten**, der ohne eine entsprechende Beratung nicht dazu in der Lage ist, die Bedeutung eines beseitigten Baumangels zu bewerten. Entscheidend ist nicht ein Abschlag, den sich ein Interessent aufgrund seines Bauchgefühls ohne Berücksichtigung der übrigen für den Kaufentschluss relevanten Kriterien vorstellt, sondern der Abschlag, den der Käufer bei einer objektiven Bewertung aller relevanten Kriterien durchsetzen kann und der Verkäufer hinnehmen muss. Entsprechend der Rechtsprechung des RG[17] ist deshalb ein „objektiver" Bewertungsmaßstab anzuwenden, vom dem auch die ImmoWertV ausgeht.

Der potenzielle Käufer muss also von dem Makler oder Wertgutachter über alle entscheidungsrelevanten Kriterien aufgeklärt und bezüglich des fachgerecht beseitigten Baumangels darüber belehrt werden, dass bei keinem Bauwerk die Gewissheit besteht, dass es keine verborgenen Mängel aufweist und weiterhin, dass nach einer Nacherfüllung nach der einhelligen Bewertung von Bausachverständigen eine größere **Gewissheit** besteht, dass ein **in Erscheinung getretene Mangel** künftig zu **keinen weiteren Schäden** führt als bei einem Bauwerk, bei dem solch ein Mangel noch nicht in Erscheinung getreten ist.

Da sich die Mangelbeseitigung nach den Erfahrungen von Experten positiv auf die Qualität eines Bauwerks auswirkt, ist es interessengerecht, dass ein Makler Kaufinteressenten darüber aufklärt. Aus solch einer Aufklärung kann kein merkantiler Minderwert gefolgert werden.

Es erscheint nicht fernliegend, dass ein erheblicher Teil **sachgerecht aufgeklärter und wirtschaftlich vernünftig denkender potenzieller Kaufinteressenten** bei einer **verständigen Würdigung** der einhelligen Stellungnahmen von Bausachverständigen einsehen, dass ein beseitigter Baumangel keinen Preisabschlag rechtfertigt. Das gilt erst recht für gewerbliche Kaufinteressenten, die sich sachgerecht informieren und sich durch Bausachverständige beraten lassen.

Soweit potenzielle Kaufinteressenten dagegen auf der Fehlvorstellung beharren, dass ein Gebäude, bei dem noch kein Mangel in Erscheinung getreten ist, tatsächlich mangelfrei ist und bei einem Gebäude, bei dem ein Mangel beseitigt worden ist, die Gefahr besteht, dass dieser konkrete Mangel, um den es ausschließlich geht, auch künftig weitere Schäden verursacht, muss der Sachverständige dazu Stellung nehmen, welche Relevanz solche Interessenten in den Städten und Gebieten haben, in denen eine große Nachfrage nach Immobilien besteht, z. B. Hamburg, Düsseldorf, Dresden, Leipzig, Berlin, München, etc. Der Verkäufer muss solche Interessenten bei der Entscheidung an wen er verkauft, nicht berücksichtigen, wenn es eine ausreichende Anzahl von potenziellen Kaufinteressenten gibt, die zu einer sachgerechten und wirtschaftlich vernünftigen Bewertung in der Lage sind. Insoweit ist auf eine angemessene Angebotszeitspanne abzustellen. Bereits das RG[17] hat ausgeführt, dass Interessenten, die versuchen, einen beseitigten Baumangel zum Vorwande zu nehmen, um auf dem Preis zu drücken, nicht zu berücksichtigen sind. Das entspricht dem Grundsatz gem. § 2 ImmoWertV, dass künftige Entwicklungen nur zu berücksichtigen sind, wenn sie mit hinreichender Sicherheit auf Grund konkreter Tatsachen zu erwarten sind.

### *IV.3. OLG Stuttgart, Urteil vom 08.02.2011 – 12 U 74/10 (Dachabdichtung)*[44]

Verschiedene Mängel der Konstruktion und Abdichtung eines Dachs erforderten umfangreiche Nacherfüllungsmaßnahmen, die 7.000 € kosteten. Die Beseitigung weiterer Mängel kostete 8.000 €. Zur Kontrolle und Prüfung der ordnungsgemäßen Durchführung der Arbeiten haben die Besteller einen Architekten als Fachmann hinzugezogen.

Der Gerichtsgutachter hat eine ordnungsgemäße Beseitigung der Mängel bestätigt und erklärt, dass eine vollständige Überprüfung der Sanierungsarbeiten regelmäßig kaum möglich sei, da dies eine erneute Öffnung des Daches erfordere. Letzteres werde oft deshalb nicht durchgeführt, weil hierdurch nicht unerhebliche Kosten ent-

43 BGH, Urt. v. 27.03.2003 – VII ZR 443/01, IBRRS 2003, 1347, NJW-RR 2003, 1021, 1022; OLG Hamm, Urt. v. 25.11.2014 – 24 U 64/13, IBR 2015, 140, NZBau 2015, 232

44 OLG Stuttgart, Urt. v. 08.02.2011 – 12 U 74/10 (Dachsan.), IBR 2011, 133; BauR 2011, 894; NJW-RR 2011, 457

stehen und zudem neue Risiken geschaffen werden könnten, da wiederum, wenn auch nur geringfügig, in die Dachkonstruktion eingegriffen werden muss.

Das OLG Stuttgart hat angenommen, dass ein merkantiler Minderwert bei Mängeln im Bereich der Hauskonstruktion anzunehmen sei, bei denen eine 100%ige Überprüfung nicht möglich ist. Das sei anzunehmen, wenn Undichtigkeiten im Dachbereich aufgetreten sind, die erhebliche Sanierungsarbeiten erforderlich gemacht haben. Unter Berücksichtigung dieser Ungewissheit hat es den merkantilen Minderwert auf 3.000 € geschätzt, das sind 2 % der Baukosten, die es ohne eine Begründung mit dem Verkehrswert des Gebäudes gleichgesetzt hat.

Die Befürchtung, dass das Bauwerk noch weitere Mängel aufweisen könnte, die noch nicht erkannt wurden, reicht zur Begründung eines merkantilen Minderwerts nicht aus (vgl. III.2.1.).

Sollte das Urteil dagegen so zu verstehen sein, dass der Sachverständige aufgrund seiner Untersuchung eine erfolgreiche Beseitigung der vorhandenen Mängel bestätigt hat, dass er aber ohne eine erneute Öffnung des Daches insoweit keine 100%ige Gewissheit hat, dass der geschuldete Erfolg erreicht wurde, gründet sich seine Bewertung auf einen Informationsstand, der demjenigen eines Bausachverständigen deutlich überlegen ist, wenn dieser den Bauherrn bei der Abnahme berät und ohne eine zerstörende Bauteilöffnung verborgene Mängel nicht ausschließen kann. Die Wahrscheinlichkeit, dass ein Bauwerk nach einer Nacherfüllung den entscheidungsrelevanten Mangel nicht mehr aufweist, ist größer als bei der üblichen Abnahme.

Wenn der Besteller nach einer Nacherfüllung, deren ordnungsgemäße Durchführung von einem Architekten als Fachmann geprüft und nicht beanstandet worden ist, nicht darlegen kann, dass der Mangel nicht vollständig beseitigt worden ist, und auch der vom Gericht bestellte Sachverständige keine entsprechenden Anhaltspunkte feststellen kann, ist nach allgemeinen Beweislastgrundsätzen davon auszugehen, dass der gerügte Mangel nicht mehr existiert. Grundsätzlich trifft den Besteller nach der Abnahme die Darlegungs- und Beweislast für die Tatsache, dass weiterhin ein Mangel besteht, wenn er daraus einen Schadensersatzanspruch herleiten will. Erst wenn das Gericht gem. § 286 ZPO die Überzeugung gewonnen hat, dass der Mangel weiterhin besteht, kann es gemäß § 287 ZPO schätzen, ob und welchen Schaden der Mangel verursacht hat. Mit den nicht 100%igen Erkenntnismöglichkeiten des vom Gericht bestellten Sachverständigen, die denjenigen eines Bausachverständigen, der einen Bauherrn bei der Abnahme berät, deutlich überlegen sind, lässt sich kein merkantiler Minderwert begründen.

Sollte sich ausnahmsweise zeigen, dass der Mangel trotz der vorgenannten Umstände nicht vollständig beseitigt worden ist, muss der Bauherr dem Unternehmer in der Regel noch eine weitere Gelegenheit zur Nacherfüllung geben[45]. Diese Systematik der Mängelrechte kann nicht dadurch ausgehöhlt werden, dass dem Besteller schon vor solch einer endgültigen Mangelbeseitigung ein merkantiler Minderwert zugesprochen wird, obwohl es keine konkreten Anhaltspunkte dafür gibt, dass der Mangel nicht vollständig beseitigt worden ist.

### *IV.3. OLG München, Urteil vom 17.12.2013 – 9 U 960/13 Bau (Dacherneuerung)*[46]

Die Konstruktion des vom AN ausgeführten Flachdachs war nicht funktionstüchtig. Das Landgericht verurteilte ihn zur Zahlung eines Kostenvorschusses in Höhe von 654.500€ brutto und es stellte fest, dass der AN verpflichtet sei, die darüber hinausgehenden Kosten der Dachsanierung zu tragen. Die Gesamtkosten hat es auf rund 1,35 Mio. € geschätzt.

Wegen der Schadhaftigkeit des Dachs wurde der AN zudem zum Ersatz eines **merkantilen Minderwerts** in Höhe von **50.000 €** verurteilt. Der AN machte geltend, dass nach dem Austausch des gesamten Dachs kein Minderwert bleibe. Das neue Dach sei besser als das alte. Der vollständige Dachaustausch stelle keine Reparatur dar, sondern eine Neuerstellung.

Das OLG hat die vollständige Neuherstellung des Dachs als Reparatur bezüglich des Hauses angesehen, da wesentliche Holz- und Metallteile nicht ausgetauscht wurden. Es hat angenommen, dass bei derartig gravierenden Sanierungseingriffen

45 BGH, Urt. v. 06.05.1982 – VII ZR 74/81, BauR 1982, 493; Kniffka/Koeble, 6.Teil, Rdnr. 130; Werner/Pastor Rn. 2717

46 OLG München, Urteil vom 17.12.2013 – 9 U 960/13 Bau, IBR 2014, 483

nachteilige Einwirkungen auf den Bestand **erfolgen könnten**. Während der Ausführung der Dachsanierung **könnte** zeitweise der Schutz gegen Regen fehlen, Wasser in das Gebäude eindringen, durch Aufzugs- und Leitungsschächte tiefer gelegene Geschosse erreichen und dort Schimmel- und Feuchteschäden auslösen, etwa in Form verzogener Gipskarton-, Tür- und Fensterelemente. Die Dachsanierung mit Gerüstaufbau **könne** Schäden und Verschmutzungen an der Gebäudeaußenseite verursachen. Schäden könnten noch nach Abschluss der Sanierung auftreten und beispielsweise die Lebensdauer von Anstrichen, Leitungen und anderen technischen Einrichtungen verkürzen.
All dies könnte im konkreten Fall durch eine sorgfältige Vorgehensweise vermieden werden. Durch eine entsprechende Sicherheit würden die beteiligten Verkehrskreise möglicher Erwerber von Wohnungseinheiten jedoch nicht gewonnen werden können und einen Abschlag verlangen.
Das **OLG München** hat einen **merkantilen Minderwert** trotz vollständiger Beseitigung der Mängel aus technischer Sicht bejaht und dessen Höhe ohne Einholung eines Sachverständigengutachtens zu den Marktverhältnissen in München auf die Bagatellgröße von 0,45 % des Gesamtwerts der Wohnanlage geschätzt, den es mit ca. 11 Mio. € berechnet hat.

Die Entscheidung des OLG München ist rechtsfehlerhaft. Es hat verkannt, dass der merkantile Minderwert der Schaden ist, der dem Bauherrn wegen eines Mangels **nach einer erfolgten Mängelbeseitigung** verbleibt. Es hat den merkantilen Minderwert nicht mit einem Mangel der Dachkonstruktion begründet, sondern mit der Unterstellung von Schäden, die **noch nicht eingetreten** sind, sondern möglicherweise durch ein sorgfaltswidriges Verhalten des vom Besteller beauftragten Nachfolgeunternehmers verursacht werden könnten, so dass dieser in erster Linie den von ihm verursachten Schaden ersetzen müsste. Es hat nicht berücksichtigt, dass Sanierungsmaßnahmen, die 1,35 Mio. € kosten, regelmäßig von Fachleuten überwacht werden, die das vom OLG unterstellte Schreckensszenario in der Regel verhindern.
Ein Kläger, der einen Schadensersatzanspruch geltend macht, muss dessen anspruchsbegründende Tatsachen vortragen. Die Haftung **für einen Schaden wegen eines Baumangels wird durch einen Schaden** begründet, den der Besteller **erlitten hat**. Die spekulative Befürchtung des OLG, dass bei der Mangelbeseitigung **zukünftig** Schäden entstehen könnten, die durch eine sorgfältige Vorgehensweise vermieden werden können, reicht zur Feststellung eines ersatzfähigen Schadens nicht.
Soll der AN als mittelbarer Verursacher der von dem Nachfolgeunternehmer und Bauüberwacher verursachten Schäden ebenfalls auf deren Ersatz in Anspruch genommen werden, setzt das voraus, dass er den Schaden adäquat kausal verursacht hat. Er muss bezüglich der konkreten Schäden eine Ursache gesetzt haben, die im Allgemeinen geeignet ist, einen Erfolg dieser Art herbeizuführen. Es reicht nicht, dass das nur unter besonders eigenartigen, unwahrscheinlichen und nach dem gewöhnlichen Verlauf der Dinge außer Betracht zu lassenden Umständen möglich ist. Das OLG hat keine **greifbaren Anhaltspunkte für die Feststellung** einer entsprechenden Schadensverursachung festgestellt. Das konnte es auch nicht, solange kein Schaden eingetreten ist.
Kein einziger Sachverständiger, den der Verfasser angesprochen hat, hält die Schadensschätzung des OLG München für realistisch. Angesichts der Nachfrage nach Immobilien im Raum München bezeichnen Wertgutachter die Vorstellung des OLG, dass ein potenzieller Erwerber den Kaufpreis um den Bagatellbetrag von 0,45 % erfolgreich drücken könnte, geradezu als lächerlich. Die Untergrenze eines merkantilen Minderwerts wird von Immobiliensachverständigen in der praktischen Messbarkeit gesehen, also nahe des Rundungsbereichs von 2 % bis 3 %.

## V. Sachgerechte Nacherfüllungsalternativen

Nach der Symptom-Rechtsprechung des BGH ist es die Aufgabe des Sachverständigen, nach der Ursache einer Mangelerscheinung zu forschen. Hat diese Forschung das Vorhandensein der nach seinen Erfahrungen **wahrscheinlichsten Ursache** bestätigt, muss er mit dem Gericht klären, ob er noch nach weiteren Ursachen der Mangelerscheinung forschen soll und dazu Stellung nehmen, wie wahrscheinlich es ist, dass diese vorliegen.
Das Gericht muss die Erforderlichkeit weiterer Untersuchungen unter Berücksichtigung der

Grundsätze des **Anscheinsbeweises** sowie der Frage, ob zumindest zunächst eine Beseitigung der vorgefundenen Ursache **bautechnisch und wirtschaftlich sinnvoll** erscheint, entscheiden. Das weitere Vorgehen kann davon abhängen, welche Beeinträchtigungen mit weiteren bauteilzerstörenden Öffnungen verbunden sind und, ob der Besteller diese zumindest vorerst vermeiden will.

Unter Berücksichtigung der **Kooperationspflicht** und der **Schadenminderungspflicht des Bestellers** kommt es in Betracht, dass der Besteller nach einer Nacherfüllung, die sich auf die wahrscheinlichste Ursache einer Mangelerscheinung konzentriert hat und erfolgreich erscheint, während der Zeit, in der er das Objekt selbst nutzen und nicht veräußern will, zunächst abwartet, ob die Mangelbeseitigung erfolgreich war, wenn ihm das ohne Beeinträchtigungen möglich ist.

Nach dem subjektiven Fehlerbegriff ist für die Soll-Beschaffenheit der vom Besteller **vorgesehenen Verwendungszweck** eines Bauwerks maßgebend. Dieser kann bei einer Gewerbeimmobilie anders sein als bei einem Bauwerk, das der private Bauherr zunächst selbst nutzen will. Wenn ihm solch eine Nutzung nach den Feststellungen eines Sachverständigen ohne jede Einschränkung möglich ist, erscheint es unzulässig, zur Berechnung eines merkantilen Minderwerts die Hypothese zu unterstellen, dass er es sofort verkaufen will[47].

Das entspricht der Regelung des § 2 ImmoWertV. Danach sind künftige Entwicklungen wie beispielsweise absehbare anderweitige Nutzungen zu berücksichtigen, wenn sie mit hinreichender Sicherheit auf Grund konkreter Tatsachen zu erwarten sind. In diesen Fällen ist auch die voraussichtliche Dauer bis zum Eintritt der rechtlichen und tatsächlichen Voraussetzungen für die Realisierbarkeit einer baulichen oder sonstigen Nutzung eines Grundstücks (Wartezeit) zu berücksichtigen. Wenn demnach auf den Zeitpunkt der Nutzungsänderung abzustellen ist, muss auch berücksichtigt werden, dass sich bis zu dem Zeitpunkt nach der einhelligen Auffassung der Bausachverständigen bestätigt haben dürfte, dass ein in Erscheinung getretener Mangel durch die Nacherfüllung nachhaltig beseitigt wurde.

Der Ersatz eines **Schadens**, der lediglich zukünftig entstehen könnte, wird in der neueren Rechtsprechung als problematisch angesehen, wenn er zu einer **Überkompensation** führen könnte. Es widerspricht dem **Verbot, sich durch Schadensersatz zu bereichern**, wenn der Geschädigte an dem Schadensfall verdienen würde[48], so dass es geboten erscheint, den Umfang des Schadensersatzes stärker als bisher auch daran auszurichten, welchem Verwendungszweck das Gebäude nach dem Vertrag dienen sollte und welche Dispositionen der Geschädigte insoweit tatsächlich trifft[49] bzw. erst in Zukunft treffen will.

Eine Vorschussklage bezüglich der Mängelbeseitigungskosten hat nach der Rechtsprechung des BGH[50] eine verjährungsunterbrechende Wirkung, so dass der Besteller 30 Jahre lang von dem Unternehmer die vollständige Beseitigung des Mangels verlangen kann, auf den sich die Klage bezog. In solch einem Fall bietet sich die Verbindung mit einem Feststellungsurteil an[51], dass der Unternehmer ggf. auch zum Ersatz eines Minderwerts verpflichtet ist, der dann allerdings ein technischer Minderwert wäre.

Das entspricht auch dem Interesse des Bestellers, wenn der Minderwert wegen der derzeitigen Flucht in die Sachwerte (Betongold) gering ist und sich die Marktsituation irgendwann wieder ändert und ein reichhaltiges Angebot an Immobilien den Markt überschwemmt, z. B. wegen der Schließung eines Werks in einem Gebiet mit wenigen weiteren Arbeitsplätzen. Dann könnte der technische Minderwert einer Immobilie an Bedeutung gewinnen.

**Zöller**: Wenn der Verdacht, dass noch weitere Mängel eine Mangelerscheinung verursacht haben könnten, wegen der Befürchtung, durch die Untersuchung Schäden zu verursachen, nicht umfassend aufgeklärt wird, kann über eine Risikoabwägung ein technischer Minderwert bei einer angenommenen verkürzten Lebensdauer abgeschätzt werden. Nicht nur bei älteren Bauteilen sind zumindest unter kaufmännischen Gesichtspunkten Instandhaltungsrücklagen zu bilden, sondern auch bei neuen. Eine vorzeitige Instandhaltung

---

47 Zutreffend Dahmen, BauR 2012, 24, 28

48 BGH, Urt. v. 03.12.2013 – VI ZR 24/13, NJW 2014, 535

49 BGH, Urt. v. 22.07.2010 - VII ZR 176/09 (MWSt), NJW 2010, 3085 f. Tz 15

50 BGH, Urt. v. vom 25.09.2008 – VII ZR 204/07, IBR 2008, 721

51 Zutreffend Dahmen, BauR 2012, 24, 30

ist mit einem konkret bezifferbaren Betrag zu benennen und beruht nicht auf einem nicht technisch begründbaren Verdacht auf eventuell verborgen gebliebenen Mängel. Für Risikoabwägungen stehen technische Verfahren zur Verfügung und müssen nicht rein gefühlsmäßig abgeschätzt werden, wie das bei den hier erörterten merkantilen Minderwerten der Fall ist.

## VI. Gutachten von Sachverständigen für Immobilienbewertungen

Die Gutachten von Wertgutachtern sind für ein Gericht nicht verwertbar, wenn diese davon ausgehen, dass das Urteil des BGH vom 08.12.1977 (s. I.2.) und dessen Verweis auf die Unfallwagen-Rechtsprechung eine rechtliche Vorgabe enthält, die für sie verbindlich ist, so dass es ihre Aufgabe sei, auf deren Grundlage nur die Höhe des merkantilen Minderwerts zu schätzen. Es ist die Aufgabe des Gerichts, dem Sachverständigen gem. § 404a ZPO Weisungen zu erteilen, von welchen rechtlichen Grundlagen er bei der Bewertung eines merkantilen Minderwerts wegen eines Baumangels ausgehen soll. Ein **Gericht**, das nicht über die erforderliche Fachkunde verfügt, muss die oben erörterten Grundlagen der Bewertung vorrangig durch eine konstruktive Zusammenarbeit mit einem **Bausachverständigen** und die Schlussfolgerungen aus dessen Gutachten mit einem **Sachverständigen für Immobilienbewertung** aufklären.

Es reicht nicht aus, dass ein Immobiliensachverständiger in einem Gerichtsgutachten lediglich irgendwelche nicht überprüfbaren Abschläge als „Erfahrungswerte" mitteilt, die sich möglicherweise auch noch an den Kosten einer Mangelbeseitigung orientieren, die wegen ihres Erfolgs allenfalls eine qualitätssteigernde und keine negative Bedeutung hat. Der Sachverständige muss alle entscheidungsrelevanten Bewertungskriterien für das konkrete Objekt auflisten (s. IV.2.). Deren Relevanz muss er mit einem Prozentsatz bewerten, deren Addition 100 % ergibt. Nur auf diese Weise können die Parteien und das Gericht prüfen, ob der Sachverständige bei der Schadensschätzung alle relevanten Gesichtspunkte berücksichtigt, sachgerecht bewertet und in der erforderlichen Weise zwischen den Kriterien differenziert hat, die schadensersatzrechtlich relevant sind und denjenigen, die diese Voraussetzung nicht erfüllen (s. III.2.1.).

Dass solch eine differenzierende Darstellung für Immobiliensachverständige schwierig sein kann, rechtfertigt keinen Verzicht auf diese. Ähnliche Schwierigkeiten hat ein Unternehmer regelmäßig bei der Darlegung und dem Beweis eines Schadens, der durch eine Bauzeitverzögerung verursacht worden ist. Dennoch begnügt sich die Rechtsprechung auch insoweit nicht mit groben Schätzungen, die sich auf angebliche Erfahrungswerte gründen.

## *VII.1. Zusammenfassung*

Erfahrungsgemäß kann selbst ein Bausachverständiger ohne umfassende zerstörende Bauteilöffnungen nicht ausschließen, dass ein Bauwerk **verborgene Baumängel** aufweist. Diese können auch erst nach mehreren Jahren in Erscheinung treten, so dass Mängelansprüche erst 5 Jahre nach der Abnahme verjähren. Der Auftragnehmer schuldet dem Besteller nach dem werkvertraglichen Mängelhaftungsrecht keine **Gewissheit**, dass das **Werk** im Zeitpunkt der Abnahme **keinen Mangel aufweist**, sondern die Beseitigung von anschließend festgestellten Mängeln.

Eine von einem Fachmann überwachte fachgerechte Beseitigung von Mängeln, deren Erfolg von einem Bausachverständigen bestätigt wird, begründet nach der einhelligen Bewertung von Bausachverständigen eine höhere Qualität eines Gebäudes im Vergleich zu Gebäuden, bei denen noch kein Mangel in Erscheinung getreten ist. Eine 100 %ige Gewissheit der vollständigen Mängelfreiheit schuldet der Unternehmer dem Besteller auch nach einer Nacherfüllung nicht, so dass mit dem Fehlen der entsprechenden Gewissheit kein Schaden begründet werden kann.

Die deliktsrechtliche Unfallwagen-Rechtsprechung bezieht sich auf eine Massenware, die von computergesteuerten Präzisionsmaschinen hergestellt worden ist, so dass sich daraus eine hohe Wahrscheinlichkeit der Mängelfreiheit ergibt, was nach 5 Jahren in der Regel nicht mehr der Fall ist, so dass von dem Zeitpunkt an bei einem Unfallwagen regelmäßig kein merkantiler Minderwert mehr anerkannt wird. Bei Fabrikationsmängeln von Kraftfahrzeugen bejaht die Rechtsprechung keinen merkantilen Minderwert. Die Marktbedingungen für Kraftfahrzeuge und Immobilen sind nicht vergleichbar.

Soweit die Bewertung eines potenziellen Käufers als maßgebend angesehen wird, muss vorausgesetzt werden, dass dieser ein wirtschaftlich vernünftig denkender Interessent ist, der sich entsprechend der wirtschaftlichen Bedeutung seiner Entscheidung umfassend informiert hat und von einem Makler sachkundig beraten worden ist. Das setzt voraus, dass dieser sich über die entscheidungsrelevanten bautechnischen Fragen sachkundig gemacht hat. Zunächst muss also ein Bausachverständiger den Erfolg einer Nacherfüllung bewerten. Die Schlussfolgerungen aus dessen Gutachten muss ein Sachverständiger für Immobilienbewertung ziehen.

### *V.II. 2.Ergebnis*

Eine fachgerechte Beseitigung von Mängeln, die von einem Fachmann überwacht und deren Erfolg von einem Bausachverständigen bestätigt wird, führt nach der einhelligen Auffassung von Bausachverständigen zu einer Qualitätsverbesserung des Gebäudes und nicht zu einem merkantilen Minderwert. Das ist auch für einen sachgerecht aufgeklärten und wirtschaftlich vernünftig denkenden potenziellen Kaufinteressenten bei einer verständigen Würdigung der einhelligen Stellungnahmen von Bausachverständigen nachvollziehbar.

Die deliktsrechtliche Unfallwagen-Rechtsprechung gründet sich auf völlig andere Voraussetzungen als das werkvertragliche Mängelhaftungsrecht, so dass sie auf dieses nicht übertragbar ist.

Es ist mit den wesentlichen Grundgedanken des Werkvertragsrechts nicht zu vereinbaren, dass ein Auftragnehmer trotz der Herstellung eines völlig mangelfreien Werks aufgrund der möglichen Fehlvorstellungen unzureichend informierter potenzieller Käufer nicht den vollen Werklohn erhält. Nach dem werkvertraglichen Mängelrecht muss der Besteller dem Unternehmer Gelegenheit geben, einen nachweislich vorhandenen Mangel zu beseitigen. Verbleibt trotz der Nacherfüllung ein technischer Minderwert, hat der Besteller einen Anspruch gem. §§ 633, 634 Nr. 4 280 Abs. 1, 281 Abs.1 BGB auf dessen Ersatz. Dieser Anspruch statt der Leistung setzt eine Fristsetzung zur Nacherfüllung voraus und bezieht sich auch auf den verminderten Veräußerungswert.

***Uwe Liebheit***

*Studium der Theologie, seit 1964 Jurastudium; Richter am Amtsgericht Dortmund, am Landgericht Dortmund und seit 1983 am Oberlandesgericht Hamm, dort zuletzt 16 Jahre stellvertretender Vorsitzender bzw. Vorsitzender Richter eines Bausenats; Zwischendurch Rechtsanwalt in einer schwerpunktmäßig mit Bausachen befassten Anwaltskanzlei; Leiter der Bauschlichtungsstelle der Handwerkskammer Südwestfalen; Referent zu Fragen des Baurechts vor Rechtsanwälten, Unternehmern und insbesondere vor Sachverständigen, Lehrbeauftragter an der FH Münster/Steinfurt.*

# Wichtige Neuerungen in Regelwerken – ein Überblick

Dipl.-Ing. Géraldine Liebert, AIBAU, Aachen

Mit dieser Beitragsreihe werden die aus der Sicht eines in der Praxis tätigen Bausachverständigen wichtigsten Neuerungen in bautechnischen Regelwerken vorgestellt. Da innerhalb der letzten drei Jahre – seit dem letzten Vortrag 2012 – viele Regelwerke neu erschienen sind, kann nur auf einen Teil der Neuerungen ohne Anspruch auf Vollständigkeit eingegangen werden (Redaktionsschluss: Mai 2015).

## 1 Erdberührte Bauteile

### *1.1 Merkblatt zur Abdichtung von Mauerwerk; Hrsg.: Deutsche Gesellschaft für Mauerwerks- und Wohnungsbau e. V. (DGfM) (2013-08)*

Der Mauerwerksbau hat durch Weiterentwicklung der Baustoffe, der Steinformate und Mauertechniken mit den heutigen Anforderungen z. B. der Energieeinsparung, der Rationalisierung und der Wirtschaftlichkeit Schritt gehalten. Auch im Abdichtungsbereich ist ein Wandel der Stoffe und Methoden zu beobachten, dem die Normung nur langsam folgt.

Das Merkblatt „Abdichtung von Mauerwerk", verfasst von Prof. Dr.-Ing. Rainer Oswald, behandelt die Themen Notwendigkeit einer Abdichtung, aktuelle Regelwerke, Planung der Abdichtung, Beanspruchung erdberührter Bauteile, Dränmaßnahmen und Schutzschichten, Abdichtungen gegen Bodenfeuchtigkeit und nicht stauendes Sickerwasser, Fußpunktabdichtungen von Verblendschalen, vereinfachte Abdichtung gegen aufstauendes Sickerwasser, Abdichtungen gegen drückendes Wasser sowie Feuchtigkeitserscheinungen in sachgerecht abgedichteten Kellern.

Das immer weitere Öffnen der Schere zwischen Normentheorie und Baupraxis birgt die Gefahr, dass ohne irgendeinen Schaden über längst bewährte Abdichtungsverfahren prozessiert wird, allein weil diese (noch) nicht genormt sind. Hier zur Streitvermeidung beizutragen, ist u. a. eine Aufgabe dieses Merkblatts.

Das Merkblatt kann kostenfrei auf der Homepage der Deutschen Gesellschaft für Mauerwerks- und Wohnungsbau e. V. (www.dgfm.de) heruntergeladen werden.

## 2 Dach

### *2.1 Merkblatt Wärmeschutz bei Dach und Wand; Hrsg.: ZVDH (2015-04)*

Das Merkblatt wurde vollständig aufgrund der Änderung bzw. Ergänzung von Normen und Regelwerken (z. B. DIN 4108 und DIN 68800) überarbeitet.

Bisher galt das Merkblatt für die Planung und Ausführung des Wärmeschutzes bei wärmegedämmten Dächern und Wänden. In der aktuellen Fassung von April 2015 findet man im Geltungsbereich folgende Angabe: *„Dieses Merkblatt gilt für die Planung und Ausführung des ... Wärmeschutzes ...* [und] *... des klimabedingten Feuchteschutzes von Dächern, obersten Geschossdecken und Außenwänden, die nicht klimatisierte Wohn- oder wohnähnlich genutzte Räume ... gegenüber der Außenumgebung oder Räumen mit abweichenden Temperaturen (Klimabedingungen) abgrenzen. Dieses Merkblatt gibt Hinweise zum sommerlichen Wärmeschutz von Wohnräumen oder wohnähnlich genutzten Räumen."*

Die Neufassung behandelt deutlich umfassender die nachweisfreien Bauteile hinsichtlich des Feuchteschutzes. Darüber hinaus wurden Maßnahmen zur Einhaltung des sommerlichen Wärmeschutzes aufgenommen, die keinen rechnerischen Nachweis erfordern.

Die Planungshinweise wurden ergänzt. So wird klar definiert, dass neben dem Wärmeschutz auch der Feuchteschutz und die Luftdichtheit einschließlich aller Details, Anschlüsse und Werkstoffe bei der Planung festgelegt und die Ausführung koordiniert werden müssen. Folgende wichtige Hinweise wurden u. a. hinzugefügt:

- *„Ein ausreichender Luftwechsel ... ist zu beachten. Bei Veränderungen von bestehenden Gebäuden, insbesondere beim Einbau von luftdichten Schichten und Fenstern, sollte ein Hinweis auf die Überprüfung des Lüftungskonzeptes erfolgen.*
- *Bei feuchtevariablen Dampfsperren sind insbesondere Feuchteeinträge in die Bauteile infolge hoher relativer Luftfeuchten im Gebäudeinneren, z. B. durch Estrich- oder Putzarbeiten zu berücksichtigen.*
- *Dachkonstruktionen mit einer Kombination aus Zwischensparrendämmung und PU/PIR-Aufsparrendämmung bedürfen eines rechnerischen Nachweises des Feuchteschutzes. Hierbei sind Trocknungsreserven ... zu berücksichtigen.*
- *Bei belüfteten Dächern sind tragende Holzbauteile vor einem Befall durch Holz zerstörende Insekten nach DIN 68800-1 zu schützen.*
- *Für Dachkonstruktionen im Gebäudebestand, bei denen die luftdichte Schicht im Rahmen der Sanierung zwischen einer Zwischensparrendämmung und einer Aufsparrendämmung angeordnet wird und unterhalb der Zwischensparrendämmung keine Dampfsperre angeordnet ist, ist ein objektspezifischer Nachweis des Feuchteschutzes erforderlich."*

Im Kapitel „Werkstoffe – Wärmedämmstoffe" wird das Bombieren (Aufwölben) von Unterdeckbahnen durch Mineralwolledämmungen ausführlich behandelt, das auf der Außenseite zu einer Verringerung der erforderlichen Lüftungsquerschnitte und/oder einer Erhöhung der Holzfeuchte der Konterlattung führen kann. Auch zur Innenseite kann sich der Dämmstoff aufwölben, dies ist planerisch zu berücksichtigen.
Die Nenndicke der Dämmstoffe darf demnach max. der Nennhöhe der Sparren bzw. tragenden Elemente entsprechen. In diesem Fall ist ein Bombieren der Unterspannbahn jedoch nicht sicher auszuschließen, es kann z. B. durch Strecklatten, Erhöhung der Konterlattendicke, Unterdeckungen mit Unterdeckplatten bzw. Schalungen als Unterlage für Unterdeckungen vermieden bzw. begrenzt werden.

Zum Thema Luftdichtheit wurden neue Hinweise aufgenommen. So wird ausdrücklich empfohlen – wenn möglich – einen Wechsel der Lage der Luftdichtheitsschicht von der Innen- zur Außenseite zu vermeiden. Aufgrund von Wasserdampfkonvektion kann es auf der kalten Seite des Holzbauteils zu einem holzschädigenden Tauwasserausfall kommen. Dieser könne durch *„eine durchgehende linienförmige Anpressung der Bahn an den Sparren im unteren Bereich des Sparrens verhindert werden. Unabhängig von der Luftdichtheit ist der Feuchteschutz ... zu berücksichtigen."* heißt es weiterhin.
Da der beschriebene Anwendungsfall vor allem im Bereich von Altbauten/Bestand liegt und die empfohlene linienförmige Anpressung hier aufgrund von fehlenden Kanten (bei Rundhölzern), Rissen im Holzbauteil und Unebenheiten nicht vollflächig baupraktisch realisierbar ist, ist der schlaufenförmige Einbau von Luftdichtheitsschichten von der Außenseite selten schadenfrei realisierbar. Eine ausreichend dimensionierte Wärmedämmung auf der kalten Seite der Holzbauteile kann die Temperatur an dieser Stelle derart anheben, dass es dort nicht zu einem schadensauslösenden Tauwasserausfall kommt.
Noch komplexer als bei einem Flachdach oder einer obersten Geschossdecke ist die Anschlusssituation im Bereich von Steildächern z. B. beim Anschluss an die Kehlbalkenlage, bei Durchdringungen z. B. von Sparren an Traufen oder von Pfetten an Giebelwände, etc. Ohne eine weitere innere Luftdichtheitsschicht sind diese Ausführungen sehr schadensanfällig, da sie wenig fehlertolerant sind. Aus diesem Grund findet man im Merkblatt im Kapitel zur Vermeidung schädlicher Tauwasserbildung im Inneren von Bauteilen folgende Empfehlung: *„Bei Einbau von diffusionshemmenden Bahnen mit Wechsel der Lage von der Bauteilinnenseite zur Bauteilaußenseite ... ist nach DIN 4108-3 eine Simulation der wärme- und feuchtetechnischen Prozesse erforderlich."*
Zu Bauteilen, die im Bereich der Bauteilaußenseite diffusionshemmende Schichten mit einem $s_d$-Wert > 2,0 m aufweisen, findet man den Hinweis, dass die Abgabe von Tauwasser oder eingedrungener (Bau-)Feuchte aus dem Bereich zwischen den diffusionshemmenden und -dichten Schichten stark begrenzt ist. Es wird empfohlen hier auf Bau- und Wärmedämmstoffe zu verzichten, die nicht dauerhaft gegenüber langfristiger Feuchteeinwirkung sind. Gemeint sind hiermit u. a. Holz, OSB- oder Spanplatten. Alternativ wird empfohlen

beim Einbau von Holz und Holzwerkstoffen eine rechnerische zusätzliche Trocknungsreserve von mind. 250 g/($m^2$a) bei Dächern und 100 g/($m^2$a) bei Außenwänden nach DIN 4108-3 sicherzustellen. Diese Anforderung ist auch zu erfüllen, wenn nur vereinzelt Hölzer im Dachaufbau vorhanden sind – z. B. bei Randbohlen von Lichtkuppeln auf einer tragenden Betondachdecke.
Bezüglich der Vermeidung schädlicher Tauwasserbildung im Inneren von Bauteilen ist zusätzlich folgender sehr wichtige Hinweis neu in das Merkblatt aufgenommen worden: *„Als besonders schadensträchtig haben sich Flachdächer in Holzbauweise mit Wärmedämmung zwischen den Sparren/Balken und ohne Hinterlüftung der Abdichtungslage und Dächer mit Metalldeckungen mit Wärmedämmungen zwischen den Sparren/Balken und ohne Hinterlüftung der Deckunterlagen erwiesen."*

## 3 Wand

### *3.1 Mauerwerk*

#### *3.1.1 Praxistipps für die Ausführung von Mauerwerk – Mit Erläuterungen zu DIN EN 1996 (Eurocode 6) (2013-09)*

Das Merkblatt wurde von Herrn Prof. Dr.-Ing. Rainer Oswald und Herrn Dr.-Ing. Peter Schubert erarbeitet und gemeinsam vom Zentralverband des Deutschen Baugewerbes (ZDB) und der Deutschen Gesellschaft für Mauerwerks- und Wohnungsbau e. V. (DGfM) herausgegeben.
Um dauerhafte und zuverlässige Mauerwerksbauten zu errichten sind aus mehreren Gründen bei der Planung und Ausführung erhöhte Sorgfalt geboten. So steht z. B. eine Vielzahl bewährter Baustoffe zur Verfügung, deren spezielle Eigenschaften zu berücksichtigen sind, um mangelfrei zu bauen.
In dem Merkblatt werden unter anderem die Themen Gebäudekonstruktion, Materialwahl, Bauablauf, Lagerung von Mauersteinen und -mörteln, Überbindemaß, Dick- und Dünnbettmauerwerk, Verbinden von Mauerwerkswänden, Schlitze und Aussparungen, Sichtmauerwerk, zweischaliges Mauerwerk, Schutz vor Witterungseinflüssen, Abdichtung erdberührter Wände, Eignung für Oberflächenschichten, Wärmeschutz und wichtige Konstruktions- und Ausführungsdetails behandelt.
Zu jedem Thema gibt es eine kurze Einleitung, in der der technische Hintergrund der jeweiligen Regel erläutert wird, anschließend werden Vorgaben aus Normen und Richtlinien zusammengefasst. Anhand von Beispielen mit richtiger und falscher Ausführung wird ein direkter Praxisbezug hergestellt. Des Weiteren finden sich in dem Merkblatt auch Hinweise, wie mit Abweichungen von den normativen Vorgaben in unterschiedlichen baulichen Situationen umzugehen ist, wie diese einzuschätzen und zu bewerten sind.
Die vorliegenden Praxistipps sollen dem Ausführenden zeigen, worauf man achten sollte und auch den Planer bei der Gebäudekonzeption ansprechen und anleiten, da die gute Ausführbarkeit von Mauerwerk ganz wesentlich hiervon abhängt.

### *3.2 Putz – Planung, Zubereitung und Ausführung von Innen- und Außenputzen*

Seit Juni bzw. Juli 2005 wird die *„Planung, Zubereitung und Ausführung von Innen- und Außenputzen"* in der **europäischen Norm DIN EN 13914** in den Teilen 1 und 2 geregelt. Die beiden Normteile wurden überarbeitet. Teil 1 behandelt die Außenputze und Teil 2 die Innenputze. Beide sind im September 2013 als Entwurf erschienen.
Die europäische Norm legt Anforderungen und Empfehlungen für die Planung, die Zubereitung und die Ausführung von

- Außenputzen auf der Basis von Zement, Kalk oder anderen mineralischen Bindemitteln und/oder Kombinationen davon, Putz und Mauerbinder sowie kunstharzmodifizierten Bindemitteln nach EN 998-1 oder Baustellenmörtel,
- Außenputzen auf der Basis von organischen Bindemitteln nach EN 15824-1 und
- Innenputzsystemen

auf allen üblichen Putzgründen fest.

Ebenfalls aus dem Jahr 2005 (April) stammt die bisher gültige **deutsche Putznorm DIN** V **18550** *„Putz und Putzsysteme – Ausführung"* (Vornorm). Sie ersetzte die bis dahin gültigen Normen DIN EN 998-1:2003-09, DIN 18550-1:1985-01, DIN 18550-2:1985-01, DIN 18550-3:1991-03 und DIN 18550-4:1993-08. Im Jahr 2014 ist die deutsche Putznorm komplett überarbeitet und umstrukturiert worden. Bestand sie seit 2005 aus einem Teil, so ist sie

jetzt – wie die europäische Norm – in zwei Teile gegliedert.
Auch hier werden die Außenputze im Teil 1 (DIN 18550-1) beschrieben, der im Dezember 2014 als Weißdruck neu erschienen ist.
Teil 2 (DIN 18550-2) liegt seit Oktober 2014 als Entwurf vor und beinhaltet die Innenputze.
An dem neuen Titel der deutschen Norm *„Planung und Ausführung von Innen- und Außenputzen – Ergänzende Festlegungen zu DIN EN 13914"* erkennt man schon, was sich im Wesentlichen geändert hat.
Die deutsche Norm wurde an die europäische angeglichen: Sie verweist in weiten Teilen auf DIN EN 13914 und beschreibt zusätzliche, deutsche Vorgaben an Innen- und Außenputze.
Im Vorwort von DIN 18550 aus dem Jahr 2014 steht daher auch, dass sie nur in Verbindung mit DIN EN 13914 gilt und zu bestimmten Gesichtspunkten der europäischen Norm ergänzende nationale Anwendungsregeln festlegt.
Die Verzahnung der beiden Regelwerke möchte ich im Folgenden anhand einiger ausgewählter Punkte kurz darstellen:

*3.2.1 Putzarten für Außenanwendungen*

Beide Putznormen unterschieden zwischen Putzen mit mineralischen/anorganischen bzw. Putzen mit organischen Bindemitteln.
Diese können als Fertigputzmörtel vollständig oder teilweise im Werk gemischt sein, nachträglich auf der Baustelle ergänzt werden oder alternativ vollständig auf der Baustelle gemischt werden.
E DIN EN 13914-1:2013-09 enthält die in Bild 1 und 2 dargestellten Tabellen als Überblick über die mineralischen Putzmörtel:

Die deutsche Norm DIN 18550-1:2014-12 bezieht sich auf die europäische Norm wie folgt: *„Es gilt DIN EN 13914-1. Darüber hinaus sollte beachtet werden: Es sind unterschiedliche Arten von Putzmörtel bzw. Putzarten im Außenbereich im Einsatz. Tabelle DE.1 ... zeigt die wichtigsten Werkmörtel ..."*

Die beiden Tabellen sind nahezu identisch. In Tabelle DE.1 (siehe Bild 2) wurde eine Spalte ergänzt, in der die Putzmörtelgruppen aus der früheren deutschen Norm DIN V 18550 von April 2005 aufgeführt sind.

*3.2.2 Rissbildung im Putz/Rissklassifizierung*

Das Thema Auftreten von Rissbildung wird in E DIN EN 13914-1:2013-09 auf etwa dreieinhalb Seiten behandelt. Im Vergleich zur Vorgängernorm DIN EN 13914-1:2005-06 sind einige Kapitel u. a. zur *„Bewertung der Rissbildung"* oder zur *„Rissbildung aufgrund der Putzart oder des Auftrags"* neu aufgenommen worden.
Der Inhalt dieser Kapitel ist in Deutschland bereits seit 2005 aus dem informativen Anhang C *„Bewertung von Rissen"* in DIN V 18550:2005-04 bekannt. Inhaltlich passt sich die europäische Norm hier an die deutsche an.
Im vorgenannten informativen Anhang C (jetzt DE.Anhang C) wird in DIN 18550-1:2014-12 auch weiterhin die Klassifizierung und Beurteilung von Rissen beschrieben. In der Norm steht nun nicht mehr *„optischer oder technischer Mangel"*, sondern *„Beeinträchtigung des optischen oder technischen Wertes"*.
Die Angaben zum zeitlichen Auftreten der Rissbildungen sind in der Neufassung weni-

| **Bezeichnung** | **Beschreibung** | **Kategorie der Druckfestigkeit nach EN 998-1** | **Anwendungsbeispiele** |
|---|---|---|---|
| Lufttrocknender Kalkmörtel | Putzmörtel mit Luftkalk (lufttrocknender Kalk) als Hauptbindemittel | CS I | Erhaltung historischer Bauwerke |
| Wasserkalk (NHL, HL) | Putzmörtel mit Wasserkalk als Hauptbindemittel | CS I/CS II | Außenbereich, Erhaltung historischer Bauwerke |
| Zementkalk | Putzmörtel, der Baukalk (wasserhaltigen Kalk) und Zement enthält | CS II/CS III | Außenbereich (Sockel, Keller, Außenwände) |
| Zement | Putzmörtel mit Zement als hauptsächlichem Bindemittel | CS III/CS IV | Außenbereich (Sockel, Keller, Außenwände) |

Bild 1: Putzmörtel/Mörtelarten (mineralisch/anorganisch) gem. Tabelle 1 aus E DIN EN 13914-1:2013-09

| Bezeichnung | Beschreibung | übliche Druckfestigkeitskategorie nach DIN EN 998-1 | Anwendungsbeispiele | Ehemalige Putzmörtelgruppen nach DIN V 18550 |
|---|---|---|---|---|
| Mörtel mit Luftkalk (CL) | Putzmörtel mit Luftkalk (Kalkhydrat) als Hauptbindemittel | CS I | Denkmalpflege | P I |
| Mörtel mit hydraulischem Kalk (NHL, HL) | Putzmörtel mit Hauptbindemittel hydraulischer Kalk (NHL; HL) | CS I/CS II | Außenbereich, Denkmalpflege | P I |
| Kalk-Zementmörtel | Putzmörtel, der die Bindemittel Baukalk (Kalkhydrat) und Zement enthält | CS II/CS III | Außenbereich, Sockelbereich | P II |
| Zementmörtel | Putzmörtel mit Hauptbindemittel Zement | CS III/CS IV | Außenbereich (Sockel, Kelleraußenwände) | P III |

Bild 2: Putzmörtel/Putzarten (mineralisch) gem. Tabelle DE.1 aus DIN 18550-1:2014-12

ger präzise formuliert. So findet man z. B. nun die zeitliche Angabe *„innerhalb weniger Stunden"* statt wie bisher *„1 h bis 5 h"*.
Neu aufgenommen wurde ein Abschnitt zu Rissen mit sich überlagernden (ausführungs- und konstruktionsbedingten) Ursachen.

Hinsichtlich des Zeitpunktes des Auftretens von konstruktionsbedingten Rissbildungen findet man in E DIN EN 13914-1:2013-09 Folgendes:
*„Risse im Putzgrund/in der Konstruktion erscheinen innerhalb der Zeitspanne von 0,5 Jahre bis 5 Jahre nach Auftrag des Putzmörtels (späte Risse) und unterscheiden sich deshalb grundlegend von Rissen im Putzmörtel."*
Diese Aussage ist unzutreffend, da putzbedingte und konstruktive Ursachen weitgehend nicht durch den Entstehungszeitpunkt unterscheidbar sind.
Eine falsche Putzwahl/ein falsches Festigkeitsgefälle, zu dünner/sehr ungleichmäßiger Putzauftrag oder falsch eingebaute/fehlende Armierungen können zu später Rissbildung führen und sind den putzbedingten Ursachen zuzuordnen und nicht konstruktionsbedingt.
Der Rissverlauf und die konstruktiven bzw. materialtechnologischen Randbedingungen sind deutlich aussagefähigere Kriterien für die Rissklassifizierung.

### *3.2.3 Kellerwandaußenputz*

Der Kellerwandaußenputz ist ein Beispiel für eine erhöhte Anforderung in der deutschen Putznorm. Liest man in E DIN EN 13914-1:2013-09, dass Putz unterhalb der Geländeoberfläche mit einer wasserabweisenden Dichtungsmasse abgedichtet werden **sollte**, so steht in DIN 18550-1:2014-12, dass darüber hinaus beachtet werden sollte, dass Kellerwandaußenputz im erdberührten Bereich abgedichtet werden **muss**.
Grund für diese Unterscheidung ist, dass die europäische Norm auch beispielsweise in wüstenähnlichen Gebieten Spaniens gilt. Hier ist nicht in jedem Fall eine Abdichtung des Kellerwandputzes erforderlich bzw. sinnvoll, in Deutschland gibt es aber keine derartigen klimatischen Regionen, daher ist diese Anforderung hier überall verpflichtend.
Beide Normen weisen ausdrücklich darauf hin, dass die Abdichtung des Kellerwandaußenputzes nicht Teil der Putzarbeiten ist und separat geplant, ausgeschrieben, beauftragt und vergütet werden muss. DIN 18550-1:2014-12 präzisiert zudem, dass die Putzabdichtung keine Bauwerksabdichtung nach DIN 18195 darstellt und auch nicht Bestandteil des Putzsystems ist.
Als mögliche Abdichtungsmassen werden in E DIN EN 13914-1:2013-09 beispielsweise

- mineralische flexible kunstharzmodifizierte zementgebundene Einpressmörtel,
- kunstharzmodifizierte bitumengebundene Einpressmörtel und
- kunstharzmodifizierte Einpressmörtel

genannt.

In DIN 18550-1:2014-12 steht, dass *„die Putzabdichtung auf den Kellerwandaußenputz oder Sockelputz erfolgt, z. B. durch*

- *mineralisch flexible Dicht(ungs)schlämme auf Zementbasis oder*
- *mineralisch gebundene Spachtelmasse (zweikomponentige Dispersionsspachtelmasse).*

*3.2.4 Baustellenrezeptmörtel*

Zu den Baustellenrezeptmörteln findet man in E DIN EN 13914-1:2013-09 folgende Passage: *„Diese Mischungen sollten durch Dosierung der jeweiligen Bindemittel und Gesteinskörnungen in den entsprechenden Anteilen hergestellt werden. Die Anteile sind in diesem Dokument nicht angegeben. ... Aufgrund der zahlreichen und unterschiedlichen Materialien und Arbeitsweisen in Europa ist es nicht möglich, zu bestimmten Gesichtspunkten dieser Norm genügend Einzelheiten anzugeben, um den Anwendern in jedem Land umfassende Verwendbarkeit zu bieten. Für die Ergänzung grundsätzlicher europäischer Empfehlungen, nicht jedoch für deren Änderung, werden von den einzelnen Ländern Dokumentationen ausgearbeitet."*

In DIN 18550-1:2014-12 findet man daher in Tabelle DE.5 bewährte Mischungsverhältnisse von Baustellenmörtel für Außenputze (Mischungsverhältnisse in Raumteilen/Volumen) (siehe Bild 3).

## 4 Wärmeschutz und Energieeinsparung in Gebäuden

### *4.1 DIN 4108 Teil 2 – Mindestanforderungen an den Wärmeschutz (2013-02)*

Die Norm legt Mindestanforderungen an die Dämmung von Bauteilen sowie Wärmebrücken in der Gebäudehülle fest und unterscheidet zwischen Räumen, die ihrer Bestimmung nach auf übliche (≥ 19 °C) bzw. auf niedrige (12 °C bis 19 °C) Innentemperaturen beheizt werden. Auch für Räume, die über Raumverbund mit den vorgenannten Räumen verbunden sind, gelten die Anforderungen. Weiterhin werden Anforderungen an den sommerlichen Wärmeschutz formuliert und Hinweise für die Planung und Ausführung von Aufenthaltsräumen in Hochbauten (Wohn- und Nichtwohngebäude) gegeben.

Das Kapitel „Mindestwärmeschutz im Bereich von Wärmebrücken" wurde überarbeitet:

Die Norm unterscheidet zwischen linienförmigen und punktförmigen Wärmebrücken. Im Bereich von Kanten (linienförmige Anschlüsse zwischen zwei flächigen Bauteilen und Schnittstellen zwischen Fensterelement und Baukörper) ist bei stationärer Berechnung

| Mörtelart | Baukalke, Luftkalk, Weißkalkhydrat, Kalkhydrat nach DIN EN 459-1 | Hydraulischer Kalk, Natürlich hydraulischer Kalk nach DIN EN 459-1 | Putz- und Mauerbinder nach DIN EN 413-1 | Zement nach DIN EN 197 (in der Regel CEM II 32, 5R) | Gesteinskörnung (Sand) nach DIN EN 12620 |
|---|---|---|---|---|---|
| Luftkalkmörtel | 1,0 | | | | 3,5 bis 4,0 |
| Mörtel mit hydraulischem Kalk | | 1,0 | | | 3,0 bis 4,0 |
| Mörtel mit Putz- und Mauerbinder | | | 1,0 | | 3,0 bis 4,0 |
| Kalkzementmörtel | 1,5 bis 2,0 | | | 1,0 | 9,0 bis 11,0 |
| Zementmörtel mit Zusatz von Kalkhydrat | ≤ 0,5 | | | 2,0 | 6,0 bis 8,0 |
| Zementmörtel | | | | 1,0 | 3,0 bis 4,0 |

Bild 3: Mischungsverhältnisse von Baustellenmörtel für Außenputze (Mischungsverhältnisse in Raumteilen/Raumvolumen) gem. Tabelle DE.5 aus DIN 18550-1:2014-12

mindestens eine Oberflächentemperatur von 12,6 °C bzw. $f_{Rsi} \geq 0{,}70$ einzuhalten.

Ecken (Stellen, an denen drei flächige Bauteile zusammenstoßen), die aus den o. g. Kanten gebildet werden und bei denen keine darüber hinaus gehende Störung der Dämmebene vorhanden ist, können als unbedenklich hinsichtlich Schimmelpilzbildung angesehen werden und bedürfen keines Nachweises. Ist eine stationäre Berechnung erforderlich, muss auch hier mindestens eine Oberflächentemperatur von 12,6 °C bzw. $f_{Rsi} \geq 0{,}70$ eingehalten werden. Im Normentwurf von Oktober 2011 war – bei stationärer Berechnung – eine Mindestoberflächentemperatur im Bereich von Ecken von 10 °C formuliert worden, diese wurde zurückgenommen und durch 12,6 °C ersetzt.

Zur Wärmebrückenberechnung von Tiefgaragen wurden Temperaturrandbedingungen ergänzt, sie entsprechen denen von unbeheizten Dachräumen.

Die Tabelle mit Mindestwerten für Wärmedurchlasswiderstände von Bauteilen ist überarbeitet und neu gegliedert worden. Die im Entwurf formulierten Anforderungen an Türen sind nicht in die Norm aufgenommen worden. Im Normentwurf von Oktober 2011 waren für Bauteile mit Flächenheizungen und/oder -kühlungen erstmals Anforderungen formuliert worden. Die Mindest-Wärmedurchlasswiderstände der Dämmschichten unter Flächenheizungen und/oder -kühlungen lagen im Entwurf zwischen 0,75 m²K/W und 2,0 m²K/W. Dieses Kapitel ist nicht in die Norm von Februar 2013 eingeflossen.

Das Nachweisverfahren für den Wärmeschutz im Sommer ist überarbeitet worden:

Der Einfluss der Nachtlüftung und der Kühlung wurden bei der Bestimmung des zulässigen Sonneneintragskennwertes eingearbeitet.

Beim Berechnungsverfahren für Sonneneintragskennwerte werden die Anhaltswerte für Abminderungen von fest installierten Sonnenschutzvorrichtungen ($F_c$) jetzt in Abhängigkeit von den Glaserzeugnissen angegeben.

Ein Kapitel für die thermische Gebäudesimulation wurde ergänzt.

Die Mindestanforderungen an den sommerlichen Wärmeschutz sind an neue Wetterdaten angepasst worden. In einer überarbeiteten Klimakarte für Deutschland werden weiterhin drei Regionen definiert, diese werden aber nicht mehr sommerkühl, gemäßigt oder sommerheiß genannt, sondern Region A, B bzw. C.

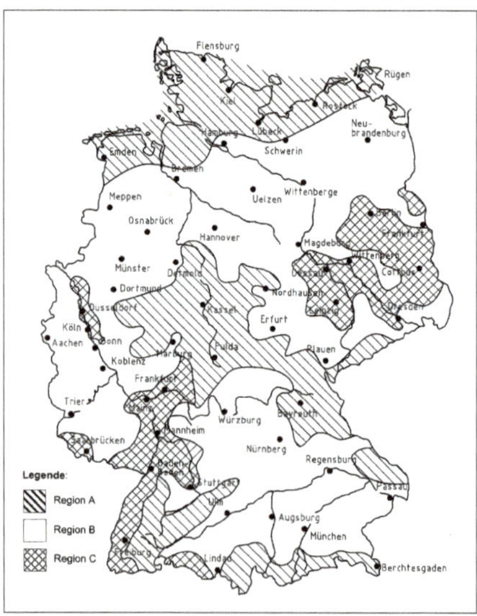


Bild 4: Alte Karte der Sommer-Klimaregionen in Deutschland (aus DIN 4108-2: 2003-07)

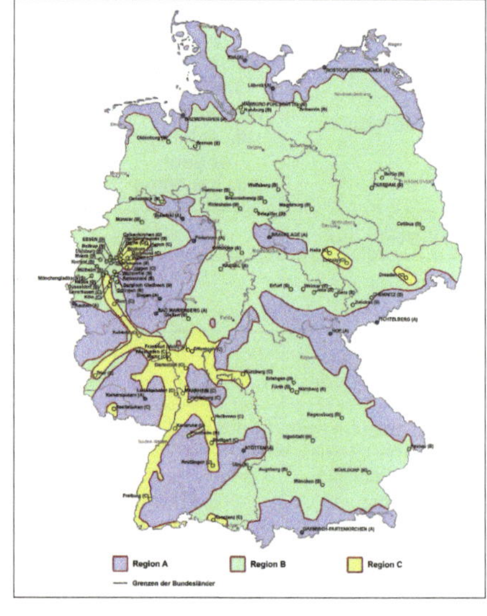


Bild 5: Neue Karte der Sommer-Klimaregionen in Deutschland (aus DIN 4108-2: 2013-02)

## 4.2 DIN 4108 Teil 3 – Klimabedingter Feuchteschutz (2014-11)

Die Norm gilt für nicht klimatisierte Wohnräume oder wohnähnlich genutzte Räume und behandelt, neben Hinweisen zum Schlagregenschutz, den Schutz von Bauteilen vor winterlichem Tauwasser.

Für den feuchtetechnischen Nachweis wird das sog. Glaserverfahren in der Norm beschrieben, welches Dampfdiffusionsvorgänge unter winterlichen Bedingungen betrachtet und mit stationären Randbedingungen arbeitet. Sollen wärme- und feuchtetechnische Speichervorgänge oder der Feuchtetransport durch Kapillarleitung berücksichtigt werden, verweist die Norm im Anhang D auf genauere Berechnungsverfahren.

Es wird ausdrücklich darauf hingewiesen, dass das „Glaser"-Verfahren ein modellhaftes Nachweis- und Bewertungsverfahren ist und ein Hilfsmittel für den Fachmann zur Beurteilung des klimabedingten Feuchteschutzes darstellt. Die realen physikalischen Vorgänge in ihrer tatsächlichen zeitlichen Abfolge werden hiermit nicht abgebildet.

Das in der Norm zugrunde liegende stationäre Verfahren zur Berechnung von Diffusionsvorgängen nach Glaser ist nicht anwendbar bei:

- klimatisierten Wohn- oder wohnähnlich genutzte Räumen,
- erdberührten Bauteilen,
- begrünten Dachkonstruktionen,
- zur Berechnung des natürlichen Austrocknungsverhaltens von z. B. Rohbaufeuchte oder Niederschlagswasser,
- nachträglichen Innendämmungen mit R > 1,0 ($m^2K/W$) auf einschaligen Außenwänden mit ausgeprägten sorptiven und kapillaren Eigenschaften,
- Konstruktionen, die an klimatisierte oder deutlich anders beaufschlagte Räume angrenzen, wie z. B. Schwimmbäder.

In der Norm werden weiterhin nachweisfreie Konstruktionen beschrieben, die keines rechnerischen Tauwassernachweises bedürfen, da diese sich in der Praxis bewährt haben.

Bestehen Konstruktionen den in der Norm beschriebenen Tauwassernachweis nicht, darf deren Funktionalität mithilfe des o. g. genaueren Berechnungsverfahrens – der hygrothermischen Simulation – nachgewiesen werden. *„Von diesen (Computer-)Modellen* (so ist in der Norm zu lesen) *ist zu erwarten, dass sie eine größere Genauigkeit als dasjenige besitzen, das in dieser Norm beschrieben wird. Ein Problem besteht jedoch darin, dass Eingabedaten wie Stoffeigenschaften und Klimabedingungen häufig nicht ausreichend bekannt sind."*

Detaillierte Angaben zur hygrothermischen Simulation finden Sie im Aufsatz von Dipl.-Ing. Daniel Kehl in diesem Tagungsband.

Die Dauer der Tauperiode ist im rechnerischen Nachweis von zwei auf drei Monate erhöht worden. Neu sind auch die für die Berechnung der Tauwasserbildung anzusetzenden Klimarandbedingungen. Das Innenklima wird in der Tauperiode weiterhin mit 20 °C und 50 % rel. Feuchte angenommen, das Außenklima jetzt mit –5 °C (statt –10 °C) und 80 % rel. Feuchte.

Beim Perioden-Bilanzverfahren sind folgende Wärmeübergangswiderstände in allen Fällen anzusetzen: innen $R_{si} = 0{,}25\ m^2K/W$ und außen $R_{se} = 0{,}04\ m^2K/W$.

(Im Weißdruck der Norm von Juli 2001 war bisher nach folgenden Fällen zu unterscheiden: innen $R_{si} = 0{,}13\ m^2K/W$ für Wärmestromrichtungen horizontal, aufwärts sowie für Dachschrägen; $R_{si} = 0{,}17\ m^2K/W$ für Stromrichtungen abwärts und außen: $R_{se} = 0{,}04\ m^2K/W$ für alle Wärmestromrichtungen, wenn die Außenoberfläche an Außenluft grenzt; $R_{se} = 0{,}08\ m^2K/W$ für alle Wärmestromrichtungen, wenn die Außenoberfläche an belüftete Luftschichten grenzt und $R_{se} = 0\ m^2K/W$ für alle Wärmestromrichtungen, wenn die Außenoberfläche an das Erdreich grenzt.)

Die neuen Randbedingungen entsprechen denen, die auch für den Nachweis der Schimmelpilzfreiheit einer Konstruktion anzusetzen sind und verschärfen somit den Nachweis der Tauwasserfreiheit, da rechnerisch mit deutlich mehr Tauwasser im Bauteil umgegangen werden muss.

Hinweise zu Anforderungen zur Vermeidung kritischer Luftfeuchten an Bauteiloberflächen sind neu in die Norm aufgenommen worden. Es werden u. a. kritische Werte für Tauwasser- und Schimmelpilzbildung, sowie Baustoffkorrosion genannt. Der mindestens erforderliche Wärmedurchlasswiderstand $R_{min}$ eines ebenen, homogenen Bauteils ohne Wärmebrücken kann nach dem Berechnungsverfahren in Anhang A errechnet werden.

Auf der Datengrundlage des Deutschen Wetterdienstes ist eine neue Übersichtskarte zur Schlagregenbeanspruchung erarbeitet worden (s. Bild 7).

Bild 6: Alte Übersichtskarte zur Schlagregenbeanspruchung in Deutschland (aus DIN 4108-3: 2001-07)

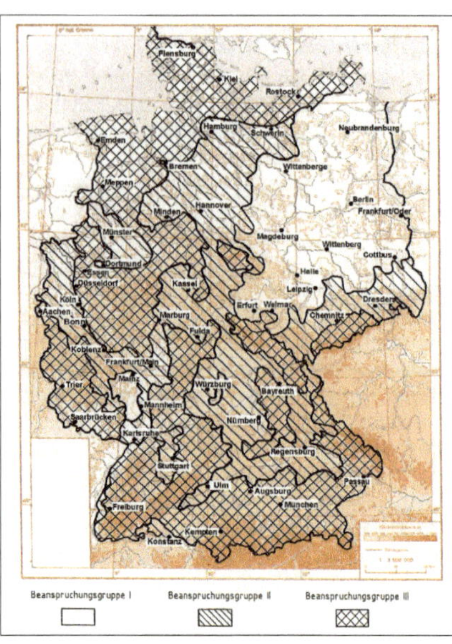


Bild 7: Neue Übersichtskarte zur Schlagregenbeanspruchung in Deutschland (aus DIN 4108-3: 2014-11)

Die Liste der Bauteile, für die kein Tauwasser-Nachweis erforderlich ist, wurde ergänzt. Neu aufgenommen wurden:

- Außenwände ohne Schlagregenbeanspruchung mit einem Wärmedurchlasswiderstand der Innendämmung $R \leq 0{,}5\ m^2K/W$ (Bei $0{,}5 < R \leq 1{,}0\ m^2K/W$ der Wärmedämmschicht ist ein Wert $s_{d,i} \geq 0{,}5$ m der Dämmschicht einschl. der raumseitigen Bekleidung wie bisher für die Nachweisfreiheit erforderlich.),
- Mauerwerk mit Innenputz und einseitig belüfteter Außenwandbekleidungen mit einer Lüftungsöffnung von 100 $cm^2/m$,
- Mauerwerk mit Innenputz und kleinformatigen luftdurchlässigen Außenwandbekleidungen mit und ohne Belüftung,
- Wände in Holzbauart nach DIN 68800-2 in den in der Norm genannten Konstruktionsvarianten,
- Holzfachwerkwände mit raumseitiger Luftdichtheitsschicht und Innendämmung (über Fachwerk und Gefach) mit $R \leq 0{,}5\ m^2K/W$. (Bei $0{,}5 < R \leq 1{,}0\ m^2K/W$ der Dämmschicht ist ein Wert von $1\ m \leq s_{d,i} \leq 2$ m der Dämmschicht einschl. der raumseitigen Bekleidung für die Nachweisfreiheit erforderlich.)
- Erdberührte Kelleraußenwände mit Abdichtungen nach DIN 18195 Teil 4-6 aus einschaligem Mauerwerk oder Beton, jeweils mit Perimeterdämmung nach DIN 4108-10 oder Zulassung,
- Bodenplatten mit Perimeterdämmung und Abdichtung nach DIN 18195-4, wobei der Anteil der raumseitigen Schichten am Gesamtwärmedurchlasswiderstand der Bodenplatte nicht mehr als 20 % betragen darf.

Der Weißdruck von DIN 4108-3:2001-07 enthält im Abschnitt „Tauwasserschutz – Bauteile für die kein rechnerischer Tauwassernachweis erforderlich ist“ folgende Anmerkung:
*„Bei nicht belüfteten Dächern mit äußeren diffusionshemmenden Wärmedämmschichten mit $s_{d,e} \geq 2$ m trocknet erhöhte Baufeuchte oder später – z. B. durch Undichtheiten – eingedrungene Feuchte nur schlecht oder gar nicht aus …“*
Diese Anmerkung wird in der Norm von November 2014 durch folgenden Zusatz ergänzt:

*„... Es ist bei diesen Konstruktionen zu beachten, dass zwischen den inneren diffusionshemmenden Wärmedämmschichten ($s_{d,i}$) und den äußeren diffusionshemmenden Wärmedämmschichten ($s_{d,e}$) bzw. der äußeren Dachabdichtung Holz oder Holzwerkstoffe nur bis zu der jeweiligen zulässigen Materialfeuchte eingebaut werden."*

Diese Erweiterung der Anmerkung ist bauphysikalisch als kritisch zu bewerten. Zur Schadensvermeidung ist der Einbau von Hölzern mit maximal zulässiger Materialfeuchte nicht ausreichend, da es durch Umlagerungsprozesse der Feuchte senkrecht im Dachquerschnitt und in der Ebene des Daches – beispielsweise in unvermeidbaren Spalten oberhalb der Dämmebene – bereichsweise zu deutlich höheren, dann sehr wohl schadensauslösenden Holzfeuchten kommen kann. Dies ist bei der Planung und Ausführung unbedingt zu beachten.

War in dem Entwurf des Teils 3 von DIN 4108 im Oktober 2011 erstmals als informativer Anhang die Bewertung von Tauwasserbildung an Fensterrahmen aufgenommen worden, ist dieser in der endgültigen Norm von November 2014 nicht mehr enthalten.

## 5 Estrich

### 5.1 *DIN 18560 Teil 1 – Estriche im Bauwesen – Allgemeine Anforderungen, Prüfung und Ausführung (2014-12, Entwurf)*

Die Prüfpflicht des Oberbodenlegers wurde neu in den allgemeinen Teil der Estrichnorm aufgenommen: *„Wird ein Estrich mit einem Bodenbelag versehen, kann dessen Verlegung erst dann erfolgen, wenn der Estrich seine Belegereife erreicht hat. Die Beurteilung der Belegereife gehört zur Prüfpflicht des Oberbodenlegers direkt vor der Verlegung."*

Ein ausführliches Kapitel zur Messung des Feuchtegehaltes auf der Baustelle mithilfe der Calciumcarbid-Methode (CM-Messung) wurde ergänzt, im Anhang findet man zudem ein Protokoll zur Dokumentation dieser Messung.

Des Weiteren wurden Angaben zum Feuchtegehalt üblicher Zementestriche (CT) und üblicher Calciumsulfatestrichen (CA) jeweils mit bzw. ohne Fußbodenheizung ergänzt.

### 5.2 *DIN 18560 Teil 4 – Estriche im Bauwesen – Estriche auf Trennschicht (2012-06)*

Die Nenndicken von Estrichen auf Trennschicht werden in der Norm von 2012 nicht mehr pauschal für ein Material angegeben, sondern sie sind in Abhängigkeit von verschiedenen Nutzlasten einer Tabelle zu entnehmen. Die Mindestnenndicke muss nun 30 mm betragen, einzige Ausnahme stellten die Gussasphaltestriche (AS) dar: sie müssen mit einer Mindestnenndicke von 25 mm ausgeführt werden.

Die baulichen Anforderungen an Fugen sowie an den tragenden Untergrund bei der Ausführung von Bitumenschweißbahnen, Schüttungen, Leichtestrichen und Abdichtungen gegen Bodenfeuchte und nichtdrückendes Wasser wurden ergänzt.

Die Dicke der Trennschicht aus Polyethylenfolie ist von mind. 0,1 mm auf 0,15 mm erhöht und Calciumsulfatfließestriche (CAF) sind neu in die Norm aufgenommen worden.

Neu in den Normteil 4 aufgenommen und detailliert beschrieben ist die Messung des Feuchtegehaltes auf der Baustelle mit der Calciumcarbid-Methode (CM-Messung). Der Oberbodenleger muss die Belegreife direkt vor dem Verlegen z. B. mit der CM-Methode überprüfen (Prüfpflicht).

## 6 Außentreppen: DIN 18065 – Gebäudetreppen (2015-03) und DNV-Merkblatt: Massivstufen und Treppenbeläge außen (2013-06)

Neben redaktionellen Anpassungen und der Aktualisierung der normativen Verweisungen ist folgende Anforderung zur Soll-Lage von Treppenpodesten und Trittstufen neu in Tabelle 1 von DIN 18065:2015-03 aufgenommen worden:

*„Treppenpodeste und Trittstufen müssen eine waagerechte Soll-Lage haben. Für Treppen, bei denen eine Entwässerung erforderlich ist, muss ein Funktionsgefälle ausgebildet werden. Das Funktionsgefälle ist materialabhängig und nach den allgemein anerkannten Regeln der Technik auszuführen. Das Funktionsgefälle darf den Grenzwert 3 % nicht unterschreiten."*

Die Forderung nach einem Funktionsgefälle bezieht sich im Wesentlichen auf Außentreppen. Nach der derzeit gültigen Norm sind diese ohne Mindestgefälle nicht zulässig, da man davon ausgeht, dass sie sonst nicht funktionstauglich realisierbar sind.

In der bautechnischen Information des Deutschen Naturstein Verbandes e. V. (DNV), Würzburg von Juni 2013 steht jedoch zum Thema Entwässerung – Bettung und Verlegeuntergrund:
*„... Kann bei Treppen in Ausnahmefällen kein Gefälle im Untergrund hergestellt werden, ist die Verlegung auf wasserableitenden Systemen erforderlich, Treppen im Gelände können auch in einem dränfähigen Verlegemörtel auf wasserdurchlässigen Untergründen ... erstellt werden."*

## 7 Liste der neu erschienen Regelwerke

Die folgende Tabelle listet die von April 2012 bis Mai 2015 erschienenen wichtigsten Neuerungen auf.
Sie sind nach Themen sortiert; die Aufstellung hat keinen Anspruch auf Vollständigkeit.

THEMA (Stand: 5/2015)

| Thema | Regelwerk |
|---|---|
| Beton | DIN 1045: Tragwerke aus Beton, Stahlbeton und Spannbeton<br>- Teil 2: Beton – Festlegung, Eigenschaften, Herstellung und Konformität - Anwendungsregeln zu DIN EN 206 (Entwurf 2014-08)<br>DIN 18541: Fugenbänder aus thermoplastischen Kunststoffen zur Abdichtung von Fugen in Beton<br>- Teil 1: Begriffe, Formen, Maße, Kennzeichnung (2014-11)<br>- Teil 2: Anforderungen an die Werkstoffe, Prüfung und Überwachung (2014-11)<br>DIN EN 206: Beton – Festlegung, Eigenschaften, Herstellung und Konformität (2014-07)<br>DIN EN 1504: Produkte und Systeme für den Schutz und die Instandsetzung von Betontragwerken – Definitionen, Anforderungen, Qualitätsüberwachung und Beurteilung der Konformität<br>- Teil 2: Oberflächenschutzprodukte und -systeme für Beton (2015-03, Entwurf)<br>- Teil 5: Injektion von Betonbauteilen (2013-06)<br>DIN EN 13369: Allgemeine Regeln für Betonfertigteile (2013-08)<br>DIN SPEC 18047: Grundsätze für eine Spezifikation zur Vermeidung einer schädigenden Alkali-Kieselsäure-Reaktion (AKR) in Beton (2012-11)<br>Richtlinien des dt. Ausschusses für Stahlbeton (DAfStb) e. V., Berlin<br>- Vorbeugende Maßnahmen gegen schädigende Alkalireaktion im Beton (Alkali-Richtlinie) (2013-10)<br>Dt. Beton- und Bautechnikverein e. V. (DBV), Berlin<br>- Anwendung zerstörungsfreier Prüfverfahren im Bauwesen (2014-01)<br>- Chemischer Angriff auf Betonbauwerke – Bewertung des Angriffsgrads und geeignete Schutzprinzipien (2014-07)<br>- WU-Dächer (2013-07) |
| Estrich | DIN 18560: Estriche im Bauwesen<br>- Teil 1: Allgemeine Anforderungen, Prüfung und Ausführung (2014-12, Entwurf)<br>- Teil 2: Estriche und Heizestriche auf Dämmschichten (schwimmende Estriche), Berichtigung zu DIN 18560-2:2009-09, Berichtigung 1 (2012-05)<br>- Teil 4: Estriche auf Trennschicht (2012-06)<br>Bundesverband Estrich und Belag (BEB), Troisdorf<br>- Hinweise für die Verlegung von Zementestrichen (2014)<br>- Hinweise zur Planung und Ausführung von Fußbodenkonstruktionen bei Rohren, Leitungen und Einbauteilen auf Rohdecken (2015)<br>- Ausführung von Bodenabläufen ohne Gefälle (2012) |

| | |
|---|---|
| Mauerwerk | DIN 105: Mauerziegel<br>- Teil 5: Leichtlanglochziegel und Leichtlanglochziegelplatten (2013-06)<br>- Teil 6: Planziegel (2013-06)<br>DIN EN 771: Festlegungen für Mauersteine<br>- Teil 1: Mauerziegel, Änderung A1 (2014-08, Entwurf)<br>- Teil 2: Kalksandsteine, Änderung A1 (2014-08, Entwurf)<br>- Teil 3: Mauersteine aus Beton (mit dichten und porigen Zuschlägen) Änderung A1 (2014-08, Entwurf)<br>- Teil 4: Porenbetonsteine, Änderung A1 (2014-08, Entwurf)<br>- Teil 5: Betonwerksteine, Änderung A1 (2014-08, Entwurf)<br>- Teil 6: Natursteine, Änderung A1 (2014-08, Entwurf)<br>Deutsche Gesellschaft für Mauerwerks- und Wohnungsbau e. V. (DGfM), Berlin<br>- Praxistipps für die Ausführung von Mauerwerk (2013-09)<br>- Merkblatt Abdichtung von Mauerwerk (2013-08)<br>Deutscher Naturwerkstein Verband (DNV) e. V., Würzburg<br>- Bautechnische Information 1.1: Mauerwerk (2014) |
| Putz | DIN 18550: Planung, Zubereitung und Ausführung von Innen- und Außenputzen<br>- Teil 1: Ergänzende Festlegungen zu DIN EN 13914-1 für Außenputze (2014-12)<br>- Teil 2: Ergänzende Festlegungen zu DIN EN 13914-2 für Innenputze (2014-10, Entwurf)<br>DIN EN 13914: Planung, Zubereitung und Ausführung von Innen- und Außenputzen<br>- Teil 1: Außenputz (2013-09, Entwurf)<br>- Teil 2: Planung und wesentliche Grundsätze für Innenputz (2013-09, Entwurf) |
| Holz | Merkblätter der Wissenschaftlich-Technischen Arbeitsgemeinschaft für Bauwerkserhaltung und Denkmalpflege e. V. (WTA), Pfaffenhofen<br>1-6-13/D Probenahme am Holz – Untersuchungen hinsichtlich Pilze, Insekten, Holzschutzmitteln, Holzalter und Holzarten (2013)<br>1-7-12/D Holzergänzung (2012)<br>8-13-13/D Ertüchtigung von Holzbalkendecken nach WTA I: Schwingungen, Durchbiegung, Tragfähigkeit (2013)<br>8-14-14/D Ertüchtigung von Holzbalkendecken nach WTA II: Balkenköpfe in Außenwänden (2014)<br>Deutsche Bauchemie e. V., Frankfurt/Main<br>- Holzschutz nach DIN 68800-1 (2012-10)<br>- Holzschutz nach DIN 68800-3 (2012-10)<br>- Informationsblatt zur DIN 68800 (2013-07)<br>- Rechtliche Aspekte und Fragestellungen zu DIN 68800: Informationen für Architekten, Planer, Imprägnierbetriebe und Bauherren (2013-10) |
| Dach | Zentralverband des dt. Dachdeckerhandwerks (ZVDH), Köln:<br>- Fachregel für Dachdeckungen mit Schiefer – Gelbdruck (2015-01)<br>- Fachregel für Dachdeckungen mit Dachziegeln und Dachsteinen (2012-12)<br>- Fachregel für Außenwandbekleidungen mit Schiefer – Gelbdruck (2015-01)<br>- Fachregel für Metallarbeiten im Dachdeckerhandwerk – Gelbdruck (2015-01)<br>- Merkblatt Wärmeschutz bei Dach und Wand (2015-04) |

| | |
|---|---|
| Wand<br><br>WDVS<br><br>Innen-<br>dämmung | DIN 18515: Außenwandbekleidungen<br>- Teil 1: Angemörtelte Fliesen oder Platten, Grundsätze für Planung und Ausführung (2014-06, Entwurf)<br>DIN 18516: Außenwandbekleidungen, hinterlüftet<br>- Teil 3: Naturwerkstein; Anforderungen, Bemessung (2013-09)<br>- Teil 5: Betonwerkstein; Anforderungen, Bemessung (2013-09)<br>DIN 18540: Abdichten von Außenwandfugen im Hochbau mit Fugendichtstoffen (2014-09)<br>DIN EN 13119: Vorhangfassaden – Terminologie (2014-09, Entwurf)<br>DIN EN 13830: Vorhangfassaden – Produktnorm (2013-06, Entwurf)<br>DIN EN 14019: Vorhangfassaden – Stoßfestigkeit – Leistungsanforderungen (2014-09, Entwurf)<br>DIN EN 16758: Vorhangfassaden – Bestimmung der Festigkeit der Verbindungen zwischen Rahmenbauteilen – Prüfverfahren (2014-08, Entwurf)<br>Merkblätter der Wissenschaftlich-Technischen Arbeitsgemeinschaft für Bauwerkserhaltung und Denkmalpflege e. V. (WTA), Pfaffenhofen<br>2-12-13/D Fassadenanstriche für mineralische Untergründe in der Bauwerkserhaltung (2013)<br>E-2-13-14/D Wärmedämm-Verbundsysteme – Wartung, Instandsetzung, Verbesserung (2014)<br>6-5-14/D Innendämmung nach WTA II: Nachweis von Innendämmsystemen mittels numerischer Berechnungsverfahren (2014)<br>E-8-1-12/D Fachwerkinstandsetzung nach WTA I: Bauphysikalische Anforderungen an Fachwerkgebäude (2012)<br>E-8-4-14/D Fachwerkinstandsetzung nach WTA IV: Außenbekleidungen (überarbeitete Fassung, 2014-03)<br>8-9-14/D Fachwerkinstandsetzung nach WTA IX: Gebrauchsanweisung für Fachwerkhäuser (überarbeitete Fassung, 2014)<br>Fachverband Wärmedämm-Verbundsysteme e. V., Baden-Baden<br>- WDV-Systeme zum Thema Brandschutz – Technische Systeminfo 6 (überarb. Auflage, 2014-03)<br>- WDV-Systeme zum Thema Schallschutz – Technische Systeminfo 7 (überarb. Auflage, 2013-01)<br>BFS-Merkblatt Nr. 21: Technische Richtlinien für die Planung und Verarbeitung von Wärmedämm-Verbundsystemen. Hrsg.: Bundesverband Farbe Gestaltung Bautenschutz, Frankfurt/Main (2012)<br>Empfehlungen für den Einbau/Ersatz von Naturstein- und Kunststeinfensterbänken (WDVS-Fassade) der Gütegemeinschaft Wärmedämmung von Fassaden e. V. (GWF); Frankfurt/Main (2014-11)<br>Planung von Bewegungsfugen in Fassaden. Hrsg.: Deutsche Bauchemie e. V., Frankfurt/Main (2014-11) |
| Eurocode | DIN EN 1990/NA: Nationaler Anhang – National festgelegte Parameter Eurocode: Grundlagen der Tragwerksplanung; Änderung A1 (2012-08)<br>DIN EN 1991: Eurocode 1 – Einwirkungen auf Tragwerke<br>- Teil 1-1/NA: Nationaler Anhang – National festgelegte Parameter Allgemeine Einwirkungen auf Tragwerke – Wichten, Eigengewicht und Nutzlasten im Hochbau; Änderung A1 (2014-07, Entwurf)<br>- Teil 1-2: Allgemeine Einwirkungen – Brandeinwirkungen auf Tragwerke, Änderung A1 (2015-01, Entwurf)<br>- Teil 1-3: Allgemeine Einwirkungen – Schneelasten, Änderung A1 (2013-10, Entwurf)<br>- Teil 1-6: Allgemeine Einwirkungen – Einwirkungen während der Bauausführung, Berichtigung 1 (2013-08)<br>- Teil 1-7: Allgemeine Einwirkungen – Außergewöhnliche Einwirkungen, Änderung A1 (2013-10, Entwurf) |

| | |
|---|---|
| | DIN EN 1992: Eurocode 2 – Bemessung und Konstruktion von Stahlbeton- und Spannbetontragwerken<br>- Teil 1-1: Allgemeine Bemessungsregeln und Regeln für den Hochbau, Änderung A1 (2015-03)<br>- Teil 1-1/NA: Nationaler Anhang – National festgelegte Parameter Allgemeine Bemessungsregeln und Regeln für den Hochbau (2013-04)<br>- Teil 1-2/NA: Nationaler Anhang – National festgelegte Parameter, Allgemeine Regeln – Tragwerksbemessung für den Brandfall, Änderung A1 (2015-01, Entwurf)<br>DIN EN 1993: Eurocode 3 – Bemessung und Konstruktion von Stahlbauten<br>- Teil 1-1: Allgemeine Bemessungsregeln und Regeln für den Hochbau; Änderung A1 (2014-07)<br>- Teil 1-1/NA: Nationaler Anhang – National festgelegte Parameter Allgemeine Bemessungsregeln und Regeln für den Hochbau, Änderung A1 (2014-10, Entwurf)<br>- Teil 1-4: Allgemeine Bemessungsregeln – Ergänzende Regeln zur Anwendung von nichtrostenden Stählen, Änderung A1 (2014-10, Entwurf)<br>- Teil 1-6: Festigkeit und Stabilität von Schalen, Änderung A1 (2014-10, Entwurf)<br>DIN EN 1994: Eurocode 4 – Bemessung und Konstruktion von Verbundtragwerken aus Stahl und Beton<br>- Teil 1-2: Allgemeine Regeln – Tragwerksbemessung für den Brandfall, Änderung A1 (2014-06)<br>DIN EN 1995: Eurocode 5 – Bemessung und Konstruktion von Holzbauten<br>- Teil 1-1: Allgemeines – Allgemeine Regeln und Regeln für den Hochbau, Änderung A2 (2014-07)<br>- Teil 1-1/NA: Nationaler Anhang – National festgelegte Parameter Allgemeines – Allgemeine Regeln und Regeln für den Hochbau (2013-08)<br>DIN EN 1996: Eurocode 6 – Bemessung und Konstruktion von Mauerwerksbauten<br>- Teil 1-1: Allgemeine Regeln für bewehrtes und unbewehrtes Mauerwerk (2013-02)<br>- Teil 1-1/NA: Nationaler Anhang – National festgelegte Parameter Allgemeine Regeln für bewehrtes und unbewehrtes Mauerwerk (2012-05) mit Änderung A1 (2014-03) und Änderung A2 (2015-01)<br>- Teil 1-2: Nationaler Anhang – National festgelegte Parameter Allgemeine Regeln – Tragwerksbemessung für den Brandfall (2012-04, Entwurf)<br>- Teil 3/NA: Nationaler Anhang – National festgelegte Parameter Vereinfachte Berechnungsmethoden für unbewehrte Mauerwerksbauten (2012-01) mit Änderung A1 (2014-03) und Änderung A2 (2015-01) |
| Bauwerksabdichtung<br><br>Nassraumabdichtung | DIN EN 15814: Kunststoffmodifizierte Bitumendickbeschichtungen zur Bauwerksabdichtung – Begriffe und Anforderungen (2015-03)<br>DIN EN 14891: Flüssig zu verarbeitende wasserundurchlässige Produkte im Verbund mit keramischen Fliesen und Plattenbelägen – Anforderungen, Prüfverfahren, Konformitätsbewertung, Klassifizierung und Bezeichnung (2013-07) und (2015-02, Entwurf)<br>Richtlinie Fassadensockelputz/Außenanlage – Richtlinie für die fachgerechte Planung und Ausführung des Fassadensockelputzes sowie des Anschlusses der Außenanlage. Hrsg: Fachverband der Stuckateure für Ausbau und Fassade Baden-Württemberg und Verband Garte-, Landschafts- und Sportplatzbau, Baden-Württemberg, 3. Überarb. Ausgabe (2013-01)<br>Verbundabdichtungen: Hinweise für die Ausführung von flüssig zu verarbeitenden Verbundabdichtungen mit Bekleidungen und Belägen aus Fliesen und Platten für den Innen- und Außenbereich. Hrsg.: Fachverband Fiesen und Naturstein im ZDB e. V., Berlin (2012-08) |

| | | |
|---|---|---|
| | Merkblatt Nr. 5 | Bäder und Feuchträume im Holz- und Trockenbau. Hrsg.: Bundesverband der Gipsindustrie e. V., Berlin (2014-02) |
| | Fachinformation | Abläufe und Rinnen – Leitfaden für die Planung und Ausführung von Abläufen und Rinnen in Verbindung mit Abdichtung im Verbund (AIV). Hrsg.: Fachverband Fliesen und Naturstein im ZDB e. V., Berlin (2012-08) |
| | Schwimmbadbau | – Hinweise für Planung und Ausführung keramischer Beläge im Schwimmbadbau. Hrsg.: Fachverband Fiesen und Naturstein im ZDB e. V., Berlin (2012-08) |
| | Merkblätter der | Wissenschaftlich-Technischen Arbeitsgemeinschaft für Bauwerkserhaltung und Denkmalpflege e. V. (WTA), Pfaffenhofen |
| | 4-6-14/D | Nachträgliches Abdichten erdberührter Bauteile (2014) |
| | E-4-7-13/D | Nachträgliche Mechanische Horizontalsperren (Überarbeitung, 2013) |
| | E-4-10-13/D | Injektionsverfahren mit zertifizierten Injektionsstoffen gegen kapil. Feuchtetransport (2013) |
| Wärmeschutz Energieeinsparung | EnEV 2014: | Energieeinsparverordnung<br>Zweite Verordnung zur Änderung der Energieeinsparverordnung vom 18. November 2013, veröffentlicht am 21. Nov. 2013 im Bundesgesetzblatt Jahrgang 2013 Teil I Nr. 67 |
| | DIN 4108: | Wärmeschutz und Energie-Einsparung in Gebäuden |
| | - Teil 2: | Mindestanforderungen an den Wärmeschutz (2013-02) |
| | - Teil 3: | Klimabedingter Feuchteschutz – Anforderungen, Berechnungsverfahren und Hinweise für Planung und Ausführung (2014-11) |
| | - Teil 4: | Wärme- und feuchteschutztechnische Bemessungswerte (2013-02) |
| | - Teil 10: | Anwendungsbezogene Anforderungen an Wärmedämmstoffe – werkmäßig hergestellte Wärmedämmstoffe (2015-01, Entwurf) |
| | DIN EN ISO 13788: | Wärme- und feuchtetechnisches Verhalten von Bauteilen und Bauelementen<br>Raumseitige Oberflächentemperatur zur Vermeidung kritischer Oberflächenfeuchte und Tauwasserbildung im Bauteilinneren – Berechnungsverfahren (2013-05) |
| | Merkblatt für den | Wärmeschutz erdberührter Bauteile. Hrsg.: Fachvereinigung Polystyrol-Extruderschaumstoff (FPX), Rossdorf (aktualisierte Auflage 2013) |
| | Merkblätter der | Wissenschaftlich-Technischen Arbeitsgemeinschaft für Bauwerkserhaltung und Denkmalpflege e. V. (WTA), Pfaffenhofen |
| | 6-2-14/D | Simulation wärme- und feuchtetechnischer Prozesse (Überarbeitung, 2014) |
| | E-6-9-14/D | Luftdichtheit im Bestand, Teil 1: Grundlagen der Planung (2014) |
| | E-6-10-14/D | Luftdichtheit im Bestand, Teil 2: Detailplanung und Ausführung (2014) |
| | E-6-11-13/D | Luftdichtheit im Bestand, Teil 3: Messung der Luftdichtheit (2013) |
| Schallschutz | VDI 4100: | Schallschutz im Hochbau – Wohnungen<br>Beurteilung und Vorschläge für erhöhten Schallschutz (2012-10) |
| | DIN 4109: | Schallschutz im Hochbau |
| | - Teil 1: | Anforderungen an die Schalldämmung (2013-06, Entwurf) |
| | - Teil 2: | Rechnerische Nachweise der Erfüllung der Anforderungen (2013-11, Entwurf) |
| | - Teil 4: | Handhabung bauakustischer Prüfungen (2013-06, Entwurf) |
| | - Teil 31: | Eingangsdaten für die rechnerischen Nachweise des Schallschutzes (Bauteilkatalog) – Rahmendokument und Grundlagen (2013-11, Entwurf) |
| | - Teil 32: | Eingangsdaten für die rechnerischen Nachweise des Schallschutzes (Bauteilkatalog) – Massivbau (2013-11, Entwurf) |
| | - Teil 33: | Eingangsdaten für die rechnerischen Nachweise des Schallschutzes (Bauteilkatalog) – Holz-, Leicht- und Trockenbau, flankierende Bauteile 2013-12, Entwurf) |

| | | |
|---|---|---|
| | - Teil 34: | Eingangsdaten für die rechnerischen Nachweise des Schallschutzes (Bauteilkatalog) – Vorsatzkonstruktionen vor massiven Bauteilen (2013-06, Entwurf) |
| | - Teil 35: | Eingangsdaten für die rechnerischen Nachweise des Schallschutzes (Bauteilkatalog) – Elemente, Fenster, Türen, Vorhangfassaden (2013-06, Entwurf) |
| | - Teil 36: | Eingangsdaten für die rechnerischen Nachweise des Schallschutzes (Bauteilkatalog) – Gebäudetechnische Anlagen (2013-06, Entwurf) |
| Sonstiges | DIN 1986: | Entwässerungsanlagen für Gebäude und Grundstücke |
| | - Teil 100: | Bestimmungen in Verbindung mit DIN EN 752 und DIN EN 12056 (2013-11, Änderung A1 und 2014-12, Änderung A2) |
| | DIN 1960: | VOB Vergabe- und Vertragsordnung für Bauleistungen |
| | - Teil A: | Allgemeine Bestimmungen für die Vergabe von Bauleistungen (2012-09) |
| | DIN 1961: | VOB Vergabe- und Vertragsordnung für Bauleistungen |
| | - Teil B: | Allgemeine Vertragsbedingungen für die Ausführung von Bauleistungen (2012-09) |
| Innenbauteile | DIN 277: | Grundflächen und Rauminhalte im Bauwesen |
| | - Teil 1: | Hochbau (2015-03, Entwurf) |
| | DIN 4172: | Maßordnung im Hochbau (2015-03, Entwurf) |
| | DIN 18065: | Gebäudetreppen – Begriffe, Messregeln, Hauptmaße (2015-03) |
| | DIN 18202: | Toleranzen im Hochbau – Bauwerke (2013-04) |
| Glas | RAL-Leitfaden zur Planung und Ausführung der Montage von Fenstern und Haustüren für Neubau und Renovierung. Hrsg.: RAL, Bundesinnungsverband des Glaserhandwerks, VFF (6. überarbeitete und erweiterte Auflage, 2014-03) | |
| | Technische Richtlinien des Glaserhandwerks; Hrsg.: Bundesinnungsverband des Glaserhandwerks, Hadamar<br>- TR 18: Absturzsichernde Verglasungen nach TRAV (4. Auflage 2012) Überarbeitung auf Grundlage der DIN 18008 in Planung<br>- TR 19: Linien- und punktförmig gelagerte Verglasungen (7. Auflage 2012) Überarbeitung auf Grundlage der DIN 18008 in Planung | |
| Treppenbeläge | Außentreppen – Treppen aus keramischen Fliesen und Naturstein im Außenbereich. Hrsg.: Fachverband Fliesen und Naturstein im ZDB e. V., Berlin (2012-12) | |
| | Bautechnische Information Naturwerkstein 1.3: Massivstufen und Treppenbeläge, außen. Hrsg.: DNV e.V., Würzburg (2013) | |
| Baugrund<br><br>Ausschachtungen | DIN 1054: | Sicherheitsnachweise im Erd- und Grundbau – Ergänzende Regelungen zu DIN EN 1997-1:2010, Änderung A1 (2012-08) und Änderung A2 (2014-12, Entwurf) |
| | DIN 4019: | Setzungsberechnungen (2014-01) mit Änderung A1 (2014-11, Entwurf) |
| | DIN 4084: | Geländebruchberechnungen |
| | - Beiblatt 1: | Berechnungsbeispiele (2012-07) |
| | DIN 4123: | Ausschachtungen, Gründungen und Unterfangungen im Bereich bestehender Gebäude (2013-04) |

| | | |
|---|---|---|
| Nachhaltigkeit von Bauwerken | DIN EN 15804: | Umweltproduktdeklarationen – Grundregeln für die Produktkategorie Bauprodukte (2014-07) |
| | DIN EN 15978: | Bewertung der umweltbezogenen Qualität von Gebäuden – Berechnungsmethode (2012-10) |
| | DIN EN 16309: | Bewertung der sozialen Qualität von Gebäuden – Berechnungsmethoden (2014-12) |
| | DIN EN 16627: | Bewertung der ökonomischen Qualität von Gebäuden – Methoden (2013-07, Entwurf) |
| | DIN EN 16757: | Umweltproduktdeklarationen – Produktkategorieregeln für vorgefertigte Betonerzeugnisse (2014-07, Entwurf) |

## 8 Schlussbemerkung

Regelwerke sind nicht zwangsläufig im werkvertraglichen Sinn „anerkannte Regeln der Bautechnik", sondern haben lediglich die – widerlegbare – Vermutung für sich, solche Regeln darzustellen.

Wer Abweichendes für richtig hält, muss die Norm und Ihre Entwicklung kennen, um im Streitfall überzeugend argumentieren zu können. An der Regelwerkkenntnis führt daher kein Weg vorbei.

***Dipl.-Ing. Géraldine Liebert***

*Architekturstudium an der RWTH Aachen. Seit 2001 wissenschaftliche Mitarbeiterin im Büro von Prof. Dr.-Ing. Oswald und beim AIBAU – Aachener Institut für Bauschadensforschung und angewandte Bauphysik gemeinn. GmbH; seit 2009 staatlich anerkannte Sachverständige für Schall- und Wärmeschutz.*

*Tätigkeitsschwerpunkte: baukonstruktive und bauphysikalische Beratungen, Planungen von Bauleistungen im Bestand, Mitarbeit bei Gutachten, praktische Bauschadensforschung u. a zu den Themen Wärmeschutz, Energieeinsparung, Innendämmungen, Schimmelpilzbildung, Flachdachabdichtung, Instandsetzung und Instandhaltung von Gebäuden/Kostengünstiges Bauen.*

# Nutzungsabhängige Hygienestufen – neue Lösungsansätze zur Beurteilung von Schimmelschäden („Raumklassenkonzept" bei Schimmelbefall)

Dr.-Ing. Heinz-Jörn Moriske,
Direktor und Professor im Umweltbundesamt Berlin/Dessau-Roßlau

## 1 Einleitung

Schimmel ist nach wie vor ein häufig vorkommendes Innenraumproblem. Unter dem Begriff „Schimmel" versteht man heute sowohl Schimmelpilzwachstum als auch bakterielles Wachstum mit fadenförmigen Bakterien wie Actinomyceten, die oft gemeinsam mit Schimmelpilzwachstum auftreten. Schimmelbefall kann aktiv mit noch lebenden Keimen sein oder passiv, d. h. ein alter Schaden sein, bei dem die Mikroorganismen bereits abgestorben sind, aber noch Zellfragmente und Abbauprodukte entlang der betroffenen Stellen und Flächen im Gebäude vorhanden sind. Diese Unterscheidung ist wichtig, weil in der Praxis so genannte „Altschäden" oft anders beurteilt werden als „aktiver Befall" und aktives Schimmelwachstum. Schimmel breitet sich in einzelnen Räumen, selten im ganzen Gebäude aus. Maßgeblich ist immer ein vorausgegangener Feuchteschaden, der einmalig oder wiederholt sein kann, in jedem Fall aber zu einem überhöhten Eintrag von Wasser und Feuchte in das Gebäude geführt hat. Wenn die durchfeuchteten Bauteile keine Chance haben, zeitnah abzutrocknen, kommt es zu Schimmelwachstum.

Bei der Sanierung ist immer zunächst die Ursache des Feuchteeintritts zu ermitteln und zu beseitigen. Maßnahmen ohne Ursachensuche und -beseitigung stellen keine eigentliche Schimmelsanierung dar und sind allenfalls vorübergehend tolerierbar, z. B. wenn die Ursache zwar erkannt, aber nicht sofort beseitigt werden kann.

Auch ein bloßes Überstreichen von mit Schimmel befallenen Stellen ist keine Schimmelsanierung, sondern verlagert das Problem im Allgemeinen nur zeitlich.

## 2 Schimmelsanierung – bitte sachgerecht!

Bei der Sanierung von Schimmelbefall stehen Sachverständige und Gebäudeeigentümer nicht selten vor großen Herausforderungen und gehen manchmal mit Unsicherheit zu Werke. Dies resultiert zum einen daraus, dass der Schimmel nicht immer offenkundig sichtbar ist, sondern oft auch im Verborgenen, in Hohlräumen etc. wächst. Zum anderen tritt der Befall unter Umständen nicht nur im Wohnzimmer, Kinderzimmer, Schlafraum oder Büro, also dort, wo man sich längere Zeit am Tag aufhält, auf, sondern auch oder ausschließlich in nicht so oft genutzten Nebenräumen, in Einzelfällen auch in gar nicht mit dem Wohnbereich verbundenen Gebäudeteilen (z. B. in der Garage). Ist Schimmelbefall in der Fußbodenkonstruktion, in Hohlräumen von Leichtbauwänden, in ausgebauten oder nicht ausgebauten Dachgeschossen, in Nebenräumen in und außerhalb der Wohnung vorhanden, ist nicht immer sofort klar, wie sachgerecht vorzugehen ist bei der Beurteilung und Sanierung.

Entscheidend ist zunächst, ob der Schimmelbefall mit dem Raum und damit den Raumnutzern in Kontakt kommt oder jemals kommen kann. Danach sind Sanierungsstrategien grundsätzlich auszurichten und zu planen. Diese zunächst simpel anmutende Aussage ist in der Praxis oft schwierig zu beurteilen. Besonders die Frage, ob der Befall jemals mit den Raumnutzern in Kontakt kommen kann, ist meist kaum zu beantworten. Im Falle luftdicht abgeschotteter Bereiche, in denen Schimmel auftritt, ist nämlich sicherzustellen, dass diese auch auf längere Sicht von den Gebäudebereichen, die regelmäßig genutzt werden, abgeschottet bleiben. Dichtungsfolien und -anstriche, z. B. bei Fußböden, müssen eine Dauerundurchlässigkeit gewährleisten, um den betroffenen Gebäudebereich sicher abschotten zu können. Die Undurchlässigkeit muss im Einzelfall nicht nur gegenüber den Schimmelsporen, sondern auch deren gasförmigen Stoffwechselbestandteilen (MVOC) gewährleistet sein. Das ist eigentlich nur bei Alufolie möglich. Ist dies technisch im Einzelfall nicht möglich und ist das Schimmelwachstum im betroffenen Gebäudeteil massiv und wird der Raum dauerhaft genutzt (siehe unten „Raumklassenkonzept"), soll der Schadensbereich weiterhin durch Entfernung des betroffenen Bauteils saniert werden. Eine Abschottung oder Abdichtung reicht dann meist nicht. Der Einzelfall ist jedoch entscheidend.

## 3 Neue Leitfadenempfehlungen – das „Raumklassenkonzept"

In den bisherigen Schimmelleitfäden des Umweltbundesamtes aus den Jahren 2002 und 2005 (siehe Literatur), wurde kaum unterschieden, in welchen Gebäudebereichen der Schimmel auftrat, um eine Sanierungsentscheidung auch davon abhängig zu machen. Dies stieß auf die Kritik von Bauschadensfachleuten und anderen mit Schimmelsanierung befassten Personen. Es führte nämlich in der Praxis dazu, dass im Einzelfall – gleiche Sachlage zugrunde gelegt – betroffene und evtl. daran angrenzende Gebäudeteile entweder komplett entfernt bzw. bis auf den Rohbau zurückgebaut oder lediglich dauerhaft abgeschottet wurden. Ob der Befall in der Wohnung oder im Büro, im Keller oder im nicht ausgebauten Dachgeschoss des Hauses auftrat, spielte dabei keine Rolle. In allen Fällen berief man sich bei der Sanierungsentscheidung gern auf die Empfehlungen des Umweltbundesamtes.

Das soll künftig anders sein. Mit der Vorlage des überarbeiteten und aktualisierten Schimmelleitfades des Umweltbundesamtes Ende 2015 wird erstmals ein abgestuftes Vorgehen vorgeschlagen, je nachdem in welchen Räumlichkeiten der Schimmel auftritt. Dieses „Raumklassenkonzept" (Hygienestufenkonzept) unterscheidet folgende Räume (die Ausarbeitung erfolgte wesentlich in Absprache mit dem Aachener Institut für Bauschadensforschung):

a. Dauerhaft genutzte Räume wie Wohnräume, Schlafzimmer, Büroräume, Schulklassen, Nebenräume im Büro oder in der Wohnung (Speisekammern, Lagerräume in der Wohnung).
b. Nebenräume mit Zugang zu dauerhaft genutzten Räumen, wie Kellerbereiche, die über eine Treppe direkt in den Wohnbereich führen. Nicht ausgebaute Dachgeschosse, die über eine Dachluke/Dachtreppe aus dem Wohnbereich direkt erreichbar sind, zählen ebenfalls dazu.
c. Nebenräume ohne direkten Zugang zu dauerhaft genutzten Räumen. Dies sind Kellerräume mit separatem Eingang (meist außen am Haus), Treppenhäuser (Treppenhäuser können auch bei (b) anzusiedeln sein), nicht ausgebaute Dachgeschosse mit Eingang über eine Tür im Treppenhaus außerhalb der Wohnung (üblich im Mietwohnungsbau).
d. Gegenüber den dauerhaft genutzten Räumen luftdicht abgeschottete Gebäudebereiche gemäß DIN 4108-7.
e. Bereiche mit ständig erhöhter Feuchte (Großbäder, gewerbliche Küchen, separate Waschräume), die keinen Zugang zum Wohn- oder Bürobereich haben.
f. Sonderräume mit erhöhten Anforderungen an die Keimarmut der Luft, wie Krankenhausbereiche, Intensivpflegebereiche, Operationssäle etc.
g. Tierställe und andere Bereiche mit ständig erhöhtem Keimaufkommen.

Die Raumklassen (e), (f) und (g) werden im Schimmelleitfaden nicht behandelt. Dort gelten spezielle Anforderungen, die an anderer Stelle festgelegt sind (Lebensmittelvorschriften, Krankenhaushygienevorschriften, veterinärmäßige Bestimmungen etc.).

Für Raumklassen (a) gelten alle Anforderungen und Empfehlungen bei Schimmelbefall und -sanierung, wie sie im aktuellen Leitfaden 2015 festgelegt sind.

Für Raumklasse (b) gelten im Prinzip die gleichen Anforderungen wie bei (a), sofern die Nebenräume regelmäßig, mindestens einmal am Tag genutzt und betreten werden (z. B. Keller mit Speiselagerraum dort und direktem Zugang zur Wohnebene). Werden die Nebenräume hingegen nur sehr selten genutzt, wie etwa der nicht ausgebaute Dachbodenbereich, der nur 1–2 mal im Jahr betreten wird über die Dachluke, wenn z. B. der Schornsteinfeger zu Kehrarbeiten kommt, gelten abgestufte Anforderungen.

Für Raumklasse (c) gelten grundsätzlich abgestufte Anforderungen.

Für Raumklasse (d) kommt es auf die Einzelfallsituation an. Zunächst muss geprüft werden, ob wirklich eine dauerhaft wirksame Abschottung besteht. „Luftdichtheit" und Abdichtung im Sinne der DIN 4108-7 bedeutet nämlich nicht, dass die Folien oder Dampfsperren absolut undurchlässig gegenüber gasförmigen Schadstoffen, wie sie vom Schimmelbefall dahinter abgegeben werden können, sind. „Gasdicht" ist eigentlich nur Alufolie, eine Metallummantelung oder sehr dickes Mauerwerk. Kritisch sind oft die Randbereiche, wie bei Fußböden. Hier gibt es zu wenig zuverlässige Daten, um zu belegen, ob durch den befürchteten „Trampolineffekt" bei schwimmenden Estrichen Schimmelsporen über den Randbereich in die Raumluft gelangen können oder nicht. Es bleibt eine Einzelfallentscheidung!

Im Einzelfall wird auch ein ausgebautes Dachgeschoss, hinter welchem sich Schimmelbefall in der Dachkonstruktion verbirgt, nicht automatisch als luftdicht und gasdicht abgeschottet gelten können. Gerade in diesen Gebäudebereichen kommt es immer wieder über gezielte Leckagen (Wanddurchbrüche, Steckdosen, Lichtschalter) und nicht gezielte Undichtigkeiten in der Dachhülle zum Schimmeleintritt in den Wohnbereich. Letzten Endes bleibt es der Einschätzung des Bauschadenssachverständigen vor Ort überlassen, wie hier zu verfahren ist. Eine generelle Linie vorzugeben ist schwierig. Ist eine dauerhafte Abschottung gewährleistet, sind nämlich bei Schimmelbefall dahinter weitaus weniger Sanierungsmaßnahmen, evtl. sogar gar keine außer der Abschottung erforderlich. Trocken sollen aber auch die Raumklassenbereiche bei (d) unbedingt sein. Dies ist Voraussetzung für ein abgestuftes Vorgehen im Hinblick auf die Sanierung. Feuchte Bereiche der Raumklassen (d) erfordern zunächst also immer eine Trockenlegung; erst danach kann eine Entscheidung über die weitere Sanierung getroffen werden. Im Einzelfall kann eine mikrobielle Kontrolle des Abdichtungs- und Abschottungserfolges notwendig werden (vgl. Handlungsanleitung bei Feuchteschäden in Fußböden des UBA 2015; abrufbar über die UBA-Homepage im Herbst 2015).

Der aktuelle Schimmelleitfaden des Umweltbundesamt befindet sich bei Drucklegung dieses Manuskriptes noch in der Innenraumlufthygienekommission des UBA, der externe und interne Wissenschaftler und Behördenvertreter unter Hinzuziehung von Schimmel- und Bauschadensfachleuten angehören, in der Ausarbeitung. Die finale Version wird in der zweiten Jahreshälfte 2015 für circa 3 Monate zur öffentlichen Diskussion ins Internet gestellt werden. Das Erscheinungsdatum des Leitfadens (Weißdruck) ist für das Frühjahr 2016 geplant.

## 4 Literatur


[8] Handlungsempfehlung bei Feuchtschäden in Fußböden. Umweltbundesamt 2015 (nur online verfügbar über UBA-Homepage ab Herbst 2015)

[9] Leitfaden zur Vorbeugung, Untersuchung, Bewertung und Sanierung von Schimmelpilzwachstum („Schimmelpilz-Leitfaden"). Umweltbundesamt, Berlin 2002

[10] Leitfaden zur Ursachensuche und Sanierung bei Schimmelpilzwachstum („Schimmelpilz-Sanierungsleitfaden"). Umweltbundesamt, Dessau/Roßlau 2005

***Prof. Dr.-Ing. Heinz-Jörn Moriske***

*Bis 1982 Studium „Technischer Umweltschutz" an der TU Berlin; 1986 Promotion im Fach Umwelthygiene; 1983 bis 1992 wissenschaftlicher Mitarbeiter, später Hochschulassistent am Fachgebiet Hygiene der TU Berlin und am Institut für Hygiene der Freien Universität Berlin; 1993 Fachgebietsleiter für Luftanalytik im Bundesgesundheitsamt; 1995–2013 Referatsleiter für Innenraumhygiene im Umweltbundesamt. Seit 2014 Leitung der Beratungsstelle für Umwelthygiene im UBA; 1995 Ernennung zum Wissenschaftlichen Direktor; 2006 Ernennung zum Direktor und Professor; Umfangreiche Veröffentlichungen, darunter mehrere Fachbücher, und Vortragstätigkeit; Vorsitzender des Ausschusses Innenraumhygiene und Vorstandsmitglied im Fachbereich Messtechnik des VDI. Geschäftsführer der Innenraumlufthygiene-Kommission; Mitglied im Sachverständigenausschuss Gesundheitsfragen des Deutschen Instituts für Bautechnik (DIBt).*

# Die Zukunftsfähigkeit von Wärmedämmverbundsystemen

Dipl.-Ing. Matthias Zöller, ö.b.u.v. Sachverständiger, AIBAU, Aachen

Wärmedämmverbundsysteme, insbesondere Systeme mit Dämmplatten aus expandierten Polystyrol (EPS), sind in letzter Zeit zunehmend in die Kritik geraten. Diese wird durch folgende Behauptungen begründet:

- WDVS mit EPS seien brandgefährlich.
- Die Schimmelpilzgefahr in Wohnungen steige, die Wände könnten nicht mehr „atmen".
- Es bestünden erhebliche Veralgungsrisiken.
- Putze von WDVS sind dünn. Es bestehe daher das Risiko von Specht- oder Papageienlöchern- sowie Mäuseniststätten in den Dämmplatten.
- Wärmeschutzmaßnahmen seien ineffizient. Sie böten grundsätzlich keine ökonomische Amortisation.
- Wärmedämmverbundsysteme unterlägen hohen Durchfeuchtungsrisiken.
- WDVS seien nicht dauerhaft. Man müsse mit einer Nutzungsdauer von nur ca. 22 Jahren rechnen, danach seien die Systeme zu entsorgen.
- Bei der Entsorgung entstehe Sondermüll, der angesichts der vielen Quadratkilometer Fassadenfläche, die mit Wärmedämmverbundsystemen versehen sind, ein erhebliches Problem darstelle.
- Aufgrund der ständigen Änderungen bei den Systemkomponenten existierten keine Regeln, die als anerkannt gelten können.

Nach § 633 BGB kommt es bei der Beschaffenheit einer Werkleistung auch auf die Erwartung des Bestellers an. Welche Eigenschaften sind bei Wärmedämmverbundsystemen üblich, welche darf ein Besteller erwarten? Dieser Beitrag geht auf die oben genannten Kritikpunkte ein und behandelt die Frage, ob WDVS-Systeme gegenüber anderen Außenwandsystemen risikobehafteter und deswegen nur nach vorheriger (!) Einzelvereinbarung mit dem Endkunden realisierbar sind, ohne sich der Gefahr auszusetzen, dass z. B. kurz vor Abnahme eines Mehrfamilienhauses durch Einspruch eines Eigentümers der Außenwandaufbau mit hohem Aufwand zu ändern ist. Diese Gefahr besteht gegenwärtig, weil in Fachkreisen die Geeignetheit dieser Dämmsysteme infrage gestellt wird.

## 1 Brandgefahr

Diese Kritik bezieht sich ausschließlich auf thermoplastische Dämmstoffe in Wärmedämmverbundsystemen und nicht auf solche mit Duroplasten, Schaumglas oder Mineralwolledämmplatten.
Im Rahmen der Aachener Bausachverständigentage 2013 wurde in einem Beitrag behandelt, dass EPS-Dämmplatten brennbar sind. Für die Verwendbarkeit an Fassaden werden sie mit Brandhemmern ausgestattet. Im Brandfall verflüssigt sich der Dämmstoff und kann sich entzünden (Beitrag Kotthoff, I.: *WDVS aus Polystyrolpartikelschaum: Brandschutztechnisch problematisch?* Aachener Bausachverständigentage 2013).
EPS-Dämmplatten sind vergleichsweise preisgünstig und bieten einen guten Wärmeschutz. Deswegen werden Wärmeschutzmaßnahmen an Fassaden zu mehr als dreiviertel mit Dämmplatten aus EPS hergestellt.

Brandschutz dient primär dem Personenschutz und unterliegt dem öffentlichen Baurecht. Daran hängt in der Folge auch der Sachwertschutz. Schützt uns das Baurecht nicht ausreichend? Können wir uns auf das DIN und das DIBt nicht (mehr) verlassen? Dann müsste das Baurecht wegen der allgemeinen Grundanforderungen nach BauPVO zum Schutz und zur Gefahrenabwehr geändert werden. Sicherheitsfragen orientieren sich grundsätzlich an möglichen Risiken und nicht an der Schadensquote. Innerhalb der letzten zweieinhalb Jahre wurden ca. 80 Millionen $m^2$ Wärmedämmverbundsysteme mit EPS Platten bei nur sehr vereinzelten größeren Brandschäden verlegt. Die bisherige Anzahl von Brandfällen ist damit im Verhältnis zur vorhanden Gesamtfläche verschwindend gering. Viele Brandfälle waren auf Mängel der Ausführung oder auf unvollständige Leistungen zurückzuführen. Andererseits dürfen echte Risiken nicht verharmlost werden, denn ein Personenschaden, der auf vermeidbare Gefahren zurückzuführen ist, ist bereits einer zu viel! Aus diesem Grund sind die Grundanforderungen der Bauproduktenverordnung, die sich in den Eurocodes wiederfinden, scharf formuliert.

Mittlerweile wurde auf der Bauministerkonferenz der Länder beschlossen, die Anforderungen an den Brandschutz zu verschärfen. WDVS mit Platten aus EPS gelten als normal entflammbar (B2 nach DIN 4102). In Verbindung mit Maßnahmen, die den Brandeintritt in die Dämmebene vermeiden oder eine Brandausweitung in der Dämmebene begrenzen, gelten WDVS mit EPS Platten in Dicken zwischen 10 und 30 cm als schwer entflammbar (B1 nach DIN 4102). Der Sturzschutz über (bei Sonderausbildung auch seitlich) jeder Öffnung soll den Brandeintritt in die Dämmung verhindern. Umlaufende Brandriegel sollen einen Brand in der Dämmebene jedes zweite Geschoss begrenzen.

In Bereichen, in denen nach bisheriger Erfahrung ein erhöhtes Risiko der Brandentstehung besteht, z. B. bei Müllbehälterabstellplätzen, sind Forderungen nach zusätzlichen Brandschutzmaßnahmen zur Vermeidung einer Brandausbreitung durch z. B. zusätzliche Brandriegel geplant. Bei Einfamilienhäusern sind keine Verschärfungen vorgesehen, da innere Brände in Einfamilienwohnhäusern größere Schadenspotenziale bilden und ein äußerer Brandüberschlag i. d. R. unbedeutend ist.

Bei nicht mit Putzen abgedeckten Dämmplatten aus thermoplastischem Polystyrol bestehen im Brandfall Gesundheitsrisiken durch ausgasende brandhemmende Zusätze.

Selbstverständlich steht es Bauherren frei, keine thermoplastischen Kunststoffe, sondern z. B. Mineralwolle als Dämmmaterial zu verwenden. Warum werden diese alternativen Stoffe nur vergleichsweise selten eingesetzt? – In der Regel wegen der höheren Kosten. Der Zwang zur Kostenreduzierung führt im Baugeschehen sogar zur (zulässigen!) Anwendung unverputzter EPS-Platten unter Decken von Mittelgaragen, die als schwer entflammbar eingestuft werden. Ist uns die Brandsicherheit nicht mehr wert? Sollte die Sicherheit nicht für Bauträger ein Verkaufsargument sein, das einen (auf die Verkaufssumme bezogenen) kleinen Preisaufschlag rechtfertigt, damit zumindest in gefährdeten Teilbereichen nicht brennbare Wärmedämmstoffe verwendet oder konsequent Sturzschutzmaßnahmen, gegebenenfalls kombiniert mit Brandriegeln, realisiert werden?

## 2 Schimmelpilzgefahr in Wohnungen

Erhöhen Wärmedämmverbundsysteme die Schimmelpilzgefahr innerhalb von Wohnungen durch eine zu dichte Außenhülle? Können Wände mit den dichten Dämmplatten nicht mehr „atmen"?

Die inneren Bauteiloberflächentemperaturen sind im für Schimmelpilzbildungen relevanten Winterhalbjahr bei besserem Wärmeschutz höher, wodurch sich die Gefahr von Schimmelpilzbildungen verringert. Untersuchungen des AIBAU haben gezeigt, dass der Anteil der Wohnungen, die von Schimmelpilzbildungen betroffenen sind, sich in den letzten Jahrzehnten nicht verändert hat. Schimmelpilzbildungen, die auf unzureichende Wärmeschutzmaßnahmen zurückzuführen sind und solche, die im Zusammenhang mit unzureichendem Lüften der Wohnungen stehen, betragen jeweils ca. 3 % (Oswald, R.; Liebert, G.; Spilker, R.: *Schimmelpilzbefall bei hochwärmegedämmten Neu- und Altbauten*. AIBAU Aachener Institut für Bauschadensforschung, Bauforschung für die Praxis, Band 84, IRB-Verlag, Stuttgart, 2008). Ein besserer Wärmeschutz bedeutet daher eine geringere Gefahr von Schimmelpilzbildungen.

Außenwände müssen möglichst luftdicht gestaltet werden, um Schäden durch konvektive Strömungen innerhalb der Konstruktion zu vermeiden. Die einzigen Stellen, an denen eine gewisse Luftdurchlässigkeit akzeptiert, ja sogar gewünscht ist, sind die Fugen zwischen Fensterblend- und -flügelrahmen.

Bei energetischen Modernisierungen von Altbauten, bei denen als einzige Maßnahme alte Fenster gegen neue, luftdichte Fenster ausgetauscht werden, besteht eine mittelbare Gefahr von Schimmelpilzbildungen. Dichte Fenster verringern den nutzerunabhängigen Luftaustausch durch die sogenannte Infiltration. Dadurch kann sich die relative Luftfeuchte innerhalb der Räume erhöhen. An unverändert kühlen Bauteiloberflächen, die bisher unproblematisch waren, können sich wegen des veränderten Raumklimas nun Schimmelpilze bilden. Daher sind bei Austausch von Fenstern gegebenenfalls zusätzliche Maßnahmen zur Eingrenzung des Risikos erforderlich, wie die Erhöhung des Wärmeschutzes und/oder Maßnahmen zur Erhöhung der Luftwechselrate. Ob der alleinige Hinweis an einen Wohnungsnutzer ausreicht, einfach mehr zu lüften, ist fraglich. Langjährige Gewohnheiten werden nur selten dauerhaft geändert. Besser geeignet sind nutzerunabhängig funktionierende Systeme, die als Fensterfalzlüfter, Außenluftdurchlässe über Abluftsysteme bis hin zu Zu- und Abluftsystemen möglich sind.

Außenwände müssen zur Vermeidung von Schäden, die auf Tauwasserbildung innerhalb des Bauteils zurückzuführen sind, gegen konvektive Mitführung von Innenraumluft nach DIN 4108-7 [1] möglichst luftdicht ausgebildet werden. Das ist mit einer geschlossenen Nassputzschicht möglich. Diffusionsvorgänge tragen nicht zur Raumhygiene bei, dazu sind die Effekte durch die Brownsche Molekularbewegung wesentlich zu lang langsam. Dies spiegelt sich in DIN 4108-3 [2] in den maßgeblichen Berechnungszeiträumen eines Jahres wider. Außenwände müssen also luftdicht sein. Sie tragen nicht zur Reduzierung der Luftfeuchtigkeit in Innenräumen bei.

## 3 Veralgungsrisiken

Zu optischen Beeinträchtigungen gehören bis zu einem bestimmten Grad die „Verschmutzung" von bewitterten Flächen. Lehrt doch die Lebenserfahrung, dass benutzte und bewitterte Gegenstände nach einiger Zeit unvermeidbare „Gebrauchsspuren" zeigen (Bild 1). Streitpunkt kann in solchen Fällen nur sein, wie schnell und mit welcher Intensität diese Änderungen ablaufen dürfen, über welchen Zeitraum also Fassaden ohne Wartungsarbeiten ein optisch befriedigendes Erscheinungsbild abgeben müssen.

An hochwärmegedämmten Fassaden – z. B. mit Wärmedämmverbundsystem (WDVS) – treten häufig ungleichmäßige „Verschmutzungen" auf, die sich bei näherem Hinsehen als Veralgung oder Pilzbewuchs entpuppen (Bild 2). Dieser Bewuchs schädigt die Fassade technisch nicht. Er kann aber schon nach wenigen Jahren optisch stark störende Ausmaße annehmen. Vorübergehend kann man dieses Problem durch Biozide in der Fassadenbeschichtung lösen. Wenn man bedenkt, dass dem hohen Wärmeschutz Nachhaltigkeitsmotive zu Grunde liegen, befindet man sich dann in einer Zwickmühle: Gehört eine vorbeugende biozide Ausstattung der Fassade zur einklagbaren Grundbeschaffenheit, obwohl gar nicht sicher ist, dass die Fassade jemals veralgen wird und obwohl Biozide umweltschädlich sind? Oder muss angesichts dieser Sachlage der Besteller Veralgungen in Kauf nehmen?

Bild 1: Verschmutzte Fassade

Der sehr gute Wärmeschutz von Wärmedämmverbundsystemen bzw. hochdämmendem Mauerwerk, die geringe Wärmespeichermasse dünnschichtiger Putze und die geringe Schadstoffbelastung der Außenluft (vor allem der geringe $SO_2$-Gehalt) lassen Algen und Pilze auf Fassaden gedeihen. In kühlen Nächten des Spätsommers bildet sich Tauwasser auf den Putzen, das die Grundlage des Wachstums bildet. Dabei begünstigen u. a. ländliche Standorte durch höhere Sporenzahl in der Luft oder durch Bäume verschattete Fassaden und damit verbundene geringerer Abtrocknung der Fläche das Wachstum.

Auch wenn einige Putzsysteme anfälliger sind als andere, lässt sich die Dauer der Befallsfreiheit nicht sicher prognostizieren.

Bei der Beurteilung solcher Fälle wird der Werkerfolg bemüht: eine Fassade soll bis zur

Bild 2: Algen- und Schimmelpilzbildung auf einer Fassade aus dämmendem Mauerwerk und partiellen Dämmplatten auf Stahlbetonelementen

Bild 3: Algen- und Schimmelpilzbildung auf einer Fassade einer historischen Kirche und auf dem Lack sowie dem Scheinwerfer eines in Waldesnähe abgestellten Autos

nächsten Instandhaltung von Verfärbungen frei bleiben. Bemerkenswerterweise wird unterschieden, ob Verfärbungen auf Bewuchs oder Verschmutzungen zurückzuführen sind. Während Verschmutzungen eher als ein unvermeidbares Ereignis eingeschätzt werden, wird ein Bewuchs als Folge eines, wie auch immer zu definierenden Mangels, angesehen. Dabei geht es doch bei beiden Arten von Verfärbungen um Folgen aus Umwelteinflüssen.

**Alternativen?**

Algenbildungen beruhen auf einer Überlagerung von Ursachen. Wesentlich ist die Speicherung von Feuchtigkeit, damit diese den Organismen über einen ausreichend langen Zeitraum zur Verfügung steht. Ursachen, die vom Gebäude ausgehen, können konstruktive Gegebenheiten sein, wie geringe Dachüberstände oder Ableitung von Wasser von höher liegenden Flächen auf die Fassade, Systeme mit besonders langer Unterschreitung der Taupunkttemperatur und solche mit besonders hoher Speicherfähigkeit von Feuchtigkeit.

Allerdings tragen Umweltbedingungen und spezielle örtliche Situationen, wie nebelreiche Gebiete, Verschattungen durch Bäume oder Nachbarbebauung, die Nähe zu einem Wald oder einer Kompoststelle, insbesondere aber die eigentlich positiv zu bewertende geringe Schadstoffbelastung der Luft als auch die geringe fungizide Wirkung neuerer Farben zur Algenbildung bei. Diese Ursachen lassen sich nicht oder nur wenig objektbezogen ändern.

Ist die Algenbildung ein spezielles Problem von dünnschichtigen Putzen auf Wärmedämmverbundsystemen? Nein, sonst würden sich Algen nicht auch auf Naturwerksteinen, Putzen von massiven und sogar zum Teil historischen Bauwerken oder gar auf lange nicht bewegten in der Nähe eines Waldes abgestellten Fahrzeugen bilden (Bild 3).

Folgendes Beispiel zeigt deutlich, dass die Wärmespeicherfähigkeit des Untergrundes zur Algenbildung nur unwesentlich beiträgt. Eine Fassade aus hochgedämmtem Ziegelmauerwerk wird im Bereich der Zwischendeckenebenen von einem streifenförmigen Wärmedämmverbundsystem mit 15 cm dicken Dämmplatten aus Polystyrol unterbrochen. Der Putz des Mauerwerks läuft in einer Dicke von ca. 1 cm über die Dämmplatten hinweg. An der Nordfassade haben sich auf diesen Dämmstreifen geringfügige Dunkelverfärbungen gebildet, die auf einen mikrobiellen Bewuchs zurückzuführen sind. Auf der stärker schlagregenbeanspruchten Westfassade desselben Gebäudes haben sich unabhängig vom Untergrund, vollflächig Algen gebildet (Bild 4).

**Vorbeugende Maßnahmen und Instandhaltung**

Die zur Vermeidung eines Befalls eingesetzten Biozide müssen wasserlöslich sein, um von Organismen aufgenommen werden zu können. Nach einem vom Grad der Befeuchtung und der eingebrachten Menge abhängigen Zeitraum sind die Gifte ausgewaschen [Untersuchungen von Dr. Michael Burkhardt, Hochschule für Technik, Rapperswil CH]. Sie sind daher im Rahmen von zu wiederholenden Instandhaltungsmaßnahmen aufzubrin-

Bild 4: Links: Durch mikrobiellen Bewuchs verursachte dunkle Streifen vor den Geschossdecken über den Dämmplatten
Rechts: Auf einer stärker Schlagregen beanspruchten Fassade desselben Gebäudes beginnt flächiger Algenbewuchs

gen, wobei selbst die Hersteller keine verbindlichen Angaben zur Dauer der Wirksamkeit machen.

**Aspekte der Nachhaltigkeit**

Der Brundlandt-Bericht [Our Common Future-Brundlandt-Bericht der Weltkommission für Umwelt und Entwicklung, 1987] definiert Nachhaltigkeit so: *Eine dauerhafte Entwicklung befriedigt die Bedürfnisse der Gegenwart, ohne zu riskieren, dass künftige Generationen ihre eigenen Bedürfnisse nicht befriedigen können.*

Wärmedämmverbundsysteme sind kostengünstig und tragen zur Einsparung von Heizwärmeenergie, der Schonung von Ressourcen sowie der Reduzierung des $CO_2$-Ausstoßes bei. Sie erfüllen in dieser Hinsicht Aspekte der Nachhaltigkeit.

Die DGNB gibt in ihrem Zertifizierungssystem vor: „Stoffe und Produkte sind zu reduzieren bzw. zu vermeiden, die aufgrund ihrer stofflichen Eigenschaften oder Rezepturanteile während ihrer Nutzung ... ein Risiko für das Grundwasser, Oberflächenwasser, Boden und Luft darstellen.“ [Steckbrief 06 Risiken für die lokale Umwelt. DGNB Deutsche Gesellschaft für nachhaltiges Bauen]

Wenn Putze von Wärmedämmverbundsystemen wiederholt vorbeugend mit Giften behandelt werden müssen, reduziert sich deren Beitrag zur Nachhaltigkeit.

**Fazit**

Wärmedämmverbundsysteme sind seit vielen Jahren bewährte Wärmeschutzmaßnahmen. Ungleichmäßige Veralgungen in Folge einer fehlerhaften Wasserführung auf der Fassade durch mangelhafte Tropfkanten oder Abdeckungen sind vermeidbar. Deswegen entstehende Veralgungen sind zu bemängeln.

Bereits seit Jahrzehnten werden Wärmedämmverbundsysteme ohne biozide Ausrüstung erfolgreich angewendet. Durch die Überlagerung der Folgen eines hohen Wärmeschutzniveaus und den für das Wachstum von Algen und Pilzen immer günstiger werdenden Umweltbedingungen kann nicht sicher ein Befall verhindert werden. Die vorbeugende Applikation von Giften ist aufgrund der Tatsache, dass sich ein Bewuchs bei weitem nicht auf allen Putzen auf hochdämmenden Wänden bildet, unter Nachhaltigkeitsaspekten nicht zu empfehlen. Falls ein Bewuchs eintritt, sollen die im Rahmen von Instandhaltungen ausgebrachten Mengen von Bioziden auf das notwendige Minimum reduziert werden.

Entscheidet man sich für Wärmedämmverbundsysteme, wird man im Rahmen von Instandhaltungsmaßnahmen mit der wiederholten Beseitigung von evtl. mikrobiellem Befall rechnen müssen – so, wie man bei staubhaltiger Luft mit der Beseitigung von Verschmutzungen rechnet, ohne daran zu denken, dafür

den ausführenden Unternehmer zur Verantwortung zu ziehen.
Aber nicht nur auf Putzen von Wärmedämmverbundsystemen „blühen“ Algen, sondern auch auf anderen, massiven Konstruktionen. Diese Einschätzungen gelten daher auch für andere Fassadensysteme.

## 4 Spechtlöcher, Papageien- und Mäuseniststätten

Zurzeit sind die Gefahren ungebetener Bewohner lokal begrenzt. Bei bekannten Risiken in gefährdeten Bereichen sind zusätzliche armierte Putzschichten zu empfehlen oder andere Deckschichten, wie z. B. eine verputzte Mauerwerksschale. Da aber bestimmte Vogelarten sich von zusätzlich armierten Putzschichten auch nicht aufhalten lassen, sollten in stark gefährdeten Gebieten andere Bauarten oder massive Baustoffe verwendet werden.

## 5 Ökonomische Amortisation

Die Auswirkung von Wärmeschutzmaßnahmen an Fassaden hängt wesentlich von den Außenflächenanteilen in Bezug zur Wohn- oder Nutzfläche ab. Je größer ein Gebäude ist, desto geringer sind die Außenflächenanteile, solange die Fassade nicht stark gegliedert ist.
Die Effizienz von Wärmeschutzmaßnahmen, insbesondere bei Maßnahmen im Gebäudebestand, hängt von der bereits vorhandenen Wärmeschutzqualität ab (Bild 5).
Aus der Grafik in Bild 5 ist abzulesen, dass der Zugewinn an Wärmeschutz bei niedrigen Dämmstoffdicken hoch und bei hohen Dämmstoffdicken immer geringer wird.
Um z. B. den erhöhten Wärmestrom einer Außentür (10 % Flächenanteil, Wärmedurchgangskoeffizienten 1,39 W/m$^2$ K) in einer gleichmäßig gedämmten Außenhülle der Dicke 6 cm (WLG 040) auszugleichen, ist die Erhöhung um 1,2 cm auf 7,2 cm erforderlich. Bei einer Wanddämmung von 15 cm und sonst gleichen Ausgangsdaten gelingt der Ausgleich nur bei einer Erhöhung um 17 cm auf 32 cm!
Aus diesen Grundsätzen leiten sich folgende Empfehlungen ab:

- Stark gegliederte Gebäudeformen vermeiden und ein kleines A/V-Verhältnis anstreben (kompakte Bauform);

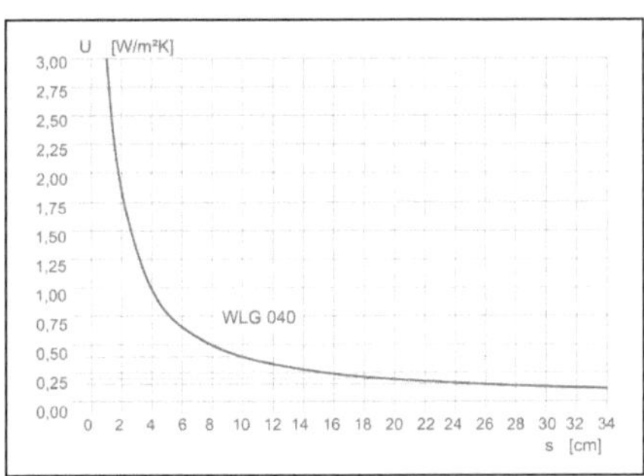


Bild 5: Abhängigkeit des U-Wertes (Wärmedurchgangskoeffizienten) von der Dämmstoffdicke bei $\lambda$ = 0,04 W/(mK)

- Fensterflächen möglichst nach Süden ausrichten, nach Norden kleinere Fenster anordnen;
- Außenbauteile möglichst gleichmäßig dämmen und lückenlos ausführen;
- Dicke Dämmung auf einzelnen Bauteilen oder Teilflächen ist ökonomisch und ökologisch unwirtschaftlich;
- Wärmebrückenverluste durch sorgfältige Planung und Ausführung der Detailpunkte minimieren.

Die Forderung nach Dämmstoffdicken > 30 cm lässt sich nicht mit den Zielen des energieeinsparenden Wärmeschutzes begründen. Die jeweilige weitere prozentuale Reduzierung des Transmissionswärmeverlusts wird durch weitere Faktoren des Primärenergiebedarfs gegen Null reduziert. Andere Faktoren, die zum tatsächlichen Energieverbrauch führen, haben eine ungleich höhere Bedeutung. Die energetische Gebäudequalität setzt sich aus den rechnerischen Transmissionswärmeverlusten, den Wärmebrücken und der Luftundichtheit sowie der Anlagentechnik zusammen. Der tatsächliche Verbrauch wird aber wesentlich durch den Nutzereinfluss, den inneren Energiegewinnen, den tatsächlichen klimatischen Verhältnissen, dem tatsächlichen Lüftungsbedarf sowie dem tatsächlichen Wärmebedarf für Wasser bestimmt. Da der Anteil des Wärmebedarfs für die Transmission inklusive Wärmebrücken stetig abnimmt, steigen die tatsächlichen Anteile für die Lüftung. In Abhängigkeit der Anlagentechnik kann der Bedarf für die Bereitstellung von warmem Wasser sich ebenfalls zunehmend stark auswirken. Das Institut für

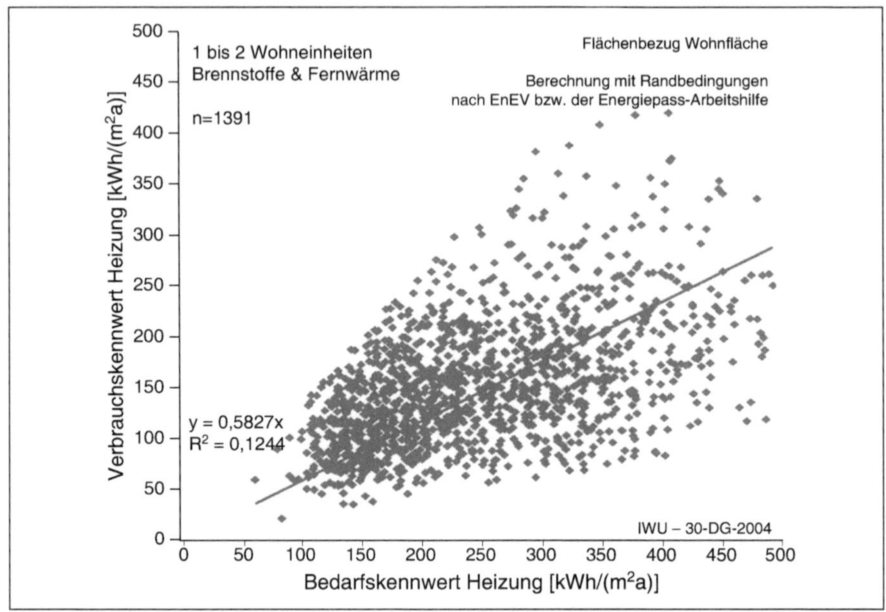


Bild 6: Zusammenhang zwischen dem Verbrauchskennwert und dem Bedarfskennwert Heizung für Ein- und Zweifamilienhäuser, Brennstoffe und Fernwärme [IWU Institut für Wohnen und Umwelt, Darmstadt 2006]

Wohnen und Umwelt hat die Zusammenhänge untersucht und festgestellt, dass die Verbräuche von den rechnerischen Bedarfswerten um Faktoren abweichen können (Bild 6).

Jeder Wärmeschutzmaßnahme sollte eine Effizienzberechnung vorausgehen, wobei bei Maßnahmen im Bestand der tatsächlich vorhandene Verbrauch mit dem rechnerischen vorhandenem Bedarf abzugleichen ist. Wenn bereits günstige Voraussetzungen vorliegen, können sowohl der rechnerische Bedarf, als auch der tatsächliche Verbrauch schon so gering sein, dass Nutz- bzw. Wohnflächen bezogen keine relevanten zusätzlichen Reduzierungen von Wärmeströmen durch die wärmeübertragende Hüllfläche möglich sind. Das ist vor einer Maßnahme zu klären, um die Gefahr von großen Enttäuschungen zu minimieren. Enttäuschungen wegen zu geringer Einsparung nach Wärmeschutzmaßnahmen können auf Planungsfehlern beruhen!

Alle ökologischen Betrachtungen gehen bislang von Teilbetrachtungen der Rohstoffgewinnung bis zur Herstellung eines Bauprodukts aus, die sozusagen am Werkstor endet: „cradle to gate“. Für Gesamtbetrachtungen „cradle to grave“, also eine Gesamtbilanzierung inklusive Transport zur Baustelle, die Herstellung des Bauteils einschließlich der Nebenleistungen und zusätzlichen Bauteilschichten als auch die anschließende Demontage und Entsorgung, fehlen zurzeit Datengrundlagen. Ökonomisch effizient sind WDVS in Stärken bis ca. 15 cm (übliche WLG 035/040 W/(mK). Im Passivhausstandard sind Dämmstoffdicken bis 30 cm sinnvoll.

Bei bereits vorhandenem Wärmeschutz in einem Standard von ca. 4 cm Dicke bei WLG 040 hängt die Amortisation vom Flächen-/Volumenverhältnis ab. Häufig lassen sich bei größeren Mehrfamilienwohnhaus Anlagen in kompakter Bauweise keine nennenswerten Einsparungen durch zusätzliche Wärmeschutzmaßnahmen erzielen, der Wärmeschutz findet bei geringen Flächenanteilen (Außenwand zu Nutzfläche) der wärmeübertragenden Hüllfläche bei geringeren Dicken bereits ihre (Amortisations-) Grenzen.

Verhindern Wärmedämmverbundsysteme solare Energiegewinne? Dazu haben Simulationsberechnungen am KIT (Universität Karlsruhe), Fachgebiet Bauphysik und technische Ausbau FB TA unter Leitung von Prof. Andreas Wagner ergeben, dass der Wärmedurchgang an einer unverschatteten, nach Süden orientierten Ziegelwand der Dicke von 36,5 cm in einem angenommenen Zeitraum zwischen Oktober und März im ungedeckten Zustand 102 kWh/m$^2$ mit solarem Eintrag und 109 kWh/m$^2$ ohne solaren Eintrag beträgt. Die gleiche Wand mit einem 15 cm dicken Wärmedämmverbundsystem weist einen Wärmedurchgang von 14 kWh/m$^2$ mit und 15 kWh/m$^2$ ohne solaren Eintrag auf. Der solare Gewinn spielt eine nur untergeordnete Rolle, er ist wesentlich kleiner als der zusätzliche Wärmedurchgang bei einer Wand ohne geeigneten Wärmeschutz. Der solare Energieeintrag in Außenwände ist im interessierenden Winterhalbjahr auf die Südseite begrenzt, witterungsabhängig, tageszeitlich kurz und erheblich weniger effizient als das Einsparpotenzial durch die Dämmung.

## 6 Durchfeuchtungsrisiken, Nutzungsdauer

Bei einer mangelfreien Ausführung von WDVS bestehen keine erhöhten Durchfeuchtungsrisiken. WDVS sind unter baustellenüblichen Bedingungen schlagregensicher herstellbar. Tauwassergefahr besteht nicht bei mangelfreier Luftdichtheit. Diffusion spielt eine nur untergeordnete Rolle.
Wie bei allen Bauweisen gilt der Grundsatz, dass eine Mangelfreiheit unter Berücksichtigung der Machbarkeit unter Baustellenbedingungen vorauszusetzen ist. Wenn Durchfeuchtungsschäden auftreten, liegen üblicherweise Fehler in der Planung und/oder in der Ausführung vor.
WDVS sind als Rissinstandsetzungsverfahren in den 1950er Jahren entwickelt worden. WDVS aus dieser Zeit sind heute noch erhalten. Im großen Stil wurden sie ab den 1970er/1980er Jahren angewendet. Sehr viele dieser Systeme funktionieren heute noch im Originalzustand. Beschädigungsrisiken bestehen bei allen Fassaden. In stoßgefährdeten Bereichen sind Verstärkungen oder Materialwechsel erforderlich.

## 7 Entsorgungsprobleme

Das FIW (Forschungsinstitut für Wärmeschutz) in München entwickelt Recycling-Verfahren. Schon heute existieren Methoden des Polystyrol-Recyclings in Pilotprojekten (s. Beitrag Albrecht,W.: *Sind WDVS Sondermüll? Flammschutzmittel und Abfalltrennung.* Aachener Bausachverständigentage 2013).
Ebenso forscht das Fraunhofer Institut für Bauphysik zu Recyclingverfahren von EPS in Wärmedämmverbundsystemen (Bericht Rückbau, Recycling und Verwertung von WDVS vom 13.11.2014).
Die gesamte vorhandene Menge von Dämmplatten in WDVS Systemen beträgt ca. 500 Millionen m$^3$, zurzeit werden ca. 4 Millionen m$^3$ pro Jahr abgesetzt, während die zurzeit rückgebaute Menge lediglich ca. 5.000 m$^3$ pro Jahr umfasst (Schoof, Jakob: WDVS-Recycling – Fehlanzeige? DETAIL 2-2015).
Zur Verwertung des EPS-Dämmstoffs stehen grundsätzlich zwei Verfahren zur Verfügung (IVV Fraunhofer-Institut für Verfahrenstechnik und Verpackung, Freising). Bei einem werden nach einem Shredderverfahren die EPS-Kügelchen entweder als Zuschlagstoff für Wärmedämmputze oder als Verpackungsmaterial bzw. in neuen Dämmplatten verwendet. Beim Shreddern lässt sich der ab August 2015 in Deutschland verbotene Flammenschutzmittelzusatz HBCD nicht entfernen. Dieses Verfahren ist also erst für zukünftig hergestellte Dämmplatten geeignet, wozu diese gekennzeichnet werden sollten. Bei der sogenannten Solvolyse wird das EPS verflüssigt und lässt so die Extraktion des Flammschutzmittels HBCD zu. Danach kann das EPS erneut aufgeschäumt werden.
Da bis heute keine nennenswerten Anteile der vorhandenen Fassadendämmung zu beseitigen sind, werden erst zukünftig die jetzt zur Großanwendung zu entwickelnden Verfahren benötigt.

## 8 Anerkannte Regeln der Technik

Der häufige Hinweis, dass für WDVS keine anerkannten Regeln der Technik existierten, zielt nicht auf die Verarbeitung von Systemen aus den gängigsten Stoffen EPS und Mineralwolle ab. Für sie gelten die Verarbeitungsnorm (DIN 55699) sowie zahlreiche allgemeingültige Verarbeitungshinweise, die z. B. im Wärmedämmverbundsystem-Planungsatlas niedergelegt sind.
Es geht um die Verwendbarkeit von Stoffen. Für die Stoffkomponenten existieren Normen, die die Handelbarkeit sicherstellen.
Ist eine Normung von Stoffkomponenten zu einem System für den Verbraucher hilfreich

oder ist die gegenwärtige Situation mit bauaufsichtlichen Zulassungen besser? Bei genormten Stoffen sind bauaufsichtliche Zulassungen nicht notwendig, wenn sie die in den Normen enthaltenen Kriterien erfüllen.
Nach meiner Erfahrung werden aber – aus Gründen der Produktoptimierung und/oder zur Kosteneinsparung – kontinuierlich Rezepturen modifiziert, ohne immer die Auswirkung auf die baupraktische Verwendbarkeit nachzuvollziehen.
Das führt in Grenzfällen dazu, dass einzelne Produktgruppen z. B. aus der Norm für Dachabdichtungen herausgenommen wurden. Diese Stoffe können sich in der Praxis bewährt haben. Andere Stoffe wiederum sind in der Norm enthalten, haben sich aber nach meiner Erfahrung nicht in allen Bereichen in der Praxis bewährt.
Der Begriff der *anerkannten Regeln der Technik* ist von der Judikative geprägt worden zum Schutz des Verbrauchers. Es handelt sich dabei bekanntermaßen um einen unbestimmten Begriff, der bei der Beurteilung von Bauprodukten, Bauarten oder Bauweisen Sachverständige regelmäßig vor das Problem stellt, nach welchen Kriterien zu bewerten ist. Eine Normung garantiert nicht, dass ein System die Anforderungen an anerkannte Regel der Technik erfüllt. Weil eine Normung nicht die Schadensfreiheit und uneingeschränkte Nutzbarkeit sicherstellen kann, kommt es sehr oft darauf an, wie im individuellen Einzelfall die Zuverlässigkeit und Nutzungsdauer einzuschätzen ist.
Wärmedämmverbundsysteme gehören zu den ältesten Bauarten der neueren Bautechnik. Sie wurden in der Nachkriegszeit als Instandsetzungsmaßnahmen von Putzrissen über Materialwechsel, z. B. Mauerwerksausfachungen in Stahlbetonskelettbauten, entwickelt, um die Putzschicht vom Untergrund zu entkoppeln. Einige dieser ersten Wärmedämmverbundsysteme existieren noch heute. Diese Bauart wurde nach der ersten Ölkrise in größerem Umfang zu Wärmeschutzzwecken eingesetzt, viele der in den 1970er und 1980er Jahre errichteten Wärmedämmverbundsysteme bestehen noch heute annähernd unverändert. Dennoch werden die seit langem bewährten Systeme immer wieder grundsätzlich infrage gestellt.
Ich habe als Bauschadenssachverständiger schwerwiegende Schadensfälle in allen Bereichen der Fassadentechnik zu bewerten, sei es Mauerwerk aus Steinen mit geringer Wärmeleitfähigkeit oder Wärmedämmverbundsysteme aus Mineralschaum- oder Schaumglasplatten, die teilweise völlig versagten oder mit Mineralwolledämmplatten, bei denen Feuchteprobleme an den Anschlüssen auftreten können. Dabei ist mir bewusst, dass meine Gutachtertätigkeit sich auf die problematischen Fälle konzentriert. Als Architekt und durch meine Tätigkeit in der Bauforschung, kenne ich aber auch gut funktionierende und bewährte Konstruktionen.
Wärmedämmverbundsysteme mit Dämmplatten aus expandiertem Polystyrol (EPS) gehören zu den ältesten Wärmedämmverbundsystemen. EPS- Dämmplatten weisen eine unter üblichen Nutzungsbedingungen hohe Alterungsbeständigkeit auf, sind kostengünstig und haben sich bewährt. Sie haben deswegen einen hohen Marktanteil erlangt. Die Schadenshäufigkeit des Systems ist prozentual in Bezug zur gebauten Gesamtfläche sehr gering. Wenn bei einer anderen, weniger oft angewendeten Bauart die Anzahl von Schadensfällen gering ist, kann die Schadensquote höher sein. Daher halte ich die Verallgemeinerung, die grundsätzliche Geeignetheit eines Systems auf Grundlage von prozentual wenigen Schadensfällen infrage zu stellen, für nicht statthaft.
Die Systeme werden weiterentwickelt, wie zum Beispiel die brandschutztechnischen Eigenschaften vor allem in gefährdeten Bereichen. Ich halte die Weiterentwicklung für einen begrüßenswerten Umstand, wenn sie zu einer Steigerung der Qualität führt.

## 9 Zusammenfassung

Wärmedämmverbundsysteme sind seit vielen Jahren bewährte Wärmeschutzmaßnahmen. Sie amortisieren sich bei Gebäuden mit geringem Wärmeschutzstandard und hohem A/V-Anteil. Die Amortisationsgrenzen sind bei bereits vorhandenem vergleichsweise gutem Wärmeschutz und bei Gebäuden mit geringen Hüllflächenanteilen zu beachten. Diese Grenzen betreffen aber alle Wärmeschutzmaßnahmen. Gerade bei geringen flächenbezogenen Verbrauchswerten, bei einem vergleichsweise hohen Wärmeschutzstandard, der schon in den 1970er Jahren üblich war oder bei anderen individuellen Voraussetzungen kann ein Wärmedämmverbundsystem zu Kosten führen, die sich nicht „rechnen". Das ist aber eine Frage, die projektbezogen zu klären ist unter dem Gesichtspunkt, ob energetische Maßnahmen ausschließlich zum Zweck der Energieeinsparung oder im Zusammenhang mit ohnehin erforderlichen Maßnahmen durchgeführt werden. Da diese Aufgabe oft nicht gelöst wird, kommt es immer wieder zu Enttäuschungen bei Hauseigentümern bzw. Mietern, die eine mangelnde Amortisation der Maßnahme beklagen. Dabei handelt es sich aber nicht um ein grundsätzliches Problem, sondern um Planungsversagen.

Nicht alle WDVS-Systemarten sind gleichartig von den Kritikpunkten betroffen: Die Brandschutzproblematik betrifft nur thermoplastische Kunststoffdämmungen. Es steht jedem frei, Wärmeschutzmaßnahmen aus anderen Stoffen herzustellen, was häufig aus Kostengründen nicht erfolgt. Zukünftig ist mit zusätzlichen Brandschutzmaßnahmen bei der Verwendung von Dämmplatten aus expandiertem Polystyrol bei Mehrfamilienwohnhäusern zu rechnen.

Durch die Überlagerung der Folgen eines hohen Wärmeschutzniveaus und den für das Wachstum von Algen und Pilzen immer günstiger werdenden Umweltbedingungen kann ein mikrobieller Befall auf gut gedämmten Wänden nicht sicher verhindert werden. Das betrifft aber grundsätzlich alle Bauarten. Die vorbeugende Applikation von Giften ist aufgrund der Tatsache, dass sich ein Bewuchs bei weitem nicht auf allen Putzen hochdämmender Wände bildet, unter Nachhaltigkeitsaspekten nicht zu empfehlen. Algen wird man im Rahmen von Instandhaltungsmaßnahmen wiederholt beseitigen müssen – so, wie man bei staubhaltiger Luft mit der Beseitigung von Verschmutzungen rechnet.

Ein Bewuchs kann auch einfach akzeptiert werden. Fallabhängig lassen sich Substitutionen entwickeln, wie z. B. eine „echte“ Fassadenbegrünung mit Pflanzen oder mit von vorneherein anderen Lösungen, wie z. B. zweischaliges Mauerwerk, die aber auch nur das Risiko eines Bewuchses verringern, diesen aber nicht sicher vermeiden können.

Mit Algenwachstum auf Fassaden ist immer zu rechnen. Aber nicht nur Wärmedämmverbundsysteme, sondern auch andere Fassadensysteme können wegen der multikausalen Zusammenhänge vom Wachstum von Algen oder Schimmelpilzen betroffen sein. Es geht daher nicht um eine Verharmlosung des Themas bei WDVS, sondern die Vermeidung der Verharmlosung bei anderen Systemen.

Andere Lösungen, die das Risiko von Algenbildungen senken, aber nicht sicher vermeiden, erzeugen üblicherweise höhere Kosten. Diese können zu Schadenersatzansprüchen führen, wenn sie sich als nicht erforderlich herausstellen. Schon aus Kostengründen werden WDVS mit EPS-Platten auch in Zukunft einen sehr großen Marktanteil haben. Sachverständige könnten sich dem Vorwurf aussetzen, bei unnötig hohen Anforderungen nur unnötig die Kosten für Maßnahmen in die Höhe zu treiben. Wenn wegen Sicherheitsproblemen jemand zu Schaden kommt, sind Vorsorgemaßnahmen zu treffen. Diese sind aber so zu gestalten, dass nicht unnötig hohe Aufwendungen bei allen Systemen betrieben werden müssen, ohne einen nennenswerten Mehrwert zu erhalten oder gar andere Probleme zu erzeugen.

Bei einer Gefahr von Spechten, Papageien oder Mäusen sollten dünnschichtige Putzsysteme vermieden werden, ggf. sind massive Außenschalen vorzusehen.

WDVS sind bei mangelfreier Ausführung gut geeignet auch in Gebieten der Schlagregengruppe III nach DIN 4108-3 [2].

Durch die steigende Anforderung an den Wärmeschutz zur Erhöhung der Effizienz und damit der Nachhaltigkeit treten neue Aspekte in den Vordergrund. Bereits Bekanntes ist unter den geänderten Rahmenbedingungen neu zu bewerten.

Wärmedämmverbundsysteme sind seit vielen Jahren erfolgreich angewendete Wärmeschutzmaßnahmen und tragen so in den benannten Grenzen zur Nachhaltigkeit bei. Sie sind aber kein alles könnendes Wundermittel. Ihre Zukunftsfähigkeit wird davon abhängen, wie gut über die einzelnen Eigenschaften informiert wird. Eine pauschale Verdammung von Wärmedämmverbundsystemen, auch solchen mit Platten aus EPS, ist nicht gerechtfertigt. Als Sachverständige genießen wir den Ruf, produktunabhängig und verbraucherorientiert sowie möglichst wenig emotionsgeladen zu beraten und zu bewerten.

Ich erachte die Beiträge des Norddeutschen Rundfunks und anderen, die Schreckensszenarien beschreiben, als begrüßenswerten Anstoß, auch seit langem praktizierte Techniken neu zu überdenken. Angesichts der häufigen und in den meisten Fällen schadensfreien Anwendungen muss aber die plötzlich und fast explosionsartig gewachsene Kritik hinterfragt werden.

## 10 Literatur


[1] DIN 4108-7:2011-01 Wärmeschutz und Energie-Einsparung in Gebäuden – Teil 7: Luftdichtheit von Gebäuden – Anforderungen, Planungs- und Ausführungsempfehlungen sowie -beispiele

[2] DIN 4108-3:2014-03 Wärmeschutz und Energie-Einsparung in Gebäuden – Teil 3: Klimabedingter Feuchteschutz – Anforderungen, Berechnungsverfahren und Hinweise für Planung und Ausführung

***Dipl.-Ing. Matthias Zöller***

*Architekturstudium an der TU Karlsruhe; eigenes Architektur- und Sachverständigenbüro in Neustadt a. d. Weinstraße; Lehrbeauftragter für Bauschadensfragen an der Fakultät für Architektur an der Universität Karlsruhe; Mitgesellschafter des AIBAU; ö.b.u.v. Sachverständiger für Schäden an Gebäuden und Referent im Masterstudiengang Altbauinstandsetzung an der Universität Karlsruhe; Referententätigkeit (Architektenkammern, IfS); Fachveröffentlichungen, Mitherausgeber IBR und Baurechtliche und -technische Themensammlung.*

# Wenn Fenster und Glasfassaden in die Jahre kommen

Prof. Dipl.-Ing. Michael Lange, ö.b.u.v. Sachverständiger, Prof. Michael Lange Ingenieurgesellschaft mbH, Hannover, Hamburg, Berlin

Als „Glasfassaden" sind in diesem Fall raumabschließende großflächige Vorhangfassaden zu verstehen, keine hinterlüfteten Bekleidungen aus Glas.
Was heißt „in die Jahre gekommen"?
Das ist eine Frage der Relation zwischen Standort und Blickrichtung.
Ab wann kann man Fenster und Glasfassaden als „in die Jahre gekommen" bezeichnen?
Im Rahmen dieses Vortragstextes wird die Zeit der 60er-Jahre als Beginn der Bewertungen gesetzt, zu der Zeit war der Wiederaufbau der Bundesrepublik Deutschland in eine planbare Phase gekommen und man begann systematisch viele Fenster und Fassaden technisch gesehen zu erneuern.
Bei allen folgenden Aussagen ist prinzipiell eine handwerklich korrekte Ausführung vorausgesetzt.
Als übergeordnete Gliederung für die Analyse zum Thema sind zuerst die Fenster zu nennen, untergliedert in die Basis-Werkstoffe Holz, Kunststoff, Aluminium und Kombinationen aus diesen.
Folgende weitere Gliederung ist vorgesehen:
1. Fenster
2. Verglasung
3. Dichtungsmaterialien
4. Versagenswahrscheinlichkeit
5. Glasfassaden
6. Projektbeispiele

## 1 Fenster

### *1.1 Fenster aus Holz*

Holzfenster unterscheiden sich in den verwendeten Holzarten und Dichtungssystemen. Anfänglich gab es keine Dichtprofile für Holzfenster, die „Regensicherheit" wurde über die Falzausbildungen gelöst oder durch mehrschalige Systeme wie Verbund- und Kastenfenster.

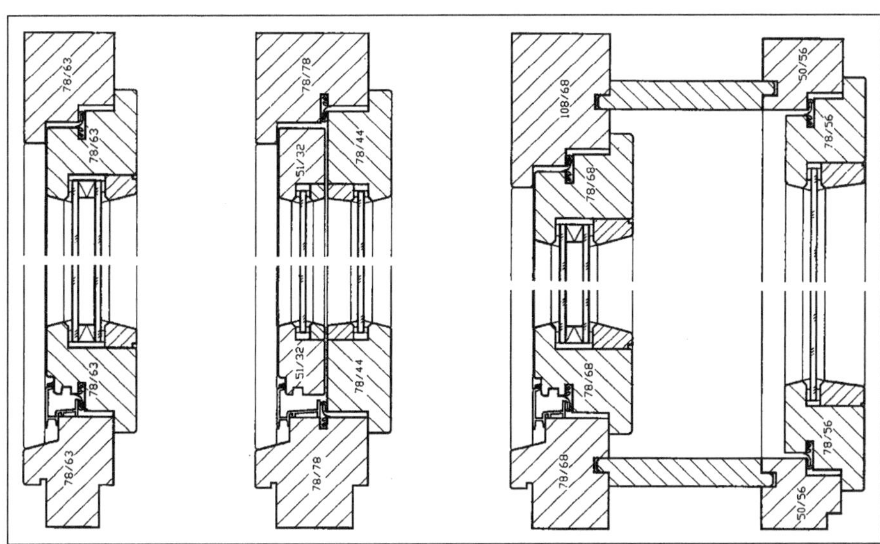


Bild 1: Grundsätzliche Holz-Fenster-Konstruktionsarten (Einfachfenster, Verbundfenster, Kastenfenster)

### *1.2 Fenster aus Kunststoff*

Infolge der Energiekrise 1973, der folgenden 1. Wärmeschutzverordnung von 1977 und des daraus folgenden hohen Bedarfs an neuen Fenstern für den Wohnungsbau war der Siegeszug der Kunststoff-Fenster wegen des attraktiven Preises und der wartungsfreien Oberflächen gegenüber dem Holzfenster vorprogrammiert.

Die ersten Kunststoff-Fenster aus der vorgenannten Zeit sind inzwischen auch schon „in die Jahre gekommen".

Als Dichtprofile sind die im Koextrusionsverfahren meist an den Außenanschlägen angeordneten PVC-Dichtungen zu nennen. EPDM-Dichtungen waren anfänglich weniger im Einsatz.

### *1.3 Fenster aus Aluminium*

Bei den Aluminium-Fenstern kamen thermisch getrennte Profile Ende der 60er-Jahre zum Einsatz und wurden dann hinsichtlich der wärmetechnischen Eigenschaften ebenfalls durch die Energiekrise und die folgenden Wärmeschutzverordnungen weiterentwickelt. Bei Metallprofilen für den Fensterbau werden vorgefertigte Dichtprofile meist auf EPDM-Basis (APTK) eingesetzt.

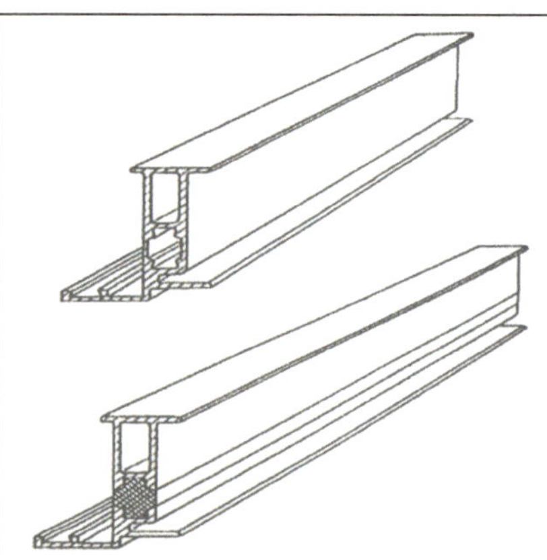

Ausfüllen eines einstückig gepreßten Hohlprofiles mit einem Chemiewerkstoff und nachträgliches Auftrennen des metallischen Verbundes (DE-PS 1 174 483 – Julius & August Erbslöh, 1962)

Bild 2: Beispielhafte Darstellung eines Verfahrens zur thermischen Trennung von Aluminiumprofilen

Bei den thermisch getrennten Aluminiumkonstruktionen gab es natürlich infolge der immer steigenden wärmeschutztechnischen Anforderungen auch Weiterentwicklungen zu mehr Abstand zwischen den inneren und äußeren Aluminiumbauteilen durch entsprechende auch statisch funktionsfähige Verbund-Materialien und Verbindungstechniken. Es gab zu der Zeit unterschiedliche Ansätze zur Ausbildung einer Dämmzone mittels Schaum oder Stegen.

Heute kommt hinzu der Einsatz von dämmtechnischen Materialien in die Hohlkammern zwischen den thermischen Trennstegen, um die Wärmeübertragung infolge Strahlung zwischen den beiden Aluminium-Schalen zu reduzieren.

### *1.4 Fenster als Mischkonstruktionen*

Zu erwähnen sind Holz-Aluminium-Konstruktionen, die auch heute noch im hochwertigen Wohnbereich und auch vereinzelt im Bürobereich zum Einsatz kommen. Natürlich kann man die meist eingesetzte Aluminium-Außenschale auch durch Kupfer oder Messing ersetzen.

Weiterhin haben sich sogenannte Mischkonstruktionen entwickelt, die wegen sehr unterschiedlicher markttechnischer Erfolge entweder schon vom Markt verschwunden sind, wie z. B. mit PVC-Schicht ummantelte Aluminiumprofile, die sich eben nicht durchgesetzt haben, weil die fertigungstechnischen und statischen Vorteile die unzureichende Dämmung nicht kompensieren konnten.

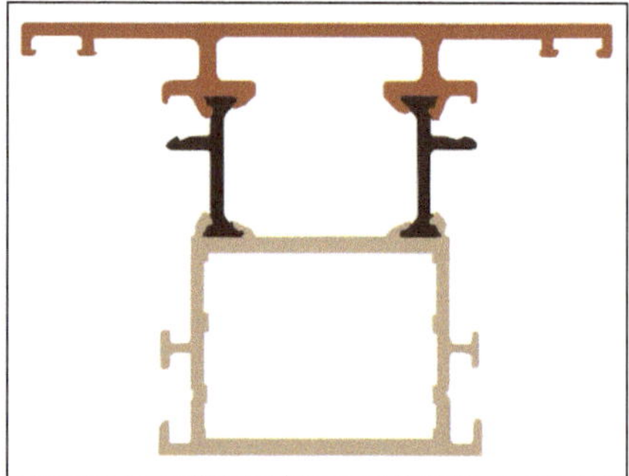

Bild 3: Kupfer – Aluminium – Mischkonstruktion

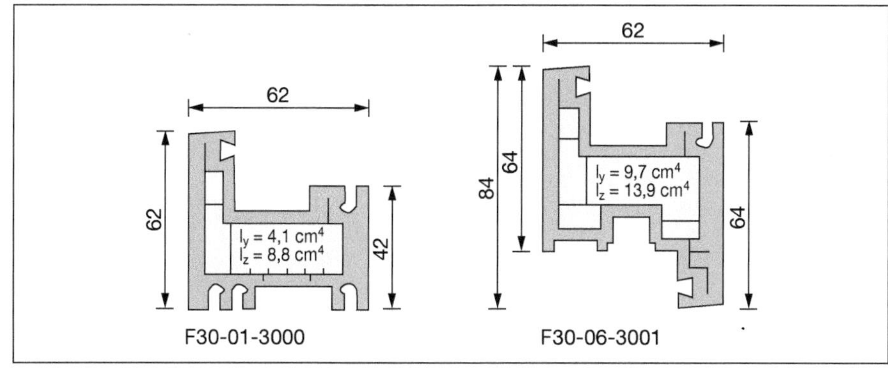


Bild 4: Kunststoff umschäumte Aluminium-Profile

## 2 Verglasung

Ein wesentliches Bauteil, auch wegen der großen Flächenanteile energietechnisch wichtig, ist natürlich die Verglasung für die Fenster und Fassadenbauteile. Ausgehend von den noch üblichen Einfachverglasungen sind die ersten Isolierglaseinheiten (MIG) entstanden, definiert entsprechend DIN 18361 „Verglasungsarbeiten“:

„Mehrscheiben-Isolierglas ist eine Verglasungseinheit aus mehreren Glasscheiben, die durch luftgefüllte Zwischenräume getrennt sind; sie müssen an den Rändern luft- und feuchtigkeitsdicht miteinander verbunden sein. Die Scheibenflächen im Zwischenraum dürfen weder beschlagen noch verschmutzen.“

Die wesentlichen Bestandteile des Mehrscheiben-Isolierglases sind:

- Glas
- Abstandhalter
- Dichtstoff
- Trocknungsmittel.

Bild 5: Grundsätzliche Verglasungs-Abdichtungssysteme [1]

Die ersten MIG waren mit einem Bleirandverbund gefertigt worden, der über eine Lötverbindung mit der Verglasung einen luftdichten Abschluss des Randes zum Scheibenzwischenraum erzeugen sollte.

Die Dichtigkeit des Randverbundes ist ein entscheidender Faktor, um die Funktionsfähigkeit einer Isolierglasscheibe sicherzustellen.

a) Einfach gedichteter Isolierglas-Randverbund

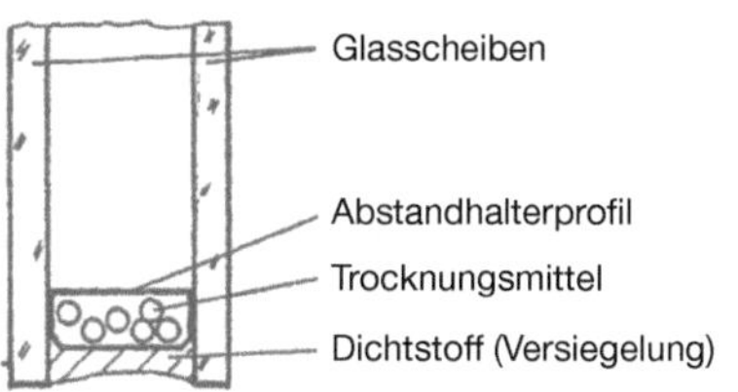


b) Doppelt gedichteter Isolierglas-Randverbund

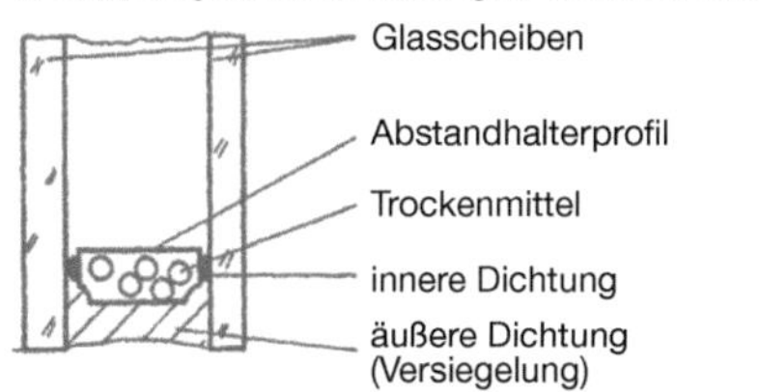


Bild 6: Einfach und doppelt gedichteter Isolierglas-Randverbund (1983 Bundesverband des Deutschen Flachglas-Großhandels e.V.)

Aus produktions- und auch kostentechnischen Gründen wurden neue Randverbund-Arten entwickelt. Man hat zwischen einfach und doppelt gedichtetem Isolierglas-Randverbund unterschieden.
Durchgesetzt davon hat sich der Einsatz von Aluminiumhohlprofilen, die über Butylbänder an die angrenzenden Verglasungen geklebt und damit die Luftdichtigkeit erzielt werden. Geschützt wurde dieser Randverbund durch eine zusätzliche Versiegelung als sogenannte Sekundärdichtung. In diese Aluminiumprofile wurden Entfeuchtungsmittel (Silikagel oder glw.) eingefüllt, um mögliche Restfeuchten beim Produktionsprozess innerhalb des Zwischenraumes der Isolier-Verglasung (MIG) nicht entstehen zu lassen.
Infolge der seit der ersten WSVO immer höheren energietechnischen Anforderungen zum Wärmeschutz gab es dann Weiterentwicklungen im thermischen Randverbund. Statt Aluminium wurde wegen der geringeren Leitfähigkeit Edelstahl (auch heute noch) eingesetzt.
Die nächste Entwicklungsstufe der Randverbundprofile sind die sogenannten „Warm edge"–Profile, z. B. Thermix, wobei der Edelstahl-Randverbund mit dem schlechtesten dämmtechnischen Wert noch dazu zählt. Neben der dämmtechnisch hochwertigen Funktion muss der Randverbund eine ausgezeichnete Diffusionsdichtigkeit und Materialverträglichkeit mit angrenzenden Dichtstoffen aufweisen. Eine besondere Art ist der TPS-Randverbund, ein rein plastischer Randverbund mit sehr hoher Diffusionsdichtigkeit.
Natürlich sind die ersten Isolierverglasungen (MIG), sowohl bei den Fenstern als auch bei den Glas-Fassadenbauteilen eben „in die Jahre gekommen", weil der wesentliche die Funktion der Verglasung sicherstellende Randverbund selbst bei den Thermopene-Verglasungen nach ca. 25 Jahren versagt hat.

## *2.1 Dämmtechnische Verbesserung der Verglasung*

Als nächster Schritt mussten die Isolierverglasungen (MIG) bauphysikalisch verbessert werden, das wurde und wird immer noch durch Einfüllung von „Leicht-Gasen" (z. B. Argon) erreicht. Aber das allein bringt wärmetechnisch gesehen keine große Verbesserung. Mit der Feststellung, dass die Wärmeübertragung bei den alten Isolierglaseinheiten ohne jede Beschichtung zu 2/3 durch Strahlung erfolgt und nur zu 1/3 durch Transmission und Konvektion zusammen, musste man einen Weg finden, den Strahlungsaustausch zu verringern. Folglich mussten dünne Schichten mit geringer Emissivität entwickelt und eingesetzt werden, die einerseits eine hohe Transparenz mit einem guten Farbwiedergabeindex, um nicht schönes Wetter durch den Blick nach außen trübe werden zu lassen, und andererseits einen sehr guten Wärme- wie auch Sonnenschutz aufweisen, um diese strahlungstechnischen Wärmeverluste möglichst weit zu reduzieren. Dazu tragen die diversen Beschichtungen auf den einzelnen Glasscheiben bei.

Bild 7: Die „goldenen" Sonnenschutzgläser sind defekt.

Die ersten Beschichtungsarten waren sehr empfindlich und mussten schnell zu Isolierglas verarbeitet werden, weil sie sonst im Kontakt mit Sauerstoff korrodiert wären. Das bedeutet, dass jedes Eindringen von Feuchtigkeit über den Randverbund letztlich zu Korrosionserscheinungen bei den Beschichtungen geführt hat und diese sich natürlich optisch deutlicher und schneller markiert haben als bei nicht beschichteten Verglasungen, wo man vielleicht einen dünnen Kondensatfilm beim näheren Hinschauen gesehen hat. Bei den ersten Typen von Sonnenschutzgläsern mit Beschichtungen auf „Gold-Basis" hat dies nach unterschiedlicher „Standzeit" zu einem optisch nachteiligen Erscheinungsbild der Fassade geführt.
Schon in der Literatur „Alterungsverhalten von Mehrscheiben-Isolierglas" von 1984 [1] wurde der Hinweis gegeben:

„Die vergangenen Jahre haben zwar sowohl in der Verglasungstechnik als auch in der Qualität des Mehrscheiben-Isolierglases Fortschritte gebracht. Dennoch kann die Entwicklung nicht als abgeschlossen betrachtet werden, wobei es gilt, neben der Verbesserung der Systeme auch ungünstige Einflüsse der Fertigung auszuschalten."
Der letzte Satzteil behält auch heute seine Gültigkeit, weil den technischen Verbesserungen meist Vorschriften mit gegenteiligen Auswirkungen entgegenstehen.

## 3 Dichtungsmaterialien

Es wird generell in Dichtstoffe, Dichtprofile und Dichtungsfolien unterschieden, wobei die Dichtungsfolien wegen der geschützten Lage, meist hinter der Bekleidungsebene, für Schäden weniger verantwortlich sind.
Als Definition der Funktion von den folgend beschriebenen Dichtstoffen ist nach [2] zu nennen:

- Bauteil zur Begrenzung bzw. zur Verhinderung des Stoffübergangs von einem Raum in einen anderen Raum
- Hier: Begrenzung des Übergangs von Luft und Verhinderung des Übergangs von Wasser.

Je nach Beanspruchungsart werden dann die Abdichtungsart und der einzusetzende Werkstoff entschieden.

### *3.1 Spritzbare Dichtstoffe*

Die häufigsten bei diesen betrachteten Bauteilbereichen eingesetzten spritzbaren Dichtstoffe nach [2] mit ihren Eigenschaften sind:

<u>Polysulfid (Thiokol)</u>
- Ein- und Zweikomponentensysteme – zulässige Gesamtverformung ≤ 25 %
- Elastisch nach Abschluss der Reaktion in einkomponentiger oder zweikomponentiger Ausführung
- Zumindest anstrichverträglich – begrenzte UV-Lichtstabilität – geeignet für selbstreinigende Gläser
- Hauptanwendung: Isolierglasrandverbund – Bauwerksfugen

<u>Polyurethan</u>
- Ein- und Zweikomponentensystem – zulässige Gesamtverformung ≤ 25 %
- Elastisch nach Abschluss der Reaktion in einkomponentiger oder zweikomponentiger Ausführung
- Vielfach überstreichbar – einsetzbar bei selbstreinigenden Gläsern – begrenzte Anwendbarkeit im Außenbereich (UV-lichtempfindlich)

<u>Silikon</u>
- Ein- und Zweikomponentensysteme – zulässige Gesamtverformung ≤ 25
- In der einkomponentigen Version – neutral vernetzend: Abspaltung von Alkoxy-, Oxim- oder Benzamid – sehr gutes Haftverhalten auf fast allen Untergründen – derzeit universellsten Dichtstoffsysteme – sehr gutes Dehnvermögen.
- Die Silikone sind:
  - derzeit in Summe hochwertigster Dichtstoff
  - beste UV-Lichtbeständigkeit
  - i. a. B1-Qualität (schwer entflammbar)
  - Aber: nicht geeignet für nachträgliche Beschichtung (massive Haftungsstörungen) – Totalverbot der Automobilindustrie – nicht geeignet für selbstreinigende Gläser (Benetzungsstörung) – nicht überstreichbar

Bei den spritzbaren Dichtungen sind die Werkstoffe Silikon und PUR am häufigsten verwendet worden.

### *3.2 Dichtungsprofile*

Die häufigsten bei diesen betrachteten Bauteilbereichen eingesetzten Dichtprofile nach [2] mit ihren Eigenschaften sind:

<u>EPDM/APTK</u>: (Ethylen – Propylen – Dien – Methylen – Kautschuk/Äthylen – Propylen – Terpolymer – Kautschuk)
- Häufigster Dichtungswerkstoff – sehr gute Alterungs- und Witterungsbeständigkeit – gute Chemikalienbeständigkeit – geringe Resistenz gegen Fette und Öle – beständig bis ca. 150 °C – schlecht klebbar – i. a. schwarz

<u>CR</u>: Chloroprene – Polymer aus 2-Chlor – 1,3-Butadien (Handelsname: Neoprene – Baypren)
- Zweithäufigster Dichtungswerkstoff – gute Alterungs- und Witterungsbeständigkeit (etwas schlechter als EPDM) – mittlere Ölbeständigkeit (besser als EPDM) – Flammwidrigkeit besser als bei EPDM (B1-Qualität i. a. erreichbar) – Temperaturbeständig bis ca. 100 °C, kurzfristig bis 120 °C – besser verklebbar als EPDM – i. a. schwarz.

Bei den Dichtprofilen wird der Werkstoff EPDM überwiegend eingesetzt.

## 4 Versagenswahrscheinlichkeit

Es bleibt also die Frage, ab wann gilt „in die Jahre kommen"?
Eine Abstufung im Sinne des „in die Jahre gekommen" der Materialien und Fenstersysteme ist schwierig vorzunehmen, der Versuch über die Basis-Materialien ist wohl der sinnvollste.

### *4.1 Holzfenster*

Als organisches Basis-Material ist die Präzision und Funktionssicherheit der Holzfenster nur gegeben, wenn der Witterungsschutz dauerhaft gewährleistet ist.
Eine sorgfältige Analyse vor dem Einsatz von Holzfenstern ist zielführender als das Lesen von Prüfzeugnissen.
Geht man davon aus, dass die Holzfenster, und das ist in öffentlichen Bereichen der Regelfall gewesen, keine vernünftige Pflege/Wartung erhalten haben, sei es durch entsprechenden Anstrich, Wartung von Dichtungen und Beschlägen etc., dann ist das Holzfenster das erste, das materialtechnisch von der äußeren Oberfläche ausgehend bis angrenzend an die Verglasung versagt. Dies ist unabhängig von konstruktiven Ausführungs- oder Planungsmängeln.
Als organisches Basis-Material ist die Präzision und Funktionssicherheit der Holzfenster nur gegeben, wenn der Witterungsschutz dauerhaft gewährleistet ist.

### *4.2 Verglasung*

Basis der folgenden Aussagen ist u. a. eine Untersuchung über das „Alterungsverhalten von Mehrscheiben-Isolierglas" [1].
Bei der Abschätzung der Nutzungserwartung vom Mehrscheiben-Isolierglas ist zu unterscheiden in das Ende des Nutzungsvorrates als Folge der Beladung des Trockenmittels aus

- Diffusion von Feuchtigkeit über den Randverbund ohne Schädigung der Abdichtung
- Diffusion und Eindringen von Feuchtigkeit über gelöste Grenzflächen zwischen Glas und Dichtstoff.

Aus den praktischen Erfahrungen ist festzustellen, dass gelöste Grenzflächen die häufigsten Schadensursachen sind. Ausgelöst wird dieser Schaden durch die Alterung des Dichtstoffes, die durch Feuchtigkeit und Lichteinwirkung beschleunigt wird, wobei grenzflächenaktive Stoffe z. B. aus Reinigungsmitteln, Atmosphärilien die Entwicklung begünstigen. Eine Abschätzung der Nutzungserwartung aus diesen Einflüssen ist kaum möglich.
Eine Überprüfung verschiedener Systeme von Mehrscheiben-Isolierglas auf ihre Nutzungserwartung wurde sowohl im Freilandversuch als auch im Laborversuch nach DIN 1286, Teil 1 vorgenommen. Die Auswertung zeigte, dass die Prüfung nach DIN 1286, Teil 1 etwa 3 bis 4 Jahre praktischer Nutzungsdauer entspricht. Diese Aussage ist aber nur dann zu verallgemeinern, wenn ein funktionsfähiges Verglasungssystem vorliegt.
Hochgerechnet ergibt sich daraus eine Nutzungserwartung für das Mehrscheiben-Isolierglas von 40 bis 50 Jahren, die sich aber wegen der in den Prüfungen nicht erfassten Alterungsvorgänge auf 20 bis 30 Jahre reduziert [1].
Die ersten Isolierverglasungen und insbesondere auch die ersten Funktionsgläser, wie Sonnenschutz-/Wärmeschutz-Gläser, sind inzwischen nicht nur in die Jahre gekommen, sondern auch schon teilweise ausgetauscht worden, weil der Randverbund nicht mehr funktionsfähig war und durch die eingedrungene Feuchtigkeit die Beschichtungen korrodiert sind. Das ist bei vielen Gebäuden mit den leicht bräunlich erscheinenden goldbeschichteten Sonnenschutzverglasungen am extremsten durch den Farbwechsel zu erkennen.
Bei den Funktionsgläsern sind außer Wärmeschutz und Sonnenschutz auch andere Funktionen wie z. B. bestimmte Schallschutz-Eigenschaften gefordert, die durch verschiedene Maßnahmen innerhalb der Isolierglasscheibe erreicht werden können. Eine Entwicklung war, über eine Gießharzschicht zwischen zwei Scheiben die Schalldämmung der Verglasung zu erhöhen. Da im Randbereich die Schicht in dieser Verglasung nicht absolut resistent gegenüber Feuchtigkeit ausgebildet werden konnte, gab es wurmförmige Einläufer jeweils vom Rand ausgehend.

Bild 8: Wurmartige Einläufer im Gießharz

Die vielen Reklamationen wegen der optischen Beeinträchtigungen haben letztlich auch zum „Aus“ dieser Verglasungsart geführt.
Es ist bei Revitalisierungen oder Sanierungen auch der Aspekt zu berücksichtigen, dass es die Verglasungen möglicherweise nicht mehr gibt und damit eine „Teil-Revitalisierung“ aus optischen Gründen nicht möglich wird.
Es gibt keine eindeutige und gesicherte Aussage zur „Standzeit von Mehrscheiben-Isolierverglasungen“, weil die diversen äußeren Einfluss-Faktoren keine seriöse Statistik zulassen.
Die mögliche rein technische Verbesserung des Randverbundes kann durch die vielen infolge der verschärften Wärmeschutz-Anforderungen eingesetzten Dämmprofile im Falz mit Einschränkung der Belüftung des Falzraumes dieses wieder zunichtemachen.
Es gibt noch keine ausreichend verifizierten Langzeitversuche oder eingesetzten Ausführungen, die eine negative Auswirkung auf den Randverbund und damit die Standzeit der MIG ausschließen, weil das auch abhängig von der handwerklichen Ausführung ist.
Es bleibt bei der bisher üblicherweise prognostizierten Standzeit von 25–30 Jahren.

### *4.3 Dichtungsmaterialien*

Die Dichtungsmaterialien sind die nächsten in der Reihenfolge der Versagenswahrscheinlichkeit, wobei zwischen spritzbaren Dichtstoffen und Dichtprofilen zu unterscheiden ist. Die Dichtungsfolien kann man in dieser Betrachtung vernachlässigen, weil sie mehr im UV- und witterungsgeschützten Bereich eingesetzt werden.

Dichtstoffe
Spritzbare Dichtstoffe sind und werden im Wesentlichen bei Holzfenstern zum Einsatz kommen. Bei Holzfenstern gibt es auch Misch-Abdichtungssysteme, innenseitige Abdichtung zwischen Holz und Verglasung per spritzbarer Dichtung und außenseitig Dichtungsprofile.
Die spritzbaren Dichtstoffe weisen je nach Einbausituation und Materialbasis unterschiedliche „Standzeiten“ auf. Die beste Haltbarkeit gegenüber UV- und sonstigen Witterungs-Belastungen zeigt sicherlich das Silikon.
Die Standzeit ist je nach Einsatzgebiet unterschiedlich, bei entsprechender Kontrolle und Pflege ca. 20 Jahre.

Dichtprofile
Bei den Dichtprofilen tritt je nach witterungs- und konstruktionstechnischer Belastung, einhergehend mit einer gewissen Verhärtung des Materials, eine sehr feine Rissbildung an den Enden der Dichtlippen auf.
Die Standzeit ist je nach Einsatzgebiet unterschiedlich, bei entsprechender Pflege ca. 25 Jahre.

### *4.4 Kunststoff- und Aluminium-Fenster*

Von der Durabilität der äußeren Oberfläche haben Kunststoff- und Aluminium-Fenster natürlich entscheidende Vorteile. Allerdings kann es auch dabei zu optischen Beeinträchtigungen kommen, weil Beschichtungen bei Aluminiumfenstern ihre Farbbrillanz verlieren und die meist weißen Kunststofffenster gelblich und stumpf werden.
Eine Ausnahme bilden eloxierte Oberflächen bei Aluminium, allerdings auch nur bei entsprechender Pflege.
Aus rein materialtechnischen Überlegungen sind die o. g. Fenster dauerhaft, wobei die Kunststoff-Fenster bei kritischen Größen in den Ecken infolge der fehlenden Stahlaussteifungen zu Ermüdungserscheinungen und damit Rissen in den Gehrungen führen können.

### *4.5 Konstruktionstechnologie und Wärmeschutz*

Bewertet man die Fenster nach den wärmedämmtechnischen Eigenschaften, dann sind die alten Fenster aus den Werkstoffen Holz, Kunststoff sowie Aluminium, bezogen auf den heutigen Anforderungsgrad, alle schon „in die Jahre gekommen“. Unter „alt“ sind die Fertigung und der Einsatz der Fensterbauteile etwa bis zur Jahrtausend-Wende zu bezeichnen.
So entspricht ein altes übliches Holzfenster mit einer Bautiefe von 68 mm dämmtechnisch nicht mehr dem heutigen Standard, ebenso nicht die Isolierverglasung (MIG).
Neue 3-fach Isolierverglasungen kann man wegen der geringen Bautiefe der alten Fenster nicht einsetzen. Auch scheitert ein Austausch der Verglasungen an den nicht mehr verfügbaren kleineren Glasleisten bei den Kunststoff- und Aluminiumprofilen.
Auch das größere Gewicht der neuen 3-fach Isolierverglasungen zeigt den alten Rahmen-Konstruktionen und Beschlägen schnell hinsichtlich der Funktionstüchtigkeit die Grenzen auf.

Alle alten Holz-, Kunststoff- und thermisch getrennten Aluminium-Fenster, die wegen geringer Bautiefe keine 3-fach Isolierverglasung mehr aufnehmen können, können nicht wiederverwendet werden und sind inkl. Verglasung und Dichtsystem, so gut es geht, einem Recycling-Verfahren zuzuführen.
Letztlich bezieht sich das auch auf die thermisch getrennten Aluminiumprofile, die in der Entwicklung wärmeschutztechnisch gesehen natürlich auch entsprechende Schritte vollzogen haben. Einige der ersten entwickelten Ausführungen der Wärmedämmzonen (z. B. Schaum) müssten nach heutigen Nachweisverfahren statisch ertüchtigt werden, d. h., die Dämm-Funktion würde sich noch weiter verschlechtern.
Somit gelten diese Fenster als auch schon „in die Jahre gekommen“ und sind nicht mehr wiederzuverwenden.
Es gab bei den Kunststoff- und Aluminium-Profilen eine Zeit lang auch Sonderprofile, um den Austausch von Holzfenstern einfach und schnell vornehmen zu können. Das basierte darauf, die Holzrahmen in der Einbau-Position zu belassen und die neuen Fenster damit zu verbinden. Hier gab es meist statische Probleme, wenn die Befestigung der alten Holzrahmen nicht ausreichend vorhanden war.
Als Fazit ist anzumerken, dass die alten Holz-, Kunststoff- und thermisch gebundenen Aluminium-Fenster inkl. der Verglasung und Dichtsystem nicht mehr wiederverwendet werden können.

<u>Denkmalschutz</u>
Einen besonderen Platz bzw. Aspekt nimmt natürlich das Thema Denkmalschutz in diesem Kontext „in die Jahre gekommen“ ein. Insbesondere in Berlin erfolgte nach der Wende geradezu ein Boom von Denkmalschutz-Beauftragten, die m. E. nach in teilweise übertriebener Art und Weise versucht haben, dem Denkmalschutz akribisch zum Recht zu verhelfen. Das führte bei etlichen alten Bauwerken, die meist von Ministerien genutzt werden sollten, zu entsprechenden Investitionskosten und wird durch Wiederverwendung von Materialien, von z. B. speziellen Kitten, auch in Zukunft zu höheren Betriebskosten führen.

Dies bezieht sich insbesondere natürlich auf Holzfenster, die bei einem Ministeriums-Gebäude teilweise noch vorhanden waren, somit dem Denkmalschutz unterlagen, und die fehlenden Fenster aus Eiche dann nachgebaut worden sind. Auch bei diesen neuen Fenstern mussten wieder Kittabdichtungen zwischen Holz und Verglasung eingesetzt werden. Wenn man weiß, dass die öffentliche Hand kein Geld dafür hat, ihre Gebäude über Jahre hinaus vernünftig instand zu halten, ist dies m. E. nach volkswirtschaftlich der falsche Ansatz.

## 5 Glasfassaden

Die „in die Jahre gekommenen“ Glasfassaden als raumabschließende Vorhangfassaden weisen bei ähnlicher Konstruktionstechnologie der einzelnen Bauteile prinzipiell die gleichen Schadensbilder auf, wie die vorgenannten Aluminium-Fenster. In diesem „Glas-Fassaden“-Segment sind die Werkstoffe Holz und Kunststoff als Konstruktionsbasis verschwindend gering vertreten.
Hinzu kommt dagegen der Werkstoff Stahl.
Für Glasfassaden-Konstruktionen aus den o. g. Werkstoffen sind die unzureichenden wärmetechnischen Eigenschaften der vorhandenen Profile für eine Sanierung durch Austausch z. B. von der Verglasung oder von Paneelen, die in Glasfassaden als Ausfachungselement wichtige Funktionen bis hin zum Brandschutz übernehmen, nicht geeignet.
Die vorgemachten Aussagen zu Verglasungen und Dichtungen können prinzipiell von den Fensterkonstruktionen übernommen werden. Infolge der größeren Bauteilbewegungen durch die geschosshohen Elemente werden die Dichtungen anders beansprucht und unterliegen auch anderen Konstruktionsprinzipien.
Bei diesen vorgefertigten Fassadenelementen sind statt Dichtprofilen oft auch Dichtstoffe eingesetzt worden in Anlehnung an die Fassadenabdichtungen bei derartigen Glasfassaden in den USA.
Bei einer Sanierung solcher Fassaden kann der Schutz vor alten Materialien, inzwischen als „Gefahrenstoffe“ eingestuft, zum technischen und monetären Problem werden.
Bei den Überlegungen über Sanierungskonzepte der alten Fassaden-Konstruktionen ist die Wiederverwendungsmöglichkeit der vorhandenen Profile als statisch tragende Grundkonstruktion ein wichtiger Entscheidungsfaktor.
Oft haben die „alten“ Fassadenkonstruktionen, die in Deutschland ab den 70er-Jahren auf dem Markt kamen, den Vorteil, dass die verwendeten tragenden Profile, sei es Stahl

oder Aluminium, inkl. der Verankerung statisch überdimensioniert waren, weil es eben noch keine Finite-Element-Berechnungstools gab, um den Materialeinsatz zu optimieren. Solche alten Konstruktionen lassen sich, sofern statisch nachweisbar, gut für die Aufnahme von neuen Glasfassaden wiederverwenden.
Außer der Tragkonstruktion ist allerdings alles andere inkl. „kontaminierter Materialien" – Gefahrstoffe - zu entsorgen bzw. dem Recycling-Prozess zuzuführen.

## 6 Projektbeispiele für Revitalisierung und Sanierung

Unter Revitalisierung versteht man die Erhaltung/Umgestaltung historischer oder baukünstlerisch bemerkenswerter Bausubstanz unter denkmalpflegerischen Gesichtspunkten zum Zwecke einer zeitgemäßen Nutzung.
Unter Sanierung versteht man im Bauwesen die baulich-technische Wiederherstellung oder Modernisierung eines Bauwerks, um Mängel zu beseitigen oder den Wohn- bzw. Lebensstandard zu erhöhen.

### *6.1 Revitalisierung Fassade Axel-Springer Hochhaus Berlin*

Ein Beispiel für die Fassadenerneuerung einer unter Denkmalschutz stehenden Fassade war das alte Springer-Hochhaus in Berlin. Alle bekleidenden Fassaden-Bleche und -Profile mussten wegen des besonderen Eloxaltons wiederverwendet werden. Somit mussten die mit neuer Verglasung und thermisch verbesserten Profilen ausgestatteten Fassaden-Elemente die exakte Aufnahme der alten Bekleidungselemente ermöglichen. Planung und Ausführung bedurften einer ausgezeichneten Logistik.
Logistisch war dies mit den zusätzlichen bautechnischen Maßnahmen bei laufendem Betrieb eine ausgezeichnete Leistung der ausführenden Firma!

Bild 9: Axel-Springer Hochhaus in Berlin – Ansicht

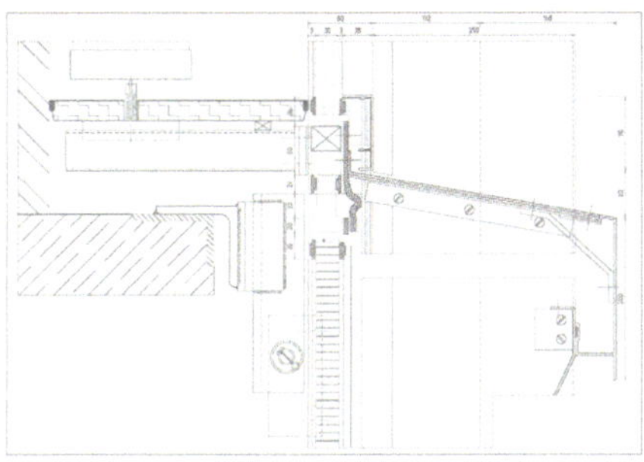

Bild 10: Axel-Springer Hochhaus in Berlin – V-Schnitt alte Fassade

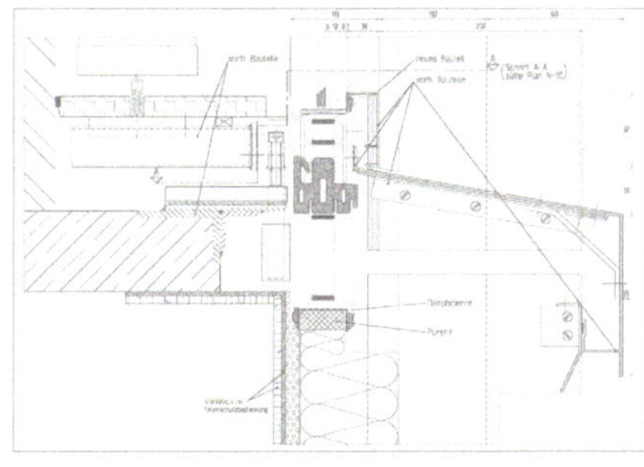

Bild 11: Axel-Springer Hochhaus in Berlin – V-Schnitt neue Fassade in 1995/96 (Planungsdetail)

## 6.2 Revitalisierung der Fassade des IBB-Gebäudes in Berlin, Alexanderplatz

Das Gebäude ist gänzlich entkernt worden. Die Natursteine sind ebenso wie die Fenster komplett erneuert worden.

Bei den Fensteranlagen handelte es sich um aus einzelnen Stahlbau-Profilen zusammengeschweißte Flügelkonstruktionen, die als Besonderheit im unteren Bereich des 4-feldrigen Fensters asymmetrisch gelagerte Wendeflügel ausgewiesen haben. Die wenigen noch bestehenden Konstruktionen konnten nicht mehr ertüchtigt werden. Die ausgeschriebene und detaillierte Konstruktion entsprach auf den Millimeter in Ansicht und Bautiefe der alten.

Aus korrosionsschutztechnischen Überlegungen und mit Blick auf künftige mögliche Betriebskosten sind dann alle Profile aus Edelstahl (A2) gepresst und zum Fenster gefertigt worden. Aus bauphysikalischen Gründen ist raumseitig ein zusätzliches Fensterelement angeordnet worden, weil die vordere Ebene weder im Glas noch in den Profilen wärmedämmtechnische Eigenschaften auswies.

Bild 12: Späteres IBB-Gebäude in Berlin Alexanderplatz – alte Fassade

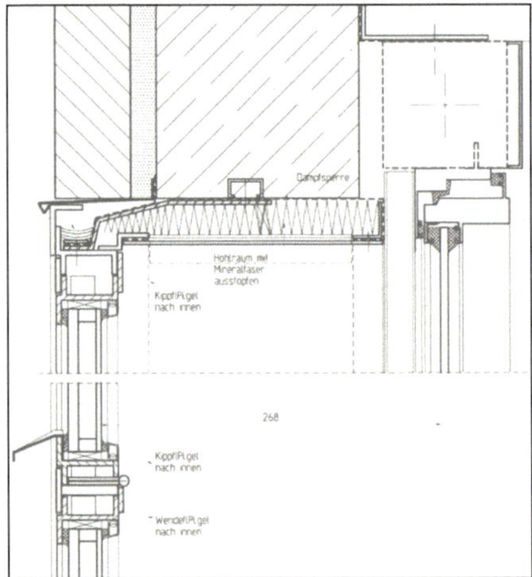


Bild 13: Späteres IBB-Gebäude in Berlin Alexanderplatz – V-Schnitt Planung neue Fassade

## 6.3 Revitalisierung Fassade des Alt-Gebäudes der Nord LB Hannover

Ein zweites Projektbeispiel ist die Revitalisierung eines der Gebäude der Nord LB in Hannover. Hier musste eine alte Holzfassade mit aufgesetzten Metall-Profilen in den Proportionen wieder aufgenommen werden. Die Holz-Profile durften allerdings durch thermisch getrennte Alu-Profile ersetzt werden. Dies war letztlich ein Kompromiss zwischen Denkmalschutz und den bautechnischen Randbedingungen, die bestimmten geometrischen Zwängungen unterlagen, weil auch die Naturstein-Fassaden abgängig waren.

Bild 14: Genutztes IBB-Gebäude in Berlin Alexanderplatz – neue Fassade Ansicht

Bild 15: Nord LB Hannover Bestandsgebäude – Alte Fassade, der schöne Schein trügt

Bild 16: Nord LB Hannover Bestandsgebäude – Marode Holzfensterkonstruktion

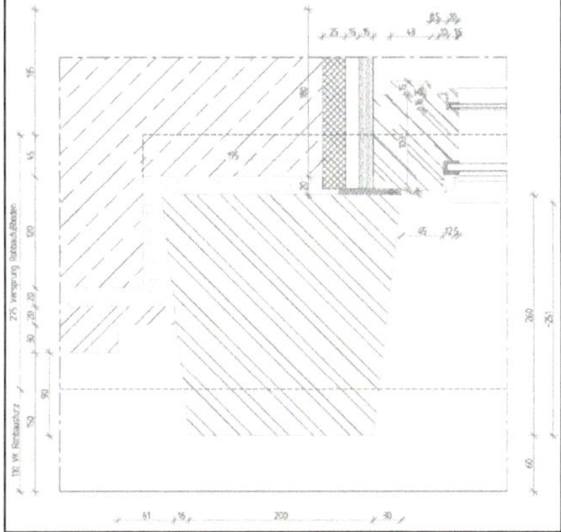

Bild 17: Nord LB Hannover Bestandsgebäude – H-Schnitt vorhandene Fassade

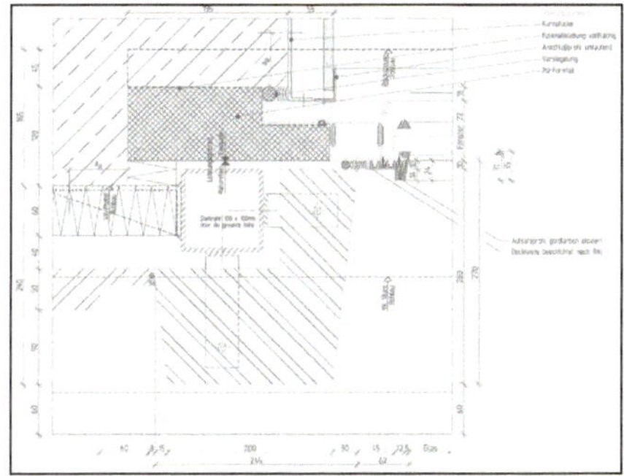

Bild 18: Nord LB Hannover Bestandsgebäude – H-Schnitt geplante neue Fassade

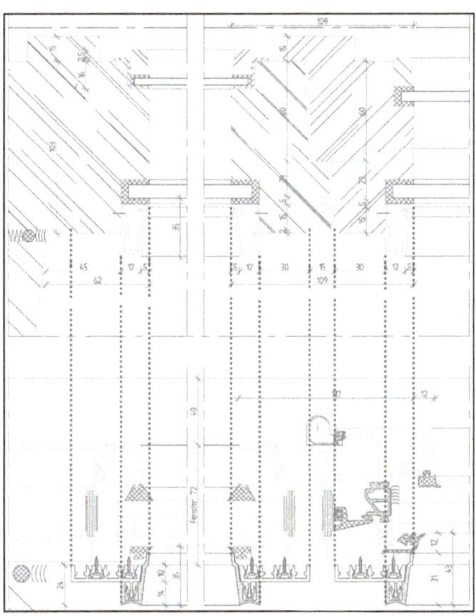

Bild 19: Nord LB Hannover Bestandsgebäude – H-Schnitt Ansichtsvergleich der Fassaden

### *6.4 Sanierung einer Fassade eines Verwaltungsgebäudes aus 1974*

Eine fast fertiggestellte Sanierung einer vorgehängten Fassade (Curtain-Wall) mit Umgang wurde bei laufendem Betrieb sozusagen entkernt von den Ausfachungselementen und unter Einsatz von neuen thermisch getrennten vorgefertigten Aluminium-Rahmen mit neuen Sonnenschutzverglasungen, integrierten Sonnenschutz-Lamellen und Dichtsystemen eine funktionsfähige technisch optimierte neue Fassadenebene eingesetzt, die in den Ansichtsbreiten nur äußerst gering zu der alten Konstruktion differierten.
Das Gebäude steht nicht unter Denkmalschutz, das Erscheinungsbild sollte nur so gering wie möglich verändert werden.

Bild 20: Verwaltungsgebäude – Ansicht vorhandene Fassade

Bild 21: Verwaltungsgebäude – Ansicht Eckausbildung – Schäden Undichtigkeiten

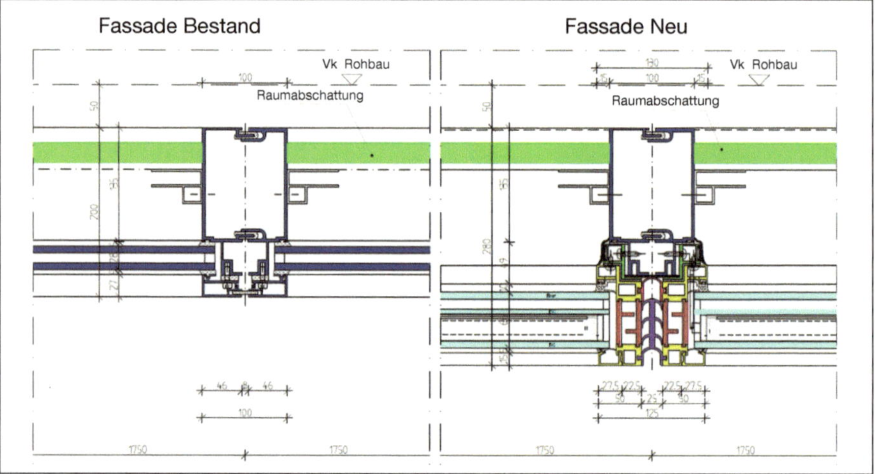


Bild 22: Verwaltungsgebäude – H-Schnitt Gegenüberstellung Alt zu Neuplanung

Bild 23: Verwaltungsgebäude – Neue Fassaden-Ansicht

## 7 Literatur

[1] Untersuchung über die Möglichkeiten der Beurteilung des Alterungsverhaltens von Isolierglaseinheiten einschließlich der Verglasung (Az.: B I 5 – 800179 – 112) Kurztitel: Alterungsverhalten von Mehrscheiben-Isolierglas Institut für Fenstertechnik e.V., Arnulfstraße 13, 8200 Rosenheim-Aisingerwies, Rosenheim, Oktober 1984

[2] Dr.-Ing. Harald Schulz – Kunststoffe im Metallbau, 2014-10-02

***Prof. Dipl.-Ing. Michael Lange***

*Bauingenieurstudium an der TU-Hannover; seit 1977 beratende Tätigkeit auf dem Gebiet der Fassadenplanung; 1983 Gründung des Büros Michael Lange, Beratender Ingenieur VBI; seit 1987 öffentlich bestellter und vereidigter Sachverständiger für Fassaden und Fassadenbekleidungen, Fenster und Türen; Mitbegründer des UBF (Unabhängige Berater für Fassadentechnik e. V.); seit 1993 Lehrbeauftragter und seit 2000 Professor an der Universität Hannover am Institut für Baukonstruktion und Entwerfen, Fachbereich Architektur; 2005 Gründung der Prof. Michael Lange Ingenieurgesellschaft mbH; Mitglied des Fach/Prüf-Gremiums der IHK München/Augsburg; Dozent an der HS Augsburg und bei ED PRO.*

# Außen hui – Innen pfui? Korrosionsschutz verdeckt liegender Fassadenteile, Bewährung hinterwässerter Fassaden, Fehlerquellen bei der Wasserführung

Dirk H. Urbanek, ZBN Civil Engineers Ltd., Nottuln

Altern und Korrosion sind Kämpfe, die schon verloren sind, bevor sie begonnen haben. ... die Frage ist nur, wie lange die Niederlage hinausgezögert werden kann.

## 1 Worüber sich Dachdecker und Metallleichtbauer so streiten ...

Mit dem Siegeszug des Warmdaches[1] und den geringen Dachneigen im Industriebau wurde der Dachüberstand zunehmend vom Wandüberstand abgelöst. Bauherren und Architekten ziehen es vor, dass vom Boden das Dach nicht mehr zu sehen ist, sondern nur die Außenwand.

Die konstruktiven Nachteile, die zugunsten des Erscheinungsbildes eingehandelt werden, sind beträchtlich. Denn das Wasser wird nicht mehr vom Gebäude weggeleitet, sondern am Dachrand angestaut. Neben der Problematik der Entwässerung, Notentwässerung und möglicher Schneeansammlungen tritt die Herausforderung, den nunmehr auskragenden und vollständig der Witterung ausgesetzten Wandkopf abzudecken.

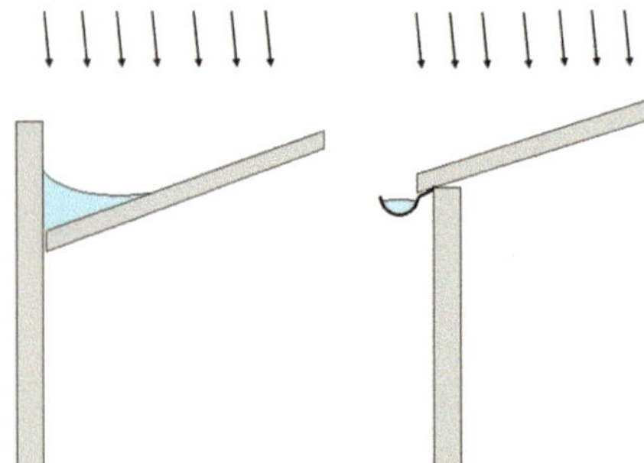

Bild 1: Wandüberstand versus Dachüberstand

1 Gemeint ist der Dachaufbau: Stahltrapezblech, Dampfsperre, Dämmung und Eindichtung mit Folie.

Bild 2: Abdeckung eines Wandkopfes

Es haben sich insbesondere im Gewerbe- und Industriebau zwei Strategien herausgebildet, den Anforderungen an die Abdeckung der Wandköpfe zu begegnen.

**Metallleichtbau (Industrie)**

Die Montagerichtlinie des Internationalen Verbandes für den Metallleichtbau lässt traditionell eine sehr einfache und keinesfalls zuverlässig wasserdichte Konstruktion für die Abdeckung von Kassettenwandkonstruktionen und Sandwichwänden zu: Die Attikahaube – ein einfaches Formteil aus umgekantetem Stahlblech, das mit Blechschrauben sichtbar befestigt wird (Bild 3).

Der IFBS [1] führt dazu aus:

*„**14.2.7 Attika***

*Die Detailzeichnungen Bild 14.7 und Bild 14.8 zeigen Attika-Regelausführungen bei horizontaler und vertikaler Montage von Sandwichelementen.*

- *Die Mindest-Auf-/Abkanthöhen sind gemäß den Vorgaben der Tabelle 12.2 einzuhalten.*

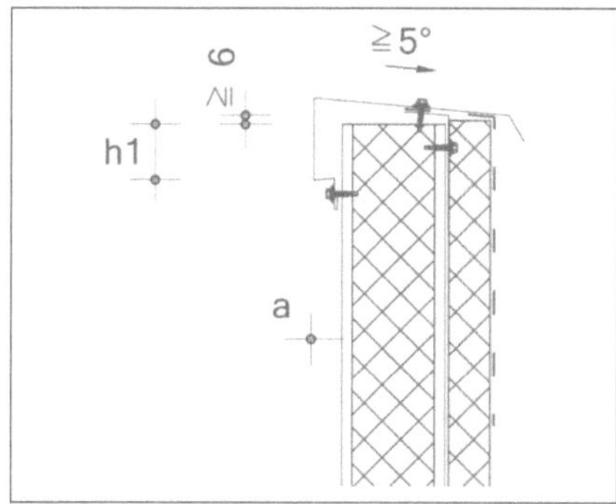


Bild 3: Die Abdeckung einer Kassettenkonstruktion mit einem einfachen Formteil, Bild 14.8 aus [1]

- *Zwischen Sandwichelementen und Attikahalteprofil ist ein Abstand von mindestens 6 mm einzuhalten.*
- *Attikastöße können mit Stoßlasche und Dichtung ausgeführt werden.*
- *Die Attikaabdeckung ist mit einer Neigung zur Dachfläche hin mit mindestens 5° auszubilden. (Gebäudehöhenabhängige Werte h1 und a: siehe Tabelle 12.2).*
- *Geschweißte Attikaecken sind Zusatzleistungen."*

Ein ausgeführtes Beispiel ist in Bild 4 abgebildet:
Es zeigt einen Blick auf die Dachkante eines Industriegebäudes. Dort wird eine Wand aus Sandwichelementen, an der die Folie hoch- und darüber geführt wurde, mit einem einfachen Formteil abgedeckt. Gegen diese Art der Ausführung bestehen keine Einwände.

Bild 4: Blick auf die Dachkante eines Industriegebäudes

Bild 5: Abdeckung einer vorgehängten und hinterlüfteten Fassade mit einem einfachen Formteil

Eine wesentlich „gewagtere" Auslegung in derselben Fachschrift wird in Bild 5 wiedergegeben.
Hier wird die Abdeckung einer vorgehängten und hinterlüfteten Fassade mit einem einfachen Formteil in Anlehnung an das vorbenannte Detail des IFBS ausgeführt. Es kann bezweifelt werden, dass diese Ausführung noch den allgemein anerkannten Regeln der Technik entspricht. Rein formal handelt es sich um eine Dachrandeinfassung nach [2] und [3]. Als **Fallbeispiel** wird die in Bild 2 abgebildete Konstruktion herangezogen. Weiteren Einblick in die angetroffene Situation liefert das Bild 6.
Bild 6 zeigt die Detailansicht und Detaillierung der bereits vorgestellten Abdeckung eines

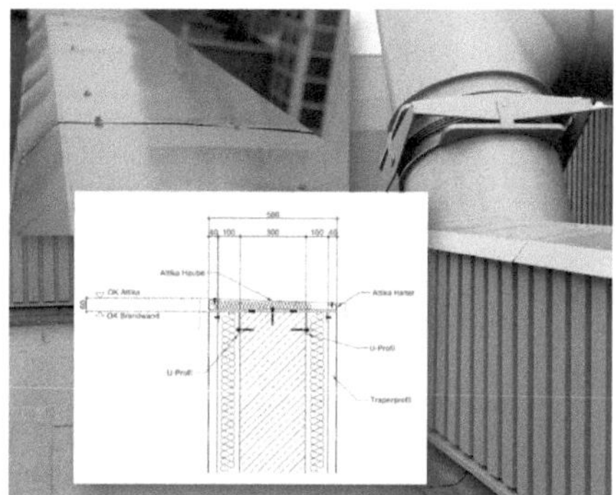

Bild 6: Detailansicht und Detaillierung der Abdeckung eines Wandkopfes

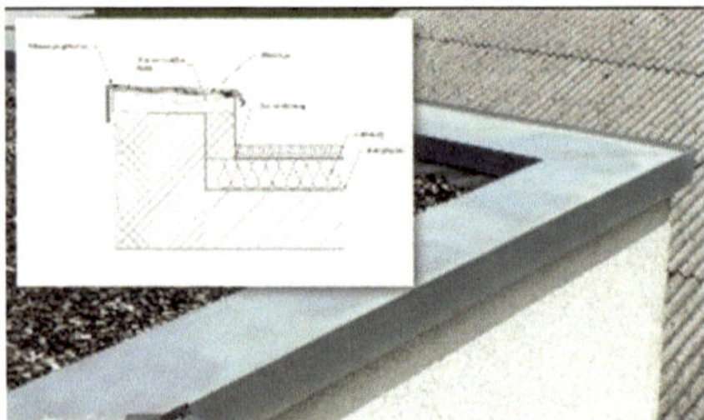

Bild 7: Die Abdeckung eines Wandkopfes mit einer schwimmend geklemmten Abdeckung. Es sind keine Verbindungsmittel zu sehen und die Stöße wurden mit Riffelblech unterlegt. Die Ecke wurde verschweißt.

Wandkopfes: Eine Betonwand wurde beidseitig mit einem Trapezblech vor der Dämmung bekleidet und mit einer zweiteiligen Konstruktion aus gekantetem Stahlblech abgedeckt.

**Dachdecker- und Klempnerhandwerk**

Der Zentralverband des Deutschen Dachdeckerhandwerks setzt in den Regeln für Metallarbeiten im Dachdeckerhandwerk dagegen auf sehr viel aufwändigere Konstruktionen – wie zum Beispiel der durch Klemmung schwimmend gelagerten Attikahaube, die in ihren Stößen mit Riffelblechen unterlegt wird.

**Welcher Ansatz ist der Richtige?**

Zur Beurteilung dieser Frage ist es erforderlich, das durchaus komplexe Thema Korrosion und Korrosionsschutz vom Grundsatz her anzuleuchten.

Die Analyse reicht von der noch relativ einfach zu beantwortenden Frage nach den allgemein anerkannten Regeln der Technik über die zunehmend komplexere Beurteilung des möglichen Korrosionsangriffs und das Widerstandsvermögen der beaufschlagten Konstruktion bis hin zu dem einzuhaltenden Schutzziel. Die Möglichkeiten zur Beobachtbarkeit und zur Reparatur dürfen nicht außer Acht gelassen werden, da sie auf die Konstruktion und Beurteilung einen maßgeblichen Einfluss haben. Aufschluss über die Verhältnisse gewährt eine Abschätzung des Gleichgewichts, das sich zwischen Wassereintrag, Ablauf und Abtrocknung einstellen wird.

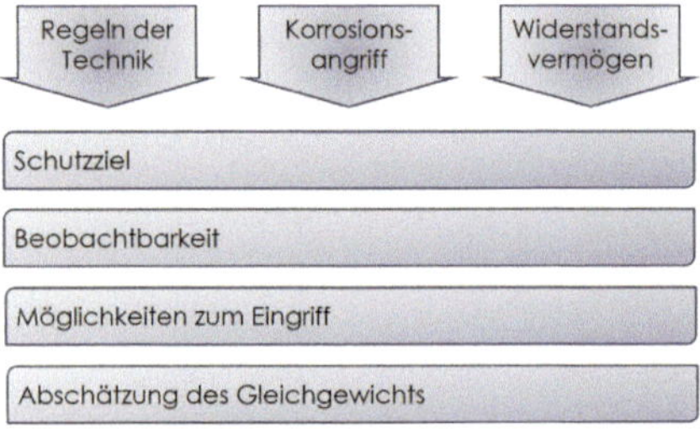


Bild 8: Einflüsse auf die Beurteilung des Korrosionsschutzes

## 2 Normativer Kontext

Die allgemein anerkannten Regeln der Technik finden sich in einer Vielzahl von Normen und Fachregeln verteilt wieder:

Zentrales Dokument und Grundlage der Beurteilung der Korrosivität ist ISO 9223:2012 „Corrosion of metals and alloys – Corrosivity of atmospheres – Classification" [4]. Diese Norm formuliert die Zusammenhänge zwischen Befeuchtung, Umweltfaktoren und den Abtragsraten von Kohlenstoffstahl, Zink, Kupfer und Aluminium. Vergleiche hierzu auch DIN EN ISO 12944-2:1998 „Korrosionsschutz von Stahlbauten durch Beschichtungssysteme – Teil 2: Einteilung der Umweltbedingungen" [5].

Dazu kommen die in DIN EN ISO 12944-1:1998 „Korrosionsschutz von Stahlbauten durch Beschichtungssysteme – Teil 1: Allgemeine Einleitung" definierten Schutzziele [6].

Auszug aus [7], Abschnitt 5.5 „Schutzdauer".

*„Die Schutzdauer ist keine ‚Gewährleistungszeit'. Die Schutzdauer ist ein technischer Begriff, der dem Auftraggeber helfen kann, ein Instandsetzungsprogramm festzulegen. Die Gewährleistungszeit ist Gegenstand von Vertragsbedingungen und nicht Gegenstand dieses Teiles von ISO 12944. Es gibt keine Regeln, die beide Begriffe miteinander verbinden. Siehe auch 6.2. In der Regel ist die Gewährleistungszeit kürzer als die Schutzdauer.*

*Alle Beschichtungssysteme, die mit einer Schutzdauer zwischen 5 Jahren und 15 Jahren angegeben sind, sind der Schutzdauer ‚mittel' zugeordnet. Die Anwender müssen sich über den großen Bereich der Schutzdauer bewusst sein und dies beim Aufstellen von Spezifikationen berücksichtigen.*

*Eine Instandsetzung kann aufgrund von Ausbleichen, Kreiden, Verunreinigungen, Verschleiß oder aus ästhetischen oder anderen*

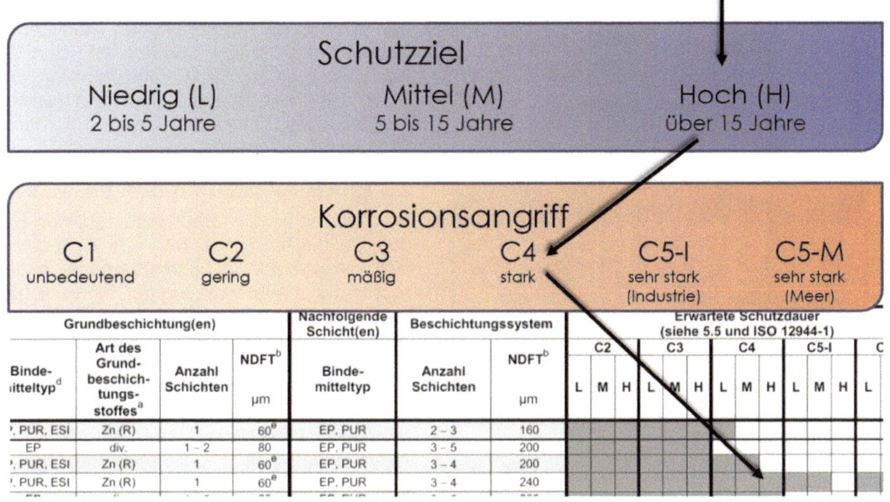


Bild 9: Zusammenspiel der Normen zur Auswahl eines geeigneten Beschichtungssystems für ein dünnwandiges Stahlblech

*Gründen bereits früher erforderlich sein, als es die angegebene Schutzdauer vorsieht."*
Davon leiten sich unter anderem die allgemeinen Empfehlungen nach DIN EN ISO 12944-5:2007 „Korrosionsschutz von Stahlbauten durch Beschichtungssysteme – Teil 5: Beschichtungssysteme" [7] ab, die insbesondere auf den Korrosivitätskategorien aufbauen und diese in Bezug zu den Schutzzielen setzen. Die Kombination von Korrosivitätskategorie und Schutzziel erlaubt die Auswahl eines geeigneten Beschichtungssystems. Einzelheiten hierzu können zum Beispiel der DIN EN 10346:2009 „Kontinuierlich schmelztauchveredelte Flacherzeugnisse aus Stahl – Technische Lieferbedingungen" [8] entnommen werden.

DIN 55634:2010-04 liefert weitere Empfehlungen für die Gestaltung von tragenden dünnwandigen Bauteilen aus Stahl [9]. Ihr Inhalt überschneidet sich in vielen Teilen mit dem der DIN EN ISO 12944-5:2008-01 [7].

Grundregeln zur sinnvollen Gestaltung einer Konstruktion im Hinblick auf den Korrosionsschutz können der DIN EN ISO 12944-3:1998-07 „Korrosionsschutz von Stahlbauten durch Beschichtungssysteme Teil 3: Grundregeln zur Gestaltung" [10] entnommen werden.

Hinsichtlich der konstruktiven Anforderungen an hinterlüftete Fassadensysteme ist die DIN 18516-1:2010-06 „Außenwandbekleidungen, hinterlüftet – Teil 1: Anforderungen, Prüfgrundsätze" [11] maßgebend. Von besonderer Bedeutung hinsichtlich des Korrosionsschutzes ist der Abschnitt 4 „Anforderungen". Dort heißt es:

*„Für Baustoffe und Konstruktionen müssen berücksichtigt werden:*
*– eine mögliche Korrosionsbeanspruchung, z. B. durch Niederschläge, Feuchte der Außenluft, Schadstoffe (Chloride, Schwefeldioxyd), Tauwasserbildung sowie Verdunstung in Wassersäcken; ..."*

Des Weiteren wird auf das Schrifttum des Zentralverbandes des Deutschen Dachdeckerhandwerks und des Internationalen Verbandes für den Metallleichtbau verwiesen.

## 3 Analyse der Gefährdungslage

### *3.1 Korrosion von Eisen und Stahl*

Bei der Korrosion von Stahl und Eisen handelt es sich um die langsam verlaufende Redoxreaktion des im Kristallgitter vorliegenden Eisens mit dem in der Atmosphäre anstehenden Sauerstoff zum Eisenoxid (Endstufe $Fe_2O_3$). Dieser Vorgang findet ausschließlich

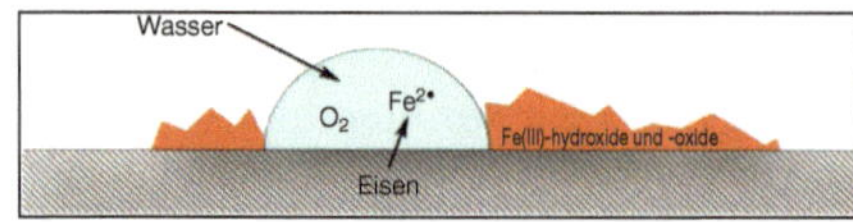


Bild 10: Funktionsweise der Korrosion

Bild 11: Korrosivitätskategorien

in der Gegenwart eines Elektrolyten statt. Bei dem Elektrolyten handelt es sich in baupraktischer Hinsicht ausschließlich um Wasser, das entweder in flüssiger Form oder als Luftfeuchtigkeit zur Verfügung steht.

### *3.2 Einflussfaktoren aus dem Standort*

Die Korrosivitätskategorien nach ISO 12944-2:1998 lassen sich in der Praxis nicht ohne grobe Vereinfachung auf die jeweilige bauliche Gegebenheit übertragen.
Die durch die jeweiligen Abtragsraten charakterisierten Korrosivitätskategorien werden in qualitative Begriffe wie *unbedeutend* oder *stark* umgesetzt. Eine genaue Einschätzung der Korrosivität am gegebenen Standort ist dagegen nicht trivial, sondern erfordert die Berücksichtigung der Einflussfaktoren aus Meteorologie (Luftfeuchtigkeit und Niederschläge) und Umwelt (Belastung durch Schwefeldioxid und Salz).

### *3.3 Einflussfaktoren aus dem Bauwerk*

Die Geometrie eines Bauwerks hat einen Einfluss auf die Teilflächen, der nicht vernachlässigt werden darf. Bei hinterlüfteten Fassaden spielt auch die Ausrichtung ggf. die Verschattung eine Rolle.
Verdeckung in Verbindung mit Unzugänglichkeit kann zu einer deutlichen Verschlechterung in der Korrosionsbelastung eines Gebäudes führen. In dem Beispiel in Bild 15 haben sich unter einer Solaranlage Moos und Algen eingefunden. Die fehlende Bewitterung und die kontinuierliche Speisung mit gebremstem Regenwasser führen zu stehender Feuchtigkeit und Bewuchs und damit einer drastischen Verkürzung der Lebenserwartung.

### *3.4 Einflussfaktoren aus der Konstruktion*

Neben den Einflüssen aus dem Makroklima wirken die Einflüsse aus dem Mikroklima. Stehendes Wasser, Schmutzablagerungen, feh-

| Korrosivitätskategorie Korrosionsbelastung | Typische Umgebung innen | Typische Umgebung außen |
|---|---|---|
| C1 unbedeutend | Geheizte Gebäude mit neutralen Atmosphären, z. B. Büros, Läden, Schulen, Hotels | – |
| C2 gering | Ungeheizte Gebäude, in denen Kondensation auftreten kann, z. B. Lager, Sporthallen | Atmosphären mit geringer Verunreinigung, meistens ländliche Bereiche |
| C3 mäßig | Produktionsräume mit hoher Feuchte und etwas Luftverunreinigung, z. B. Anlagen zur Lebensmittelherstellung, Wäschereien, Brauereien, Molkereien | Stadt- und Industrieatmosphäre, mäßige Verunreinigungen durch Schwefeldioxid, Küstenbereiche mit geringer Salzbelastung |
| C4 stark | Chemieanlagen, Schwimmbäder, Bootsschuppen über Meerwasser | Industrielle Bereiche und Küstenbereiche mit mäßiger Salzbelastung |
| C5-I/M sehr stark (Industrie/Meer) | Gebäude oder Bereiche mit nahezu ständiger Kondensation und mit starker Verunreinigung | Industrielle Bereiche mit hoher Feuchte und aggressiver Atmosphäre (->I), Küsten und Offshore-Bereiche mit hoher Salzbelastung (->M) |

Bild 12: Zusammenstellung der Korrosivitätskategorien

## $SO_2$ - Jahresmittelwerte

Bild 13: Die über das Jahresmittel festgestellten Werte für Schwefeldioxid in der Bundesrepublik Deutschland: Die Lage hat sich deutlich verbessert. Mittlerweile liegen die Werte unter 10 µg/m³. [Quelle: Umweltbundesamt]

| Flächenart | Bezeichnung | | | |
|---|---|---|---|---|
| 1 | Wand | außen | nahezu senkrecht | |
| 2 | Dach | außen | bis 30°-Neigung | begehbar |
| 3 | Wand/Dach | außen | > 30°-Neigung | nicht begehbar |
| 4 | | innen | | |

Bild 14: Schematische Einstufung der Außenfläche eines Gebäudes. Quelle: Seminar zum Korrosionsschutz beim IFBS.

lende Möglichkeiten zur Hinterlüftung können den Korrosionsangriff erheblich verstärken und in kurzer Zeit zur Zerstörung von Fassadenelementen führen.
Zusätzlich den Belastungen aus Bewitterung und feuchter Außenluft tritt vielfach Kondensat und damit stehende Feuchtigkeit in der Wandkonstruktion auf.
Die Einbausituation kann in diesem Zusammenhang nur vom jeweiligen Planer oder Gutachter beurteilt werden, vgl. mit Bild 14 und 15.

### *3.5 Beobachtbarkeit und Beeinflussbarkeit*

Besondere Gefahr droht dort, wo Bauteile für Jahrzehnte unbeobachtet ihrem Schicksal überlassen werden. Tatsächlich wird der fortschreitende Verfall dieser Bauteile erst beim Rückbau oder – viel schlimmer – beim Versagen der Konstruktion festgestellt.

Bild 15: Moosbildung unter einer Solaranlage

Selbst, wenn der Korrosionsangriff festgestellt werden kann, ist das von geringem Nutzen, wenn es keine wirtschaftlich sinnvolle Möglichkeit zur Sanierung gibt.
Erschwerte Zugänglichkeit der Bauteile, Störungen bei der Nutzung des Gebäudes oder die Belange des Verkehrs können die Möglichkeiten zur Sanierung bis hin zur Unmöglichkeit erschweren.

In diesem Zusammenhang bietet es sich an, die Belastung der Korrosivität ausführlich zu beurteilen oder sich auf bewährte Konstruktionen zurückzuziehen.
In den Vorläufern von DIN 55634:2010-04 „Beschichtungsstoffe und Überzüge – Korrosionsschutz von tragenden dünnwandigen Bauteilen aus Stahl“ wurde bei der Auswahl der Korrosionsschutzklasse noch zwischen „zugänglich“ und „unzugänglich“ unterschieden. In Tabelle 1 der Norm findet sich eine Hilfestellung zur Übertragung der Korrosionsschutzklassen in die aktuellen Korrosivitätskategorien und damit eine Hilfestellung zur Berücksichtigung der Zugänglichkeit.
In der DIN 55928-8:1994 [12] wird der Begriff Zugänglichkeit wie folgt definiert:

***„2.11 Zugänglichkeit***
*Zugänglichkeit bedeutet, daß alle Stahlbauteile ohne wesentliche bauliche Veränderungen erreichbar sind, damit die Schutzsysteme*

Tabelle 1 – Korrosivitätskategorien bzw. Korrosionsbeständigkeitskategorie bzw. Korrosionsschutzklassen

| Korrosivitätskategorie bzw. Korrosionsbelastung nach DIN EN ISO 12944-2 | Schutzdauer | Beispiele für Umgebungen (nur zur Information) | | Korrosionsbeständigkeitskategorie[b] | Korrosionsschutzklasse[a] | |
|---|---|---|---|---|---|---|
| | | außen | innen | | zugänglich[c] | unzugänglich |
| C1 unbedeutend | niedrig | – | Geheizte Gebäude mit neutralen Atmosphären, z. B. Büros, Läden, Schulen, Hotels | RC1 | I | I |
| | mittel | | | | I | I |
| | hoch | | | | I | I |
| C2 gering | niedrig | Atmosphären mit geringer Verunreinigung. Meistens ländliche Bereiche | Ungeheizte Gebäude, wo Kondensation auftreten kann, z.B. Lager, Sporthallen | RC2 | I | II |
| | mittel | | | | I | II |
| | hoch | | | | I | III |
| C3 mäßig | niedrig | Stadt- und Industrieatmosphäre, mäßige Verunreinigungen durch Schwefeldioxid. Küstenbereiche mit geringer Salzbelastung | Produktionsräume mit hoher Feuchte und etwas Luftverunreinigung, z. B. Anlagen zur Lebensmittelherstellung, Wäschereien, Brauereien, Molkereien | RC3 | II | III |
| | mittel | | | | II | III |
| | hoch | | | | II | III |

Bild 16: Umsetzung der Korrosionsschutzklassen in Korrosivitätskategorien, Tabelle 1 aus (DIN 55634:2010). Eine direkte Umsetzung ist nicht möglich, weil die beiden Begriffe nicht dasselbe meinen.

<table>
<tr><td colspan="5">Tabelle 2: Korrosionsschutzklassen in Abhängigkeit von Korrosionsbelastung, Schutzdauer und Zugänglichkeit</td></tr>
<tr><td>1</td><td>2</td><td>3</td><td>4</td><td>5</td></tr>
<tr><td>Lfd. Nr.</td><td>Korrosionsbelastung nach DIN 55928 Teil 1</td><td>Schutzdauer</td><td>Zugänglichkeit</td><td>Korrosionsschutzklasse[1])</td></tr>
<tr><td rowspan="3">1</td><td rowspan="3">unbedeutend</td><td>kurz</td><td rowspan="3">zugänglich oder unzugänglich</td><td rowspan="5">I</td></tr>
<tr><td>mittel</td></tr>
<tr><td>lang</td></tr>
<tr><td rowspan="3">2</td><td rowspan="3">gering</td><td>kurz</td><td rowspan="2">zugänglich</td></tr>
<tr><td>mittel</td></tr>
<tr><td>lang</td><td>unzugänglich</td><td>III</td></tr>
<tr><td rowspan="3">3</td><td rowspan="3">mäßig</td><td>kurz</td><td rowspan="2">zugänglich</td><td rowspan="2">II</td></tr>
<tr><td>mittel</td></tr>
<tr><td>lang</td><td>unzugänglich</td><td rowspan="6">III</td></tr>
<tr><td rowspan="3">4</td><td rowspan="3">stark</td><td>kurz</td><td rowspan="3">zugänglich oder unzugänglich</td></tr>
<tr><td>mittel</td></tr>
<tr><td>lang</td></tr>
<tr><td rowspan="2">5</td><td rowspan="2">sehr stark</td><td>kurz</td><td rowspan="2">zugänglich</td></tr>
<tr><td>mittel</td></tr>
<tr><td>6</td><td>sehr stark</td><td>lang</td><td>zugänglich oder unzugänglich</td><td>siehe Abschnitt 1, Absatz (7)</td></tr>
<tr><td colspan="5">1) Bei der Festlegung der Korrosionsschutzklasse hat die jeweils höhere Anforderung aus den Spalten 3 und 4 Vorrang (z. B. geringe Belastung, lange Schutzdauer, zugänglich: Korrosionsschutzklasse III).</td></tr>
</table>

Bild 17: Tabelle 2 aus [12]. Die Norm wurde zurückgezogen. Bei der Zuweisung der Korrosionsschutzklasse spielte das Kriterium „Zugänglichkeit" noch eine Rolle.

*geprüft und instandgesetzt werden können (siehe DIN 55928-2). Wesentliche bauliche Veränderungen sind Arbeiten, die über Maßnahmen, die im Rahmen einer üblichen sachkundigen Inspektion erforderlich sind, hinausgehen."*

Wirtschaftliche Kriterien werden nicht berücksichtigt.

## 4 Methoden zur Gefahrenabwehr

### *4.1 Schutzziel, Gewährleistungsdauer, Lebenserwartung*

Das **Schutzziel** entspricht der zu erwarteten Standzeit eines Beschichtungssystems bis zur ersten Teilerneuerung. Sie ist ein Maß für die hinnehmbare Alterung des Korrosionsschutzsystems.

Das Maß der Schädigung des Beschichtungssystems vor der ersten Instandsetzungsmaßnahme ist Vereinbarungsgrundlage der Vertragspartner. Wenn nicht anders vertraglich geregelt sind Schäden an der Beschichtung entsprechend der ISO 4628 „Beschichtungsstoffe – Beurteilung von Beschichtungsschäden – Bewertung der Menge und der Größe von Schäden und der Intensität von gleichmäßigen Veränderungen im Aussehen" zu beurteilen. Es wird zwischen drei Zeitspannen für das Schutzziel, also die Schutzdauer, unterschieden:

Niedrig: 2 bis 5 Jahre
Mittel: 5 bis 15 Jahre
Hoch: über 15 Jahre

Die Schutzdauer ist keine Gewährleistungszeit. Sie ist ein technischer Begriff, der eine ordnungsgemäße Wartung und Pflege voraussetzt und dient dem Auftraggeber zur Orientierung für ein Instandsetzungsprogramm.

Dennoch ist der Begriff des Schutzziels für die gutachterliche Praxis nützlich: Die Beurteilung von – unweigerlich auftretenden – Korrosionsschäden wird objektiviert.

**Gewährleistungsansprüche** sind gesetzliche Ansprüche bei Mängeln, die innerhalb der

Tabelle 3: Korrosionsschutzklassen für Wand-Systeme in Anlehnung an DIN 18807-1, Tabelle 2

| | Korrosionsschutzklassen für Wand-Systeme | | | | | |
|---|---|---|---|---|---|---|
| | Einschalig, ungedämmt | Einschalig, wärmegedämmt | Zweischalig hinterlüftet, mit zwischenliegender Wärmedämmung | | | Außenwandbekleidung |
| | | | Außenschale | Zwischenriegel[3] | Innenschale | |
| Außenseite | III[1] | III | III | a) Über trockenen überwiegend geschlossenen Räumen<br>II[2] | a) Bei trockenen überwiegend geschlossenen Räumen<br>I<br>b) Bei Räumen mit hoher Feuchtebelastung<br>III | III |
| Innenseite | II[1), 2)] | II[2] | II[2] | b) Über Räumen mit hoher Feuchtebelastung<br>III | a) Bei trockenen überwiegend geschlossenen Räumen<br>I<br>b) Bei Räumen mit hoher Feuchtebelastung<br>III | II |

[1] Für untergeordnete Bauwerke, wie z. B. Geräte- und Lagerschuppen in der Landwirtschaft oder Stellplatzüberdachungen, bei denen die Trapezprofile nicht zur Stabilisierung herangezogen werden, ist die Einstufung in Korrosionsschutzklasse I zulässig.

[2] Korrosionsschutzklasse I ist zulässig bei trockenen überwiegend geschlossenen Räumen und ausreichender Zugänglichkeit.

[1] und gleichartiger lastverteilende und/oder versteifende Stahlblechteile.

Bild 18: Anleitung zur Auswahl von Korrosionsschutzklassen (damit zur Auswahl der Korrosivitätskategorie) aus [13]. Unter Zuhilfenahme der Tabelle 1 aus [9] lassen sich die Anforderungen – unter Berücksichtigung der bereits diskutierten Randumstände – in etwa in Korrosivitätskategorien übersetzen.

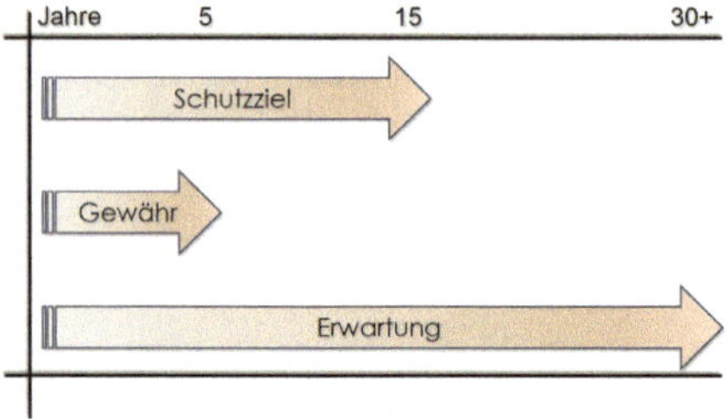


Bild 19: Schutzziel, Gewährleistungsdauer und Lebenserwartung beschreiben unterschiedliche Anforderungen an die Dauerhaftigkeit von Baukonstruktionen. Die Unterschiede sind insbesondere in den Auswirkungen der Begrifflichkeiten zu suchen.

Gewährleistungsdauer auftreten. Die Gewährleistungsdauer richtet sich nach dem jeweiligen Vertragsverhältnis und kann unterschiedliche Verjährungsfristen auf Mangelansprüche umfassen. Die Gewährleistungsdauer beginnt mit der Abnahme der Leistung und endet mit der vertraglich geregelten Verjährungsfrist. Diese ist in der Regel (deutlich) kürzer als die Schutzdauer gefasst.

Die **Lebenserwartung** für Bauwerke und Bauwerksteile entspricht der Zeitspanne von der Herstellung und Errichtung bis zum vollständigen Versagen des ursprünglichen Nutzungszwecks. Vielfach denkt ein Investor/Bauherr in dieser Kategorie, wenn er die von ihm erworbene Bauleistung beurteilt. Dabei umfasst dieser Begriff nicht nur die Zeit bis zum Verfall sondern auch die Beendigung der Existenz durch Untergang oder Abbruch.

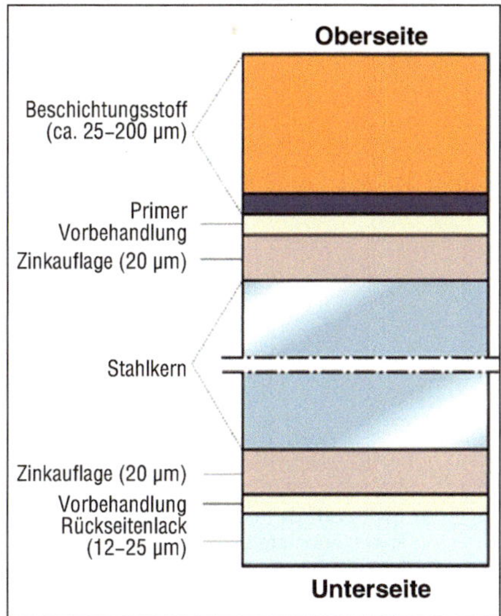


Bild 20: Bild 1 aus [13] „Schematischer Aufbau von bandbeschichtetem Stahlblech“

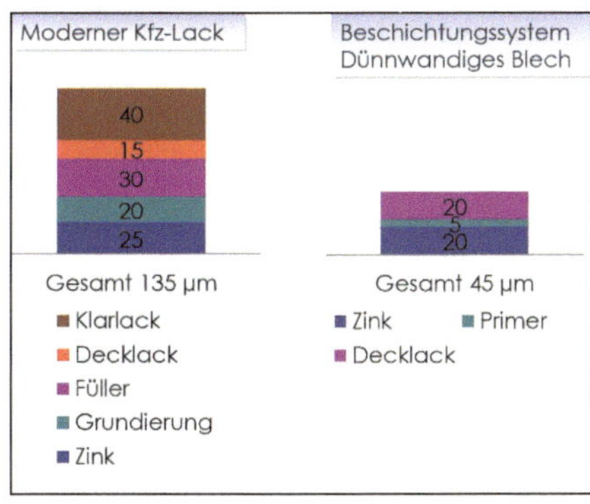


Bild 21: Duplex Systeme im Vergleich: Die Schichtdicken des Lackaufbaus für Bauteile aus dünnwandigen Blechen, wie sie im Bauwesen Verwendung finden, sind vergleichsweise dünn. Die Lackschicht nutzt dementsprechend früher ab und ist empfindlicher gegen Abrieb und insbesondere Kratzer.

### *4.2 Korrosionsangriff vermeiden*

Die im Abschnitt 3.1 beschriebene Redoxreaktion lässt sich dadurch vermeiden, dass der Kontakt zwischen Stahl und Wasser unterbunden oder zumindest eingeschränkt wird.
Das kann dadurch erreicht werden, dass die Konstruktion durchgehend trocken gehalten wird, zum Beispiel in den Innenbereichen von Gebäuden.
Alternativ sind Schutzüberzüge geeignet, die Reaktionspartner wirksam trennen. Dabei kommen organische Beschichtungen oder metallische Überzüge in Frage.

### *4.3 Korrosionsangriff abwehren*

Einige Metalle sind in der Spannungsreihe unterhalb des Eisens angesiedelt. Werden Sie im Verbund mit Bauteilen aus Eisen angeordnet, geht von ihnen eine anodische Wirkung aus, so dass sie erst einmal vergehen, bevor die Oxidation des Eisens einsetzt. Man spricht von einer Opferanode, die sich im Laufe der Zeit abnutzt. Das kann zum Beispiel mit einem Überzug aus Zink oder Zink-Aluminium-Legierungen erreicht werden.
Üblich sind Kombinationen aus Zinküberzug und organischer Beschichtung, im Industriejargon „Duplex-Systeme“ genannt, bei denen ein metallischer Überzug (zumeist Zink) mit einem organischen Lack abgedeckt wird. Der organische Überzug trennt die Potentiale und schützt damit die Opferanode vor einer vorzeitigen Abnutzung.

### *4.4 Korrosionsangriff aushalten*

Durch die Verwendung von Edelstählen kann das Rosten vermieden, zumindest aber hinausgezögert werden. Insbesondere im Zusammenhang mit Chloriden (Badeanstalten, Parkhäuser) ist Vorsicht geboten: Edelstahl ist nicht gleich Edelstahl.

$\sum_i W_i \ll \sum_j A_j$ über kurze Frist

$W$: Wassereintrag
$i$: Regen, Tau, Dampf
$A$: Wasserabgabe
$j$: Ablauf, Verdunstung

Bild 22: Vereinfachte Gleichgewichtsbetrachtung zu den Wassergewinnen und -verlusten einer Fassadenkonstruktion

Bild 23: Ungünstige Wasserführung an einer Fensterleibung: Das Wasser wird nicht auf die Fensterbank geführt sondern verschwindet im Wandaufbau.

Bild 25: Folgen behinderter oder unzureichender Hinterlüftung: In der Kassettenwandkonstruktion hat sich die Dämmung vollgesogen und ist in sich zusammengefallen. Durchfeuchtete Dämmung aus Mineralwolle wirkt wie ein Schwamm und speist den Korrosionsprozess kontinuierlich mit dem notwendigen Elektrolyten.

## 5 Wirksame Strategien

### *5.1 Gleichgewichte*

Überlegungen und Abschätzungen zum Gleichgewicht können bei der Beurteilung einer Konstruktion helfen.

Die Menge an Wasser, die durch Niederschlag, Luftfeuchtigkeit und Kondensat in die Konstruktion gelangen kann, wird dem Ablauf- und Abtrocknungsvermögen gegen-

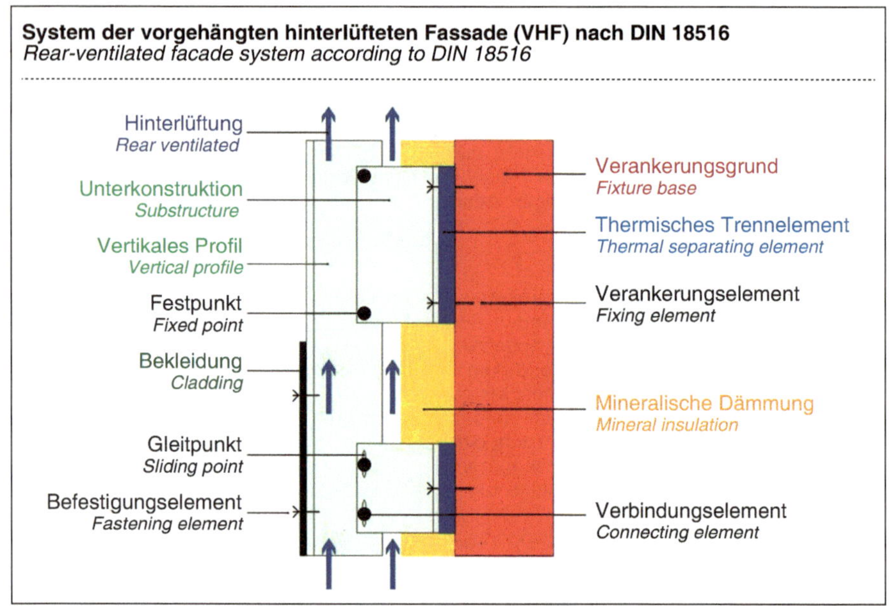


Bild 24: Schematischer Aufbau einer vorgehängten und hinterlüfteten Fassade und Wirkprinzip (Quelle: VHDF)

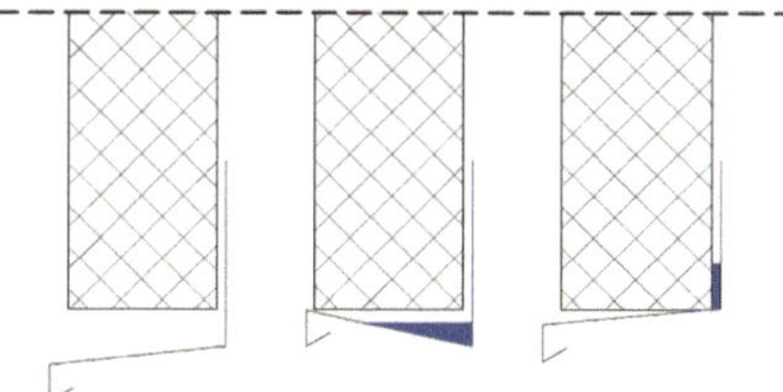

Bild 26: Stehendes und kapillares Wasser – Anordnung und Ausrichtung von Bauteilen haben einen entscheidenden Einfluss.

über gestellt. Dabei muss die Geschwindigkeit der Trocknungsvorgänge im Blick behalten werden. Andauernder Kontakt mit Wasser belastet und überlastet Korrosionsschutzsysteme.

### *5.2 Wasser weg vom Bau*

Das alte Konstruktionsprinzip hat nichts von seiner Bedeutung verloren. Dachüberstände sind Wandüberständen vorzuziehen.
Wasser, das sicher abgeleitet wird, kann keinen Schaden mehr anrichten. Detailausbildungen sind wichtig und entscheiden vielfach über das Schicksal einer Konstruktion.

### *5.3 Vom Nutzen der Hinterlüftung*

Hinterlüftete Fassadensysteme weisen ein beachtliches Abtrocknungsvermögen auf und sind robust gegen Niederschlag, feuchte Außenluft und Eintrag von kondensierender Raumluft.
Wichtig ist, dass der Lüftungsquerschnitt so wenig wie möglich behindert, keinesfalls aber unterbrochen wird. In sonnenbeschienenen

Bild 27: Wasser, das auf der Fliesenstufe ansteht, hat zur Korrosion der Wandverkleidung geführt (Quelle: IFBS).

Bild 28: In dem Querstoß einer Eindeckung mit trapezförmig profilierten Stahlblechen erlaubt die Konstruktion den Verbleib kapillar gehaltenen Wassers. Frühzeitiger Untergang ist die Folge.

Wandflächen steht eine höhere Konvektion zu erwarten, dementsprechend fällt das Abtrocknungsvermögen höher aus.

### *5.4 Vermeidung stehenden Wassers*

Stehendes Wasser führt zuverlässig zu Korrosion in kurzer Zeit. Alle wasserführenden Flächen müssen ein merkliches Gefälle – in die richtige Richtung – aufweisen. Als Faustformel können 5° angenommen werden.

### *5.5 Vermeidung kapillaren Wassers*

In den engen Spalten zwischen aufeinanderliegenden Bauteilen, zum Beispiel Formteile auf kaum profilierten Deckblechen, kann Wasser verbleiben oder sogar kapillar angezogen werden. Beim Rosten kommt es weniger auf die Menge des zur Verfügung stehenden Wassers an, das dieses als Elektrolyt wirkt und nicht unmittelbar an der Reaktion teilnimmt.
Geringe Wassermengen – wie in Kapillaren gehaltene Feuchtigkeit – können genügen den Korrosionsprozess auszulösen.

### *5.6 Revisionsöffnungen*

Die Anordnung von Revisionsöffnungen gestattet die weniger aufwändige Beobachtung der Konstruktion zu jedem Zeitpunkt – also auch nach Ablauf der Gewährleistung und des Schutzziels.
Zwar ist das Konstruktionsprinzip ein wenig aus der Mode gekommen, im Sinne einer

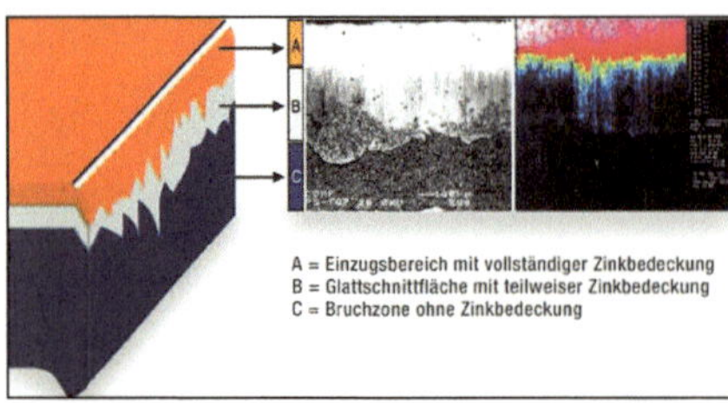


Bild 29: Nahaufnahme einer Schnittkante durch ein mit Zinküberzug versehenes dünnes Stahlblech: Ein großer Teil des Schnittufers liegt blank und wird ausschließlich von der Opferanode Zink vor dem Rosten geschützt.

Bild 30: Blick auf die überbreite Wandkopfabdeckung: Das dünne Stahlblech verwirft sich über seine Breite.

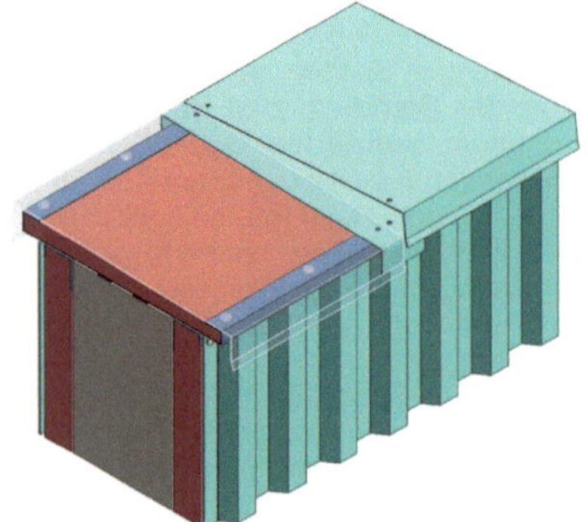

Bild 31: Blick in die Konstruktion und in den Aufbau des Elementstoßes: Der Stoß wurde mit einem glatten Blech unterlegt und dauerelastischem Material verklebt. Die Unterseite der Haube wurde in RSL (Rückseitenschutzlack) ausgeführt. Die Ausführung der Konstruktion entspricht der Planung nicht vollumfänglich.

nachhaltigen Konstruktion und des Werterhalts aber von hohem Nutzen.

### *5.7 Schnittkanten bedenken*

Die Bauteile für Wandbekleidung und Unterkonstruktionen werden aus bandbeschichteten Wickelblechen (Coilware) hergestellt. Dabei werden beim Spalten und Trennen des Vormaterials unweigerlich Schnittkanten erzeugt, die keine Beschichtung aufweisen.
Das Prinzip der Opferanode (vergleiche Abschnitt 4.3) kann diese Kanten wirksam schützen. Das funktioniert nur, wenn das zu schützende Stahlblech nicht dicker als 1,5 mm und der Korrosionsangriff mäßig ist, da der Zinküberzug ansonsten vorzeitig aufgezehrt wird.

## 6 Beurteilung des Fallbeispiels

In dem vorgestellten Fallbeispiel, vgl. Bild 6, wurde gegen die vorstehend diskutierten Regeln der Technik mehrfach verstoßen.
Insbesondere ist das Gleichgewicht zwischen dem möglichen Wassereintrag und dem Ablauf- und Abtrocknungsvermögen gestört; es fällt zu Gunsten des Wassereintrages aus.
Die Abdeckung des Wandkopfes ist nicht wasserdicht, sondern erlaubt den Eintritt von Niederschlag durch die Verschraubungen (mäßig bis gar nicht – je nach Ausführung) und insbesondere durch die Stöße der Haube.

### 7.1.2 Unterkonstruktion

Folgende Metalle dürfen verwendet werden:

a) nichtrostende Stähle nach Zulassung Z-30.3-6;

b) Aluminiumlegierungen nach DIN 4113-1 mit A1 EN 1999-1-1 oder EN 1999-1-4. Bei Dicken unter 1,6 mm ist ein Korrosionsschutz nach DIN V 4113-3 oder DIN EN 1090-3 erforderlich;

Aluminiumbauteile dürfen direkt auf Betonbauteile angebracht werden, wenn sichergestellt ist, dass keine Feuchte zwischen die Bauteile gelangen kann;

c) Kupfer nach DIN EN 1652: Cu-DHP Werkstoffnummer CW024A und CuZn20 Werkstoffnummer CW503L, mindestens 1,5 mm dick, sowie Kupfer nach DIN EN 12167: CuZn40Mn2Fe1 Werkstoffnummer CW723R;

d) feuerverzinkter (stückverzinkter) Stahl nach DIN EN ISO 1461 in Verbindung mit DASt – Richtlinie 022;

e) Stahlsorten nach DIN EN 10025 in Dicken von mindestens 3 mm mit einem Korrosionsschutz nach DIN EN jISO 12944-5.

Bild 32: Abschnitt 7.1.2. aus [11]: Aufzählungspunkt e) fordert für verzinkte Stahlbleche eine Mindestdicke von drei Millimetern.

Die Stöße wurden mit einfachen Flachblechen unterlegt und mit einem dauerelastischen Material verklebt.

Dieser Stoß bietet – spätestens nach einigen Sommermonaten und den damit einhergehenden Verwerfungen und Verschiebungen der Attikahauben in ihrer Breite und Länge – keinen Schutz gegen Niederschlag. So dringt Wasser in das durchgehende Halteprofil ein, wo es die dort eingebaute – und völlig nutzlose – Einlage aus Mineralwolle durchnässt und den nunmehr unausweichlich einsetzenden Korrosionsprozess mit den Elektrolyten versorgt.

Später wird Wasser über die Verdübelung in den Kopf der Betonwand dringen und aus den Stößen des Halteprofils in die Wandbekleidungen laufen.

Die Abdeckung schränkt zudem die Hinterlüftung der Wandbekleidungen und damit deren Abtrocknungsvermögen ein. Hier besteht ebenfalls erhöhte Rostgefahr.

Rein formal handelt es sich bei beiden Trapezblechverkleidungen um vorgehängte und hinterlüftete Fassaden, die in den Anwendungsbereich der DIN 18516-1:2010-06 [11] fallen.

Die verbaute Unterkonstruktion genügt nicht den Anforderungen der Norm, die für Unterkonstruktionen aus bandverzinktem Baustahl eine Mindestdicke von drei Millimetern vorschreibt.

Die Wandkopfabdeckung und seine Verkleidung entsprechen in ihrer Gesamtheit nicht den Anforderungen. Insbesondere wird der erforderliche Korrosionsschutz nicht erreicht.

Substrat: Bandverzinkung oder Legierverzinkung nach DIN 10326
**Empfohlene Auflage Z 275 g/m² (etwa 20 µm Sollschichtdicke des Überzuges)**
**bzw. ZA 255 g/m² (etwa 20 µm Sollschichtdicke des Überzuges)**
**bzw. AZ 150 g/m² (etwa 20 µm Sollschichtdicke des Überzuges)**

| System-Nr. | Grundbeschichtung(en) | | | Deckbeschichtung | | | Beschichtungssystem | | Erwartete Schutzdauer (siehe 5.3 und DIN EN ISO 12944-1) | | | | | | | | | | | | | | |
|---|---|---|---|---|---|---|---|---|---|---|---|---|---|---|---|---|---|---|---|---|---|---|---|
| | Bindemitteltyp | Anzahl Schichten | Sollschichtdicke µm | Bindemitteltyp | Anzahl Schichten | Sollschichtdicke µm | Anzahl Schichten | Gesamtsollschichtdicke µm | C2 | | | C3 | | | C4[a] | | | C5-I[a] | | | C5-M[a, b] | | |
| | | | | | | | | | L | M | H | L | M | H | L | M | H | L | M | H | L | M | H |
| A2.1 | – | – | – | EP | 1 | 10 | 1 | 10 | | | | | | | | | | | | | | | |
| A2.2 | – | – | – | SP | 1 | 15 | 1 | 15 | | | | | | | | | | | | | | | |
| A2.3 | SP | 1 | 5 | SP | 1 | 20 | 2 | 25 | | | | | | d | | | | | | | | | |
| A2.4 | SP | 1 | 10 | SP | 1 | 25 | 2 | 35 | | | | | | d | | | | | | | | | |
| A2.5 | SP | 1 | 10 | SP | 2 | 35 | 3 | 45 | | | | | | | | | | | | | | | |

Bild 33: Tabelle 6 aus [3], Auszug: Die auf der Unterseite der Haube angetroffene Beschichtung, ein Rückseitenschutzlack auf Bandverzinkung Z 275 g/m² erreicht nicht die erforderliche Kombination von Korrosivitätskategorie (C3-4) und Schutzdauer (M/H).

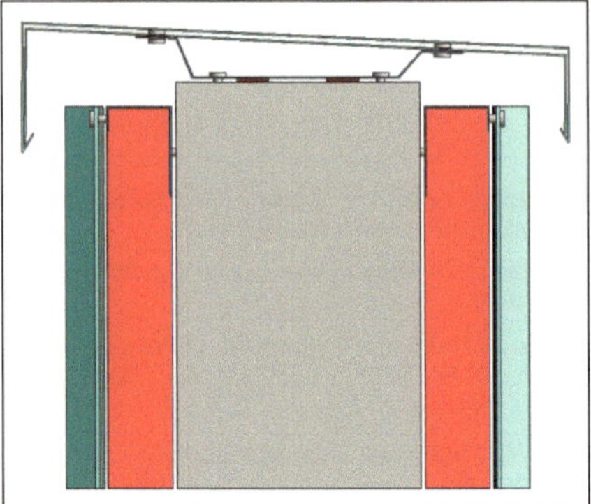

Bild 34: Verbesserung der Wandabdeckung mit einer schwimmend gelagerten und unterlüfteten Haube. Denkbar wäre noch die Ergänzung mit einer dachabgewandten Aufkantung und Insektenschutzgittern.

Eine bessere Konstruktion hätte zum Beispiel mit einer durch Klemmung auf einzelnen Bügeln gehaltene Abdeckhaube erreicht werden können. Diese ist zwar auch nicht 100%ig wasserdicht aber schon wesentlich dichter. Zusammen mit der Unterlüftung – der Haltebügel ist schmal – verschiebt sich das Gleichgewicht in Richtung Abtrocknungsvermögen und damit hin zu einer langlebigeren Konstruktion, die den Anforderungen an das Schutzziel, die Gewährleistung und der Lebenserwartung zu genügen vermag.

## 7 Überlegungen zum Begriff „Schutzdauer"

Richtigerweise werden die Begriffe „Schutzdauer", Gewährleistung, Lebenserwartung getrennt gesehen. Insbesondere da, wo eine Teilinstandsetzung nicht möglich ist, gewinnt diese Trennung an Bedeutung. Es ist unbefriedigend, dass kein Schutzziel von größerer Dauer vorgesehen ist. Möglicherweise könnte die Formulierung von besonderen Schutzzielen für derartige Situationen Abhilfe schaffen.

## 8 Literatur


[1] IFBS, 8.01: Richtlinie für die Planung und Ausführung von Dach-, Wand- und Deckenkonstruktionen aus Metallprofiltafeln, 2009

[2] Deutsches Dachdeckerhandwerk: Grundregel für Dachdeckungen, Abdichtungen und Außenwandbekleidungen. 1997


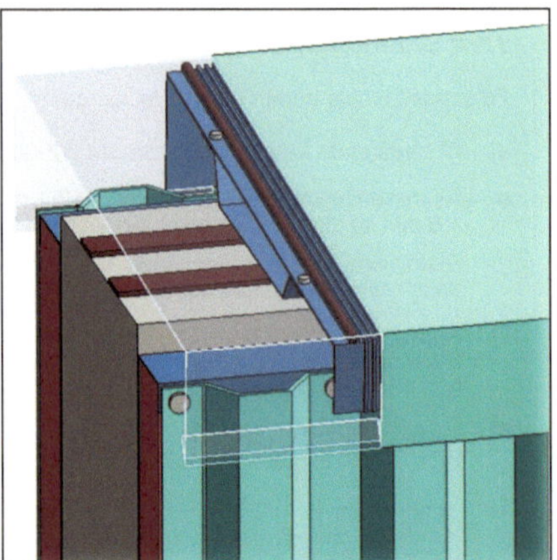

Bild 35: Blick auf den Sanierungsvorschlag für die Wandabdeckung des Fallbeispiels: Besondere Sorgfalt muss auf die Ausbildung der Stöße verwendet werden. Die Unterlegung mit einem Rillenblech samt Dichtschnüren ist dauerhaft dicht und erlaubt den Hauben die zwängungsarme Ausdehnung.


[3] Deutsches Dachdeckerhandwerk. Fachregel für Metallarbeiten im Dachdeckerhandwerk. 2011

[4] ISO 9223: Corrosion of metals and alloys - Corrosivity of atmospheres - Classification, determination and estimation

[5] DIN EN ISO 12944-2:1998

[6] DIN EN ISO 12944-1:1998: Beschichtungsstoffe - Korrosionsschutz von Stahlbauten durch Beschichtungssysteme - Teil 1: Allgemeine Einleitung

[7] DIN EN ISO 12944-5:2008-01

[8] DIN EN 10346: Kontinuierlich schmelztauchveredelte Flacherzeugnisse aus Stahl - Technische Lieferbedingungen. 2008

[9] DIN 55634:2010

[10] DIN EN ISO 12944-3:1998

[11] DIN 18516-1:2010

[12] DIN 55928-8:1994

[13] IFBS, 1.04: Empfehlung zur Anwendung und Auswahl von Korrosionsschutzsystemen für Bauelemente aus Stahlblech. März 2003

[14] Beschichtungsstoffe - Korrosionsschutz von Stahlbauten durch Beschichtungssysteme - Teil 1: Allgemeine Einleitung, 1998


## 9 Abbildungsverzeichnis

Alle Bilder, deren Herkunft nicht angegeben wird, sind entweder vom Autor oder dem Ingenieurbüro gefertigt worden oder stammen aus dem Fundus derselben.

***Dipl.-Ing. Dirk H. Urbanek***
*Beratender Ingenieur für industriellen Metallleichtbau, Dacheindeckungen und Wandkonstruktionen; Seit 1992 selbständiger Bauingenieur und seit 1998 tätig in internationaler Planung und Beratung; Direktor der ZBN Civil Engineers Ltd; Freier Mitarbeiter des Lehrstuhls Stahlbau an der TU Dortmund; Tätigkeitsschwerpunkte: Standsicherheitsnachweise, Beratung für industrielle Bauweisen und Fassaden, Entwicklung von Programmen für Baustatik, Vorträge, Schulungen; von der IHK Nord Westfalen bestellter und vereidigter Sachverständiger; Forschung: innovative Befestigung von Sandwichelementen und Auflagerbreiten von Sandwichelementen.*

# Nachträgliche Hohlraumdämmung von zweischaligem Mauerwerk unter Berücksichtigung des Schlagregenschutzes

Prof. Dr.-Ing. Heinrich Wigger, Carolin Westermann M.Eng., Jade Hochschule, Oldenburg

## 1 Einleitung

Im norddeutschen Raum gehört das zweischalige Außenmauerwerk mit zwischenliegender Luftschicht zu den üblichen Bauweisen. Das innere Mauerwerk ist tragend, das äußere Mauerwerk dient als Witterungsschutz. Die Fassaden sind je nach Himmelsrichtung erheblichen Schlagregenbelastungen ausgesetzt. Für den Schlagregenschutz von Wänden oder Fassaden wird nach DIN 4108 Teil 3 [4] das gesamte Bundesgebiet in drei Beanspruchungsgruppen eingeteilt. Der norddeutsche Bereich kann in der Regel in die Schlagregenbeanspruchungsgruppe II und III eingeordnet werden. Für die Küstenregion gilt die höchste Beanspruchungsgruppe. Aufgrund der hohen Schlagregenbeanspruchung ist das zweischalige Mauerwerk mit Luftschicht nach DIN 1053 [3] eine Konstruktion, die sich über Jahre bzw. Jahrzehnte bewährt hat.

Eine kostengünstige und effektive Möglichkeit der energetischen Sanierung bietet bei diesem Wandaufbau die nachträgliche Kerndämmung, bei der die Luftschicht vollständig mit einem wasserabweisenden Dämmstoff verfüllt wird.

Um die Auswirkungen und möglichen Risiken der nachträglichen Hohlraumdämmung in der Außenwand zu untersuchen, wurde an der Jade Hochschule, Oldenburg in den vergangenen Jahren ein Forschungsvorhaben [19] durchgeführt. Im Rahmen des Forschungsvorhabens erfolgten Untersuchungen an Bauwerken und im Labor sowie numerische Simulationen. Den Schwerpunkt der Untersuchungen stellte die genaue Festlegung bzw. Überprüfung der erforderlichen Material- und Konstruktionseigenschaften dar. Ferner erfolgten Qualitätskontrollen mit Hilfe von Thermografie- und Endoskopieaufnahmen. In Bachelor- und Masterarbeiten werden weiterführende Fragestellungen bearbeitet.

## 2 Wärmeschutz und Behaglichkeit

Mit einer nachträglichen Kerndämmung kann der U-Wert von zweischaligen Außenwänden erheblich reduziert werden. Bild 1 zeigt die Verringerung des U-Wertes für unterschiedliche Wärmedämmstoffe, die auf dem Markt angeboten werden. Für das äußere Mauerwerk wurde ein Vollziegel mit einer Wärmeleitfähigkeit von 0,96 W/(mK) und für das innere Mauerwerk ein Kalksandstein mit einer Wärmeleitfähigkeit von 0,99 W/(mK) angenommen. Für die ungedämmte Luftschicht wurde für die Berechnung eine Hinterlüftung vorausgesetzt.

Deutlich ist aus dem Bild 1 zu entnehmen, dass sich bei geringen Dämmstoffdicken (< 8 cm) der U-Wert reduziert und dadurch erheblich an Energie eingespart werden kann.

Für die Behaglichkeit ist die in Gebäuden vorhandene Oberflächentemperatur der Außenwände ein wesentlicher Faktor. Die thermische Behaglichkeit wird durch die beiden Haupteinflussgrößen Raumlufttemperatur und mittlere innere Oberflächentemperatur der raumumschließenden Flächen bestimmt. Die Differenz zwischen Raumlufttemperatur und mittlerer Oberflächentemperatur der raumumschließenden Flächen sollte 2 bis 3 K nicht überschreiten. In Bild 2 ist die Verringerung der inneren Oberflächentemperatur eines zweischaligen Mauerwerks in Abhängigkeit der Dämmstoffstärke dargestellt. Die Darstellung bezieht sich auf eine Raumtemperatur von $\Theta_i = 20$ °C. Es ist zu erkennen, dass die thermische Behaglichkeitsgrenze ($\Delta T \leq 2$ K) schon bei ca. vier Zentimetern Wärmedämmung erreicht wird.

## 3 Verwendete Dämmstoffe

Im Forschungsvorhaben [19] wurde eine Auswahl an marktgängigen Dämmstoffen sowohl an Probewänden (Bild 3) auf dem Versuchsgelände der Hochschule als auch im Labor untersucht. An den Probewänden wurde zum

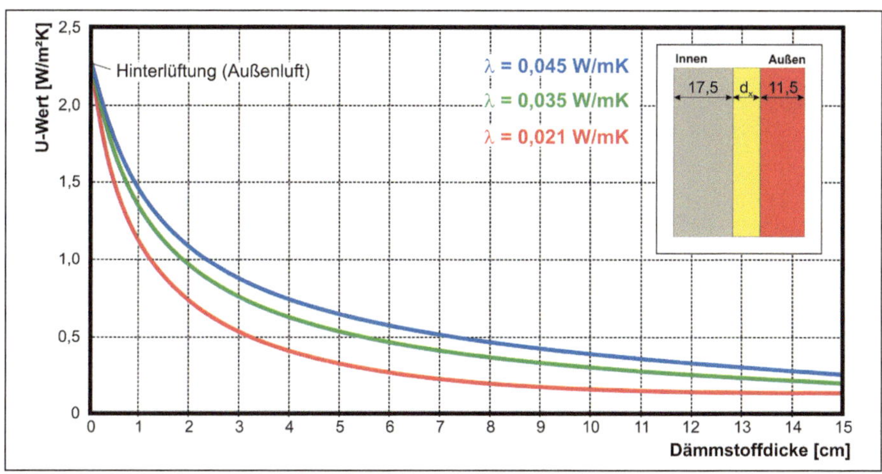


Bild 1: Veränderung des U-Wertes in Abhängigkeit der Dämmstoffdicke für unterschiedliche Wärmeleitfähigkeiten

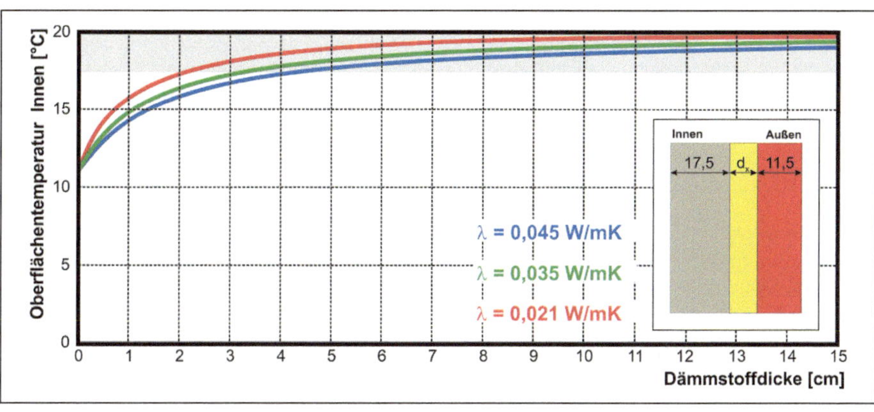


Bild 2: Veränderung der inneren Oberflächentemperatur in Abhängigkeit der Dämmstoffdicke für unterschiedliche Wärmeleitfähigkeiten

einen das Setzungs- und Schwindverhalten der unterschiedlichen Materialien dokumentiert und zum anderen in regelmäßigen Abständen die Feuchtigkeit der Dämmstoffe ermittelt. Alle Produkte erfüllten die Anforderungen der bauaufsichtlichen Zulassungen.
Die auf dem Markt erhältlichen Materialien lassen sich in faserförmige, rieselfähige und schaumartig und vor Ort geschäumte Wärmedämmstoffe unterteilen. Zusammenstellungen der wichtigsten Eigenschaften der auf dem Markt erhältlichen Dämmstoffe finden sich in [10], [20]. Die Dämmstoffmaterialien lassen sich in folgende Gruppen unterteilen:

- Polystyrol
  Partikelschaumgranulat (EPS) und
  Extruderschaumgranulat (XPS)
- Polyurethanhartschaum
  Granulat (PUR) und Ortschaum (PUR)
- Harnstoffformaldehydharzschaum (UF)
- Mineralwolle

Bild 3: Probekörper mit unterschiedlichen Dämmmaterialien

Bild 4: Intakter Drahtanker (Endoskopieaufnahme)

- Blähperlite
- Blähglas
- Aerogel

Dabei ist zu berücksichtigen, dass immer neue Produkte auf den Markt kommen und bestehende bauaufsichtliche Zulassungen nur eine begrenzte Gültigkeit haben. Der Verarbeiter hat stets darauf zu achten, dass nur bauaufsichtlich zugelassene Produkte eingesetzt werden.

## 4 Bestandsuntersuchungen

### *4.1 Überblick*

Bei Nachuntersuchungen hat sich gezeigt, dass die Planer und Verarbeiter den Voruntersuchungen eine zu geringe Aufmerksamkeit widmen. Dabei wird in den bauaufsichtlichen Zulassungen ausdrücklich auf die Bestandsuntersuchungen hingewiesen. Aus den Checklisten des Leitfadens zur nachträglichen Hohlraumdämmung [20] können die erforderlichen Voruntersuchungen am Bauwerk entnommen werden.

Nur bei einer Bestandsaufnahme vor Ort kann festgestellt werden, ob der Zustand der Außenwände für eine nachträgliche Hohlraumdämmung geeignet ist. Daher sollte das Außenmauerwerk auf Schwachstellen, wie z. B. Risse in der Außenfassade, untersucht und die Wasseraufnahme des Mauerwerks berücksichtigt werden. So werden im Vorfeld Probleme durch eindringende Feuchtigkeit erkannt und es können ggf. ergänzende Maßnahmen geplant werden.

### *4.2 Mauerwerksanker und Hohlraumzustand*

Der Verbund der Innen- und Außenschale kann über Bindersteine oder auch Drahtanker erfolgen. Die Bindersteine wurden hauptsächlich im vorletzten Jahrhundert eingesetzt. Verzinkte Stähle wurden vor 1978 als Drahtanker eingemörtelt. Nach 1978 erfolgte zunehmend der Einsatz von Edelstahlankern, die in der aktuellen Norm mit Lage und Anzahl vorgeschrieben sind.

Unabhängig von einer nachträglichen Kerndämmung ist der Korrosionszustand verzinkter Drahtanker zu überprüfen. Dies kann mit einem Endoskop stichprobenartig erfolgen, s. Bild 4.

Insbesondere bei hohen und langen Mauerwerkswänden sollte die Überprüfung der Anbindung beider Schalen erfolgen, da bei Versagen erhebliche Schäden (Bild 5) entstehen können.

Dagegen sind bei Einfamilienhäusern die o. g. Schäden nicht zu erwarten. Bei diesen Ge-

Bild 5: Abgelöste Außenschale nach einem Sturm (© Warmbrunn, Oldenburg)

bäuden sind meist aussteifende Wände oder auch Ringbalken vorhanden, die das Lösen der äußeren Mauerwerksschale verhindern. In einigen Zulassungen für die nachträgliche Kerndämmung wird die Überprüfung bzw. Wiederherstellung der Verankerung nach DIN 1053 erst ab zwei Vollgeschossen gefordert.

Bei der Endoskopieuntersuchung kann zudem der Zustand der Hohlschicht erfasst werden. Auf diese Weise können weitere erforderliche Maßnahmen, z. B. das Entfernen von Bauschutt oder Mörtelresten, bereits in der Angebotsphase mit einbezogen werden. Bauschutt und Mörtelreste bilden Wärmebrücken, deren Einfluss sich nach einer Verfüllung des Hohlraumes ggf. erhöht. Dies wiederum erhöht das Risiko, dass Feuchteschäden auf der Innenseite des Bauteils entstehen. Gegebenenfalls kann auch Wasser über die Mörtelschichten entlang der Drahtanker kapillar in das tragende Mauerwerk gelangen.

### *4.3 Putzfassade*

Zweischaliges Mauerwerk ist zum Teil auf der Außenseite geputzt.

Die Putzmörtelschichten sind häufig – teilweise mehrfach – mit rissüberbrückenden Farben beschichtet. Diese weisen i. Allg. einen hohen Dampfdiffusionswiderstand auf. Eine Überprüfung bzw. Ermittlung des Wasserdampfdiffusionsverhaltens sollte daher an Bohrkernproben im Labor erfolgen, s. Bild 6. Mit Simulationsberechnungen (Delfin [11], Wufi [13]) sollten derartige Konstruktionen überprüft werden. Berechnungen haben gezeigt, dass die Entfernung der dampfdichten Anstriche erforderlich ist und diese durch dampfdiffusionsoffene Anstriche ersetzt werden müssen. Im Rahmen einer Masterarbeit [22] wurden mechanische und chemische (Abbeizen) Verfahren zum Entfernen der dampfdiffusionsdichten Schichten untersucht. Die Ergebnisse weisen jedoch darauf hin, dass keine signifikante Erhöhung der Wasserdampfdiffusionsfähigkeit erreicht werden konnte. Hier besteht noch weiterer Entwicklungs- und Forschungsbedarf. Ansonsten ist, je nach Nutzung und Wetterrandbedingungen, eine Durchfeuchtung der Konstruktion von innen zu erwarten. Einige Schäden an durchfeuchteten Putzen bestätigen diese Problematik.

### *4.4 Schlagregen und Feuchteschutz*

#### *4.4.1 Schlagregenschutz*

Regenwasser in größeren Mengen bildet einen Wasserfilm auf der Oberfläche. Das Wasser wird kapillar vom Mauerwerk aufgenommen. Abhängig von der Windgeschwindigkeit, der Niederschlagsmenge und der Oberflächeneigenschaften treten unterschiedliche Mengen Wasser in die Fassade ein. Bei den hier betrachteten zweischaligen Mauerwerkskonstruktionen wird hauptsächlich über Risse und Mörtelfugen Wasser in die äußere Konstruktion gelangen. Zeigen die Ziegel oder der Mörtel eine hohe Wasseraufnahme, kann es zur vollständigen Durchfeuchtung kommen, sodass Wasser auf der Rückseite der Außenschale nach unten läuft. Dagegen ist bei einem Klinkermauerwerk, aufgrund der geringen Wasseraufnahme, ein erhöhter Feuchteeintrag nur über die Fugen zu erwarten.

Nach DIN 4108-3 [4] kann der Schlagregenschutz einer Außenwand zur Begrenzung der

Bild 6: Diffusionsdichter Anstrich (links) und Diffusionsuntersuchungen einer Putzmörtelprobe (rechts)

kapillaren Wasseraufnahme und zur Sicherstellung der Verdunstungsmöglichkeiten durch konstruktive Maßnahmen erzielt werden.
Für zweischaliges Mauerwerk ist zum Schlagregenschutz eine Mindestdicke der Außenschale von 9 cm erforderlich, bei der keine Anforderungen an die maximale Wasseraufnahme der Ziegel bzw. Klinker gestellt wird [1]. Die Steine sind nicht wasserundurchlässig, erfüllen jedoch die Funktion des Schlagregenschutzes. Trotzdem kann es partiell zu einer Wasseranreicherung auf der Rückseite der Außenschale kommen [1].
Über die Funktionsfähigkeit der Lüftungsöffnungen oder Entwässerungsöffnungen wird vielfach diskutiert [2]. Im Rahmen des Forschungsvorhabens [19] wurden Probekörper mittig durch ein Aluminiumblech getrennt, wobei sich auf einer Seite Lüftungsöffnungen in den Stoßfugen befanden. Ein signifikanter Unterschied zwischen den beiden Konstruktionen konnte nicht ermittelt werden. Für die Praxis kann aber empfohlen werden, die Öffnungen vor einer nachträglichen Kerndämmung nicht zu schließen, sondern als Entwässerungsöffnung zu erhalten.
Konstruktive Maßnahmen im Bereich des Sockels sollten begleitend zu den energetischen Maßnahmen mit eingezogen werden. Hier ist insbesondere eine kapillarbrechende Kiesschicht zu nennen. Diese verhindert, dass es zu einer Feuchtigkeitsbeanspruchung aus dem angrenzenden Erdreich kommt, s. Bild 7. Zudem wird die Spritzwasserbelastung reduziert [1].

### *4.4.2 Feuchteschutz*

Für die Berechnungen zum Feuchtschutz nach DIN 4108 sind beim zweischaligen Mauerwerk mit Wärmedämmung Berechnungen nach Glaser nicht zugelassen. Nach diesem Berechnungsverfahren würde stets eine Auffeuchtung des Systems erfolgen.
Mit Simulationsberechnungen (Delfin [11], Wufi [13]) hingegen gelingt die Überprüfung der Konstruktion. Hierzu wurden umfangreiche Berechnungen durchgeführt [21], [22]. Durch die nachträgliche Hohlraumdämmung verschiebt sich der Taupunkt und die Feuchtigkeit wird nach außen und innen abtransportiert.
Mit Hilfe von Parameterstudien kann überprüft werden, ob die Konstruktion auffeuchtet. Bei Auffeuchtung besteht die Gefahr von Feuchte-, Salz- oder Frostschäden. Bisher wurden jedoch Rissbildungen in Steinen und an den Steinflanken (Stein/Fuge) nicht rechnerisch abgebildet. Zur Thematik der Mauerwerksrisse gibt es bislang noch Forschungsbedarf. Die Untersuchungen sollten eine Differenzierung zwischen den Rissursachen, der Identifizierung im Bestandsmauerwerk und die jeweils individuellen Auswirkungen auf die Schlagregenaufnahme betrachten. Ob der erhöhte Feuchtetransport aufgrund von Rissbildung in Stein, Mörtel oder der Flanke rechnerisch berücksichtigt werden kann, wird zurzeit im Rahmen einer Masterarbeit an der Jade Hochschule in Oldenburg überprüft. Ergebnisse hierzu liegen jedoch noch nicht vor.
Bild 8 zeigt die in [14] berechneten Temperaturverteilungen über den Mauerwerksquerschnitt vor und nach einer Hohlraumdämmung. Deutlich wird, dass die äußere Mauerwerksschale im Winter kälter ist, als vor der energetischen Sanierung. Die Ergebnisse der Berechnungen zeigen, dass das Austrocknungsverhalten bei einem Regelquerschnitt

Bild 7: Auffeuchtung im Spritzwasserbereich von Außenmauerwerken

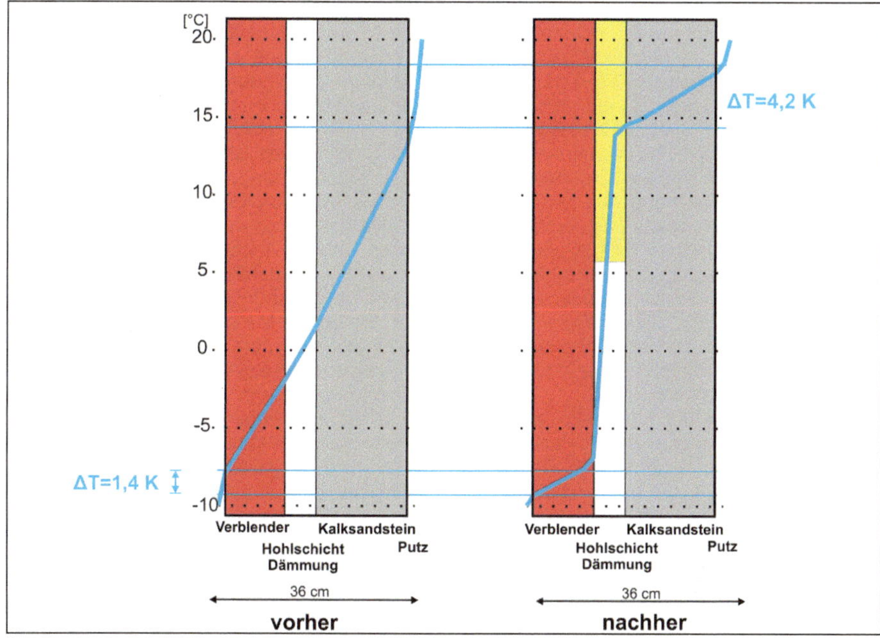

Bild 8: Temperaturverlauf mit und ohne Kerndämmung über den Wandquerschnitt

verzögert wird, eine Austrocknung jedoch stattfindet.
Bei Steinen mit erhöhter Wasseraufnahme kann dies zu Auffeuchtungen führen. Durchfeuchtungen bis zur Innenseite bzw. der Dämmung konnten bisher jedoch bei keinem Bauwerk, das nach den Hinweisen der Hersteller bzw. den Bestandsuntersuchungen gedämmt wurde, nachgewiesen werden [19].
Zur Beurteilung der Wasseraufnahmefähigkeit des Außenmauerwerks stehen unterschiedliche Normen [5], [6], [7], [9] für Laboruntersuchungen und Verfahren für Messungen am Bauwerk [12], [16], [17] zur Verfügung. Dabei sind die Randbedingungen für die Laboruntersuchungen genau definiert und somit die Ergebnisse vergleichbar. Allerdings müssen hierzu Probenmaterialien (Stein und Mörtel) in ausreichender Anzahl aus dem Bauwerk entnommen werden.
Bei einer Bauwerksmessung zur Bestimmung der kapillaren Wasseraufnahme kann auf den Eingriff ins Mauerwerk verzichtet werden. Dagegen sind die Randbedingungen wie z. B. Durchfeuchtungsgrad, Lufttemperatur und Luftfeuchte sowie die Beaufschlagung mit oder ohne Druck zu berücksichtigen. Weiterhin liegt bei diesen Prüfverfahren im Gegensatz zu den Normprüfungen kein eindimensionaler Wassertransport vor. Die Ergebnisse aus Labor- und Bauwerksuntersuchungen sind daher nur bedingt miteinander vergleichbar. Für Untersuchungen am Bauwerk sind folgende zerstörungsfreie Prüfverfahren möglich:

- Eine grobe Abschätzung der Wasseraufnahme des Mauerwerks kann mit einem einfachen Benetzungstest in Relation zu Vergleichsmaterialien vorgenommen werden. Mit einer Spritzflasche wird etwas Wasser auf die Oberfläche gespritzt. Anhand der Ablaufspuren kann eine qualitative Beurteilung zur Wasseraufnahme erfolgen.
- Das Karsten'sche Prüfröhrchen [12] ermöglicht eine Beurteilung der Wasseraufnahme einzelner Materialien. Dazu wird das Prüfröhrchen auf die Fassadenoberfläche geklebt und mit Wasser gefüllt. Der Wasserpegel wird durch Nachfüllen konstant gehalten und bildet somit eine Schlagregeneinwirkung bei einer Windgeschwindigkeit

von etwa 27,5 m/s (Windstärke 10 Bft) ab. Aufgrund des mehrdimensionalen Wassereintrags und der relativ kleinen Prüffläche sind die Messungenauigkeiten hoch, sodass das Verfahren vorrangig als grobe Einstufung und einem qualitativen Vergleich verschiedener Materialien untereinander dient. Dies wird durch vergleichende Messergebnisse bei Verwendung des sogenannten Pleyers-Prüfröhrchens [18] deutlich. Das Pleyers-Prüfröhrchen besitzt eine zweite, kreisringförmige, um die eigentliche Prüffläche befindliche Flüssigkeitskammer. Diese wird unmittelbar vor bzw. zeitgleich mit der inneren Kreisfläche (Prüffläche) befüllt und wirkt somit dem mehrdimensionalen Wassereintrag entgegen.

- Messungen mit der Franke-Prüfplatte [17] erfolgen analog zum Karsten'schen Prüfröhrchen. Die Prüfungen unterscheiden sich in der Prüffläche, die bei der Franke-Prüfplatte größer ist. Es wird ein Ausschnitt des Mauerwerksverbundes betrachtet, sodass eine qualitative Erfassung von Rissen im Verbund ermöglicht wird. Da bei der Franke-Prüfplatte ebenfalls ein mehrdimensionaler Wassereintrag ins Mauerwerk stattfindet, sind Messungenauigkeiten bei der Beurteilung zu berücksichtigen.
- Ein weiteres Verfahren zur Messung der Wasseraufnahme bietet das Wasseraufnahmemessgerät WAM 100 Stelzmann [16]. Das Gerät veranlasst ein kontinuierliches Benässen der Fassade mit einer zuvor definierten Wassermenge. Das vom Mauerwerk nicht aufgenommene Wasser wird dabei in einer geschlossenen Schale gesammelt und erneut über die Fassade laufen gelassen. Ein Vorteil liegt in der vergleichsweise großen Prüffläche gegenüber der Franke-Prüfplatte. Ein signifikanter Unterschied zu dem Karsten'schen Prüfröhrchen und der Franke-Prüfplatte liegt jedoch darin, dass das WAM 100 Stelzmann keinen Wasserdruck aufbaut und somit keinen Schlagregen abbildet. Die Entwicklung ist noch relativ jung, sodass zurzeit noch wenige Erfahrungswerte bzw. Messwerte vorliegen.

### *4.5 Wärmebrücken*

Im Projekt wurden typische Wärmebrücken mit dem Simulationsprogramm WINISO 2D® [15] hinsichtlich der Auswirkung einer nachträglichen Hohlraumdämmung untersucht.
Die Dämmung kann den Einfluss bereits vorhandener Wärmebrücken verstärken und zusätzliche Maßnahmen erforderlich machen.
Im Bereich von einbindenden Bauteilen und Fensterlaibungen verschiebt sich der Temperaturverlauf, wodurch insbesondere bei erhöhten Luftfeuchten (Küche/Bad) die Gefahr von Schimmelpilzbildung und Tauwasserausfall besteht. Dies sollte durch eine Dämmung der Fensterlaibungen minimiert werden.
Im Bereich von Heizkörpernischen ist die Breite der Luftschicht oft stark reduziert und kann deshalb nicht mit Dämmstoff verfüllt werden. Es entsteht eine Wärmebrücke, die mit erheblichen Wärmeverlusten verbunden ist. Werden Heizungsnischen nicht gedämmt oder ausgemauert, ist das Risiko des Tauwasserausfalls stark erhöht. Wird die Oberflächentemperatur im Bereich der Heizkörpernischen im Winter durch den Betrieb des Heizkörpers erhöht, kann dieser Punkt vergleichsweise als weniger kritisch betrachtet werden. Allerdings bergen zeitweise nicht genutzte bzw. nur leicht temperierte Heizkörper eine Gefahr hinsichtlich der Tauwasserbildung und somit der Schimmelpilzgefahr.
Neben der Heizkörpernische ist als weitere Wärmebrücke eine ggf. vorhandene Z-Folie im Sockelbereich zu bedenken. Unterhalb der Folie verbleibt beim Einblasen der Dämmung ein ungedämmter Bereich, der einen erhöhten Wärmeverlust im unteren Wandbereich erwarten lässt. Folglich würde innenseitig im unteren Bereich die Oberflächentemperatur deutlich niedriger und damit die Tauwassergefahr und die Schimmelpilzbildung möglich sein.
Bindersteine im Mauerwerk stellen ebenfalls eine Wärmebrücke dar. Jedoch ist i. d. R. der Einfluss so gering, dass hier keine Gefahr der Tauwasser- und Schimmelpilzbildung zu erwarten ist. Generell sollte diese Problematik bereits in der Planungsphase bearbeitet werden.

## 5 Qualitätskontrolle

An den untersuchten Gebäuden zeigten sich nach der Dämmmaßnahme bei einer Vielzahl der Thermografieaufnahmen (Bild 9) Auffälligkeiten, die mithilfe von Endoskopieaufnahmen als Fehlstellen/Hohlräume bestätigt werden konnten.
Derartige Fehlstellen entstehen z. B. durch falsche Anordnung der Einfüllöffnungen, falsche Verfüllreihenfolge oder durch Setzungen des Dämmmaterials. Deshalb ist eine Qualitätskontrolle der Dämmmaßnahme in jedem Fall zu empfehlen. Diese sollte allerdings erst

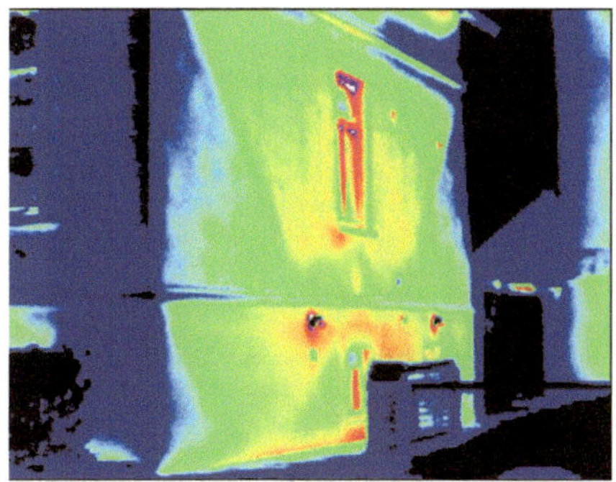

Bild 9: Thermografieaufnahme mit sichtbaren Schwach-/Fehlstellen (qualitativ) [19]

nach einer Heizphase durchgeführt werden (min. 1 Jahr), damit die Setzungen auch wirklich sichtbar sind.

## 6 Zusammenfassung

Aufgrund der geringen Investitionskosten ist die nachträgliche Hohlraumdämmung zur energetischen Sanierung von zweischaligen Außenwänden bei den Eigentümern sehr beliebt. Dennoch ist die Maßnahme bei bestimmten Randbedingungen als kritisch anzusehen. Hierzu zählen z. B. erhöhte Luftfeuchten im Innenraum, vorhandene Wärmebrücken oder bereits bestehende Feuchtigkeitsprobleme oder nicht ausreichender Schlagregenschutz.

Eine Bestandsuntersuchung im Vorfeld – ggf. unterstützt durch Simulationsberechnungen – ist unerlässlich. Wenn diese nicht von dem ausführenden Dämmunternehmen durchgeführt werden können, sollten entsprechende Fachplaner hinzugezogen werden. Zahlreiche Untersuchungen haben zudem gezeigt, dass eine Qualitätskontrolle erforderlich ist, um Fehlstellen und ggf. Bauschäden durch unvollständiges Verfüllen zu vermeiden.

Die Erkenntnisse des Forschungsvorhabens zur nachträglichen Kerndämmung in zweischaligem Mauerwerk sind in einem Leitfaden [20] zusammengefasst. In dem Leitfaden sind auch Informationen zu den untersuchten Dämmstoffen aufgeführt. Da die nachträgliche Kerndämmung nur eine Dämmvariante darstellt, sollte eine energetische Sanierung von einem Energieberater und/oder Planer (Architekt, Bauingenieur) begleitet werden. Ein besonderer Schwerpunkt für den Planer und Ausführenden sollte/muss in den Voruntersuchungen hinsichtlich des Zustandes und der Eigenschaften des Mauerwerks liegen. Hierzu zählen der Zustand der Hohlschicht und das Wassersaugverhalten der Fassade einschließlich vorhandener Risse.

## 7 Literatur


[1] Altaha, N.: Zweischaliges Ziegelverblendmauerwerk – Kommentar zur DIN 18195 Beiblatt 1. In: Mauerwerk, S. 293–296, 16. Jahrgang (2012)

[2] Altaha, N.: Zweischaliges Ziegelverblendmauerwerk – Stand der Technik. In: Mauerwerk, S. 3–11, 15. Jahrgang (2011)

[3] DIN 1053-1:1996-11 Mauerwerk – Berechnung und Ausführung

[4] DIN 4108-3:2014-11 Wärmeschutz und Energie-Einsparung in Gebäuden – Teil 3: Klimabedingter Feuchteschutz – Anforderungen, Berechnungsverfahren und Hinweise für Planung und Ausführung

[5] DIN EN 1015-18:2003-03 Prüfverfahren für Mörtel für Mauerwerk, Teil 18: Bestimmung der kapillaren Wasseraufnahme von erhärtetem Mörtel (Festmörtel)

[6] DIN EN 15801:2010-04 Erhaltung des kulturellen Erbes – Prüfverfahren – Bestimmung der Wasserabsorption durch Kapillarität

[7] DIN EN 772-11:2011-07 Prüfverfahren für Mauersteine, Teil 11: Bestimmung der kapillaren Wasseraufnahme von Mauersteinen aus Beton, Porenbetonsteinen, Betonwerksteinen und Natursteinen sowie der anfänglichen Wasseraufnahme von Mauerziegeln

[8] DIN EN ISO 12572:2001-09 Wärme- und feuchtetechnisches Verhalten von Baustoffen und Bauprodukten. Bestimmung der Wasserdampfdurchlässigkeit

[9] DIN EN ISO 15148:2003-03 Wärme- und feuchtetechnisches Verhalten von Baustoffen und Bauprodukten – Bestimmung des Wasseraufnahmekoeffizienten bei teilweisem Eintauchen (ISO 15148:2002)

[10] Drewer, A.: Da steckt des Pudels Kern. In: Bauen im Bestand. S: 16–20, 4-2012

[11] Grunewald, J.; Häupl, P.: Gekoppelter Feuchte-, Luft, Salz- und Wärmetransport in porösen Baustoffen. In: Bauphysik Kalender 2003, Berlin: Ernst und Sohn Verl. 2003

[12] Karsten, R.: Bauchemie – Handbuch für Studium und Praxis. 9. völlig überarbeitete und aktualisierte Auflage, C.F. Müller Verlag, 1996

[13] Künzel, H.M.: Verfahren zur ein- und zweidimensionalen Berechnung des gekoppelten Wärme- und Feuchtetransports in Bauteilen mit einfachen Kennwerten. Dissertation, Uni Stuttgart 1994

[14] Schreiber, B.: Hygrisch-thermische Auswirkungen einer nachträglichen Dämmung in zwei-

schaligem Mauerwerk. TU Braunschweig; Jade Hochschule, Oldenburg (2010)

[15] Sommerinformatik GmbH: Handbuch WinIso 2D, Programm zur Berechnung zweidimensionaler Wärmeströme

[16] Stelzmann, M.: In-situ-Messgerät für die zerstörungsfreie Messung der kapillaren Wasseraufnahme von Fassaden. In: 24. Hanseatische Sanierungstage – Messen – Planen – Ausführen. Fraunhofer IRB Verlag, 2013

[17] TUTech Innovation GmbH: Die WA-Prüfplatte nach Franke zur Beurteilung der Wasseraufnahme von Fassaden. (http://www.tu-harburg.de/t3resources/bp/PDF/WAPruefplatteneu.pdf)

[18] Twelmeier, H.: In-situ-Messung der Wasseraufnahme an Mauerwerksfassaden. Tagungsband zum 4. Sachverständigentag der WTA-D im November 2011 Hrsg.: Geburtig, G.; Gänsmantel, J. In: Messtechnik – Der Weisheit letzter Schluss?

[19] Wigger, H.; Stölken, K.: Nachträgliche Hohlraumdämmung – Anwendung und Dauerhaftigkeit. Abschlussbericht. Jade Hochschule, Oldenburg (2010)

[20] Wigger, H.; Stölken, K.; Schreiber, B.: Nachträgliche Hohlraumdämmung – Leitfaden zur Anwendung. Jade Hochschule, 2. Auflage, Oldenburg (2012) irb-Verlag

[21] Wigger, H.; Stölken, K.; Schreiber, B.: Nachträgliches Dämmen von Luftschichten in Außenwänden und Dächern – Erfahrungsbericht und Bericht aus der aktuellen Forschung. 18. Nordische Bausachverständigen-Tage 2011

[22] Witt, M.: Analyse des Schadenspotenzials von Innen- und Kerndämmungen unter kapillarer Feuchtebelastung und innerer Dampfdiffusion. Masterarbeit. Oldenburg: Jade Hochschule, 2013

Prof. Dr.-Ing. Heinrich Wigger
Carolin Westermann M.Eng.
Institut für Materialprüfung an der Jade Hochschule
Zeughausstraße 15 · 26121 Oldenburg
www.ifm-oldenburg / www.hd-san.de
ifm@jade-hs.de

***Prof. Dr.-Ing. Heinrich Wigger***
*Nach einem Studium der Holztechnik und einem Bauingenieurstudium Promotion an der Universität Hannover; Mitarbeit am Institut für Baustoffkunde und Materialprüfung, Hannover; Mitarbeit an der Materialprüfanstalt für das Bauwesen und stellv. Abteilungsleiter der Abteilung Bauwerkserhaltung in Braunschweig; seit 2002 Professor an der Jade Hochschule in Oldenburg, Fachbereich Bauwesen und Geoinformation und Leiter des Instituts für Materialprüfung.*

***Carolin Westermann M.Eng.***
*Studium des Bauingenieurwesens an der Jade Hochschule in Oldenburg; In der Zeit von 2014 bis 2015 Projektingenieurin für Bauphysik im tha-Ingenieurbüro Eßmann in Mölln; seit Juli 2015 wissenschaftliche Mitarbeiterin am Institut für Materialprüfung an der Jade Hochschule in Oldenburg.*

# Immerwährende Bauruinen? Desaster Großprojekte

Dipl.-Ing. Rainer Pruß, Bilfinger Hochbau GmbH, Frankfurt/M.

## 1 Einführung, Eingrenzung des Themas

Bilfinger Hochbau realisiert in Deutschland jährlich Projekte im Gesamtwert von rund 700 Millionen Euro. Unser Spektrum reicht von der Auftragsentwicklung über die Planung, die schlüsselfertige Neuerrichtung bis hin zur Sanierung und Bestandsoptimierung. Neben dem Kernthema Bauen bieten wir Beratungsleistungen, Planung, Logistik und Steuerung von Immobilienprojekten.

Um auf Anbieterseite eine Antwort auf den zunehmenden Markt für schlüsselfertige, komplexe Immobilienlösungen und eben auch Großprojekte zu haben, wurde bei Bilfinger Hochbau 2009 die Niederlassung Großprojekte gegründet. Wir bündeln in Frankfurt alle Großprojekte in dieser Niederlassung und realisieren Großprojekte deutschlandweit. Weil nach unserer Überzeugung die wesentlichen Risiken von Großprojekten zu Beginn – gemeint ist dabei bereits die Projektinitiierung – entstehen, können in dieser zentralen Einheit auch umfangreiche und lange andauernde Projektbearbeitungen erfolgen. Das stark volatile Projektgeschäft unserer regionalen Niederlassungen, das unter anderen Wettbewerbsbedingungen arbeitet, lässt das nicht immer zu oder bindet dort zu viele Kapazitäten.

Insofern möchte ich das sehr weitreichende Vortragsthema „Desaster Großprojekte" deshalb auf Projekte des Hochbaus eingrenzen. Infrastrukturprojekte oder große Ingenieurbauprojekte können sich zwar ebenfalls zu Desastern entwickeln, jedoch gelten dort bspw. aufgrund erheblich längerer Projektlaufzeiten nicht zwangsläufig die gleichen Mechanismen. Eine Gemeinsamkeit haben jedoch alle Projekte die sich zu einer Katastrophe entwickeln: hinterher wissen alle alles besser! Ich komme im weiteren Verlauf auch noch einmal auf diese „banale" Erkenntnis zurück.

## 2 Status Quo

Im Immobilienmarkt sind derzeit zwei wesentliche Trends im Focus:

- zum einen der <u>Mega</u>trend „Nachhaltigkeit"
- zum anderen der <u>Medien</u>-Trend „Desaster Großprojekte" bei dem sowohl der deutschen Bauindustrie, als auch großen Bauherren und insbesondere der öffentlichen Hand die Fähigkeit abgesprochen wird Großprojekte zur vorgegebenen Zeit, in der verlangten Qualität und den prognostizierten Kosten fertigzustellen.

Unsere prominentesten deutschen Beispiele wie die Elbphilharmonie in Hamburg, Stuttgart 21 oder der neue Hauptstadt-Flughafen Berlin/Brandenburg stehen für diesen „Medien-Trend". Wir können davon ausgehen, dass dieser Trend noch länger anhält, denn bei diesen Großprojekten endet interessanterweise die Gewährleistungszeit bereits vor der Fertigstellung. Das Desaster wird sich also noch viele Jahre fortsetzen oder vielleicht nie enden.

Unabhängig von jeder Medienschelte, die ihrerseits vor allem durch technische Unkenntnis und mangelndem Sachverstand geprägt ist, gibt es aber in der Immobilienbranche aktuell einen breiten Konsens zum Thema „Nachhaltigkeit".

Interessant ist in diesem Zusammenhang, dass ausgerechnet die öffentliche Hand bereits vor Jahren Instrumente entwickelt hat, die bei der Beschaffung von lebenszyklusorientierten und damit nachhaltigen Immobilien einen Perspektivenwechsel – weg von einer reinen Baukostendiskussion hin zu einer Bewertung von Nutzungskosten über langjährige Vertragslaufzeiten – eingeläutet hat: öffentlich private Partnerschaften, sog. ÖPP- oder PPP-Projekte. Trotz nachweislich hoher Effizienzvorteile sind auch diese Projekte in der politischen und medialen Diskussion unbeliebt, weil hier komplexe Finanzierungs-, Investitions- und Betriebskostenparameter

im Wettbewerb stehen, die nicht nur Journalisten Grenzen aufzeigt. Insofern leiden diese Projekte weiter unter Vorurteilen wie: mittelstandsfeindlich, PPP-Projekte kosten Arbeitsplätze oder senken das Servicelevel.
Die mediale Aufbereitung von Großprojekten bezieht sich ohnehin auf einfache Kostendiskussionen und die immer gleiche Erkenntnis, dass Kostenexplosionen und das zeitliche Ausufern von Großprojekten einer gewissen Systematik folgt: Unfähigkeit der Beteiligten, unglückliche Vertragskonstellationen, mangelhafte Prozessorganisation, oder abstrakte, aber unvorhersehbare Umwelteinflüsse. Gerade öffentlichen Bauherrn wird darüber hinaus noch medienwirksam vorgeworfen ein System zu belohnen, in dem prestigeträchtige Vorhaben sich am Ende doch für alle lohnen: Sind erst einmal alle Billigstbieter auf dem Anbietermarkt und europaweit eingesammelt, treffen sich diese auf der Baustelle, um sich sogleich gegenseitig zu behindern. In der Folge dieses bereits unlösbaren Dilemmas entstehen weitere Sünden: denn trotz der allgemeinen Erkenntnis, dass für komplexe Projekte eben nur eine begrenzte Anzahl von Spezialisten zur Verfügung steht, wird die Anzahl der Projektbeteiligten im Projektverlauf kontinuierlich erhöht! Ganze Horden von Beratern, Freelancern und selbsternannten Experten profitieren vom Misserfolg und ziehen von Vorhaben zu Vorhaben, denn alle können sie sich auf eins verlassen: das Projekt wird fertiggestellt – koste es, was es wolle. Bauruinen sind politisch nicht denkbar!
Der Status quo bei privaten Investoren entwickelt sich nach unsere Wahrnehmung dagegen in eine andere Richtung: Insbesondere bei privaten Bauherrn setzt sich zunehmend die Erkenntnis durch, dass die Erhöhung der Kontrollkosten eines Projekts durch zahlreiche Beteiligte zu einer „Anonymisierung" der eigentlich gut gemeinten Steuerungsinstrumente führt und in diesem Umfeld, und in Kombination mit einem nur preisgetriebenen Wettbewerb, insbesondere die Ausführungsqualität und die klare Zuordnung von Verantwortlichkeiten sinkt. Die ursprünglich gut gemeinten Projektziele verkommen in diesem Umfeld zu Einzelzielen der unzähligen Beteiligten.
Die auch bei Investoren lange vorherrschende Praxis, sich an die Systematik der öffentlichen Hand anzulehnen und die dort anzuwendenden Regelwerke zu adaptieren ist derzeit einem enormen Wandel unterworfen. Dass diese Regelwerke (VOB, HOAI, VHB, etc.) keine andere Methodik zulassen, als eine stufenweisen „Abfolge" der Leistungserbringung greift gerade bei privaten Investoren zu kurz. Systembedingt ergeben sich dort jeweils am Ende einer abgeschlossenen und am Beginn einer neuen Projektphase Schnittstellen und Informationsverluste. Alleine die traditionelle Trennung von Planung (nach Leistungsphasen und unterschiedlichsten Disziplinen), Bau (nach kleinsten Vergabeeinheiten und zeitlich versetzt) und Betrieb (zum spätest möglichen Zeitpunkt) führt zu Intransparenz und reduziert jegliche Nutzung von Synergien und Optimierungspotentialen.

Private Investoren und große Bestandshalter bspw. in der Industrie fragen zunehmend Vergabemodelle nach, in denen einerseits vertrauensbedingte Instrumente greifen, andererseits umfängliche Leistungen für langfristige Kostensicherheit insbesondere in der Betriebsphase sorgen. Darüber hinaus haben Banken und Finanzierer nach der Immobilienkrise in den Jahren 2008/2009 zusätzliche Risikoprofile für Projekt-Finanzierungen entwickelt, die die Anwendung alter Beschaffungsstrategien nach dem Vorbild der öffentlichen Hand gar nicht mehr zulassen. Was man Steuerzahlern zumutet, ist für Banken nicht vorstellbar.
Aktuell entwickeln sich in beiden „Lagern" ganz unterschiedliche Lösungsansätze dem „Dilemma Großprojekte" zu begegnen:

## 3 Aktuelle Lösungsansätze

Die öffentliche Hand hat zunächst eine Kommission einberufen. Die seit April 2013 und damit seit zwei Jahren tagende „Reformkommission Bau von Großprojekten" des Bundesministeriums für Verkehr und digitale Infrastruktur (ein Bauministerium gibt es ja nicht mehr!) hat sich bspw. als Schlüsselaspekt „Alternative Formen der Projektorganisation" vorgenommen. Vorrangiges Ziel der Reformkommission ist es „die Kostentransparenz und Termintreue bei Großprojekten zu verbessern und das Vertrauen der Bürgerinnen und Bürger in die öffentliche Hand als Bauherr zu stärken. Die Bürger müssen sich darauf verlassen können, dass mit ihren Steuergeldern verantwortungsvoll umgegangen wird". [1]
Dazu wird in 7 Arbeitsgruppen getagt, diese Arbeitsgruppen analysieren die Probleme und erarbeiten Lösungsvorschläge sowie Handlungsempfehlungen in Vorbereitung der Kom-

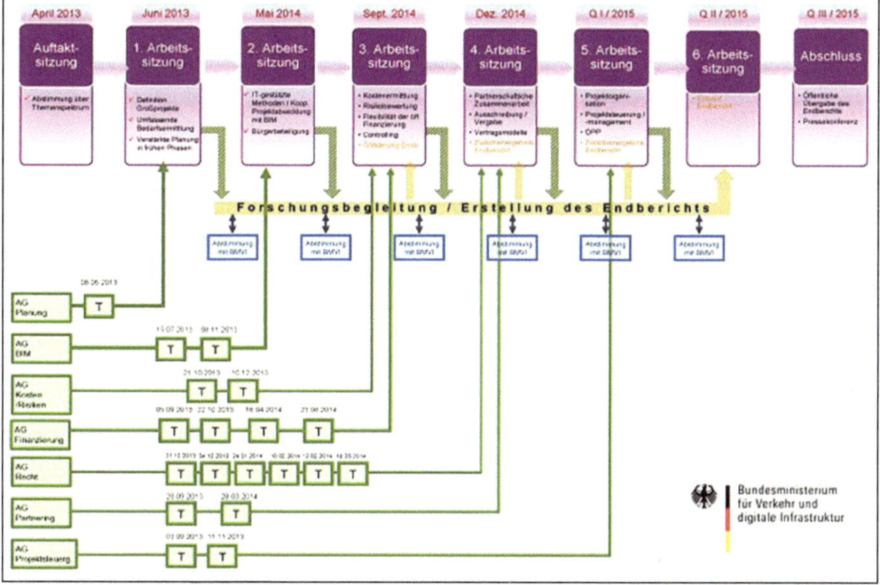


Bild 1: Schaubild zu Zahl, Ablauf und Inhalt der Reformkommission

missionssitzungen. Zahl, Ablauf und Inhalte der Sitzungen der Reformkommission bis zu ihrem voraussichtlichen Abschluss Ende 2015 können dem in Bild 1 gezeigten Schaubild entnommen werden.

Wir alle wissen, dass die größte Beeinflussbarkeit insbesondere auf Kosten in der Planungsphase besteht. Dieser Logik folgend tagte der „Arbeitskreis Planung" gleich zu Beginn des Prozesses im Juni 2013, anschließend aber nie mehr und es sind auch keine weiteren Sitzungen geplant. Der „Arbeitskreis Recht" zeigt deutlich mehr Engagement mit insgesamt 6 Sitzungen und der „Arbeitskreis Projektsteuerung" plant weitere Sitzungen, zur Vorbereitung der Kommissionssitzungen in diesem Jahr, also strategisch günstig am Ende der „Veranstaltung".

Etwa ein Jahr nach Beginn der Arbeit der Reformkommission wurde übrigens entschieden, eine wissenschaftliche Begleitung zu installieren, die beauftragten Berater (es handelt sich um baunahe Experten von KPMG und ARUP) haben im Namen des Ministeriums am 07.10.2014 einen Zwischenbericht veröffentlicht. Auszugsweise sehen Sie hier die Arbeitsergebnisse der letzten beiden Jahre aus den einzelnen Arbeitskreisen [2]:

- **Kernthesen des Arbeitskreisses Planung (AG 1):**
  - Bau erst auf Basis Ausführungsplanung und Genehmigung
- **Kernthesen des Arbeitskreisses Projektsteuerung (AG 3):**
  - Das gewählte Organisationsmodell hat weitreichende Auswirkungen auf die Abwicklung des Projekts, die im Einzelfall abgewogen werden müssen.
  - Einführung Start- und Projektworkshops mit Review-Phasen
  - Etablierung einer Kontrollinstanz beim Bauherren für Normen
  - Beauftragung eines externen Projektmanagers als Projektleiter
  - Etablierung formal-inhaltlicher Vorgaben an Projektberichte
- **Kernthesen des Arbeitskreisses Kosten und Risiken (AG 4):**
  - Risiken sind nach Beherrschbarkeit zu verteilen.
  - Ggf. Anpassung der den relevanten Regeln (HOAI, DIN 276 etc.)
- **Kernthesen des Arbeitskreisses Recht (AG 7):**
  - Dispens vom Gebot der Losvergabe bei Großprojekten

- Vertragsgestaltung und Leistungsbeschreibung müssen stärker aufeinander abgestimmt sein; Verträge müssen kürzer und lesbarer sein; es gibt aber kein Erfordernis von Musterverträgen; Verträge für Großprojekte sollten individuell gestaltet werden.

Die „Reformkommission Bau von Großprojekten" funktioniert also selbst wie ein Großprojekt: die Anzahl der Beteiligten die keine Verantwortung tragen steigt, die Leistungserbringer, die am Ende der Prozesskette Kosten und Termine vertraglich zusichern sollen, sitzen in der letzten Reihe, können sich aber auf kürzere und lesbare Verträge freuen!
Wir dürfen also auf den für Ende 2015 angekündigten „Abschlussbericht mit Handlungsempfehlungen" der Reformkommission gespannt sein.

## 4 Anders läuft die Entwicklung in der Privatwirtschaft

Wie bereits ausgeführt, stellen öffentlich private Partnerschaften die nachweislich einzig nachhaltige Beschaffungsvariante der öffentlichen Hand dar, die per se lebenszyklusorientiert und damit wirtschaftlich ist. Die sinkende Nachfrage danach wird derzeit durch erhöhten Nachfragedruck nach ähnlichen Modellen für die Privatwirtschaft z. B. großer Corporates oder Investoren überkompensiert. Doch genau dort gibt es wiederum keine etablierten Beschaffungsprozesse dafür. Die Auflösung der klassischen Zielkonflikte der Beteiligten, also Auftragnehmer und Auftraggeber, sind aber ohne neue Beschaffungsmodelle per se nicht lösbar.
Diese verfolgen nämlich unabhängig voneinander völlig unterschiedliche Interessen (siehe Bild 2):

- Während Auftraggeber üblicherweise ihr Invest minimieren wollen, wollen gleichzeitig Unternehmen, die kaufmännisch sinnvoll agieren, ihren Gewinn maximieren.
- Natürlich wollen Auftraggeber keine Baurisiken, Unternehmen die im Wettbewerb dafür keine Vorsorge treffen können und dürfen, aber auch nicht.
- Und natürlich ist es einem Unternehmen lieber, sich auf bewährte technische Lösungen zu verlassen und damit unternehmerische Sicherheit zu haben, als sich auf experimentelle Abenteuer einzulassen.
- Und natürlich verlangen Bauherren langfristige Kostensicherheit, während die am Bau Beteiligten versuchen den schlechten Einstiegspreis unter Wettbewerbsbedingungen später aufzubessern.

Gerade große Industriekunden die, wie der Bund und die Länder, ebenfalls mehrere Milliarden jährlich in den Einkauf von Immobilien und Dienstleistungen für Immobilien investieren, adaptieren dafür eigene Prozesse:
Selbstverständlich lassen sich „Produkte" wie Autos und Immobilien nicht vergleichen, die Erwartungshaltung der Nutzer und der Produzenten kann aber verglichen werden. Denn so wie einen Autofahrer nicht die Funktionsweise und das Zusammenspiel jeder Einzelkomponente seines Fahrzeugs interessiert, geht er ebenso selbstverständlich davon aus, dass der Produktionsprozess ebenso reibungslos funktioniert wie das Zusammenspiel aller dieser Komponenten. Bei Haftungsfragen oder Mängeln erwartet der Autofahrer eine Gesamtverantwortung des Produzenten. Genau diese Gesamtverantwortung motiviert diesen wiederum zu einer Lebenszyklus- und nutzungsorientierten Herangehensweise in der gesamten Prozesskette.

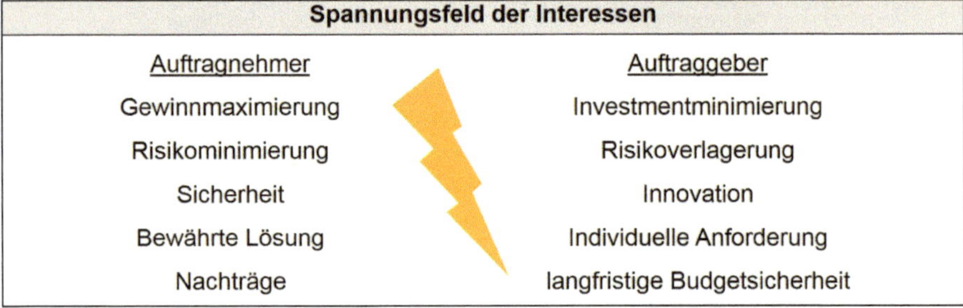


Bild 2: Spannungsfeld der Interessen zwischen Auftragnehmer und Auftraggeber

Vor Beschaffung eines Autos werden vom Nutzer entsprechende Anforderungen definiert (Farbe, Ausstattung, $CO_2$).

**Definition über Funktionalität**

Der Nutzer / Käufer beschafft über einen Händler / Hersteller das zu seinen Anforderung passende Auto.

**Keine Kenntnisse von technischen Details und keine Koordination von Zulieferern erforderlich**

Bei Schäden / Störungen wendet sich der Nutzer / Käufer unabhängig der Schadensursache an den Händler / Hersteller, der diesen diagnostiziert und behebt.

**Ein Ansprechpartner und eine Schnittstelle**

Bild 3: Erwartungshaltung beim Autokauf

Vor Beschaffung einer Immobilie werden vom Nutzer / Entwickler / Investor Anforderungen definiert (Lage, Größe, Qualität).

**Definition über Funktionalität**

Der Nutzer / Käufer tritt an einen Architekt / Projektsteuerer od. –entwickler: Aufteilung der Leistung in kleinste Einheiten und auf unzählige Beteiligte.

**Kenntnis von technischen Details und Koordination von Unternehmern erforderlich**

Bei Schäden / Störungen muss der Nutzer / Käufer die Fehlerursache selbst diagnostizieren und einem Verursacher zuordnen.

**Zahllose Ansprechpartner, zahllose Schnittstellen**

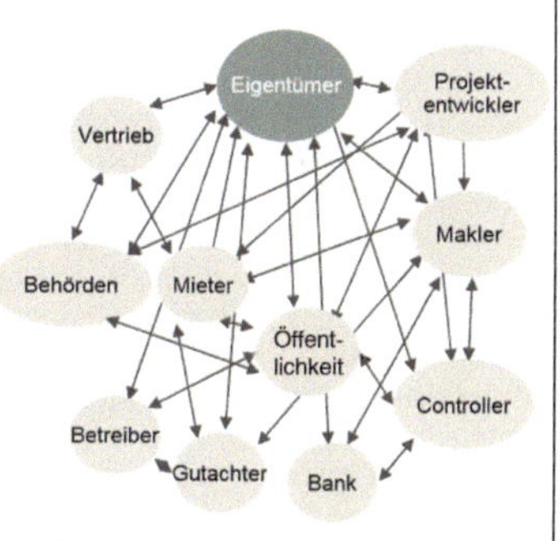


Bild 4: Erwartungshaltung beim Immobilienkauf

Die Definition des Produkts Auto erfolgt im Wesentlichen über seine Funktionalität, dazu gehören bspw. Verbrauch, Motorleistung, Kofferraumvolumen oder Antriebskonzepte.
Die Immobilienbrache tut sich dagegen erheblich schwerer funktionale Anforderungen zu definieren und dafür auch noch wertbare Wettbewerbsbedingungen zu schaffen. Als alleiniges Wertungskriterium gilt seit Jahrzehnten der Preis kleinster Teilleistungen, die sich in tausenden Einzelpositionen von unzähligen Branchenteilnehmern aufaddieren.
Innovative Beschaffungsstrategien orientieren sich deshalb nicht mehr an Einheitspreislisten nach Standardleistungsbuch, sondern an Zielgrößen wie Energieeffizienz und Energieverbrauch eines Gebäudes, Behaglichkeitsfaktoren für die Nutzer, individuellen Steuerungsmöglichkeiten, Betriebskosten, Wartungsfreundlichkeit, Flächeneffizienz, Flexibilität und so weiter. Im Wettbewerb stehen dabei nicht vorrangig die Investitions- oder vereinfacht ausgedrückt die „Baukosten", sondern die Lebenszykluskosten. Eine möglicherweise auf kurze Sicht ausgelegte „günstige Lösung" wird durch ein auf lange Sicht ausgerichtetes Gesamtkonzept ersetzt. Niemand von uns würde sich aus Kostengründen ein Auto aus den Zuliefererbetrieben der Automobilindustrie zusammenbasteln, die Beschaffung von Immobilien funktioniert aber immer noch nach diesem Prinzip.
Es ist schwer zu erklären, warum derjenige, der sich am längsten um eine Immobilie kümmern muss, nämlich der Gebäudebetreiber, als Letztes in den Prozess der Immobilienbe-

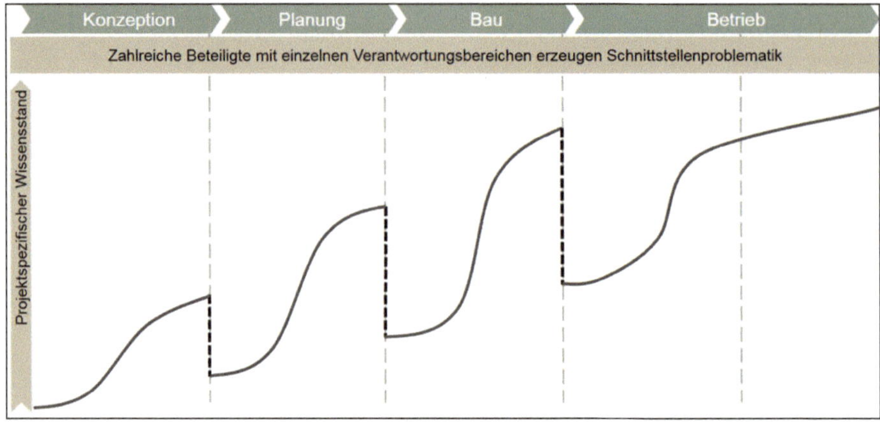


Bild 5: Projektspezifischer Wissensstand von zahlreichen Beteiligten

schaffung eingebunden wird. Genauso unerklärlich ist der Wunsch nach einer Risikoverlagerung auf einen Bauunternehmer, dem man den gesamten Planungsprozess vorenthält und lediglich eine technische Übersetzung in Form von LV's zur Verfügung stellt, dann aber funktionale Verantwortung übertragen will.

Der Trend zu Partnerschaftsmodellen zwischen Bauherrn und Realisierungspartnern macht deshalb für alle Beteiligten Sinn, doch wie gelingt es gemeinsam erfolgreich zu sein? Wichtig ist dazu ein zu einer frühen Projektphase eingespieltes Projektteam, bestehend aus Eigentümer, Nutzer und den Realisierungspartnern. Realisierungspartner sind demnach alle Planer, Berater, Baupartner und Betriebspartner. Ähnlich wie beim Auto können so alle Prozesse schnittstellenfrei und ohne Wissensverluste zwischen einzelnen Projektphasen gestaltet werden. Systembedingt besteht ein hohes Eigeninteresse des Realisierungspartners an der Zuverlässigkeit und Belastbarkeit seines Leistungssolls, da modellimplizit die Verantwortung langfristig bei ihm liegt. Auf Nutzer- und Eigentümerseite reduzieren sich eigene Ressourcen oder Kontrollkosten für die umständliche Suche nach Verantwortlichkeiten im Bau- und späte-

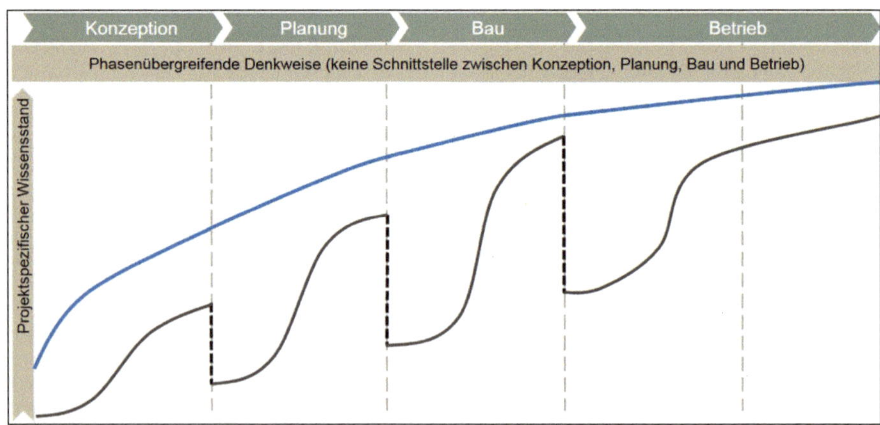


Bild 6: Projektspezifischer Wissensstand bei einer phasenübergreifenden Denkweise

Tabelle 1: Gegenüberstellung klassischer Risiken

| Risiko | Beschreibung | Übernahme des Risikos | |
|---|---|---|---|
| | | Planen und Bauen | Partnersch. Design/Build |
| Kosten- und Zeitüberschreitungen | Übernahme der Konsequenzen einer unkoordinierten und unvollständigen Planung | nein | ja |
| Planungsverantwortung | Baubarkeit der vorliegenden Planung | nein | ja |
| Operatives und betriebliches Know-how | Einbindung operativer und betrieblicher Kenntnisse in der (frühen) Planungsphase | nein | ja |
| Leistungssoll | Einvernehmliche Entwicklung und Abstimmung eines Leistungssolls | nein | ja |
| Reporting | Detaillierter Projekt-Report im open-book-Verfahren | nein | ja |
| Projektteam AG | Minimierung des eigenen Aufwands beim Projektcontrolling | nein | ja |
| Schnittstellen-definitionen | Vollständige Schnittstellenabstimmung für relevante Kostenblöcke | nein | ja |
| Verlust des Projekt-know-hows | Verbleib von Wissensträgern mit ständiger Verbesserung des Projekt-know-hows des Teams | nein | ja |

ren Betriebsprozess bei Störungen, Mängeln oder Termin- und/oder Kostenüberschreitungen. Gleichgerichtete Projektziele, ein gemeinsam erarbeitetes Leistungssoll, und eine klare Risikoallokation unter den Beteiligten reduzieren erheblich übliches Streitpotential und Interessenskonflikte.

Dazu möchte ich auch gerne unser Verständnis von „Partnerschaft“ unter dem Stichwort „Risikoallokation“ erläutern. Der vorhin erwähnte Zielkonflikt zwischen einer möglichst großen Risikominimierung auf Auftragnehmerseite und einem möglichst risikolosen Umfeld auf Auftraggeberseite hat seine Ursache ja nicht in einer fehlenden Risikobereitschaft von Unternehmern. Wesentlicher Grund für die fehlende Bereitschaft zur Übernahme von Projektrisiken bleibt weiterhin die fehlende Grundlage zur Beurteilung von Wagnissen. Insofern sind Lebenszyklusmodelle immer auch Partnerschaftsmodelle, die gemeinsamen Projektziele führen weg von einer problemorientierten hin zu einer lösungsorientieren Handlungsweise der Beteiligten.

Sie sehen in Tabelle 1 eine Gegenüberstellung klassischer Risiken aus dem Bereich Planen und Bauen, die auch immer wieder Teil der öffentlichen Diskussion sind, weil die Frage nach Verantwortung nicht beantwortet werden kann: Wer ist denn z. B. verantwortlich für die Baubarkeit einer Planung: der Ausschreibende? Nein, der übersetzt ja nur eine planerische Überlegung! Der Planer? Nein, der schiebt das Thema in spätere Leistungsphasen, wenn es nicht funktioniert sind es ja die sog. „Sowiesokosten“! Der Projektsteuerer? Nein, der hat ja keine Planungsverantwortung! Der Bauherr? Nein, der hat ja alles an Fachleute delegiert und beauftragt! Der Ausführende? Nein, der hat ja einen Preis für etwas anderes geboten, weil inzwischen die Planung fortgeschrieben wurde! Als Realisierungspartner mit Kenntnis über die Planungsziele, die Planungsinhalte und als Mitverfasser der dazu notwendigen Bausollbeschreibung, kann eine Risikoübernahme dagegen problemlos erfolgen – im Gegenteil: die Erwartungshaltung unserer Kunden ist mehr als

Bild 7: Gleichgerichtete Projektziele verhindern Schlechtleistungen, Mängel, hohe Betriebskosten und geringe Servicelevel!

gerechtfertigt, dass unsere Expertise als Realisierungspartner bereits in der Planung Berücksichtigung gefunden hat.

Wir können jede einzelne Zeile dieser Übersicht mit umfänglichen Erläuterungen durchgehen, es bleibt aber beim immer gleichen Prinzip und damit wieder an der zu Beginn formulierten „banalen" Erkenntnis, dass bei Misserfolgen hinterher immer alle alles besser wissen: In einem Partnerschaftsmodell wissen vorher schon alle alles! Entscheidungen erfolgen auf einer Vollkostenbetrachtung, es herrscht Einvernehmen über das Leistungssoll und das Projekt-know-how ist ständig gesichert. Mögliches Streitpotential und Interessenkonflikte werden auf ein Minimum reduziert.

Denn genau diese Konflikte führen im Kern zu Schlechtleistungen, miserabler Ausführungsqualität, Mängeln und hohen Betriebskosten bei geringem Servicelevel.

Wie „Nachhaltigkeit" und „Ausführungsqualität" umgesetzt und damit letztlich „Bauruinen" verhindert werden können, kann an folgendem Fallbeispiel exemplarisch dargestellt werden:

Fallbeispiel:

Unser Kunde hat außerhalb des Werksgeländes unzählige und zum Teil kleinteilige Flächen auf dem freien Büromarkt angemietet. Aufgrund neuer städtebaulicher Entwicklungen an ehemaligen Industrie- und Hafenstandorten am Rheinufer der Stadt Ludwigshafen werden neue Wohn- und Gewerbegebiete ausgewiesen und erschlossen.

Unser Kunde als großer Arbeitgeber der Region um Ludwigshafen hat hohe Ansprüche an die Arbeitsplatzqualität seiner Mitarbeiter, um auch künftig im zunehmenden Wettbewerb um hochqualifiziertes Fachpersonal zu bestehen. Darüber hinaus führt die räumliche Trennung von Teams auf räumlich getrennte Standorte zu Prozessverlusten, ein gemeinsamer Standort bietet die Möglichkeit verstärkt Synergien zu nutzen und die Vernetzung der Mitarbeiter zu fördern.

Mitte 2012 ergibt sich so die Möglichkeit, einerseits auf dem Grundstücksmarkt der Stadt Ludwigshafen attraktive Standorte zu optionieren, und anderseits laufende Mietverträge in Ihrer Laufzeit so zu bündeln, dass bis Ende 2014 ein optimales Zeitfenster für das Laufzeitende von Mietverträgen an einer Vielzahl von Standorten entsteht.

Im Juli 2012 wird deshalb eine Investorenausschreibung gestartet in der die funktionalen Anforderungen an das Gebäude definiert sind. Im Wesentlichen waren das die folgenden Bedingungen:

- Bürogebäude für 1.500 Arbeitsplätze
- 80 % Open-Space und 20 % Zellenbüros
- Konferenzbereich
- Kantine mit 250 Plätzen
- Parkmöglichkeiten für ca. 900 Fahrzeuge
- repräsentative Fassade
- 15 Monate Realisierungszeit

Weiterhin wurden zwei Grundstücke der Stadt Ludwigshafen, auf denen die Bauleitplanung bereits Planungssicherheit gewährleistete, als

**Projektanforderungen**

- Bürogebäude für 1.500 Arbeitsplätze
- 80% Open-Space und 20% Zellenbüros
- Konferenzbereich
- Kantine mit 250 Plätzen
- Parkmöglichkeiten für ca. 900 Fahrzeuge
- repräsentative Fassade
- 15 Monate Realisierungszeit

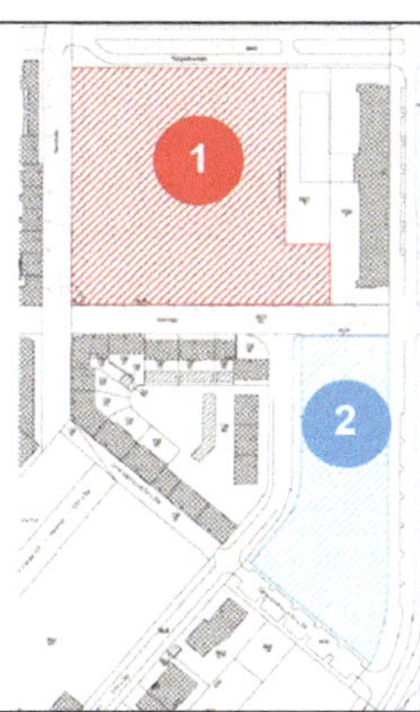


Bild 8: Fallbeispiel – Projektanforderungen

mögliche Standorte Teil der Ausschreibungsunterlagen.

Die Bieter wurden aufgefordert, innerhalb von 4 Wochen einen Testentwurf, sowie ein Mietpreisangebot abzugeben. Wir haben uns im Rahmen der Angebotsbearbeitung mit einem externen Architekturbüro und einem TGA-Planer ausgestattet und haben Anfang August 2012 ein indikatives Mietpreisangebot abgegeben.

Bereits in der Angebotsphase wurde in einem Klärungsgepräch mit der Genehmigungsbehörde über einen Abweichungsantrag gegenüber den Festsetzungen im Bebauungsplan diskutiert und ein weiteres Grundstück der Stadt optioniert, auf dem ggf. die geforderten Stellplätze in Form eines oberirdischen Parkhauses realisiert werden können. Städtebaulich sah unser Testentwurf eine Anlehnung an die vorhandene Bebauung in der Nachbarschaft vor, denn dort war in unmittelbarer Nähe bereits ein Parkhaus vorhanden. Hintergrund unserer Überlegungen war insbesondere aufwändige Gründungsmaßnahmen für eine mehrgeschossige Tiefgarage zu vermeiden. Zum einen war das Grundstück dreiseitig durch die bestehenden Straßen gefangen, zum andern herrscht am Rheinufer ein relativ hoher Grundwasserstand vor. Während alle anderen Bieter die vorgegebene Bauzeit als nicht machbar beurteilten, implizierte unser Entwurf bereits eine win-win Situation:

1. keine Kosten für Verbau-, Wasserhaltungs- oder mehrgeschossige Gründungsmaßnahmen als WU-Konstruktion und keine allgemeinen Baugrundrisiken

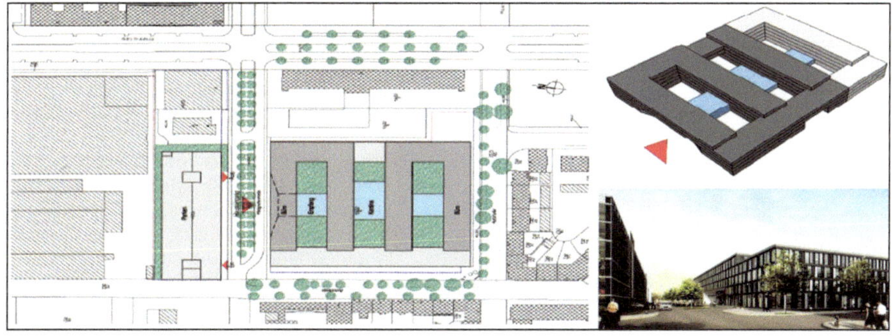

Bild 9: Entwurfsplanung

**2012**

- 06. Jul.: Eingang Mietanfrage
- 06. Aug.: Abgabe indikatives Mietangebot
- 15. Aug.: Auswahl Bilfinger als Preferred Bidder
- Sept./Okt.: Gemeinsame Optimierung
- Sept.-Dez.: Stufenweise Beauftragung mit Planungen

**2013**

- 25./29. Jan.: Vertragsunterzeichnung
- 31. Jan.: Einreichung Bauantrag
- Mai/Juni: Baugenehmigungen
- 20. Juni Spatenstich

**2014**

- Okt.: Inbetriebnahme/Nutzungsbeginn

Bild 10: Zeitplan

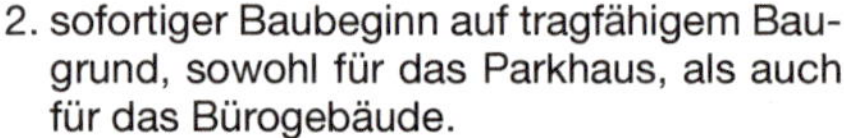

2. sofortiger Baubeginn auf tragfähigem Baugrund, sowohl für das Parkhaus, als auch für das Bürogebäude.

Lediglich im Bereich unter der sog. „Magistrale“ wurde eine Teilunterkellerung als frei geböschter Kellerkasten realisiert. Hier befinden sich alle Haustechnikzentralen und die horizontale Verteilung der Medien in die aufgehenden Kerne der Büroetagen, die sich jeweils an der Magistrale befinden. Die Magistrale selbst stellt im Erdgeschoss die zentrale Verteilerebene dar. Hier befinden sich ebenfalls alle zentralen Einrichtungen für die Mitarbeiter und Besucher: Empfang, Konferenzbereiche, Kantine, Bäckerei/Café, Fitnessbereich, Poststelle usw. Diese Nutzungen bieten sehr hohe Aufenthaltsqualitäten, da sie sich jeweils an den Innenhöfen befinden und so einen Außenbezug, aber auch tatsächlich nutzbare Außenflächen bieten.
In den 5 Obergeschossen befinden sich Standard-Büroetagen als jeweils 400 qm Nutzungseinheiten. So wurde der bauliche Brandschutz vereinfacht und die Drittverwendungsfähigkeit auch für eine kleinteilige Vermietung nachgewiesen. Lediglich im Bereich der relativ dichten Wohnbebauung springt das letzte Geschoss zurück.
Am Ende unserer Überlegungen in der Angebotsphase konnten durch unsere Planung alle vorgegebenen Planungsziele bezüglich der funktionalen Vorgaben vollständig erfüllt werden. Sogar das zweite Grundstück der Investorenausschreibung wurde nicht benötigt bzw. durch ein wesentlich kleineres und noch dazu erheblich günstigeres ersetzt.

Auf dieser Basis erfolgte bereits zwei Monate nach der Angebotsanfrage eine stufenweise Beauftragung an uns mit Planungsleistungen. Parallel zu den Verhandlungen mit dem Kunden und dem Nutzer zu den Mietbedingungen und den detaillierten Anforderungen an das Bausoll in Form von Bau- und Ausstattungsbeschreibungen wurde umgehend das B-Planverfahren angestoßen, um die Nachbarschaftsbelange zu klären und Einspruchsfristen abzuwarten. Im Ergebnis wurde innerhalb von drei Monaten einerseits das Bausoll vollständig geklärt, andererseits Baurecht geschaffen und der Bauantrag eingereicht.
Sie sehen hier noch einmal eine Übersicht der wesentlichen Meilensteine des Projekts:

- nach der 2-monatigen Angebotsphase erfolgte eine
- 3-monatige Planungsphase bis zur Abgabe des Bauantrags im Jan. 2013.
- Parallel zum Genehmigungsverfahren wurde die Ausführungsplanung vorangetrieben, so dass im Juli 2013 mit dem Bau begonnen werden konnte.
- Nach 15 Monaten Bauzeit erfolgt die Übergabe an den Nutzer pünktlich im Oktober letzten Jahres.
- Die Start-up Phase für den technischen Betrieb ist ebenfalls erfolgreich absolviert und unsere Kollegen von Bilfinger Facility Services betreiben das Gebäude seit der Inbetriebnahmephase störungsfrei. Wie zu Beginn bereits ausgeführt besteht einer der Hauptnutzen einer lebenszyklusorientierten Herangehensweise darin, dass die üblichen Zielkonflikte bspw. zwischen niedrigem In-

Tabelle 2: Vergleichszahlen BASF- und BND-Gebäude

| Bürogebäude | BASF | BND |
|---|---|---|
| Mitarbeiter | für 1.500 MA | für 4.000 MA |
| Bauzeitüberschreitung | 0 Tage | mehrere Jahre |
| Kostenüberschreitung | 0,00 € | ca. 500 Mio. € |
| Arbeitsunfälle | 3 | unbekannt |
| Betriebskosten | vertraglich gesichert | unbekannt |
| Kontrollkosten extern | Technisches Controlling: 1 Mann | nicht ermittelbar |

vest, also in der Regel geringerer Qualität, und hohen Betriebskosten ähnlich wie bei einem Automobil systembedingt ausgeschlossen werden. Unser größtes Eigeninteresse als Realisierungspartner besteht darin, langfristig Kostenrisiken managen zu können und nicht kurzfristig, und auf Kosten anderer die eigene Leistung zu optimieren. Billige Materialien zu Lasten hoher Betriebs- oder Re-Investitionskosten, schlechte Planung auf Kosten hoher Bewirtschaftungskosten, hohe Bewirtschaftungskosten zu Lasten eines geringen Servicelevels für den Nutzer, all das wird uns von Kundenseite nicht erstattet und macht für uns insofern keinen wirtschaftlichen Sinn.

- Dieses Modell funktioniert natürlich nicht bei einer phasenweisen Abwicklung im klassischen Sinn, d. h. in Planungsphasen nach HOAI oder Kostenstrukturen nach DIN 276 oder nach Vergabehandbüchern der öffentlichen Hand. Es funktioniert nur, weil es ein Anreizsystem für alle Beteiligten gibt, das einen Wissenstransfer zwischen den Beteiligten belohnt. Wie bereits weiter oben ausgeführt wird in klassischen Modellen derjenige am besten entlohnt, der als Letzter sein Wissen preisgibt.

Natürlich ist dieses Fallbeispiel für einen Vergleich mit einer Elbphilharmonie, einem Bahnhof in Stuttgart oder einem Flughafen in Berlin nur bedingt geeignet: es ist ein gewöhnliches Bürogebäude! Deshalb hier kurz ein Vergleich mit einem anderen Bürogebäude, das wir alle kennen: Der Neubau des Bundesnachrichtendienst in Berlin.

Die Kosten- und Terminüberschreitung überraschen sicher niemanden, und auch nicht, dass es mit Sicherheit keine belastbaren Prognosen zu den Betriebskosten gibt, die uns als Steuerzahler weiter belasten werden.

Ich möchte an dieser Stelle jedoch kurz auf das Thema „Arbeitssicherheit" eingehen: Leider liegen dazu keine veröffentlichten Zahlen zu Bauvorhaben der öffentlichen Hand vor. Allein diese Tatsache oder auch die Tatsache, dass das Thema Arbeitssicherheit kein Bestandteil der Arbeitsgruppen in der Reformkommission Großprojekte ist, zeigt das gleiche Dilemma auf: trotz unzähliger Beteiligter, Spezialisten und sicherlich gut gemeinter organisatorischer Verantwortungsverteilung: die Sicherheit auf Baustellen wird anonymisiert und so behandelt wie Budgetüberschreitungen: es gibt keine klare Verantwortlichkeit für das Thema! Die gesellschaftliche Verantwortung für Steuergelder und die Sicherheit wird auf unzählige Opportunisten verteilt oder delegiert.

Bei unserem Fallbeispiel wurde dagegen lediglich ein technisches Controlling auf Kundenseite installiert, das monatlich unsere Leistung und laufend die eingebauten Qualitäten attestierte.

## 5 Fazit:

Bauruinen „entstehen" nicht selbstständig. Sie werden entwickelt, geplant, gebaut oder dorthin „betrieben". Am Markt existiert derzeit keine anerkannte Methodik zur Realisierung von Großprojekten, insbesondere bei der öffentlichen Hand, es existiert aber die Erkenntnis, dass die etablierten Beschaffungsstrukturen nur jeweils Einzelaspekte im Fokus haben. Lebenszyklusleistungen die auch nachhaltig Qualitäten sichern und Ausführungsmängel vermeiden, können durch Ausführungsexpertisen in frühen Projektphasen vermieden werden und nicht durch die Erhöhung der Zahl der Projektbeteiligten.

Das Motto der Interessengemeinschaft Lebenszyklus Hochbau „Nachhaltigkeit braucht

Lebenszyklus, Lebenszyklus braucht Prozessveränderung“ steht somit stellvertretend für die Notwendigkeit neuer Verantwortungsmodelle bei Bauprojekten! [3]

## 6 Quellen:


[1] „www.bmvi.de," 20 April 2015. [Online]. Available: http://www.bmvi.de/SharedDocs/DE/Artikel/UI/reformkommission-bau-von-grossprojekten.html

[2] „www.bmvi.de," 19 April 2015. [Online]. Available: http://www.bmvi.de/SharedDocs/DE/Artikel/UI/reformkommission-bau-von-grossprojekten.html. [Zugriff am 19 April 2015]

[3] „http://www.ig-lebenszyklus.at/," 19 April 2015. [Online]. Available: http://www.ig-lebenszyklus.at/. [Zugriff am 19 April 2015]

***Dipl.-Ing. (FH) Rainer Pruß***

*Bis 1993 Studium der Architektur an der Fachhochschule Augsburg; bis 2001 Projektleiter im Architekturbüro Endres und Tiefenbacher; bis 2005 Projektleiter Baumanagement bei KSP Engel und Zimmermann Architekten; danach Leiter des Technischen Innendienstes von Bilfinger Hochbau GmbH, Niederlassung München und seit 2009 Niederlassungsleiter Bilfinger Hochbau GmbH Niederlassung Großprojekte.*

# Simulierte Wirklichkeit oder abgehobene Theorie? Aussagewert hygrothermischer Simulationen

Dipl.-Ing. (FH) Daniel Kehl, Büro für Holzbau und Bauphysik, Leipzig

## 1 Bisherige Nachweisführungen

Ein Planer hat heute für die Durchführung feuchtetechnischer Nachweise verschiedene Möglichkeiten. Bei bestimmten Bauteilen kann er nachweisfreie Konstruktionen auswählen oder einen vereinfachten Nachweis nach dem sogenannten Glaserverfahren führen. Bei den nachweisfreien Konstruktionen sind teils Aufbauten abgebildet, die sich in den letzten Jahrzehnten unter den angegebenen Randbedingungen bewährt haben und/oder sich durch das vereinfachte Verfahren (Diffusionsnachweis nach Glaser) nicht abbilden lassen. Beispielhaft sei hier zweischaliges Mauerwerk mit Kerndämmung zu nennen. Diese Konstruktionsweise ist zum einen über Jahrzehnte bewährt und zum anderen kann sie durch das vereinfachte Verfahren nicht abgebildet werden, da das Feuchteverhalten der Außenwand im Wesentlichen durch Schlagregen und dem damit verbundenen kapillaren Wassertransport und nur untergeordnet durch die Wasserdampfdiffusion beeinflusst wird. Eine Diffusionsberechnung nach Glaser würde also gar keinen Sinn ergeben.

Zum Diffusions-Nachweisverfahren nach Glaser schreibt Kießl bereits 1983: „*Obwohl diese Ansätze* (Anmerkung des Autors: des reinen Diffusionsmodells) – *bekannter Weise – für die Ermittlung des tatsächlichen Feuchtehaushalts bauphysikalisch nicht befriedigen, so stellen sie doch bislang die einzigen rechnerischen Grundlagen für eine feuchtetechnische Beurteilung von Baukonstruktionen dar. … die tatsächlichen Feuchteverhältnisse unter praktischen Bedingungen gibt sie jedoch nicht wieder.*“ Demzufolge ist dieses normierte Verfahren für die feuchtetechnische Beurteilung in vielen Fällen ungeeignet und daher die Anwendung in der Norm stark eingeschränkt. Leider bleiben diese Einschränkungen/Anwendungsbereiche von vielen Anwendern immer wieder unberücksichtigt.

Die Ausgabe der [DIN 4108-3:2014] präzisiert den Anwendungsbereich nochmals und stellt zusammenfassend klar:

Das Glaser-Verfahren ist <u>nicht</u> geeignet für klimatisierte Gebäude, erdberührte Bauteile, begrünte Dachkonstruktionen, Innendämmung und für Konstruktionen, die an klimatisierte und deutlich anders beaufschlagte Räume angrenzen, z. B. Schwimmbäder. Zudem wird festgehalten, dass dieses Verfahren nicht die realen physikalischen Vorgänge in ihrer tatsächlichen zeitlichen Abfolge abbildet, es folglich ein reines Nachweisverfahren darstellt.

Für Fälle, die dementsprechend nicht über die Norm (Nachweisbefreiung oder Diffusionsmodell) abgedeckt sind, die aber in der Realität gebaut werden, benötigt der Planer ein anderes Berechnungs- und Nachweisverfahren. Hier wird in der Norm bereits seit über 14 Jahren auf dynamische, hygrothermische Berechnungsverfahren verwiesen (Abschnitte A.2.1 der [DIN 4108-3:2001]. Obwohl diese Möglichkeit seit 14 Jahren besteht, bedeutet das nicht im Umkehrschluss, dass ab diesem Zeitpunkt alles berechnet werden konnte. Die hygrothermische Simulation stellt eine „junge“ Disziplin dar und in manchen Fällen sind nicht alle Parameter, die man für eine hygrothermische Simulation benötigt, bekannt. Trotzdem war und ist die dynamische Feuchteberechnung ein wichtiges Werkzeug, um bauphysikalischen Fragestellungen wie bspw. der Innendämmung nachzugehen.

## 2 Historischer Rückblick der hygrothermischen Simulation

Bevor es die Möglichkeit der hygrothermischen Simulationen gab, konnten bestimmte Fragestellungen nur mit langjähriger Erfahrung oder langwierigen Freilandversuchen sowie jahrelangen Messungen an Projekten geklärt werden. So waren Untersuchungen über mehrere Jahre notwendig, um z. B. Anforderungen an die Wasseraufnahme und den Diffusionswiderstand von Außenwandbeschichtungen (Putz und Anstrich) je nach Schlagregenbeanspruchung festzulegen

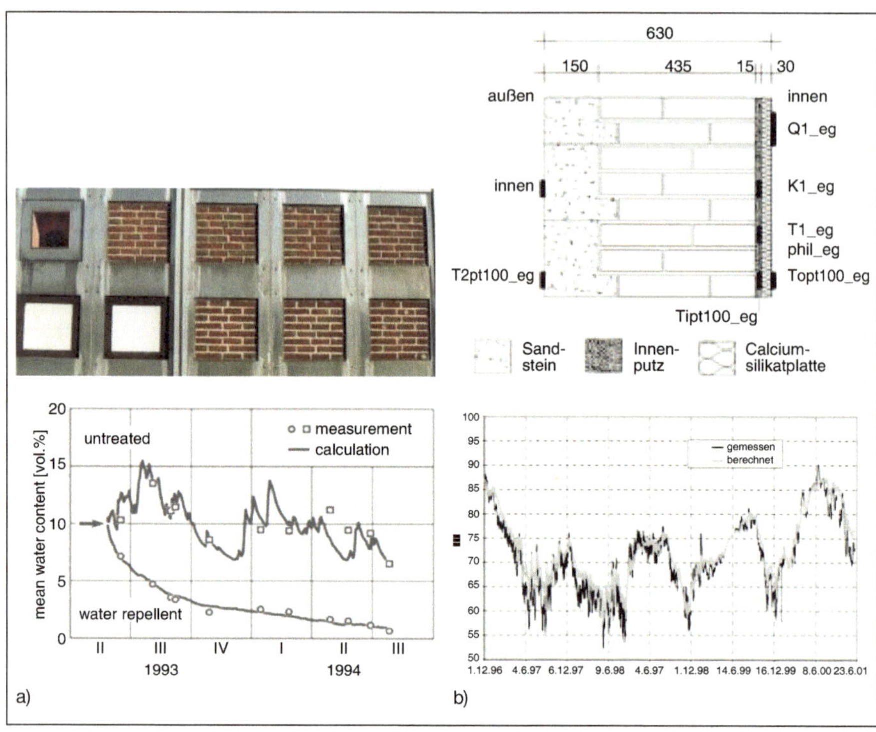


Bild 1: Beispielhafte Belege für Nachberechnung von Freilandversuchen
a) oben links: Versuchsanordnung mit steinsichtigem Mauerwerk auf dem Freilandgelände des Fraunhofer Instituts für Bauphysik
unten links: Gemessener und berechneter Wassergehalt des Mauerwerks ohne (untreated) und mit Hydrophobierung (water repellent) [Künzel, Kießl 1996]
b) oben rechts: Detailzeichnung inkl. Messstellen: innengedämmtes Mauerwerk mit Calciumsilikat
unten rechts: Gemessene und berechnete rel. Luftfeuchte zwischen Bestandsmauerwerk und Innendämmung über 5 Jahre [Häupl et.al. 2003]

[Künzel 1976]. Demzufolge bestand der Bedarf, dass man verschiedene bauphysikalische Fragstellungen über hygrothermische Simulationen schneller klären könnte. Außerdem haben Berechnungen im Vergleich zu den Messungen den großen Vorteil, dass Parameter einfach zu variieren sind, um deren Einflüsse zu ermitteln. So entstanden durch verschiedene nationale und internationale Wissenschaftler zwischen 1983 und 1997 grundlegende Modelle des Temperatur- und Feuchtetransports durch Baumaterialien und Bauteile u. a. [Kießl 1983], [Häupl/Stopp 1987], [Pel 1994], [Krus 1995], [Künzel 1994], [Grunewald 1997]. Nur aus den letztgenannten haben sich frei käufliche Softwareprodukte entwickelt, die seitdem ihre Anwendungsbereiche kontinuierlich erweitert haben. Die Entwicklung der Softwareprogramme ging auch mit der Entwicklung der Rechentechnik einher.

### *2.1 Nachberechnung von Labor- und Freilandversuchen*

Zunächst wurden Laborversuche mit definierten Randbedingungen nachgerechnet, um zu belegen, dass die Ergebnisse der hygrothermischen Simulationen mit Versuchsergebnissen übereinstimmten. Dabei bestimmten die entsprechenden Institute die Materialparameter genau, um sie in das Modell der Software einzupflegen. Die Ergebnisse zeigten immer wieder, dass die Rechenverfahren in der Lage sind, realistische Temperatur- und Feuchteverhältnisse nachzurechnen. Dies galt auch später für wesentlich komplexere Vorgänge, bei denen wechselnde Klimaverhältnisse hinzukamen (Bilder 1 und 2).

## 3 Die hygrothermische Simulation wird zum Ingenieurwerkzeug

Nachdem die hygrothermischen Simulationen vielfach in der Forschung zum Einsatz kamen und sich dort bewährt haben, fanden sie in den letzten 10 Jahren vermehrt auch in der Praxis Anwendung. Die Verbreitung ist auch daran zu erkennen, dass in der Normung und WTA-Merkblättern auf dynamische Feuchteberechnungen verwiesen wird [DIN 4108-3:2001/2014], [SIA 271:2007], [DIN 68800-2:2012], [SIA 180:2014], [WTA MB 6-4 2009], [WTA MB 6-5 2014]. Sie haben sich daher in bestimmten Bereichen (z. B. Innendämmung und Holzbau) als Berechnungswerkzeug durchgesetzt. In den Ingenieurbüros werden die Simulationsprogramme sowohl für die Planung (u. a. Innendämmung, außen dampfdichte Dächer in Holzbauweise) als auch für die Nachberechnung von Schadensfällen genutzt. Wird die hygrothermische Simulation in der Praxis angewendet, hat der Nutzer eine Vielzahl von Einstellmöglichkeiten, sei es bspw. bei der Materialwahl oder den Klimaparametern. Hier bedarf es einer längeren Einarbeitungszeit und eines hohen Erfahrungsschatzes, um die Werkzeuge richtig einzusetzen. Zudem ist ein vertieftes bauphysikalisches Wissen erforderlich, das über die Bauphysikkenntnisse eines normalen Studiums hinausgeht. Zudem ist es immer wieder erforderlich, die Simulationen mit der Baupraxis abzugleichen.

### *3.1 WTA-Merkblätter für Anwender*

In den ersten Jahren war der Einsatz zunächst auf wenige Sachverständige begrenzt. Mit der Verbreitung der entsprechenden Software ohne festgelegte Anwendungshilfen konnte man im Laufe der letzten Jahre feststellen, dass die Anwender bei den Berechnungen verschiedene Annahmen getroffen und die Ergebnisse unterschiedlich interpretiert haben. Um dem entgegenzuwirken und um dem Anwender eine Hilfestellung zu geben, haben in der Wissenschaftlichen Technischen Arbeitsgemeinschaft für Bauwerkserhaltung und Denkmalpflege (WTA e. V.) mehrere Arbeitsgruppen aus Forschung und Praxis daran gearbeitet, Merkblätter für den Programm-Anwender zu erarbeiten. Darin sind die Erfahrungen und Erkenntnisse von vielen Forschenden und Baupraktikern zusammengetragen.
So entstanden folgende WTA-Merkblätter:

- WTA-Merkblatt 6-1: „Leitfaden für hygrothermische Simulationsberechnungen“ [WTA MB 6-1 2001]
- WTA-Merkblatt 6-2: „Simulation wärme- und feuchtetechnischer Prozesse“ [WTA MB 6-2 2014]
- WTA-Merkblatt 6-5: „Innendämmung nach WTA II – Nachweis von Innendämmsystemen mittels numerischer Berechnungsverfahren“ [WTA MB 6-5 2014]

Bzw. folgendes Merkblatt wird gerade erarbeitet:

- WTA-Merkblatt 6-8 „Feuchtetechnische Bewertung von Holzbauteilen – Vereinfachte Nachweise und Simulation“ [WTA MB 6-8 iB]

Die WTA-Merkblätter dienen als Hilfestellungen für die hygrothermische Simulation und geben Hinweise, welche Aspekte bei der entsprechenden Fragestellung wichtig sein können und wie die Ergebnisse auszuwerten sind. So finden sich bspw. im WTA-Merkblatt 6-5 (Innendämmung) Bewertungsgrößen für die einzelne Schichten und Bauteile (siehe Tabelle 1).
Es finden sich auch ganz einfache praktische Hinweise, wie z. B., dass für die bestehende Konstruktion zunächst erst einmal eine Referenzrechnung (also ohne Innendämmung) empfohlen wird, um zu klären, ob die gewählten grundlegenden Material- und Klimaparameter richtig gewählt wurden. Es ist bereits vorgekommen, dass die Innendämmung als nicht funktionstauglich erachtet wurde, obwohl bereits die Grundparameter der Bestandswand falsch gewählt waren; also die Wand auch ohne Innendämmung rechnerisch nicht funktionierte, was aber nicht der Realität entsprach.

### *3.2 Lückenschluss*

Trotz all der Hilfestellungen, bestehen bei der hygrothermischen Simulation in manchen Bereichen noch Lücken, die es zu schließen gilt. Beispielsweise sind die zur Verfügung stehenden Außenklimadaten für viele Regionen un-

Tabelle 1: Bewertungsgrößen einzelner Schichten bei Simulation von Innendämmungen [WTA-Merkblatt 6-5 2014]

| **zu bewertende Schicht** | Grenze |
|---|---|
| **nicht frostbeständige Materialien** | Sättigungsgrad von 30 % oder 95 % rel. Luftfeuchte in der Materialschicht |
| **gipshaltige Untergründe** | ≤ 95 % rel. Feuchte |
| **Holz** | Bei 0 °C ≤ 95 % Porenluftfeuchte<br>Bei 30 °C ≤ 86 % Porenluftfeuchte<br>(Zwischenwerte linear interpoliert) |
| **Innenoberflächen** | siehe WTA-Merkblatt 6.3 |

befriedigend, da die entsprechenden Regendaten fehlen oder nur grob vorhanden sind [Künzel 1995]. Dies macht es schwierig, Bauteile bei denen es auf die Schlagregenbeanspruchung ankommt (z. B. Innendämmung), entsprechend zu bemessen. Diese Lücke wird aber im Laufe dieses Jahres durch das Fraunhofer Institut für Bauphysik im Rahmen eines Forschungsvorhabens geschlossen [IBP 2015].

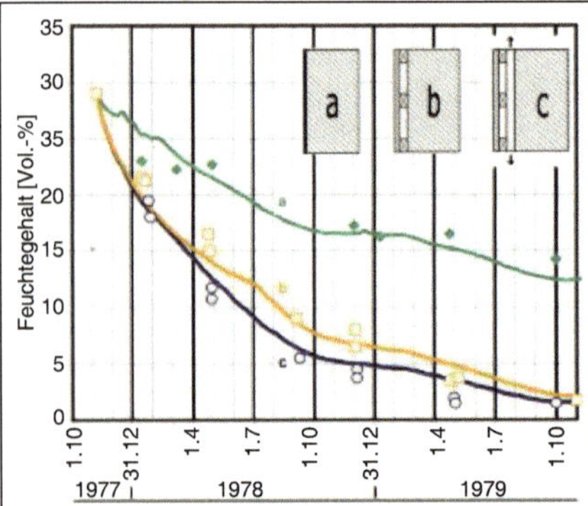


Bild 2: Vergleich zwischen Simulation (Linien) [Kehl et.al. 2009] und Messung (Punkte) [Mayer, Künzel 1980]. Austrocknungsverhalten dreier Porenbetonwände mit einer:
a) außen dampfdichten Abdeckung (a),
b) einer nicht hinterlüfteten Fassade aus Nut- und Federbrettern auf horizontaler Lattung (b) und
c) hinterlüftete Fassade aus Nut und Federbrettern mit Kreuzlattung (c).
Trotz fehlender Hinterlüftung trocknet die Wand ohne definierte Öffnungen (b) über die Fugen schnell aus.

## 4 Praxisbeispiele

Es gibt eine Vielzahl von praxisbezogenen Anwendungsmöglichkeiten für hygrothermische Simulationen. Neben konkreten Projektberechnungen, gibt es auch Simulationen im Rahmen von Parameterstudien. Aus diesen Simulationen heraus können einfache praxistaugliche Tabellen und Diagramme entstehen, die für all die Planer gedacht sind, die nicht simulieren möchten oder können. Folgende Beispiele sollen dies aufzeigen.

### *4.1 Hinterlüftung von Holzfassaden*

Die Fragestellung, ob eine Holzfassade hinterlüftet sein muss, ging in der Vergangenheit aus der Thematik des Brandschutzes hervor. Nicht hinterlüftete Holzfassaden haben brandschutztechnische Vorteile, da sie die Brandweiterleitung hinter der Fassade stark reduzieren [Lignum 2009]. In diesem Zusammenhang stellte sich die Frage, ob eine Hinterlüftung von Holzfassaden aus bauphysikalischer Sicht überhaupt notwendig ist. Mittels hygrothermischer Simulationen sollte diese Frage geklärt werden. Dabei war die Herausforderung festzulegen, wie stark die Hinterlüftung bei verschiedenen Hinterlüftungsarten von kleinteiligen Holzfassaden ist. Dabei galt es ebenfalls zu klären, ob ein vereinfachter Ansatz (konstanter Luftwechsel über das ganze Jahr) in der Simulation zulässig ist. Um dies herauszubekommen, wurden zunächst alte Messergebnisse vom Fraunhofer Institut für Bauphysik aus Holzkirchen nachsimuliert (siehe Bild 2) [Kehl et.al. 2009].

Interessanterweise kamen parallel verschiedene Wissenschaftler unabhängig voneinander zu dem Ergebnis, dass eine hinterlüftete Holzschalung ausreichend abgebildet werden kann, wenn man einen über das Jahr kons-

Tabelle 2: Auszug der Entscheidungsmatrix [Kehl et al. 2009] (in Anlehnung an [proHolz 2007])

| Bauweise | Lüftungsart der Bekleidung | Bekleidungsart | | | | | |
|---|---|---|---|---|---|---|---|
| | | Brett- und Profilholz-Bekleidung | | | Platten-Bekleidung | | |
| | | Beschichtung | | | | | |
| | | ohne | $s_d \leq 1$ m | 1 m > $s_d \leq 2$ m | ohne | $s_d \leq 1$ m | 1 m > $s_d \leq 2$ m |
| Holztafelbau mit $s_{d,i} \geq 2{,}4$ m | hinterlüftet | + | + | + | + | + | + |
| | belüftet | + | + | + | + | + | + |
| | nicht hinterlüftet mit Luftschicht | + | + | + | o | o | – |
| | nicht hinterlüftet ohne Luftschicht | – | – | – | – | – | – |
| Ziegel ohne Baufeuchte (z.B. Sanierung) | hinterlüftet | + | + | + | + | + | + |
| | belüftet | + | + | + | + | + | + |
| | nicht hinterlüftet mit Luftschicht | + | + | + | – | o | o |
| | nicht hinterlüftet ohne Luftschicht | – | – | – | – | – | – |
| Ziegel mit Baufeuchte (z.B. Neubau) | hinterlüftet | + | + | + | + | + | + |
| | belüftet | + | + | + | o | o | o |
| | nicht hinterlüftet mit Luftschicht | o | o | o | – | – | – |
| | nicht hinterlüftet ohne Luftschicht | – | – | – | – | – | – |

+ empfohlen
o möglich, jedoch im Einzelfall zu bewerten (stark von Standort und $s_{dj}$-Werten abhängig)
– kritisch

tanten Luftwechsel von ca. 30 $h^{-1}$ – 50 $h^{-1}$ bei 30 mm Hinterlüftungsraum annimmt.
Aus dieser Erkenntnis heraus und mit Sicherheiten (Erläuterungen siehe [Kehl et.al. 2009]), konnte mittels einer Simulationsstudie eine Bewertungsmatrix erarbeitet werden (siehe Tabelle 2), die auch durch Praxisbelege gestützt ist. Damit steht für den Praktiker ein einfaches Bewertungsschema zur Verfügung.

### *4.2 Innendämmung von verputztem Vollziegelmauerwerk*

Das zweite Beispiel zeigt einen ähnlichen Anwendungsfall. So ist das Nachweisdiagramm im WTA Merkblatt 6-4 zur Innendämmung [WTA MB 6-4 2009] auf Grund von hygrothermischen Simulationen des Fraunhofer Instituts für Bauphysik entstanden. Das Ziel in der WTA-Arbeitsgruppe war damals ein für die Praxis anwendbares Diagramm zu erstellen, dass es dem Planer ohne Aufwand ermöglicht, eine Innendämmung zu planen. Genauere Erläuterungen finden sich in [RBL 2014]. Es fasst die drei entscheidenden Einflussfaktoren für das feuchtetechnische Verhalten einer Innendämmung zusammen:

- Diffusionswiderstand ($s_{d,i}$-Wert) der Innendämmung (Dämmstoff, Bekleidung und evtl. Dampfbremse),
- Saugfähigkeit des Untergrundes (Putz, Wandbaustoff und ggf. innere Beschichtung),
- Wärmedurchlasswiderstand des Dämmsystems bzw. dessen äquivalente Dämmdicke.

Voraussetzungen für die Anwendbarkeit von der Grafik in Bild 3 sind:

- funktionstüchtiger Schlagregenschutz der Fassade durch bspw. geeignete Putze,

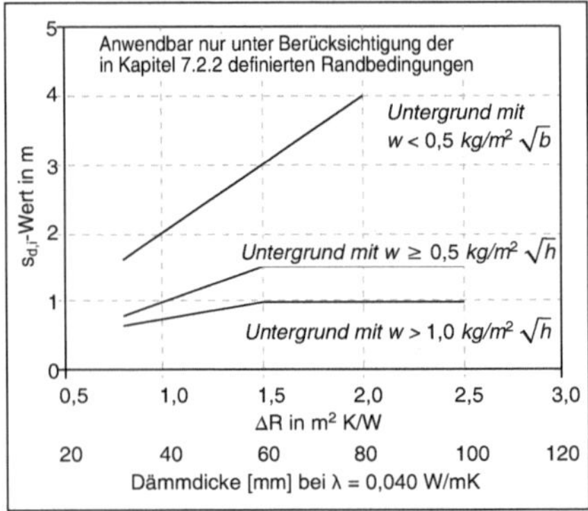


Bild 3: Diagramm für die einfache Bemessung von Innendämmung ist durch eine Vielzahl von Simulationen entstanden.
Minimal erforderlicher $s_{d,i}$-Wert des neuen inneren Aufbaus (Dämmung plus Dampfbremse) in Abhängigkeit von der wärmetechnischen Verbesserung R bzw. der äquivalenten Dämmdicke für verschiedene saugende Untergründe der Bestandswand unter der Innendämmung nach [WTA MB 6-4 2009].

zweischaliges Mauerwerk oder hinterlüftete Fassaden,

- die alte Wand hat einen R-Wert ≥ 0,39 m²K/W (entspricht ca. 24 cm Vollziegelmauerwerk),
- Innenklima mit normaler Feuchtelast gemäß WTA-Merkblatt 6-2,
- mittlere Jahrestemperatur des Außenklimas ≥ 7 °C und
- maximale Verbesserung des Wärmedurchgangswiderstands $\Delta R \leq 2{,}5$ m²K/W (saugender Untergrund) bzw. $\Delta R \leq 2{,}0$ m²K/W (nicht saugfähige oder unbekannte Untergründe).

## 5 Fazit

Hygrothermische Simulationsprogramme stellen heute für die Klärung verschiedener bauphysikalischer Fragestellungen ein wichtiges Werkzeug für den planenden Ingenieur und den Sachverständigen dar. Sie kommen in den Bereichen zum Einsatz, wo andere Berechnungs- und Nachweismethoden an ihre Grenze stoßen. Man kann mit den dynamischen numerischen Berechnungsverfahren Schadensfälle nachvollziehen bzw. Bauteile bemessen. Mittels Simulationen bildet man den Feuchtegehalt in vielen Konstruktionen über den Jahresverlauf wirklichkeitsnah ab. Bei einer Bemessung/Nachweisführung geht es dabei nicht um die exakte Nachbildung der real ablaufen Prozesse innerhalb der Konstruktion, sondern um eine sichere Beurteilung des Bauteils.

Für die Anwendung sind allerdings ein vertieftes Fachwissen und ein hoher Erfahrungsschatz in Simulation und Baupraxis notwendig. Es ist ein stetiger Abgleich mit der Praxis erforderlich. In manchen Baubereichen, wie dem Holzbau, sind in den letzten Jahren bspw. viele Erfahrungen und Einstellparameter (u. a. Berücksichtigung der Konvektion und Verschattung sowie Dachbegrünung [IBP 2013]) gesammelt worden, sodass solche Konstruktionen heute sehr gut bemessen werden können. In anderen Bereichen gibt es noch Lücken, die im Laufe der nächsten Jahre geschlossen werden (müssen).

Wie die Beispiele zeigen, ist es mittels hygrothermischer Simulation auch möglich, baupraktische und leicht anwendbare Tabellen und Diagramme für Planer zu erstellen, ohne dass diese simulieren müssen. Dazu ist die interdisziplinäre Zusammenarbeit aus Forschung und Praxis und aus verschiedenen Disziplinen notwendig wie es bspw. in der Wissenschaftlichen Technischen Arbeitsgemeinschaft für Bauwerkserhaltung und Denkmalpflege e. V. der Fall ist. Außerdem sind immer wieder Forschungen notwendig, um die Verfahren und Einstellungen zu verbessern.

## 6 Literatur


[1] [DIN 4108-3:2001] DIN 4108: Teil 3 – Klimabedingter Feuchteschutz – Anforderungen, Berechnungsverfahren und Hinweise für Planung und Ausführung. Beuth Verlag, Berlin 2001

[2] [DIN 4108-3:2014] DIN 4108: Teil 3 – Klimabedingter Feuchteschutz – Anforderungen, Berechnungsverfahren und Hinweise für Planung und Ausführung. Beuth Verlag, Berlin 2014

[3] [DIN 68800-2:2012] DIN 68800-2: Holzschutz – Teil 2: Vorbeugende bauliche Maßnahmen im Hochbau. Beuth-Verlag, Berlin 2012

[4] [Grunewald 1997] Grunewald, J.: Diffusiver und konvektiver Stoff- und Energietransport in kapillarporösen Baustoffen. Dissertation an der TU Dresden 1997

[5] [Häupl/Stopp 1987] Häupl, P.; Stopp, H.: Feuchtetransport in Baustoffen und Bauwerksteilen. Dissertation an der TU Dresden 1987

[6] [Häupl et.al. 2003] Häupl, P.; Fechner, H.; Petzold, H; Jurk, K.: Hygrisch motivierter Wärme-

schutz. Beitrag zum Bautechnik-Forum Chemnitz 2003, ISBN: 3-00-011455-6, Eigenverlag Chemnitz 2003

[7] [IBP 2013] Fraunhofer Institut für Bauphysik, Forschungsvorhaben: Ermittlung von Materialeigenschaften und effektiven Übergangsparametern von Dachbegrünungen zur zuverlässigen Simulation der hygrothermischen Verhältnisse in und unter Gründächern bei beliebigen Nutzungen und unterschiedlichen Standorten." Gefördert durch die Forschungsinitiative „Zukunft Bau" des Bundesinstitutes für Bau-, Stadt- und Raumforschung, Eigenverlag, Holzkirchen 2013

[8] [IBP 2015] Fraunhofer Institut für Bauphysik, Forschungsvorhaben Energieoptimiertes Bauen: Klima- und Oberflächenübergangsbedingungen für die hygrothermische Bauteilsimulation. Förderkennzeichen 032963M, Projektträger Jülich (UMW)

[9] [Kießl 1983] Kießl, K.: Kapillarer und dampfförmiger Feuchtetransport in mehrschichtigen Bauteilen – Rechnerische Erfassung und bauphysikalische Anwendung. Dissertation an der Universität-Gesamthochschule Essen 1983

[10] [Kehl et.al. 2009] Kehl, D.; Hauswirth, S.; Weber, H.: Kompaktfassade – Holzfassaden ohne Hinterlüftung. Forschungsbericht Nr. 2683-SB-01, Berner Fachhochschule – Architektur, Holz und Bau, Eigenverlag, Biel 2009

[11] [Künzel, H. 1976] Künzel, H.: Beurteilung des Regenschutzes von Außenbeschichtungen. IBP-Mitteilung 18, Eigenverlag, Stuttgart 1976

[12] [Künzel 1994] Künzel, H.M.: Verfahren zur ein- und zweidimensionalen Berechnung des gekoppelten Wärme- und Feuchtetransportes in Bauteilen mit einfachen Kennwerten. Dissertation an der Universität Stuttgart 1994

[13] [Künzel 1995] Künzel, H.M. Regendaten für die Berechnung des Feuchtetransports. IBP Mitteilung 265, Eigenverlag Holzkirchen 1995

[14] [Künzel, Kießl 1996] Künzel, H.M.; Kießl, K.: Drying of brick walls after impreganation. Beitrag in Bauinstandsetzen, Eigenverlag 1996

[15] [Künzel et.al. 2004] Künzel, H.M.; Künzel, H.; Holm, A.: Rain Protection of Stucco Facades. Tagungsbeitrag: Performance of Exterior Envelopes of Whole Buildings IX, International Conference, Eigenverlag, Clearwater Beach 2004

[16] [Krus 1995] Krus, M.: Feuchtetransport- und Speicherkoeffizienten poröser mineralischer Baustoffe - Theoretische Grundlagen und neue Meßtechniken. Dissertation an der Universität Stuttgart 1995

[17] [Lignum 2009] Hrsg. Lignum: Lignum Dokumentation Brandschutz: Aussenwände – Konstruktion und Bekleidungen. Eigenverlag Zürich 2009

[18] [Pel 1994] Pel, L.: Moisture transport in porous building materials. Dissertation an der TU Eindhoven 1999

[19] [RBL 2014] Borsch-Laaks, R.: Keine Angst vor Innendämmung – Bauphysikalische Nachweise für Lösungen vom Holzbauer. Beitrag in der Zeitschrift Holzbau – die neue quadriga, Ausgabe 02-2014, Kastner Verlag, Wolnzach 2014

[20] [SIA 180: 2014] Hrsg.: Schweizerischer Ingenieur- und Architektenverein: SIA 180 – Wärmeschutz, Feuchteschutz und Raumklima in Gebäuden. Zürich 2014

[21] [SIA 271 2007] Hrsg.: Schweizerischer Ingenieur- und Architektenverein: SIA 271 – Abdichtungen im Hochbau. Zürich 2007

[22] [WTA MB 6-1 2001] Hrsg.: Wissenschaftlich Technische Arbeitsgemeinschaft für Bauwerkserhaltung und Denkmalpflege e. V.: Merkblatt 6-1: Leitfaden für hygrothermische Simulationsberechnungen. Eigenverlag, München 2001

[23] [WTA MB 6-2 2014] Hrsg.: Wissenschaftlich Technische Arbeitsgemeinschaft für Bauwerkserhaltung und Denkmalpflege e. V.: Merkblatt 6-2: Simulation wärme- und feuchtetechnischer Prozesse. Eigenverlag, München 2014

[24] [WTA MB 6-4 2009] Hrsg. Wissenschaftlich Technische Arbeitsgemeinschaft für Bauwerkserhaltung und Denkmalpflege: Merkblatt 6-4: Innendämmung nach WTA – Planungsleitfaden. IRB Verlag, München 2009

[25] [WTA MB 6-5 2014] Hrsg.: Wissenschaftlich Technische Arbeitsgemeinschaft für Bauwerkserhaltung und Denkmalpflege e.V.: Merkblatt 6-5: Nachweis von Innendämmsystemen mittels numerischer Berechnungsverfahren. Eigenverlag, München 2014

[26] [WTA MB 6-8 iB] Hrsg.: Wissenschaftlich Technische Arbeitsgemeinschaft für Bauwerkserhaltung und Denkmalpflege e.V.: WTA-Merkblatt 6–8 Feuchtetechnische Bewertung von Holzbauteilen – Vereinfachte Nachweise und Simulation. In Bearbeitung

Kontakt:

Dipl.-Ing. (FH) Daniel Kehl, Büro für Holzbau und Bauphysik,
Nixenweg 14,
D–04277 Leipzig
Tel.: 0341–52941138; Fax: 0341–52941139;
E-Mail: kehl@holzbauphysik.de

***Dipl.-Ing. (FH) Daniel Kehl***

*Gelernter Tischler und Studium des Holzingenieurwesens an der FH Hildesheim; Mitarbeit am Lehrstuhl für Stahlbau und Holzbau der Universität Leipzig und an der MFPA Leipzig; Forschungstätigkeit an der Berner Fachhochschule (Schweiz) zum Thema Hinterlüftung von Holzfassaden und dem sommerlichen Komfortklima in Wohnbauten; bis 2014 wissenschaftlicher Mitarbeiter an der TU Dresden am Institut für Bauklimatik, Forschung zum Thema Holzbalkenköpfe in innengedämmtem Mauerwerk; Seit 2014 Selbständig im Ingenieurbüro Holzbau und Bauphysik in Leipzig; Leiter der WTA AG „Hygrothermische Bemessung von Holzkonstruktionen" und Mitglied in der WTA AG „Innendämmung"; Fachbuchautor im Bereich Holzbau und Bauphysik.*

# Entwicklung neuer Dämmstoffe – zukunftsweisende Innovation oder Sackgasse?

Prof. Dr.-Ing. Andreas Holm, FIW München

**Zusammenfassung**
Mit den steigenden Anforderungen an die Energieeffizienz von Gebäuden sind in den letzten Jahrzehnten leistungsfähige Dämmstoffe entstanden, die Anwendungsbereiche ausgeweitet und neue Verarbeitungstechniken entwickelt worden. Gerade in der Gebäudehülle sind in den letzten Jahren zahlreiche Innovationen entstanden, die im Vergleich zu anderen Branchen zu deutlich größeren Steigerungen der Energieeffizienz geführt haben; u. a. die Entwicklung von VIP (Vakuum-Isolations-Paneele), VIG (Vakuum-Isolierglas) oder Nanotechnologien zur Verbesserung der Wärmeleitfähigkeiten (z. B. Aerogele). Diese Innovationen – hin zu deutlich dünneren und effektiveren Dämmungen bei gleichzeitig nur geringen Preissteigerungen – werden bisher allerdings zu wenig herausgestellt.

## 1 Einleitung

Zur Dämmung von Bauteilen wie Außenwänden und Dächern, stehen eine Vielzahl von Dämmstoffen und konstruktiven Möglichkeiten zur Verfügung. In Platten- oder Mattenform eignen sie sich gut zum Dämmen von Dächern, Wänden und Decken/Böden. Als Granulatschüttungen kommen sie vor allem bei Holzbalkendecken sowie bei bestimmten Kerndämmungen von Außenwänden sowie bei Dämmungen von Flachdächern zum Einsatz. Flockenförmige Dämmstoffe werden in größere Hohlräume von Dächern und Wänden eingeblasen.
Die dem Markt zur Verfügung stehenden vielfältigen Dämmstoffarten und -produkte erlauben dem Architekten, Planer oder Handwerker und dem Eigentümer, für das jeweilige Bauvorhaben individuell angepasste wärmetechnisch optimale Lösungen anzubieten. Bild 1 zeigt den Bereich der Wärmeleitfähigkeit verschiedener typischer Dämmstoffe. In geprüfter Qualität produziert, nach den Regeln der Technik (= Normen) angewendet in fachgerechter Ausführung, tragen diese Produkte nicht nur zur Energieeffizienzsteigerung im Neubaubereich und bei der Bestands-

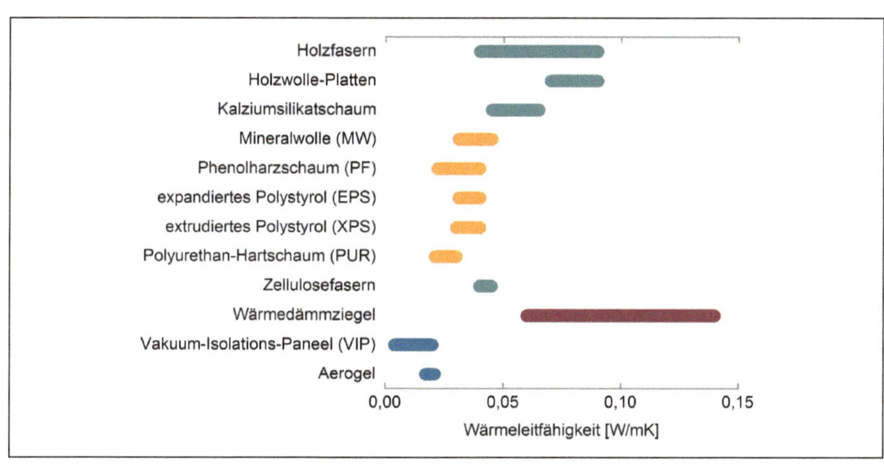


Bild 1: Bereich der Wärmeleitfähigkeiten typischer Dämmstoffe

sanierung bei, sondern helfen, Bauschäden zu vermeiden und Behaglichkeit und Wohnkomfort zu verbessern.

Die Dämmstoffe in der BRD teilen sich in die sogenannten konventionellen Dämmstoffe wie Mineralwolle (MW), expandierte Polystyrolstoffe (EPS), Polyurethan-Dämmstoffe (PU) und extrudiertes Polystyrol (XPS). Das Gesamtvolumen betrug 2010 ca. 28 Mio $m^3$. Die Mineralwolle hatte einen Anteil von 54 %, EPS 32 %, PUR 8 %, XPS 6 %. Hinzu kommen noch Natur-Dämmstoffe wie Holzfasern, Holzwolle, Schafwolle, Kokosfasern, Zellulosefasern etc., sowie Blähton, Perlite, Kalziumsilikat-Platten, geschäumtes Glas etc. Außerdem gibt es sogenannte physikalische Gesetzesbrecher wie zum Beispiel Foliensysteme mit IR-Reflexion, die immer wieder auf ihren Einspareffekt hinweisen. Eine Gesamtaussage über den Einspareffekt aller Dämmstoffe ist nicht möglich.

Weiter- und Neuentwicklungen zielen auf die Verbesserung der bauphysikalischen Eigenschaften, insbesondere die Reduzierung der Wärmeleitfähigkeit, die Eliminierung indizierter Inhaltsstoffe und die Optimierung der Ökobilanz (z. B. durch den Einsatz von Vorprodukten oder Rohstoffen aus einem Recyclingverfahren, aus nachwachsenden Rohstoffen oder durch Minimierung der zur Herstellung, dem Transport oder dem Einsatz notwendigen Energie). Damit einher geht die Verbesserung des Kosten-Nutzen-Verhältnisses der Dämmmaßnahmen.

Was hat sich in den vergangenen zehn Jahren bei den Dämmstoffen geändert, um den gestiegenen Bedarf der Energieeinsparung zu decken? So hat sich z. B. der maximal zulässige U-Wert für Außenwanddämmung von 0,35 in 2002 auf 0,24 in 2009 um 40 % verändert. Das hat natürlich Folgen: Bei den sogenannten konventionellen Dämmstoffen entsteht bzw. entstand ein erhebliches Optimierungspotential. Die Gesamtwärmeleitfähigkeit eines Dämmstoffes setzt sich aus drei Anteilen zusammen: Wärmetransport über Strahlung, über das Festkörpergerüst und über das im Dämmstoff enthaltene Gas, meistens Luft. Die prinzipielle Abhängigkeit der Wärmeleitfähigkeit von der Temperatur wird am Beispiel der Mineralwolle aus Bild 2 ersichtlich. Die Kurvenverläufe sind für geschäumte Dämmstoffe ähnlich, zeigen aber etwas andere Steigungen und aufgrund der Zellstruktur auch bei geringen Rohdichten keine Konvektion.

Zur gezielten Reduktion der Wärmeleitfähigkeit ist eine genaue Erfassung der Anteile notwendig. Mit Hilfe der am FIW München vorhandenen Methoden kann der Einfluss unterschiedlicher Parameter auf die Wärmeleitfähigkeit vorausgesagt werden. So lässt sich z. B. die Wärmeleitfähigkeit von Schäumen über das Gas durch Verringerung der Porengröße in den nm-Bereich vermindern.

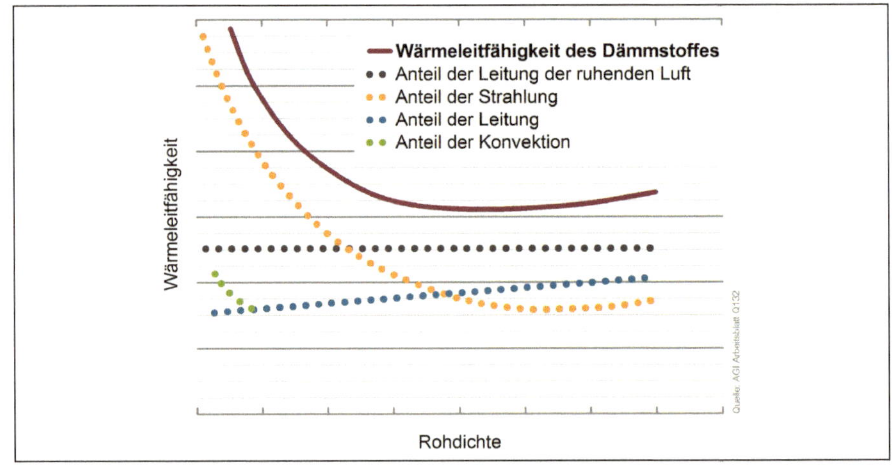


Bild 2: Prinzipielle Abhängigkeit der Wärmeleitfähigkeit von der Rohdichte bei einer bestimmten Temperatur am Beispiel von Mineralwolle

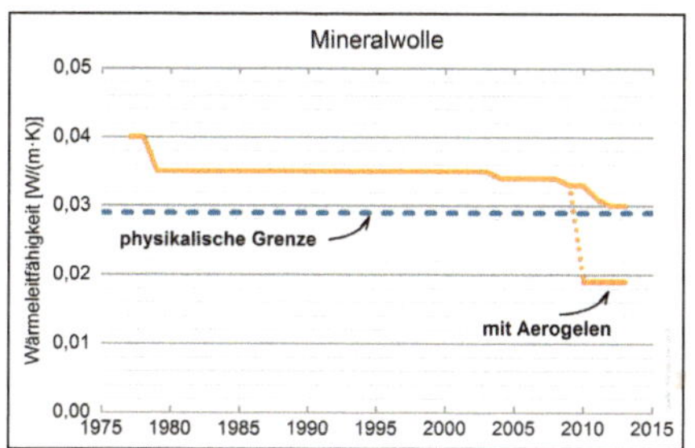


Bild 3: Darstellung der Weiterentwicklung von Mineralwolle hinsichtlich der Verbesserung der Wärmeleitfähigkeit seit 1975 – Bemessungswert der Wärmeleitfähigkeit

## 2 Neue Werte bei der Mineralwolle

Die Grafik in Bild 3 stellt Bemessungswerte der Wärmeleitfähigkeit für Mineralwolleprodukte seit 1975 dar, die vom FIW München überwacht wurden. Aufgelistet ist das Produkt mit der besten Performance in dem betreffenden Jahr. Mineralwolleprodukte mit der Wärmeleitfähigkeitsgruppe 035 sind schon seit 1979/1980 nachweisbar. Jahrelang ist auf dem Gebiet scheinbar nichts passiert; dies lag unter anderem an der nationalen Normung (DIN 18165), da nur Abstufungen in 5 mW-Schritten zulässig waren. Nach der Einführung der harmonisierten europäischen Norm (hEN) DIN EN 13162 hat sich das aufgelockert, da nach 035 auch andere Stufen wie 034, 033 etc. zu erreichen waren. Die physikalische Grenze ist bei 0,029 W/(mK) zu sehen. Eine weitere Reduzierung über die physikalische Grenze hinaus ist nur über die Kombination mit einem „Superdämmstoff" wie beispielsweise mit Aerogelen möglich. Hier findet man derzeit auf dem Markt Produkte mit 0,019 W/(m·K). Solche Produkte sind natürlich entsprechend teurer, bieten aber z. B. in der Innendämmung neue Anwendungsmöglichkeiten.

## 3 Verbesserung bei EPS durch Neopor®

In Bild 4 wird gezeigt, wie der Unterschied der Wärmeleitfähigkeit der beiden verschiedenen Typen von EPS aussieht. Bei weißem EPS ist der Anteil der Strahlung an der Wärmeleitfähigkeit höher als bei grauem EPS. Durch die Einbringung zusätzlicher Substanzen kann der durch Infrarotstrahlung verursachte Wärmetransport beim grauen EPS im Vergleich zum weißen EPS deutlich reduziert werden. Die Wärmestrahlung trägt aufgrund der relativ geringen Schaumdichte selbst bei Raumtemperatur noch erheblich zur Gesamtwärmeleitfähigkeit bei. Bei herkömmlichem EPS-Schaum erfolgt über 25 % des Wärmetransports durch Strahlung. In einem Projekt wurde ein mit Aluminiumpartikeln infrarot-getrübter Schaum entwickelt, der bei annähernd gleicher Dichte eine um 15 % verringerte Wärmeleitfähigkeit aufweist. Die Infrarot-Trübung basiert auf der Rückstreuung von Wärmestrahlung an den Aluminiumpartikeln. Alternativ können dem EPS-Schaum auch Graphit-

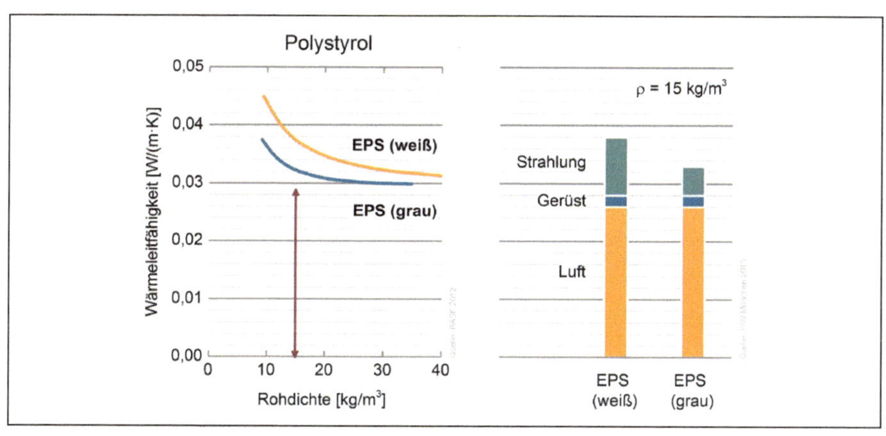


Bild 4: Innovationssprung bei Polystyrol – Einführung von grauem EPS

partikel beigefügt werden, die ebenfalls die Wärmestrahlung absorbieren. In beiden Fällen ergibt sich eine Verbesserung der Wärmeleitfähigkeit von 040 auf 035.

Graue EPS Dämmstoffe bieten eine höhere Dämmleistung und ermöglichen einen bis zu 50 Prozent niedrigeren Rohstoffeinsatz als herkömmliches EPS. Die Infrarot-Absorber bzw. -Reflektoren reduzieren die Wärmeleitfähigkeit deutlich. Die Durchlässigkeit des Materials für Wärme ist geringer als bei gängigen Dämmplatten. Mit Neopor® werden vor allem bei Dämmstoffen mit sehr niedrigen Rohdichten wesentlich verbesserte Dämmwirkungen erreicht. Ein Dämmstoff aus Neopor® mit der Rohdichte 15 kg/m³ erreicht beispielsweise eine Wärmeleitfähigkeit von 0,032 W/(m·K). Bei üblichem EPS gleicher Rohdichte liegt die Wärmeleitfähigkeit bei 0,037 W/(m·K). In der Anwendungstechnik der Fassadentechnik ergibt sich eine neue Methode: Erst dämmen, dann verankern! Zunächst wird der Dämmstoff Neopor® 032 angebracht, dann die Verankerung der Holzunterkonstruktion, dann die wärmebrückenarme Konstruktion. Alles nur geschraubt, deshalb vollständig rückbaubar, wiederverwendbar oder recyclingfähig und mit Faserzementtafeln zugelassen bis zur Hochhausgrenze.

## 4 Polyurethan-Dämmstoffe

Gerade im Bereich der PUR-Dämmstoffe hat sich bei der multifunktionalen Aufsparren-Dämmsystem-Lösung eine neue Lösung ergeben, die neben der Dämmung auch die Unterdeckung und die Abdichtung einbezieht. So werden Konstruktionselemente mit Polyurethan-Kern für Dachgauben (Traufbohlen, Dachfensterdämmzargen, Attikaelemente) aus Polyurethan-Recyclingwerkstoff verwandt, die zu einer vollflächigen, wärmebrückenfreien Dämmschicht auf den Sparren, aber auch zwischen und unter den Sparren führen. Eine leistungsfähige PUR-Aufsparrendämmung und ein wirksamer Sonnenschutz der Dachfenster mit außen liegenden Jalousien, Markisen oder Rollläden dämmen den Wärmefluss von außen nach innen spürbar ein. Das hat auch eine FIW-Untersuchung ergeben: Die in der Norm DIN 4108-2 angegebene Zeit und die Höhe der Temperaturüberschreitung beträgt „null".

## 5 Vakuum Isolations Paneele (VIP)

Vakuum Isolations Paneele (VIP) sind neuartige Dämmsysteme. Erste bauaufsichtliche Zulassungen gibt es seit Juni 2007. Ihre Wärmedämmwirkung ist ca. 5 mal so hoch, wie die der herkömmlichen Dämmstoffe, solange das Vakuum bestehen bleibt – eine interessante Technologie für Sanierung wegen der sehr geringen Schichtdicke. Evtl. entstehen Probleme durch Wärmebrücken und Dampfdichtheit als „Problemlöser", wenn für eine konventionelle Dämmung kein ausreichender Raum zur Verfügung steht. VIPs stehen als finanziell günstigere Lösung zur Verfügung,

- wenn durch den Einsatz von VIPs insbesondere bei der wärmetechnischen Sanierung weitere Maßnahmen eingespart werden können, wie z. B. der Versatz von Tür- und Fensteröffnungen oder die Verlängerung eines Dachüberstandes.
- wenn es darum geht, aus einer vorgegebenen Grundfläche möglichst viel Nutzfläche zu erzielen, z. B. bei Innenstädten von Großstädten mit hohen Grundstückspreisen wie London, München etc.
- wenn aus architektonischen Gesichtspunkten, bei Dachterrassen zur Vermeidung von Stufen, bei kleinen Anbauten mit ungünstigem Oberfläche-Volumen-Verhältnis (Dachgauben), bei Fassaden in Element- und Pfosten-Riegel-Konstruktionen nicht genügend Platz zur Verfügung steht.

## 6 Aerogele

Aerogele sind hochporöse Festkörper, bei denen bis zu 99,98 % des Volumens aus Poren bestehen. Es gibt verschiedene Arten von Aerogelen, wobei solche auf Silicatbasis am häufigsten sind. Die Porengröße liegt im Nanometerbereich und die inneren Oberflächen können mit bis zu 1000 m² pro Gramm außergewöhnlich groß werden. Dadurch können Aerogele u. a. als Isolierstoffe eingesetzt werden. Darüber hinaus besteht die Möglichkeit, biologisch aktive Moleküle, Proteine oder gar ganze Zellen einzulagern. Ab einer Porengröße von < 60 nm wird die Wärmeleitfähigkeit reduziert, weil die Energieübertragung der Gasmoleküle durch „Einschränkung" reduziert wird. So wurde ein Hochleistungsdämmputz entwickelt, der dank solcher Aerogele dreimal besser isoliert als ein herkömmlicher Dämmputz. Der neue Verputz bietet eine elegante Möglichkeit, historische Bauten energetisch zu sanieren, ohne deren Erscheinungsbild zu verändern. Die winzigen Luftporen machen Aerogele zu einem hervorragenden Bestandteil des neuen Isolationsmaterials, dessen Wärmeleitfähigkeit von weniger als 0,030 mW/(m·K) zwei- bis dreimal niedriger ist als die Wärmeleitfähigkeit üblicher Verputze.

## 7 Wärmedämmende Anstriche

„Wärmedämmende" Anstriche werden weltweit vertrieben. Ihre Dämmwirkung soll auf hohlen Mikrokügelchen basieren, angeblich eine Entwicklung der NASA. Ein Untersuchungsergebnis von U. Hammerschmidt (Physikalisch – Technische Bundesanstalt Braunschweig) ergab: Messtechnisch konnte keine Wirkung der Beschichtung hinsichtlich des Wärmeschutzes nachgewiesen werden. Infrarot reflektierende Anstriche erlauben theoretisch eine geringe Absenkung der Oberflächentemperatur von Außenwänden ohne Behaglichkeitseinbuße. Aber als Folge ist ein größeres Schimmelpilzrisiko zu erwarten.

## 8 Foliensysteme mit IR-Reflexion

Durch mehrere Lagen von Folien mit dazwischen liegenden Vliesen oder Luftpolstern wird eine ruhende Luftschicht erzeugt. Der langwellige Strahlungsaustausch wird durch Infrarot reflektierende Beschichtungen reduziert. Da die Dicke der Foliensysteme vom Einbauzustand abhängt, wird meist der R-Wert angegeben. Leider sind die Herstellerangaben häufig irreführend bzw. es wird behauptet, dass die „wahre" Dämmwirkung wegen der IR-Reflexion sehr viel besser sei. Die energetischen Vorteile der IR-Reflexion hängen von verschiedenen Faktoren (z. B. Temperaturniveau, Einbausituation, R-Wert des Bauteils) ab und sind bislang nicht allgemeingültig quantifizierbar. Als Alternative nur sehr bedingt zu empfehlen, da angegebene Dämmwerte oft nicht erreicht werden und die Dampfdichtheit häufig als problematisch anzusehen ist.

## 9 Zusammenfassung

Die zusammenfassende Analyse ergibt ein noch nicht so positives Bild. Von den 18,8 Mio. Gebäuden in Deutschland sind 65 % der Fassaden ungedämmt und 20 % noch nicht auf dem Stand der Technik. Die Nachfrage nach größeren Dämmschichtdicken, mehrlagigen Aufbauten, niedriger Wärmeleitfähigkeit, neue Anwendungsbereiche und verstärkten Qualitätsanforderungen hat eine Vielzahl von Neuentwicklungen hervorgebracht. Begünstigt wurde das durch die 1 mW/(m·K)-Stufen und eine Vielzahl von Produkttypen nach EN-Normen.

***Prof. Dr.-Ing. Andreas Holm***

*Seit Ende 2011 Leiter des Forschungsinstituts für Wärmeschutz e. V. München; Studium der Physik an der Technischen Universität München sowie an den Universitäten in São Paulo und Porto; 1996 wissenschaftlicher Mitarbeiter beim Fraunhofer-Institut für Bauphysik in Holzkirchen; von 2001 bis 2004 Gruppenleiter in der Abteilung Hygrothermik; von 2004 bis 2011 Leiter der Abteilung Raumklima; seit 2009 Professor für Bauphysik und Energieeffizientes Bauen an der Hochschule München.*

# Das aktuelle Thema: Neufassungen der Abdichtungsnormen: DIN 18531, DIN 18533 und DIN 18534

## 1. Beitrag: Einleitung

Dipl.-Ing. Matthias Zöller, AIBAU, Aachen

### 1 Geschichte der Abdichtungstechnik: Grundlage der Neufassungen

Der Feuchteschutz und die Abdichtung von Bauwerken haben erst in den letzten 100 Jahren wesentliche Änderungen erfahren. So war es bis vor ca. 50 Jahren allgemein üblich, dass Untergeschosse nicht zur Lagerung von feuchtigkeitsempfindlichen Gütern gedacht waren. Vielmehr war allgemein bekannt und sogar für einzelne Bereiche erwartet worden, dass eine gewisse Grundfeuchte vorhanden ist. Dies führte dazu, dass in Untergeschossen keine Akten archiviert, sondern Vorräte gelagert wurden, die durch eine gewisse Grundfeuchte nicht geschädigt bzw. deren Haltbarkeit sogar erhöht werden konnte. Dazu zählen früher übliche Brennstoffe, z. B. Kohle, oder bestimmte Nahrungsmittel wie Kartoffeln bzw. Karotten, ebenso in Gläsern abgefüllte Marmelade oder Weinflaschen.

Die Erwartung an die Trockenheit von Kellern änderte sich, als in größerem Umfang abdichtungstechnische Maßnahmen möglich wurden. So fordert DIN 4117 in der Ausgabe von 1950 [1] einen Feuchtigkeitsschutz aller Teile eines Bauwerks, insbesondere aber von Räumen, die dem dauernden Aufenthalt von Menschen oder zur Lagerung nässeempfindlicher Wirtschaftsgüter dienen. Unterschieden werden dabei Abdichtungen gegen aufsteigende und seitlich eindringende Bodenfeuchtigkeit sowie Abdichtung gegen Grund- und Druckwasser (Bild 1).

DIN 4117 regelte in der Ausgabe von 1960 [2] ausschließlich die geringen Beanspruchungen aus Bodenfeuchte und nicht stauendes Sickerwasser. Bei den geringen Anforderungen waren anstelle von Abdichtungen auch Sperrputze oder Sperrbetone möglich. Dabei handelt es sich um aus bestimmten Zuschlagstoffen und mit bestimmten Mengen an Zement zu mischende Mörtel, die mit (nicht näher definierten) Dichtmittelzusätzen zu versehen waren.

Sperrputze sind in der Nachfolgenorm DIN 18195 nicht aufgenommen worden, weil offensichtlich häufig vorkommende Ausführungsfehler die Zuverlässigkeit einschränkten. Dagegen sind Sperrbetonkonstruktionen bereits in der zweiten Hälfte des 20. Jahrhunderts erfolgreich angewendet worden, die heute bekannten und mittlerweile in der WU-Richtlinie geregelten wasserundurchlässigen Stahlbetonkonstruktionen. Bereits in der ersten Fassung der DIN 18195 wurde festgelegt, dass die Norm für Abdichtungen keine wasserundurchlässigen Konstruktionen beschreibt und solche nicht den Anforderungen der Norm unterliegen (DIN 18195-1 aus der Reihe [7]).

Bei Druckwasser waren die Abdichtungen sowohl unter der Bodenplatte, als auch an den Wänden lückenlos auszuführen. In Bild 1 stellt

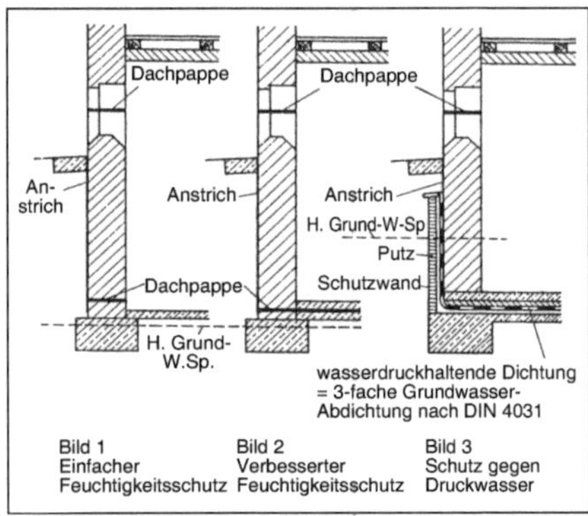


Bild 1: Prinzipielle Anordnung von Abdichtungen bei den verschiedenen Beanspruchungsklassen und Qualitätsstufen (aus DIN 4117:1950 [1]). Für Druckwasserbeanspruchung wird auf DIN 4031 verwiesen.

die dritte Zeichnung (Schutz gegen Druckwasser) lediglich eine prinzipielle Führung der Abdichtung dar, die Schutzschichten fehlen. Eine richtig verarbeitete druckwasserhaltende Abdichtung erforderte einen deutlich höheren Aufwand als der, der in der schematischen Skizze dargestellt ist.
Schon die frühe Ausgabe der DIN 4117 aus dem Jahr 1950 lässt einen Wechsel der druckwasserhaltenden Abdichtung zu einem einfachen Feuchtigkeitsschutz ab einer Höhe von 30 cm oberhalb des höchsten zu erwartenden Wasserstands zu. Ab dieser Höhe musste keine bahnenförmige Abdichtung mehr ausgeführt werden, es genügte ein „Dichtungsanstrich", für die bestimmte Mindestmengen je Quadratmeter zu verarbeiten waren. Eine angepasste Regelung wurde in der DIN 18195 übernommen.
Die um zehn Jahre jüngere Ausgabe der DIN 4117 [2] bildete die Grundlage für die spätere DIN 18195 Teil 4. Sie beschränkt sich auf Maßnahmen gegen Bodenfeuchtigkeit und nicht stauendes Sickerwasser. Für höhere Beanspruchungen wurden Abdichtungen nach DIN 4031 [5] erforderlich. Aus der DIN 4117:1960-11 stammen auch die zeichnerischen Darstellungen zur Anordnung von bis zu drei Querschnittsabdichtungen, die sich in der DIN 18195-4:1983-08 wiederfinden. Die Zeichnungen werden darin um die Ausführung von erdberührten Bauteilen aus Beton ergänzt. Wieso aber hat die DIN 18195 in der ersten Fassung von 1983 die vorherigen Regelungen, mehrfach Querschnittsabdichtungen übereinander anzuordnen, übernommen? Nach heutigem Verständnis fragt man sich, warum nicht bereits eine Querschnittsabdichtung ausreicht, denn diese muss doch bereits dicht sein. Die alten Abdichtungsnormen verlangten aber keine vollständig dichten Stoffe, sondern ließen auch nur Feuchteschutzmaßnahmen zu. Daher musste trotz durchgeführter Maßnahmen von einer erhöhten Feuchtigkeit im Wandquerschnitt ausgegangen werden. Zum Schutz vor dieser Feuchtigkeit wurden Querschnittsabdichtungen unter und über der Decke des Untergeschosses verlangt. Erst im Jahr 2000 wurden diese aus der Norm genommen, weil die nun dichten Stoffe einen bereits ausreichenden Schutz bieten und in abgedichteten Bauteilen nicht mehr mit von außen eindringender Feuchtigkeit gerechnet werden muss.
Die seit den 1950er Jahren beschriebenen Grundlagen wurden 1983 in der Normenreihe der DIN 18195 zusammengefasst, ohne inhaltlich Grundlegendes zu ändern. Nach wie vor waren Bahnen und Anstriche (bei geringen Beanspruchungen aus Bodenfeuchte sowie nicht stauendem Sickerwasser) beschrieben.
Teerprodukte sind wegen der krebserzeugenden Wirkung seit 1983, dem Ersterscheinungsjahr der Normenreihe DIN 18195, verboten. Dagegen wurden Dichtungsbahnen auf Kunststoffbasis entwickelt, die schon seit 1968 (vgl. [3]) Eingang in die Normung gefunden haben.
Die Entwicklung von flüssig zu verarbeitenden Abdichtungssystemen auf bituminöser Basis, den kunststoffmodifizierten Bitumendickbeschichtungen (KMB), führte unter Sachverständigen zu einem Streit, der bis heute nicht nachgelassen hat. Auch heute noch werden Stimmen laut, dass es falsch war, in der Fassung der Normenreihe DIN 18195 von August 2000 diese Stoffe aufzunehmen. Dabei hat sich mittlerweile herausgestellt, dass diese Stoffe nicht grundsätzlich problembehaftet sind. Undichtheiten sind in einer Vielzahl von Fällen auf mangelnde Ausführungssorgfalt zurückzuführen. Sicherlich gibt es Produkte, die tatsächlich ungeeignet sind und unter bestimmten Rahmenbedingungen vertorfen. Wie so oft, sollte aber „das Kind nicht mit dem Bade ausgeschüttet" werden, hier ist eine differenzierte Betrachtung und Bewertung notwendig. Zum einen sind entsprechende Prüfungen der Produkte erforderlich, deren Prüfzeugnisse angefordert werden sollen. Zum anderen handelt es sich bei Bauwerksabdichtungen nicht um Leistungen, die durch fachunkundige Hilfsarbeiter ausgeführt werden können. Die Verarbeitung der Produkte wird zunehmend besser beschrieben. Mittlerweile sind auch im Teil 9 der DIN 18195, nach Anforderungen differenziert, entsprechende Regelungen enthalten.
Die normativen Regelungen enthielten hauptsächlich Anforderungen für die Abdichtungen in der Fläche, aber nur wenige, tatsächlich für die Praxis geeignete Ausführungsdetails. So beschränken sich auch die Erstausgaben der Teile 8 und 9 der DIN 18195 im Wesentlichen auf Klemmkonstruktionen, die aus Kosten- und Praktikabilitätsgründen nur bei den hohen Beanspruchungen aus lang anhaltendem Druckwasser umgesetzt wurden. In weiten Bereichen des Wohnungsbaus, insbesondere in Bereichen, an denen der Feuchteschutz „irgendwie" auf anderem Wege zur Sicherung

ausreichend trockner Bauteile erreichbar ist, wurden die aufwändigen Konstruktionsanforderungen nicht beachtet. So werden z. B. seit jeher niveaugleiche Türschwellen ohne die in der Norm beschriebenen aufwändigen Klemmkonstruktionen realisiert. In der Forschungsarbeit des AIBAU zu niveaugleichen Türschwellen [10] wurde festgestellt, dass dennoch eine nur sehr geringe Schadenswahrscheinlichkeit auch bei solchen einfachen Konstruktionen vorliegt. Zur grafischen Erläuterung der normativen Anforderungen enthält Beiblatt 1 der DIN 18195 [9] 28 Systemskizzen, die die prinzipielle Führung von Abdichtungen an Details erläutern, wie an Fugen, Anschlüsse an aufgehende Bauteile oder Abdichtungsabschlüssen.

## 2 Aktuelle Entwicklung und Ausblick auf die neuen Abdichtungsnormen

Die Arten des Feuchtigkeitsschutzes und der Abdichtungen an und in Gebäuden führten im 20. Jahrhundert zu einem Gliederungsprinzip, das von weitgehend einheitlichen (bahnenförmigen, in wenigen Teilbereichen auch flüssig zu verarbeitende) Abdichtungsverfahren für alle Abdichtungsaufgaben ausging und sich vorrangig an Bauwerksabdichter wandte.
Diese Voraussetzungen wurden durch die Entwicklung der Abdichtungstechniken überholt:

- Bei hoch beanspruchten erdberührten Bauteilen haben sich mittlerweile wasserundurchlässige Stahlbetonkonstruktionen durchgesetzt, bahnenförmigen Abdichtungen sind (zu Recht) hier die Ausnahme geworden.
- Parkdecks unterliegen völlig anderen Beanspruchungen aus dynamischer Belastung als wärmegedämmte Büros oder Wohngebäude. Gerade bei diesen Konstruktionen wird noch immer unter Fachleuten gestritten, welche Schutzmaßnahmen zur Konstruktion und zu den abgestellten Fahrzeugen in Abhängigkeit der jeweiligen Beanspruchung notwendig sind.
- Nassräume werden seit langem mit flüssig zu verarbeitenden Systemen im Verbund mit den Belägen abgedichtet. So werden aus hygienischen Gründen problematische Unterströmungen von dickeren Belagsschichten vermieden.
- Schwimmbecken in heute üblichen Spaßbädern lassen sich aus geometrischen Gründen nicht mit den in den älteren Abdichtungsnormen vorgesehenen Verfahren abdichten, hier haben sich ebenfalls flüssig zu verarbeitende Abdichtungssysteme etabliert.

Um Widersprüche zwischen den einzelnen Normen der Reihe zu vermeiden, ist ein Koordinierungsausschuss eingerichtet worden. So wird darauf geachtet, dass z. B. die Regelungen der Abdichtung von erdüberschütteten Decken, die nach DIN 18531, DIN 18532 oder DIN 18533 abgedichtet werden können, miteinander kompatibel sind.
Für die Raumnutzungsklasse RN3-E werden in E DIN 18533-1 keine über die Raumnutzungsklasse RN2-E hinausgehenden Anforderungen an die Trockenheit der Raumluft gestellt. Die DIN 18533 regelt Abdichtungen. Sobald diese zuverlässig dicht sind, dringt kein Wasser in die Außenbauteile ein. Daher kann auch nicht durch innenseitiges abtrocknendes Wasser aus dem Erdreich sich die Raumluftfeuchtigkeit erhöhen.
Die Abdichtung alleine kann aber keine raumklimatischen Bedingungen sicherstellen, die den Anforderungen an die Trockenheit und Schimmelpilzfreiheit von Aufenthaltsräumen oder Lagerräumen für feuchtempfindliche Güter genügen. Deswegen ist der Wärmeschutz, die Beheizung, die Belüftung entsprechend der Nutzung zu planen, auszuführen und zu bedienen.
Die Grafik in Bild 2 erläutert, wie die noch gültigen Normenreihe für Bauwerksabdichtungen DIN 18195 und daneben die Norm für Dachabdichtungen DIN 18531 aufgegliedert sind.
DIN 18195 beschreibt Abdichtungsarten, die in der Entstehungszeit dieser Norm üblich waren. Die meisten Abdichtungsaufgaben wurden mit einer Abdichtungstechnik, nämlich unter Einsatz von Bahnen, gelöst.
Mittlerweile ist die einheitliche Abdichtungstechnik für alle Bauaufgaben überholt. So haben sich flüssig zu verarbeitende Systeme in Nassräumen, auf Parkdecks und in Behältern weitgehend durchgesetzt. Ebenso sind in Abhängigkeit der Beanspruchung (neu: Einwirkung) unterschiedliche Techniken bei erdberührten Bauteilen üblich geworden. Dagegen sind bei Dächern Dachbahnen nach wie vor gängige Abdichtungsmethoden.
Die neuere Entwicklung der normativen Regelungen folgt der in vielen Bereichen seit längerem praktizierten Bautechnik. Die einheitli-

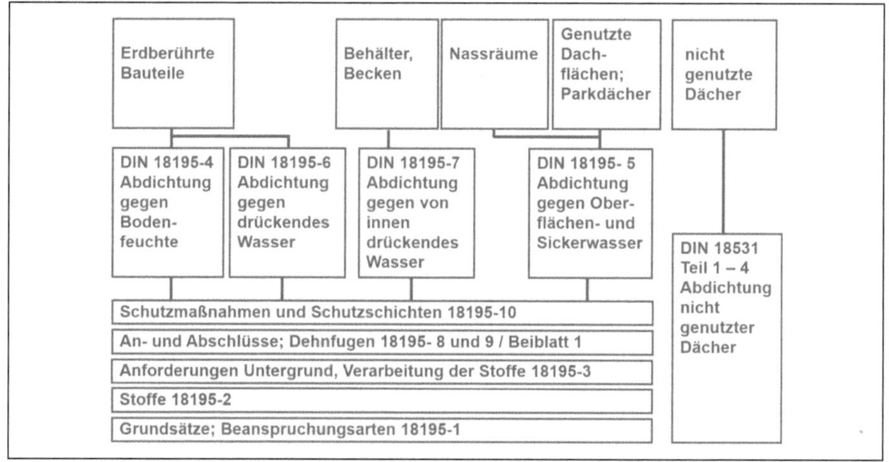


Bild 2: Gliederung der bisherigen Normen für Abdichtungen

che Norm für alle Aufgaben der Bauwerksabdichtungen ist nicht mehr sinnvoll. Deswegen geht DIN 18195 in die Normenreihe DIN 18531 ff. über:

- **DIN 18531, Abdichtung von nicht genutzten und genutzten Dächern sowie Abdichtung von Balkonen Loggien und Laubengängen**
  Die bisher in DIN 18195-5 geregelt genutzten **Dachflächen** werden zukünftig in der bereits bestehenden **DIN 18531** enthalten sein, die bislang nur die nicht genutzten Dachflächen beschreibt.
- **DIN 18532, Abdichtung von befahrbaren Verkehrsflächen aus Beton**
  Aufgrund der völlig andersartigen Beanspruchungssituation werden nicht gedämmte, aber dynamisch beanspruchte **Parkdecks** in **DIN 18532** geregelt.
- **DIN 18533, Abdichtung von erdberührten Bauteilen**
  Der wichtige Teil der bisherigen Abdichtungsnorm DIN 18195 des Feuchtigkeitsschutzes für erdberührte Außenbauteile wie Wände und Bodenplatten sowie die Abdichtungen von **Sockelzonen**, **Mauerquerschnittsabdichtungen** in und unter Wänden von Sockeln werden in der zukünftigen **DIN 18533** beschrieben sein.
- **DIN 18534, Abdichtung von Innenräumen**
  Praktikable Hinweise zum notwendigen Feuchtigkeitsschutz von **Nassräumen** enthalten z. B. die Merkblätter des ZDB Zentralverbandes Deutsches Baugewerbe Fachverband Fliesen und Naturstein. Die bisher sehr allgemein gehaltenen Regelungen der DIN 18195-5 zu diesen Abdichtungsaufgaben werden zukünftig in einer deutlich detaillierteren **DIN 18534** zu finden sein.
- **DIN 18535, Abdichtung von Behältern und Becken**
  Ebenso werden die bislang nur allgemeinen Anforderungen an Abdichtungen in **Behältern und Becken** der DIN 18195-7 in die detailliert gehaltene **DIN 18535** übergehen.

Die Normenreihe der DIN 18195 wird mit dem jeweiligen Inkrafttreten der einzelnen Normen zurückgezogen. DIN 18195 wird es zukünftig als einteilige Norm geben, die Begriffe regelt. Nachdem auf den Aachener Bausachverständigentagen der letzten Jahre bereits über die grundsätzliche Neugestaltung der Abdichtungsnormen berichtet wurde, wurden im Rahmen des diesjährigen *aktuellen Themas* die Abdichtungsnormen DIN 18531, DIN 18533 und DIN 18534 inhaltlich vorgestellt, in denen Prof. Dr. Oswald mitgearbeitet hatte.

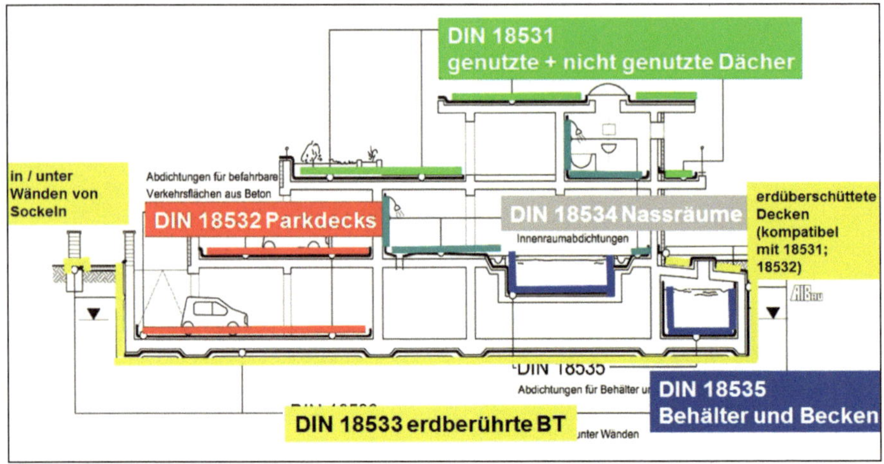


Bild 3: Grafische Übersicht der Anwendungsbereiche der neuen Abdichtungsnormen

## 3 Normen und Literatur


[1] DIN 4117:1950-06 Abdichtung von Hochbauten gegen Erdfeuchtigkeit

[2] DIN 4117:1960-11 Abdichtung von Bauwerken gegen Bodenfeuchtigkeit

[3] DIN 4122:1968-07 Abdichtung von Bauwerken gegen nicht drückendes Oberflächenwasser und Sickerwasser mit bituminösen Stoffen, Metallbändern und Kunststoff-Folien

[4] DIN 4122:1978-03 Abdichtung von Bauwerken gegen nicht drückendes Oberflächenwasser und Sickerwasser mit bituminösen Stoffen, Metallbändern und Kunststoff-Folien

[5] DIN 4031:1959-11 Wasserdruckhaltende bituminöse Abdichtung für Bauwerke (Erstausgabe 1932)

[6] DIN 4031:1978-03 Wasserdruckhaltende bituminöse Abdichtung für Bauwerke

[7] Normenreihe der DIN 18195:1983-08 Bauwerksabdichtungen; Teile 1-10

[8] Neufassung der Teile 1-6 der Normenreihe der DIN 18195:2000-08 Bauwerksabdichtungen

[9] DIN 18195 Beiblatt 1:2006-01 Bauwerksabdichtungen; Beispiele für die Anordnung der Abdichtung bei Abdichtungen (dieses Beiblatt enthält Informationen zu DIN 18 195, jedoch keine zusätzlich genormten Festlegungen)

[10] Oswald, R.; Abel, R.; Wilmes, K.: Schadensfreie niveaugleiche Türschwellen. Forschungsbericht AIBAU, Aachener Institut für Bauschadensforschung und angewandte Bauphysik, gemeinnützige GmbH, Aachen 2010

***Dipl.-Ing. Matthias Zöller***

*Architekturstudium an der TU Karlsruhe; eigenes Architektur- und Sachverständigenbüro in Neustadt a. d. Weinstraße; Lehrbeauftragter für Bauschadensfragen an der Fakultät für Architektur an der Universität Karlsruhe; Mitgesellschafter des AIBAU; ö.b.u.v. Sachverständiger für Schäden an Gebäuden und Referent im Masterstudiengang Altbauinstandsetzung an der Universität Karlsruhe; Referententätigkeit (Architektenkammern, IfS); Fachveröffentlichungen, Mitherausgeber IBR und Baurechtliche und -technische Themensammlung.*

# Das aktuelle Thema: Neufassungen der Abdichtungsnormen: DIN 18531, DIN 18533 und DIN 18534

## 2. Beitrag: Flachdachabdichtung DIN 18531, Ausgabe 2015/2016 – Was wird sich ändern?

Dipl.-Ing. Heinz-Christian Herzberg, stellv. Obmann DIN 18531, ö.b.u.v. Sachverständiger

Historie:
- V-18531, Ausgabe 02-1987
- DIN 18531, Ausgabe 09-1991
- DIN 18531, Ausgabe 11-2005
- DIN 18531, Ausgabe 05-2010
- *DIN 18531, Ausgabe 2016?*

Als Vornorm erschien die DIN 18531 erstmals im Jahr 1987.
- V-18531, Ausgabe 02-1987

Der Vorvorgänger der aktuellen Norm bestand aus ganzen 6 Seiten und erschien 1991
- DIN 18531, Dachabdichtungen, Ausgabe 09-1991

Inhalt:
- Begriffe, Anforderungen, Planungsgrundsätze

Diese wurde ersetzt durch:
- DIN 18531, Ausgabe 11-2005 Dachabdichtungen – Abdichtungen für nicht genutzte Dächer

Unter der Obmannschaft von Kurt Michels († 2012), ZVDH, wurde die Norm, auf der Basis der „Fachregel für Dächer mit Abdichtungen" (Flachdachrichtlinie), auf einen nutzbaren Stand gebracht.
Größte Veränderung zum damaligen Inhalt der Flachdachrichtlinie (2001) war die Einführung von Eigenschaftsklassen und Anwendungskategorien.
Inhalt:
Teil 1: Begriffe, Anforderungen, Planungsgrundsätze
Teil 2: Stoffe, mit Ausgabe 11-2008 erfolgte Anpassung an europäische Stoffnormen
Teil 3: Bemessung, Verarbeitung der Stoffe, Ausführung der Dachabdichtung
Teil 4: Instandhaltung
- DIN 18531, Ausgabe 05-2010 (aktuell) Dachabdichtungen – Abdichtungen für nicht genutzte Dächer

Inhalt:
Teil 1: Begriffe, Anforderungen, Planungsgrundsätze
Teil 2: Stoffe, Aufnahme von Flüssigkunststoffen mit ETA (ETAG 005)
Teil 3: Bemessung, Verarbeitung der Stoffe, Ausführung der Dachabdichtung
Teil 4: Instandhaltung

Die bisherigen Versionen der DIN 18531 galten ausschließlich für Dachabdichtungen von nicht genutzten Flächen.
Die Abdichtung von genutzten Dachflächen wurde bisher seit 1973 durch die jeweils aktuelle Fassung der Flachdachrichtlinie und DIN 18195 geregelt.
**Diese beiden Regelwerke stellen derzeit die allgemein anerkannten Regeln der Technik dar.**

DIN 18531, Ausgabe 2016?
Abdichtung von Dächern sowie Balkonen, Loggien und Laubengängen

Schon der neue Titel der Norm deutet die gravierenden Veränderungen an.
Im Gegensatz zu den Flachdachrichtlinien, die schon seit der Ausgabe 1973, damals „begehbare Beläge", die Abdichtung genutzter Dachflächen regelt, galt bisher die DIN 18531 nur für die Abdichtung nicht genutzter Dachflächen.
In der kommenden Ausgabe werden nun auch die genutzten Dachflächen geregelt.
Auch die „untergeordneten" genutzten Flächen, wie Balkone, Loggien und Laubengän-

ge, werden erfasst, diese allerdings in einem separaten Teil der Norm, sozusagen als „Norm in der Norm".
Die Gliederung der überarbeiteten DIN 18531 stellt sich wie folgt dar:

Teil 1: Nicht genutzte und genutzte Dächer Anforderungen, Planungs- und Ausführungsgrundsätze
Teil 2: Nicht genutzte und genutzte Dächer Stoffe
Teil 3: Nicht genutzte und genutzte Dächer Auswahl, Ausführung, Details

Bis hierher hat sich die Gliederung nicht verändert.

Teil 4: Nicht genutzte und genutzte Dächer Instandhaltung
Teil 5: Balkone, Loggien und Laubengänge Stoffe, Auswahl, Ausführung, Details und Instandhaltung

Die Reihenfolge der Teile 4 und 5 ist noch nicht endgültig geklärt.
Vieles spricht aber dafür, dass die Balkone, Loggien und Laubengänge in Zukunft Teil 5 sein werden, da in diesem Teil auch die Instandhaltung der geregelten Flächen enthalten ist (Norm in der Norm).
Im Nachfolgenden ist diese Reihenfolge als sinnvoll vorausgesetzt worden.
Ansonsten wäre die Instandhaltung für die Ausführungen nach Teil 1–3 erst nach dem „separaten" Teil 4 angeordnet.
Nur besonders markante Änderungen werden im Nachfolgenden erwähnt.

**Teil 1: Nicht genutzte und genutzte Dächer Anforderungen, Planungs- und Ausführungsgrundsätze**
Hier wird die Begrifflichkeit „nicht genutzt" und „genutzt" definiert:

- „Nicht genutzte" Dächer sind flache und flachgeneigte Dachflächen, die nicht oder nur zur Pflege, Wartung (der Dachfläche) und allgemeinen Instandhaltung begangen werden und extensiv begrünte Dachflächen.
- „Genutzte" Dächer sind z. B. Dachterrassen, Gehwege in begrünten Dachflächen und intensiv begrünte Dachflächen, auch mit einer Anstaubewässerung bis 100 mm.
- Dächer mit besonderer Form der Nutzung sind: Dächer mit aufgeständerten oder aufgelegten Solaranlagen und/oder haustechnischen Anlagen.

Der Aufbau von Solar- und/oder haustechnischen Anlagen machen aus einer Dachfläche eine genutzte Dachfläche!
Dies ist vor allem in Anbetracht des deutlich höheren Wartungsaufwands dieser Anlagen und damit einhergehenden Begehungen der Dachflächen durch Dritte ein wesentlicher Gesichtspunkt.
Dies gilt auch für den nachträglichen Aufbau solcher Anlagen.

**Aus Anwendungskategorien werden Anwendungsklassen.**
K1 ist und bleibt die Standardausführung.
K2 stellt weiterhin die höherwertige Ausführung dar.
Es ist Aufgabe des **Planers**, in Abstimmung mit dem Bauherrn, die Anwendungsklasse festzulegen!
Dies ist zwar nichts Neues, wird aber leider oft ignoriert.

**Gefälle**
Hier kommt es zu einer deutlichen Klarstellung des auch bisher Möglichen!
In der Neufassung ist im folgenden Satz aus dem „sollen" ein „sollten" geworden.
*„Dachflächen sollten so geplant und ausgeführt werden, dass Niederschlagswasser nicht langanhaltend auf der Abdichtung steht. Hierzu sollte ein Mindestgefälle von 2 % geplant werden."*

Ausnahme:
Begrünte Dachflächen mit Anstaubewässerung.
K1-Dächer können (und konnten bisher) auch ohne Gefälle geplant werden, wenn die Auswahl der Abdichtung die Anforderungen der Anwendungsklasse K2 erfüllt.
K2-Dächer sind in der Fläche mit einem Mindestgefälle von 2 % zu planen. Im Bereich von Kehlen sollte ein Gefälle von 1 % geplant werden.

**Druckfestigkeiten von Wärmedämmungen**
In Dachschichten von nicht genutzten Dächern sind Dämmstoffe des Anwendungsbereichs DAA mit mindestens der Druckbelastbarkeit dm zu verwenden.
In Dachschichten von genutzten Dächern sind Dämmstoffe des Anwendungsbereichs DAA mit mindestens der Druckbelastbarkeit dh zu verwenden.

*Sonderfall Mineralwolle*
In DIN 4108-10 gibt es für Mineralwolledämmstoffe des Anwendungsbereichs DAA keine Druckbelastbarkeitsklassen!
Die Praxiserfahrung zeigt, dass Mineralwolledämmstoffe in begangenen Bereichen von nicht genutzten Dächern häufig deutlich an Festigkeit verlieren.
Im Normenausschuss DIN 18531 hat es diesbezüglich lange Diskussionen zur weiteren Verwendung von Mineralwolledämmstoffen gegeben, die noch nicht abgeschlossen sind. Insbesondere die Einsetzbarkeit im genutzten Dach ist noch zu klären.

**Dokumentation**
Zur Sicherstellung einer ordnungsgemäßen Instandhaltungsplanung ist zu empfehlen, dass die für die Abdichtung und Dachaufbau verwendeten Materialien vom Planer dokumentiert werden.
Besonders im Bereich von Abdichtungen mit Kunststoffdachbahnen hat es sich in der Praxis zum Teil als schwierig erwiesen, nach einigen Jahren noch das verwendete Material (ohne Laboranalyse) zu bestimmen.
Dies macht Reparaturen und auch die Instandhaltung schwierig.

**Teil 2: Nicht genutzte und genutzte Dächer Stoffe**
PE-C-Dachbahnen (chloriertes Polyethylen) werden nicht mehr aufgenommen.
Homogene PVC-P Bahnen, nicht bitumenverträglich, dürfen in mechanisch befestigten Dachaufbauten nicht mehr verwendet werden.
Nach einer Übergangsfrist soll dies auch für homogene EVA-Bahnen gelten.

**Teil 3: Nicht genutzte und genutzte Dächer Auswahl, Ausführung und Details**
Hier kommt es zu vielen, zum Teil kleinen und zum Teil auch nur redaktionellen Änderungen, deren Erwähnung den heutigen Rahmen sprengen würde.

**Teil 4: Nicht genutzte und genutzte Dächer Instandhaltung**
Hier wird nunmehr bezüglich der Begrifflichkeiten auf die DIN 31051 verwiesen.
Die Erneuerung der Dachabdichtung wird nicht mehr thematisiert, da dies ja Inhalt der Teile 1–3 ist.

**Teil 5: Nicht genutzte und genutzte Dächer Balkone, Loggien und Laubengänge Planung, Stoffe, Auswahl, Ausführung, Details und Instandhaltung**
Hier kommt nun die vollständige Neuheit in der Norm.
Und dies betrifft neben dem Anwendungsbereich in erster Linie die neu aufgenommenen Stoffe/Stoffgruppen.
**Zusätzlich** zu allen nach Teil 2 verwendbaren Abdichtungsstoffen sollen folgende Abdichtungsstoffe neu aufgenommen werden:

- Kaltselbstklebebahnen mit HDPE-Trägerfolie
- Flüssig aufzubringende Abdichtung mit ETA nach ETAG 005, auch ohne Trägereinlage
- Abdichtungen im Verbund mit Fliesen- und Plattenbelägen (AIV) bestehend aus Stoffen nach DIN EN 14891

Dies sind:

- Rissüberbrückende mineralische Dichtungsschlämmen (Typ CM)
- Reaktionsharze (Typ RM)

Für die AIV dürfen für die Nutzschicht nur Mörtel oder Klebstoffe verwendet werden, die im Prüfbericht nach DIN EN 14891 namentlich benannt sind!
Einen möglichen Sonderfall stellen die Beschichtungen mit Oberflächenschutzsystemen nach RL-SIB dar.
Diese Oberflächenschutzsystem (OS8, OS10 und OS11) werden in einem normativen Anhang zu DIN 18531-5 behandelt.
Die Oberflächenschutzsysteme OS8 und OS11 gelten nicht als Abdichtung im Sinne der DIN 18531, Teile 1–4.
Die umfassenden, laufend erforderlich werdenden Instandhaltungsmaßnahmen sind zu berücksichtigen.

***Dipl.-Ing. Heinz-Christian Herzberg***

*Bis 1979 Architekturstudium an der Fachhochschule Berlin mit dem Schwerpunkt Bauwirtschaft; seit 1982 in verantwortlicher Funktion im Dachdeckerhandwerk tätig; seit 1993 Mitglied des Flachdach-Ausschusses im Zentralverband des Deutschen Dachdeckerhandwerks (ZVDH); seit 1993 Mitglied im Normenausschuss der DIN 18195 und seit 1994 ehrenamtlicher Handelsrichter am Landgericht Berlin; seit 2002 von der Handwerkskammer Berlin öffentlich bestellt und vereidigter Sachverständiger für das Dachdeckerhandwerk.*

# Das aktuelle Thema: Neufassungen der Abdichtungsnormen: DIN 18531, DIN 18533 und DIN 18534

## 3. Beitrag: Abdichtung von erdberührten Bauteilen, DIN 18533

Dr.-Ing. Detlef J. Honsinger, Obmann NA Bau DIN 18533, INTEC AACHEN

### 1 Einleitung

Die DIN 18195 hat bis Ende der 90er Jahre ihre wegweisende Aufgabe auf den Gebieten der Bauwerksabdichtungen sehr gut erfüllt. Für die seitdem durch die Veränderung der planerischen und stofflichen Vielfältigkeit immer stärker charakterisierten Verhältnisse in der Abdichtungstechnik kann sie jedoch heute in weiten Bereichen nicht mehr als anerkannte Regel der Technik gelten. Daher wurde im Jahr 2010 die Aufteilung der DIN 18195 „Bauwerksabdichtungen" in Einzelnormen mit Bezug zu verschiedenen Anwendungsbereichen beschlossen. Dazu wurden die Bauwerksabdichtungen in die Struktur von eigenständigen, bauteilbezogenen Einzelnormen für „Nicht genutzte und genutzte Dächer", „Befahrene Verkehrsflächen aus Beton", „Innenräume", „Behälter und Becken" sowie „Erdberührte Bauteile" überführt. Diese neue Normenreihe in allen Teilen ersetzt dann alle Teile der DIN 18195 inklusive Beiblatt 1. Die Abdichtung von erdberührten Bauteilen wird zukünftig in der neuen DIN 18533 geregelt Bild 1 [1].

### 2 Anwendungsbereich und Gliederung der neuen DIN 18533

Die neue DIN 18533 gilt für Abdichtungen von nicht wasserdichten erdberührten Bauteilen. Abzudichtende Bauteile sind vertikale, horizontale, geneigte Massivbauteile im Umfassungsbereich eines Bauwerks sowie Querschnittsflächen von Außen- und Innenwänden mit nachfolgenden Bauteilfunktionen:

- erdberührte Außenwände
- Sockel von Außenwänden
- Außen- und Innenwände (Horizontalabdichtung in und unter Wänden)
- erdüberschüttete Decken

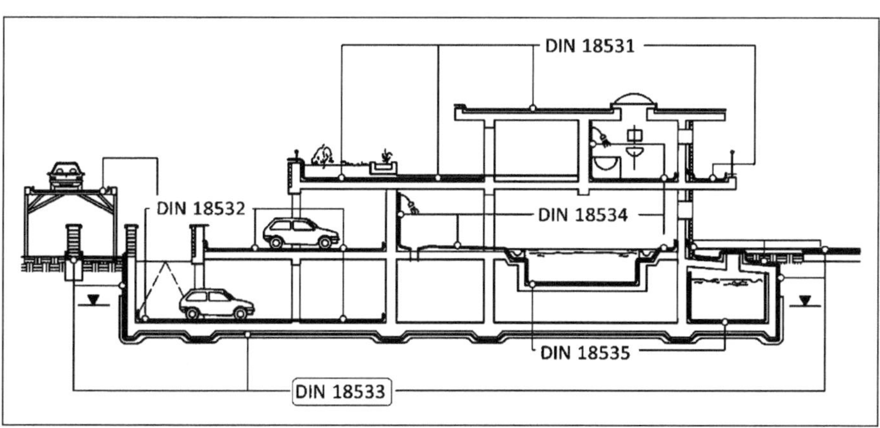


Bild 1: Schematische Darstellung der neuen Normenstruktur für Bauwerksabdichtungen

- erdberührte Bodenplatten
- Übergänge auf WU-Bodenplatten

Für die Abdichtung werden Anforderungen an die Planung, Ausführung und Instandhaltung von Abdichtungen gegen Bodenfeuchte und nicht stauendes Sickerwasser, gegen von außen drückendes Wasser, gegen nicht drückendes Oberflächen- und Sickerwasser auf erdüberschütteten Decken, gegen Spritzwasser im Sockelbereich und gegen Kapillarwasser in oder unter Wänden geregelt. Es werden bahnenförmige und flüssig zu verarbeitende Abdichtungsstoffe genormt.
Die neue DIN 18533 wird in drei Teile gegliedert. Teil 1 regelt grundsätzliche stoffübergreifende Planungs- und Ausführungsbestimmungen. Die Teile 2 und 3 regeln stoffspezifische Planungs- und Ausführungsbestimmungen. In Teil 2 werden die „bahnenförmigen Stoffe" und in Teil 3 die „flüssig zu verarbeitenden Stoffe" geregelt.

## 3 Klassifizierungssystem

### *3.1 Einwirkungen und Widerstand*

Als Voraussetzungen für eine angemessen dauerhaft wirksame Abdichtungsfunktion werden standardisierte äußere Einwirkungen, denen Bauwerke in der Regel ausgesetzt sind, und geprüfte Leistungsmerkmale der Abdichtungsstoffe als Widerstand gegen diese Einwirkungen zusammengeführt und die systematische Dimensionierung der Abdichtungsbauart geregelt. Hierfür werden die wichtigen Einwirkungen anhand charakteristischer Merkmale wie folgt klassifiziert und detailliert beschrieben:

- Wassereinwirkungsklassen (Wx-E)
- Rissklassen (Rx-E)
- Raumnutzungsklassen (RNx-E)

Für die Art und Ausbildung von Bewegungsfugen werden Einwirkungen auf die Abdichtung durch Verformungsklassen (VKx-E), die auf tatsächlich resultierende Bauteilverformungen basieren, berücksichtigt.
Als Widerstand gegen Einwirkungen infolge Rissneubildung und Rissaufweitung im Abdichtungsuntergrund werden stoffspezifische Rissüberbrückungsklassen (RÜx-E) definiert.
Nach DIN 18533 kann bei angemessener Zuverlässigkeit die Abdichtungsfunktion als erfüllt angesehen werden, wenn der ausgewählten Abdichtungsbauart den äußeren Einwirkungen entsprechend die für den Regelfall bestimmten stoffspezifischen Leistungsmerkmale bzw. Widerstände zugeordnet werden. Eine Einwirkung wird einem Widerstand gegenübergestellt, wobei der Widerstand größer als die Einwirkung sein muss.

### *3.2 Wassereinwirkungsklassen*

#### *3.2.1 Grundlagen*

Von wesentlicher Bedeutung für die Regelungen nach dieser Norm ist die Intensität der Wassereinwirkung auf die Abdichtung. Danach kann kapillar transportiertes, nicht drückendes und drückendes Wasser einwirken.

Zur Festlegung der erdseitigen Wassereinwirkung auf die Abdichtung und der Wassereinwirkungsklasse ist der Bemessungswasserstand objektbezogen zu ermitteln. Hierfür sind die Hinweise im BWK-Merkblatt Nr. 8 heranzuziehen [2]. Weiterhin ist der Wasserdurchlässigkeitsbeiwert (k-Wert) nach DIN 18130-1 zur Unterscheidung von stark wasserdurchlässigem Baugrund ($k > 10^{-4}$ m/s) oder wenig wasserdurchlässigem Baugrund ($k \leq 10^{-4}$ m/s) zu ermitteln [3]. Ohne objektbezogene konkrete Feststellungen über die Baugrundverhältnisse ist der Bemessungsgrundwasserstand (HGW) in der Regel auf Geländeoberfläche oder bei örtlichen Hochwasserrisiken auf den Bemessungshochwasserstand (HHW) anzusetzen.
Die Wassereinwirkungsklassen (Wx-E) haben grundsätzlichen Charakter. Folgende Klassen wurden präzisiert:

- W1-E: Bodenfeuchte und nicht aufstauendes Sickerwasser
- W2-E: von außen drückendes Wasser
- W3-E: Oberflächen- und Sickerwasser auf erdüberschütteten Decken
- W4-E: Spritzwasser im Mauersockel sowie Kapillarwasser in oder unter Wänden

#### *3.2.2 W1-E-Einwirkungen von Bodenfeuchte und nicht aufstauendem Wasser*

Bei Bodenfeuchte handelt es sich um kapillargebundenes und durch Kapillarkräfte auch entgegen der Schwerkraft transportiertes Wasser (Saugwasser, Haftwasser, Kapillarwasser), mit dem im Baugrund immer zu rechnen ist. Nicht aufstauendes Wasser liegt vor, wenn in tropfbar flüssiger Form anfallendes Wasser von der Oberfläche des Geländes bis zum freien Grundwasserstand absickern und sich auch nicht vorübergehend am Gebäude aufstauen kann, z. B. bei starken Niederschlägen. Mit dieser Einwirkung darf nur gerechnet werden, wenn der Baugrund bis zu einer ausreichenden Tiefe unter der Fundamentsohle aus stark durchlässigen Böden, z. B. Sand oder Kies, besteht. Dies erfordert bei Böden einen Wasserdurchlässigkeitsbeiwert $k > 10^{-4}$ m/s nach DIN 181301 [3]. Bei wenig durchlässigen Böden mit $k \leq 10^{-4}$ m/s muss damit gerechnet werden, dass in den Arbeitsraum eindringendes Oberflächen- und Sickerwasser vor den Bauteilen aufstauen und auf diese als drückendes Wasser einwirken können. Wird die Einwirkung durch eine Dränung nach DIN 4095, deren Funktionsfähigkeit auf Dauer sichergestellt ist, verhindert, so tritt auch bei wenig durchlässigem Baugrund nur „nicht aufstauendes Wasser" auf [4].

Bei dieser Wassereinwirkungsklasse wird zwischen Bodenplatten bei Bodenfeuchte W1.1-E "Einwirkung von Bodenfeuchte auf Bodenplatten" und erdberührten Wänden und Bodenplatten bei Bodenfeuchte und nicht aufstauendem Wasser W1.2-E „Einwirkung von Bodenfeuchte und nicht aufstauendem Wasser auf erdberührten Wänden und Bodenplatten" differenziert. Daraus ergeben sich unterschiedliche Anforderungen an die Abdichtungsbauart (Bilder 2 bis 4).

### *3.2.3 W2-E-Einwirkung von drückendem Wasser*

Bei drückendem Wasser handelt es sich um Wasser, das von außen auf die Abdichtung erdberührter Bauteile einen hydrostatischen Druck verursacht. Mit dieser Einwirkung ist zu rechnen, wenn im Baugrund Grundwasser, aufstauendes Sickerwasser, Schichtenwasser (Stauwasser) oder im Einflussbereich oberirdischer Gewässer Hochwasser vorhanden ist.

Je nach Höhe des Bemessungswasserstands werden nur noch nach der Höhe des einwirkenden Wasserdrucks Stauhöhen ≤ 3 m Wassersäule für mäßige Einwirkungen W2.1-E (Bilder 5 bis 7) „Mäßige Einwirkung von drückendem Wasser" und Stauhöhen > 3 m Wassersäule für hohe Einwirkungen W2.2-E „Hohe Einwirkung von drückendem Wasser" (Bilder 8, 9) unterschieden. Daraus ergeben sich unterschiedliche Anforderungen an die Abdichtungsbauart.

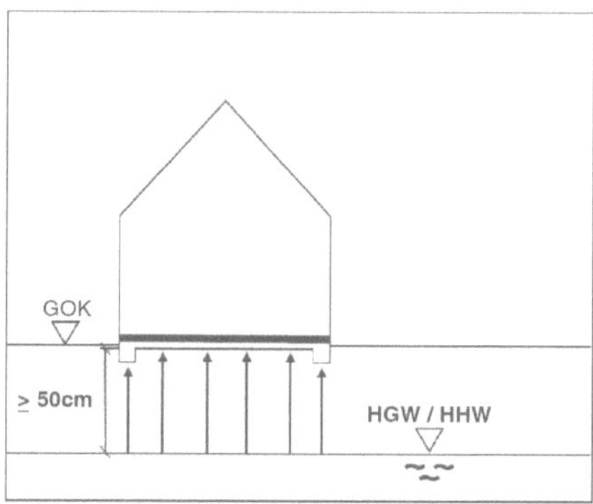


Bild 2: Bodenfeuchte bei Bodenplatten (nicht unterkellert)

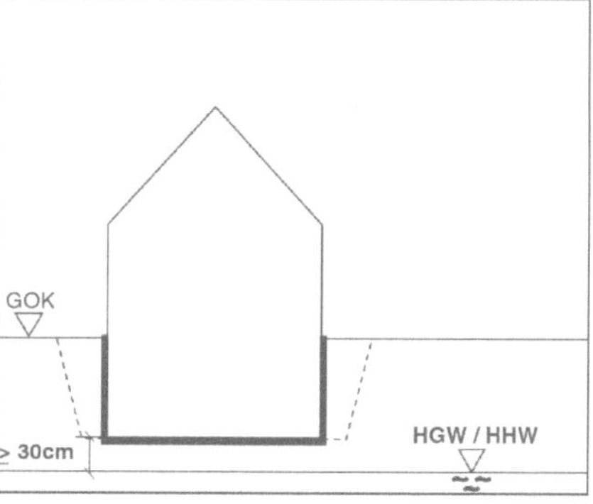


Bild 3: Situation 1: Sickerwasser ohne Dränung

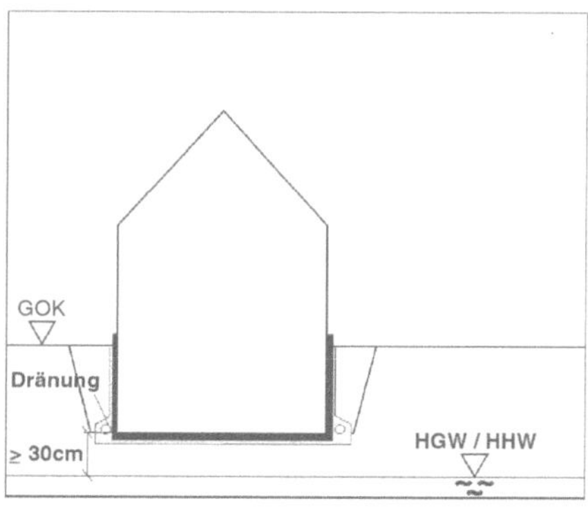


Bild 4: Situation 2: Sickerwasser mit Dränung

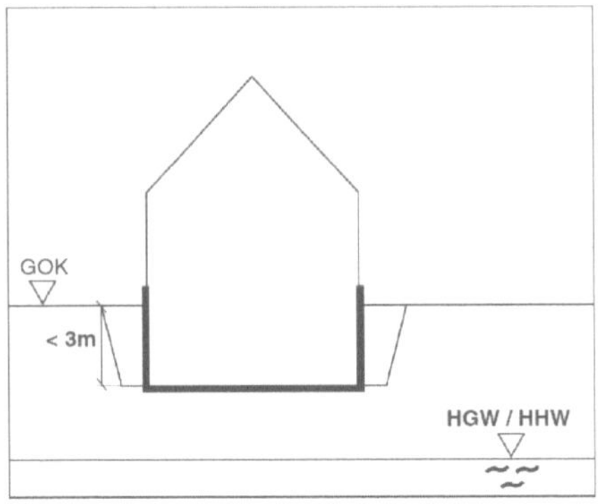


Bild 5: Situation 1: Wenig durchlässiger Boden ohne Dränung

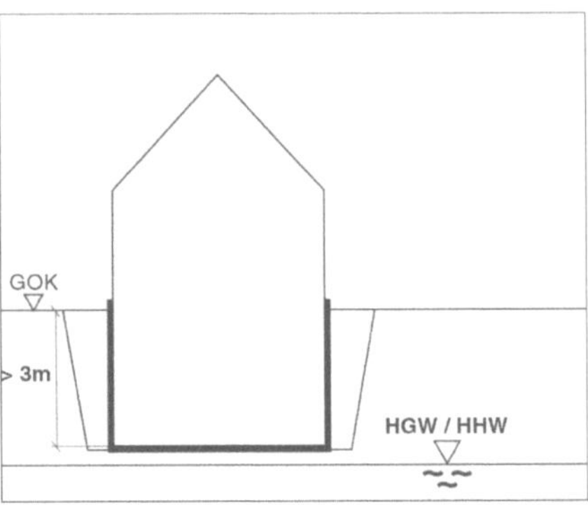


Bild 8: Situation 1: Wenig durchlässiger Boden ohne Dränung

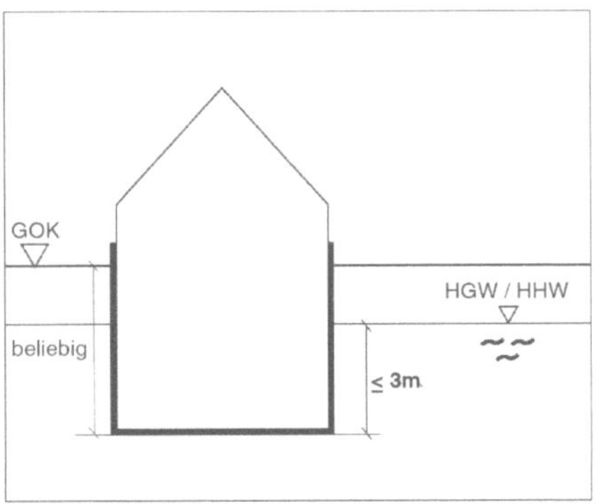


Bild 6: Situation 2: Grundwasser ≤ 3 m Wassersäule

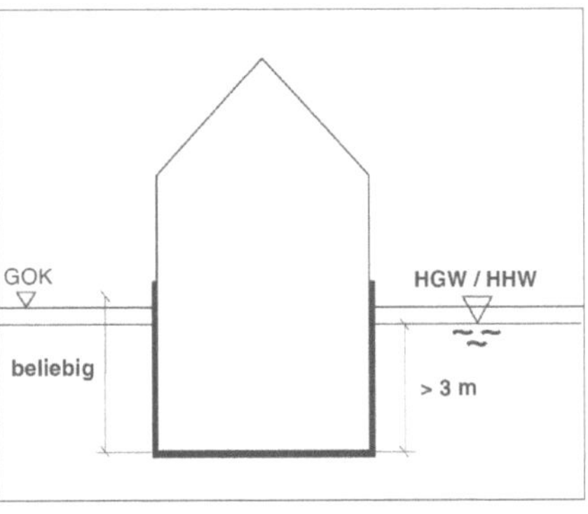


Bild 9: Situation 2: Grundwasser > 3 m Wassersäule

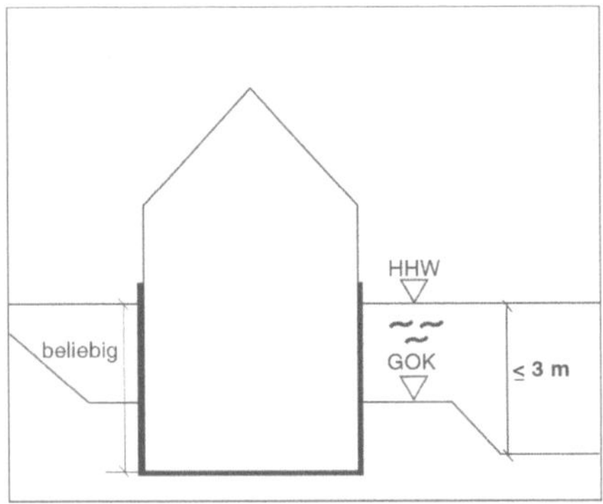


Bild 7: Situation 3: Hochwasser ≤ 3 m Wassersäule

### *3.2.4 W3-E-Einwirkung von nicht drückendem Wasser auf erdüberschütteten Decken*

Bei dieser Wassereinwirkungsklasse sickert Niederschlagswasser durch die Erdüberschüttung bis auf die Abdichtung und muss durch Dränschichten bis zu einer Stauhöhe ≤ 100 mm abgeleitet werden. Die Wassermenge kann durch anschließende aufgehende Fassaden erheblich vergrößert werden (Bild 10). Die Abdichtungsbauart erfolgt gemäß W1-E. Sind Überschreitungen der maximalen Anstauhöhe möglich, ist die Abdichtungsbauart nach W2-E auszulegen.

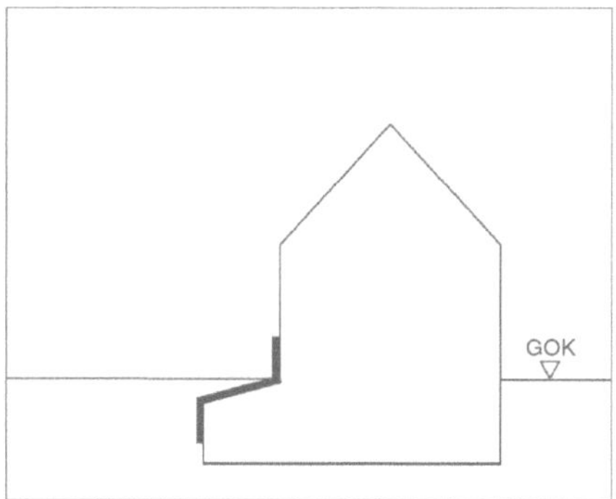


Bild 10: Erdüberschüttete Decke mit Niederschlagswasser und einer Stauhöhe ≤ 100 mm

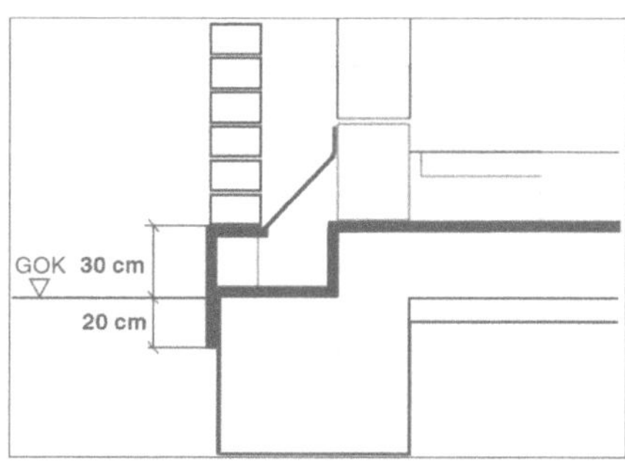


Bild 11: Wandsockel mit Spritz-, Oberflächen-, Sickerwasser; Querschnittsabdichtung gegen Kapillarwasser

### *3.2.5 W4-E-Einwirkung von Wasser am Wandsockel sowie in und unter erdberührten Wänden*

Bei dieser Wassereinwirkungsklasse wirken Spritz-, Oberflächen- und Sickerwasser auf die Abdichtung am Wandsockel ein. Im Bereich von ca. 0,20 m unter OK Gelände bis ca. 0,30 m über OK Gelände erfolgt die Abdichtung nach W4-E (Bild 11). Bei Einwirkungen durch drückendes Wasser ist die Abdichtungsbauart nach W2-E auszulegen. Gegen kapillar transportiertes Wasser sind im Anwendungsbereich dieser Norm in und unter Wänden Querschnittsabdichtungen erforderlich.

### *3.3 Rissklassen*

Risse sind in Bauteilen, die den Abdichtungsuntergrund bilden, i. d. R. nicht völlig vermeidbar und werden nach der neuen Norm bei der Auswahl der Abdichtungsbauart berücksichtigt. Für die Einwirkung auf die Abdichtung sind nur die Rissbreitenänderungen vorhandener Risse und Neurissbildungen nach Aufbringen der Abdichtung von Bedeutung. Für häufig vorkommende Abdichtungsuntergründe werden die folgenden Rissklassen (Rx-E) den Ausprägungen der Neurissbildung/Rissbreitenänderung entsprechend Tabelle 1 zugeordnet.

Tabelle 1: Rissklassen typischer Abdichtungsuntergründe (Tabelle 1 E DIN 18533 Teil 1)

| Rissklasse | Neurissbildung/Rissbreitenänderung nach Aufbringen der Abdichtung | Bauteile ohne statischen Nachweis der Rissbreitenbeschränkung |
|---|---|---|
| R1-E | ≤ 0,2 mm | Stahlbeton ohne nennenswerte Zwang- und Biegeeinwirkung; Mauerwerk im Sockelbereich; Untergründe für Querschnittsabdichtungen |
| R2-E | ≤ 0,5 mm | Geschlossene Fugen von flächigen Bauteilen (z. B. bei Fertigteil); unbewehrter Beton; Stahlbeton mit nennenswerter Zwang-, Zug- oder Biegeeinwirkung; erddruckbelastetes Mauerwerk; Fugen an Materialübergängen |
| R3-E | ≤ 1,0 mm – Rissversatz ≤ 0,5 mm | Fugen von Abdichtungsrücklagen; Aufstandsfugen von erddruckbelasteten Wänden |
| R4-E | ≤ 5,0 mm – Rissversatz ≤ 2,0 mm | Unplanmäßige Risse (z. B. infolge von Erschütterungen) |

### *3.4 Rissüberbrückungsklassen*

Abdichtungsbauarten besitzen, abhängig von den Eigenschaften des Abdichtungsstoffs und ggf. vorhandener Einlagen, der Schichtdicke, der Lagenzahl und der Art des Haftverbunds zum Abdichtungsuntergrund, verschiedene Rissüberbrückungseigenschaften. Die in dieser Norm geregelten Abdichtungsstoffe und Abdichtungsbauarten sind jeweils einer der folgenden Rissüberbrückungsklassen (RÜ-E) zugeordnet.

- RÜ1-E: geringe Rissüberbrückung, bis 0,2 mm
- RÜ2-E: mäßige Rissüberbrückung, bis 0,5 mm
- RÜ3-E: hohe Rissüberbrückung, bis 1,0 mm mit einem Rissversatz bis 0,5 mm
- RÜ4-E: sehr hohe Rissüberbrückung, bis 5,0 mm mit einem Rissversatz bis 2,0 mm

Für höhere Rissüberbrückungsklassen eingestufte Abdichtungsbauarten sind auch für geringere Rissklassen geeignet.

### *3.5 Raumnutzungsklassen*

Die Raumnutzungsklassen definieren unterschiedlich hohe Anforderungen an die Trockenheit der Raumluft von erdseitig abgedichteten Räumen und an die Zuverlässigkeit deren Abdichtungsbauart. Die folgenden Raumnutzungsklassen (RNx-E) werden unterschieden:

- RN1-E (geringe Anforderung): Raumnutzung mit geringer Anforderung an die Trockenheit der Raumluft (z. B. offene Werk- oder Lagerhalle, Tiefgarage).
- RN2-E (durchschnittliche Anforderung): Raumnutzung mit üblicher Anforderung an die Trockenheit der Raumluft und Zuverlässigkeit der Bauwerksabdichtung (z. B. Aufenthaltsräume; Räume zur Lagerung von feuchtigkeitsempfindlichen Gütern wie Keller- und Lagernutzungen in üblichen Wohn- und Bürogebäuden)
- RN3-E (hohe Anforderung): Raumnutzung mit hoher Anforderung an die Trockenheit der Raumluft und sehr hoher Anforderung an die Zuverlässigkeit der Abdichtung (z. B. Magazin zur Lagerung unersetzlicher Kulturgüter; Raum für den Zentralrechner).

Anforderungen an die Trockenheit und Schimmelfreiheit von Aufenthalts- und Lagerräumen sind durch einen regelgerechten Wärmeschutz, Beheizung, Belüftung und gegebenenfalls durch Entfeuchtung sicherzustellen, da wegen der Temperaturträgheit der angrenzenden erdberührten Bereiche durch die Abdichtung allein in der Regel keine raumklimatischen Bedingungen erzielbar sind.

## 4 Beispiel zur Dimensionierung flüssig zu verarbeitender Abdichtungsstoffe für die Anwendung an erdberührten Wänden

Für die Dimensionierung der Abdichtungsbauart sind die standardisierten Einwirkungen und Nutzungsanforderungen mit den jeweils geprüften Leistungsmerkmalen der genormten Abdichtungsstoffe so zusammenzuführen, dass die Leistungsfähigkeit der Stoffe nicht überfordert wird.
Die in den Stoffteilen E DIN 18533 Teil 2 und Teil 3 geregelten Abdichtungsbauarten sind für die jeweils angegebenen Anwendungsbereiche, Wassereinwirkungsklassen und Rissklassen der Abdichtungsuntergründe anwendbar. Im Folgenden wird die genormte Vorgehensweise für die Dimensionierung einer Abdichtungsbauart auf Basis von flüssig zu verarbeitenden Abdichtungsstoffen aus E DIN 18533 Teil 3 beispielhaft erläutert. Für das Beispiel werden die folgenden Parameter angenommen:

- erdberührte Kelleraußenwand (Eingang in die Tabelle über den Anwendungsbereich: Tabelle 2 Spalte 2)
- Kelleraußenwände eines Wohnhauses aus Mauerwerk (Raumnutzungsklasse **RN2-E**: Tabelle 2 Spalte 3)
- Baugrund (k< $10^{-4}$ m/s), Einbindetiefe ≤ 3,0 m, Bemessungswasserstand > 30 cm unter der Unterkante der gemäß WU-Richtlinie ausgeführten WU-Beton-Bodenplatte (Wassereinwirkungsklasse **W2.1-E**: Tabelle 2 Spalte 4)
- erdberührte Kelleraußenwände aus KS-Mauerwerk (Rissklasse **R2-E**: Tabelle 2 Spalte 5)

Nach Zuordnung der genannten Parameter ergibt sich aus der Tabelle 2, aus Spalte 6 als zulässige Abdichtungsbauart „PMBC" (grau unterlegte Flächen). Gemäß Spalte 7 können aus der Tabelle 3 schließlich die Anforderungen an genormte Ausführung für den speziellen Anwendungsbereich abgeleitet werden.

Tabelle 2: Zuordnung der Abdichtungsbauarten für die Anwendung an erdberührten Wänden und Sockeln (Auszug aus Tabelle 1 E DIN 18533 Teil 3)

| Zeile Nr. | Anwendungsbereich | Raumnutzungsklasse | Wassereinwirkungsklasse | Rissklasse | Abdichtungsbauart | Ausführung nach |
|---|---|---|---|---|---|---|
| 1 | 2 | 3 | 4 | 5 | 6 | 7 |
| 1 | Erdberührte Wand und Sockel | RN1-E bis RN3-E | W1.2-E und W4-E | R1-E bis R3-E | PMBC | Tabelle 3 |
| 2 | | RN1-E bis RN3-E | W4-E | R1-E bis R3-E | FLK | Tabelle 7 |
| 3 | | RN1-E bis RN3-E | W1.2-E[a] und W4-E | R1-E | rissüberbrückende MDS | Tabelle 5 |
| 4 | | RN1-E bis RN3-E | W2.1-E | R1-E bis R3-E | PMBC | Tabelle 3 |
| 5 | Erdberührte Bodenplatte | RN1-E bis RN3-E | W1.1-E | R1-E bis R3-E | PMBC | Tabelle 3 |
| 6 | | RN1-E bis RN3-E | | R1-E | rissüberbrückende MDS[a] | Tabelle 5 |
| 8 | | RN1-E bis RN3-E | | R1-E bis R3-E | Asphaltmastix | Tabelle 10 |
| 9 | | | | R1-E bis R3-E | Gussasphalt | Tabelle 9 |
| 10 | | | | R1-E bis R3-E | Gussasphalt mit Asphaltmastix | Tabelle 11 |
| 11 | | RN1-E bis RN3-E | | R1-E bis R3-E | Kombination Gussasphalt mit Schweißbahn | Abschnitt 15 |
| 12 | | RN1-E bis RN3-E | W2.1-E | R1-E bis R3-E | PMBC | Tabelle 3 |
| 13 | Erdüberschüttete Deckenplatte | RN1-E bis RN3-E | W3-E | R1-E bis R3-E | FLK | Tabelle 7 |
| 14 | | RN1-E, RN2-E | | R1-E bis R3-E | Gussasphalt mit Asphaltmastix | Tabelle 11 |
| 15 | | RN1-E bis RN3-E | W3-E | R1-E bis R3-E | Kombination Gussasphalt mit Schweißbahn | Abschnitt 15 |

[a] nur auf Betonuntergründen
(Anmerkung: Zeile 7 ist im Entwurf der DIN 18533-3 nicht enthalten.)

Aus Tabelle 3 kann abgeleitet werden, dass bei PMBC für die Wassereinwirkungsklasse W2.1-E eine Mindesttrockenschichtdicke von 4 mm und eine Nenntrockenschichtdicke von 5 mm gefordert wird (grau unterlegte Flächen). Zur Sicherstellung der Mindesttrockenschichtdicke wird ein Vorhaltemaß für die Nenntrockenschichtdicke von 1 mm gefordert.

## 5 Zusammenfassung

Die neue DIN 18533 legt Anforderungen an die Planung, Ausführung und Instandhaltung von Abdichtungen für nicht wasserdichte erdberührte Bauwerke oder Bauteile mit bahnenförmigen und flüssig zu verarbeitenden Abdichtungsstoffen fest. Sie ist systematisch aufgebaut und ermöglicht die praxisnahe Regelung von Abdichtungsbauarten. Teil 1

Tabelle 3: Anwendungsbereiche für PMBC (Tabelle 3 E DIN 18533 Teil 3)

| | Anwendungsbereiche | | | | |
|---|---|---|---|---|---|
| **Wasserbeanspruchungsklasse** | **W1-E** | **W2.1-E** | **W2.2-E** | **W3-E[a]** | **W4-E** |
| Rissklasse (Rx-E) | R3- E | R3-E | – | R3-E | R3-E |
| Mindesttrockenschichtdicke nach 6.2 | 3 mm | 4 mm | – | 4 mm | 3 mm |
| Nenntrockenschichtdicke | – | 5 mm | – | – | – |
| Verstärkungseinlagen | – | ja | – | ja | – |
| Schutzschicht nach DIN 18533-1 erforderlich | ja | ja | – | ja | ja |

[a] In Verbindung mit Vertikalabdichtungen aus PMBC können horizontale Abdichtungen auf z. B. Vorsprüngen, kleineren Deckenflächen mit KMB ausgeführt werden, um einen Materialwechsel zu vermeiden.

regelt grundsätzliche stoffübergreifende Planungs- und Ausführungsregeln. Die Teile 2 und 3 regeln stoffspezifische Planungs- und Ausführungsregeln. In Teil 2 werden die „bahnenförmigen Stoffe“ und in Teil 3 die „flüssig zu verarbeitenden Stoffe“ geregelt.

Als Voraussetzungen für eine angemessen dauerhaft wirksame Abdichtungsfunktion werden standardisierte äußere Einwirkungen, denen Bauwerke in der Regel ausgesetzt sind, und geprüfte Leistungsmerkmale der genormten Abdichtungsstoffe als Widerstand gegen diese Einwirkungen zusammengeführt. Die genormte Vorgehensweise für die Dimensionierung einer Abdichtungsbauart auf Basis von flüssig zu verarbeitenden Abdichtungsstoffen aus E DIN 18533 Teil 3 wird beispielhaft erläutert.

## 6 Literatur:


[1] Honsinger, D., Herold, C.: Konzept der neuen Normenreihe für Bauwerksabdichtungen. In: Der Bausachverständige, 1.2013, S. 30–32

[2] Bund der Ingenieure für Wasserwirtschaft, Abfallwirtschaft und Kulturbau (BWK) e.V. Merkblatt: BWK-M8. Ermittlung des Bemessungsgrundwasserstandes für Bauwerksabdichtungen. September 2009

[3] DIN 18130-1: Baugrund – Untersuchung von Bodenproben; Bestimmung des Wasserdurchlässigkeitsbeiwerts – Teil 1: Laborversuche. Mai 1998

[4] DIN 4095: Baugrund; Dränung zum Schutz baulicher Anlagen; Planung, Bemessung und Ausführung. Juni 1990

***Dr.-Ing. Detlef J. Honsinger***

*Studium des Bauingenieurwesens; Wissenschaftlicher Assistent am Institut für Bauforschung RWTH Aachen, ibac; Forschungsschwerpunkte: Baustoffe und Bautenschutz; Gründer und Geschäftsführer des seit 1991 bestehenden Ingenieur- und Sachverständigenbüros INTEC AACHEN; Obmann der Normenausschüsse des DIN „Bauwerksabdichtungen“ DIN 18195 und „Abdichtungen von erdberührten Bauteilen“ DIN 18533; Mitglied im Sachverständigenausschuss des Deutschen Instituts für Bautechnik (DIBt) „Bauwerks- und Dachabdichtungen“; Leiter WTA-Referat 4 „Mauerwerk und Bauwerksabdichtungen“; von der IHK Bonn/Rhein-Sieg öffentlich bestellter und vereidigter Sachverständiger für Feuchteschäden an Gebäuden, Bauwerksabdichtungen, Bautenschutz und Natursteinsanierung.*

# Das aktuelle Thema: Neufassungen der Abdichtungsnormen: DIN 18531, DIN 18533 und DIN 18534 4. Beitrag: Nassraumabdichtung, DIN 18534

Dipl.-Ing. Gerhard Klingelhöfer, Mitarbeiter DIN 18534, Sachverständigen- und Ingenieurbüro für Bautechnik, Pohlheim

## 1 Vorgeschichte zum Weg von der alten DIN 18195-5 zur Entwicklung der neuen DIN 18534

Wie in allen Wirtschaftsbereichen unterliegt auch das Bauen dem ständigen Fortschritt und den Weiterentwicklungen mit denen auch die Regelwerke Schritt halten müssen. Die Bauverfahren, Bauweisen und Baumaterialien werden permanent diesem Fortschritt und den Weiterentwicklungen angepasst und die Baupraxis fordert die konforme Integration bewährter Innovationen in die vorgegebenen Regelwerke, um diese möglichst zeitnah regelkonform verwenden und einsetzen zu können. Dabei kann die Bauplanung und die Baupraxis von den vorauseilenden Weiter- und Neuentwicklungen sowie diesbezüglichen Werbeversprechen der Produkthersteller auch überfordert werden. Andererseits können sich aus innovativen Weiter- und Neuentwicklungen von Bauprodukten und daraus entstehenden neuen Bauweisen oftmals auch deutliche Vorteile für die Verwender und Bauherren ergeben.

Gerade im Bereich der Bauwerksabdichtungen wurden in den letzten Jahrzehnten durch die Produkthersteller viele neue Abdichtungsprodukte entwickelt und erfolgreich im Baumarkt nach dem Stand der Technik über mehrere Jahre etabliert, die aber noch nicht den Weg in die Regelwerke als allgemein anerkannte Regel der Technik (a.a.R.d.T.) gefunden haben. Leider können solche bewährten Innovationen nach dem Stand der Technik oftmals aus vertragsrechtlicher Sicht nur als Sonderkonstruktionen mit speziellen Vereinbarungen geplant und gebaut werden, solange diese nicht in den allgemein anerkannten Regeln der Technik explizit beschrieben und aufgenommen sind. Daraus ergibt sich auch die zwingende Notwendigkeit für die stetige Aktualisierung und Ergänzung von Regelwerken, wie z. B. auch von DIN-Normen, die sich dann nach einer gewissen Zeit als a.a.R.d.T. einführen sollen. Die Vielfalt der neuen Abdichtungsstoffe, neuen Anwendungsbereiche und neuen Abdichtungsbauweisen seit der ehemaligen Neuausgabe der DIN 18195 im Jahre 2000 haben schon seit einigen Jahren immer wieder umfassende Ergänzungen und Umstrukturierungen dieses sehr umfänglichen Regelwerkes für die Abdichtungen von Bauwerken erforderlich gemacht.

Nach dem sich die Weiterführung und Aktualisierung der Normenreihe DIN 18195, Teile 1–10 und Beiblatt 1, immer schwieriger gestaltete, entschied im Juli 2011 das zuständige Lenkungsgremium, dass man eine Neustrukturierung dieser verschiedenen Abdichtungsbereiche vornehmen müsste und neuerdings bauteilbezogene Einzelnormen in fünf verschiedenen Normen-Arbeitsausschüssen beraten und erarbeiten sollte. Auf Basis dieses Beschlusses des Lenkungsgremiums sind die neuen Normen DIN 18531 bis 18535 seit Mitte 2011 bis heute erarbeitet worden und die neue DIN 18534, Teile 1–3, sowie die neue DIN 18195 Begriffe (Terminologie-Norm) und die neue DIN 18535 werden bis Mitte 2015 im Gelbdruck der Fachöffentlichkeit zur Stellungnahme vorgelegt.

## 2 Von der alten DIN 18195-5 zur neuen DIN 18534 „Abdichtung von Innenräumen“ Teil 1 – 3

Während andere Teile der DIN 18195 seit dem Jahr 2000 noch relativ praxisnah von Zeit zu Zeit aktualisiert wurden, hinkte die DIN 18195-5 beispielsweise in Bezug auf die Aufnahme der alternativen Verbundabdichtungen mit Fliesen und Platten für die Innenraumabdichtungen dem aktuellen Baumarktgeschehen und den Bauherrenwünschen weit

hinterher. Insbesondere die in der DIN 18195-5 geregelten Bauarten für Innenraumabdichtungen, die Definition des „Nassraumes“ sowie die dort genormten Abdichtungsstoffe waren zum Teil unbefriedigend für die Baupraxis. Die mittlerweile weit verbreiteten Verbundabdichtungen mit Fliesen und Platten in Feucht- oder Nassräumen konnten bislang nur nach den Angaben im diesbezüglichen ZDB-Merkblatt „Verbundabdichtungen“ sowie nach der Aufnahme in die Bauregelliste A, Teil 2, laufende Nr. 2.50 (ehem. Nr. 1.10) im bauaufsichtlich geregelten Bereich mit allgemeinen bauaufsichtlichen Prüfzeugnis (abP) und im nicht bauaufsichtlich geregelten Bereich ohne abP nach den Herstellervorschriften verwendet werden, sowie nach der europäischen ETAG 022-1 bis -3.
Die bisherige Gliederungsstruktur der DIN 18195 machte es auch schwer, solche innovativen Abdichtungssysteme aufzunehmen, ohne dabei gleich mehrere, mitgeltende Normenteile anpassen und ergänzen zu müssen.

Aus diesen Gründen entschied sich das Lenkungsgremium „Koordinierung Bauwerksabdichtungen“ zur neuen einheitlichen Normenstruktur der DIN 18531 bis 18535, wobei jede Einzelnorm dann mit einem eigenen Arbeitsausschuss die notwendigen Normenteile des spezifischen Bauteil- und Anwendungsbereichs erarbeiten konnte, ohne dabei immer die anderen Abdichtungsbereiche mit berücksichtigen zu müssen, wie vorher bei der alten DIN 18195. So konnte dann in den vergangenen drei Jahren in vielen DIN-Arbeitsausschusssitzungen die neue DIN 18534 in drei Teilen beraten und zu Papier gebracht werden, wobei die vielen unterschiedlichen Beiträge, Erhebungsbögen für die Aufnahme neuer Stoffe und die verschiedenen Interessen der Ausschussmitglieder und deren Verbandsinteressen nicht immer einfach unter „einen Hut zu bringen“ waren. In eigener Erfahrung konnte der Verfasser dabei feststellen, dass man erstmal in solchen Normengremien mitgearbeitet haben muss, um zu erkennen, wie schwierig es ist, eindeutig und unmissverständlich Normentexte zu formulieren und die ständige Gratwanderung zwischen zu viel und zu wenig Regelungen zu meistern. Außerdem sollten ja auch alle Bestandsangaben aus der alten DIN 18195-5 soweit möglich übernommen werden, sofern sie noch praxistauglich und bewährt sind.

## 3 Übersicht zur neuen DIN 18534 „Abdichtungen von Innenräumen“ Teil 1–3

Die neue DIN 18534 „Abdichtungen von Innenräumen“ gliedert sich derzeit in drei Normenteile:

- DIN 18534 – Teil 1: Anforderungen, Planungs- und Ausführungsgrundsätze (E-Gelbdruck mit 25 Seiten)
- DIN 18534 – Teil 2: Abdichtungen mit bahnenförmigen Stoffen (E-Gelbdruck mit 22 Seiten)
- DIN 18534 – Teil 3: Abdichtungen mit flüssig zu verarbeitenden Stoffen im Verbund mit Fliesen und Platten (AIV-F) (E-Gelbdruck mit 15 Seiten)

Diese drei Normenteile sind als Gelbdruck mit Datum „2015-07“ Anfang Juni 2015 herausgegeben worden und die viermonatige Einspruchszeit endet am 5. Oktober 2015. Danach wird über die eingegangenen Einsprüche im DIN-Arbeitsausschuss beraten und der Entwurf der DIN 18534 entsprechend überarbeitet, damit der Weißdruck dann voraussichtlich bis Mitte 2016 (gemeinsam mit DIN 18531 – 18535 und Rücknahme der DIN 18195, Teil 1–10) veröffentlicht werden kann. Nach o. g. Veröffentlichung der Gelbdrucke von DIN 18534, Teil 1–3, hat der Arbeitsausschuss die Bearbeitung weiterer Teile 4 und 5 zur o. g. DIN 18534 aufgenommen, um zukünftig auch Abdichtungen mit bahnenförmigen Abdichtungsstoffen im Verbund mit Fliesen und Platten (AIV-B) in einem Teil 4 und ggf. auch Abdichtungen mit plattenförmigen Abdichtungsstoffen im Verbund mit Fliesen und Platten (AIV-P) in einem Teil 5 zu regeln.
Im Teil 1 der DIN 18534 werden die Anforderungen an Abdichtungen für Innenräume, deren Planung und Ausführungsgrundsätze umfänglich beschrieben. Dabei werden drei verschiedene Abdichtungsbauweisen unterschieden, wobei es eine obenliegende Verbundabdichtung auf der Lastverteilungsschicht (z. B. Estrich, Putz oder Trockenbau) unter Fliesen und Platten, eine tieferliegende Abdichtung auf dem Konstruktionsuntergrund mit darüberliegender Dämm- und Lastverteilungsschicht und eine Kombination aus beiden vorgenannten Abdichtungsbauweisen gibt (siehe Bilder 1-3 aus E DIN 18534-1).
Die Auswahl der Abdichtung erfolgt grundsätzlich nach der Einwirkungsklasse des

Tabelle 1: Wassereinwirkungsklassen und typische Anwendungen

| Wassereinwirkungsklasse | Wassereinwirkung | (Beschreibung) | Typische Anwendungen [a b] |
|---|---|---|---|
| W0-I | **gering** | Flächen mit nicht häufigem Einwirken aus Spritzwasser | – Wandflächen in Bädern außerhalb von Duschbereichen und häuslichen Küchen<br>– Bodenflächen im häuslichen Bereich ohne Ablauf z. B. in Küchen, Hauswirtschaftsräumen, Gäste WCs |
| W1-I | **mäßig** | Flächen mit nicht häufigem Einwirken aus Brauchwasser, ohne Intensivierung durch anstauendes Wasser | – Wandflächen über Badewannen und in Duschen in Bädern<br>– Bodenflächen im häuslichen Bereich mit Ablauf<br>– Bodenflächen in Bädern ohne/mit Ablauf ohne hohe Wassereinwirkung aus dem Duschbereich |
| W2-I | **hoch** | Flächen mit häufigem Einwirken aus Brauchwasser, vor allem auf dem Boden zeitweise durch anstauendes Wasser intensiviert | – Wandflächen von Duschen in Sportstätten/Gewerbestätten[c]<br>– Bodenflächen mit Abläufen und/oder Rinnen<br>– Bodenflächen in Räumen mit bodengleichen Duschen<br>– Bodenflächen von Sportstätten/Gewerbestätten[c] |
| W3-I | **sehr hoch** | Flächen mit sehr häufigem oder lang anhaltendem Einwirken aus Spritz- und/oder Brauchwasser und/oder Wasser aus intensiven Reinigungsverfahren, durch anstauendes Wasser intensiviert | – Flächen im Bereich von Umgängen von Schwimmbecken<br>– Duschen und Duschanlagen in Sportstätten/Gewerbestätten<br>– Flächen in Gewerbestätten[c] (gewerbliche Küchen, Wäschereien, Brauereien etc.) |

[a] Es kann zweckmäßig sein, auch angrenzende, nicht aufgrund ausreichender räumlicher Entfernung oder nicht durch bauliche Maßnahmen (z. B. Abtrennungen) geschützte Bereiche, der jeweils höheren Beanspruchungsklasse zuzuordnen.

[b] Je nach Wassereinwirkung können die Anwendungsfälle auch anderen Wassereinwirkungsklassen zugeordnet werden.

[c] Abdichtungsflächen ggf. mit zusätzlichen chemischen Einwirkungen nach 5.3 und nach Bauregelliste A, Teil 2, lfd. Nr. 2.50, Beanspruchungsklasse C u. PG-AIV

[Quelle: Entwurf DIN 18534-1, Gelbdruck 07-2015]

Wassers auf die Abdichtung gemäß obenstehender Tabelle 1 in DIN 18534-1. Die Wasser-Einwirkungsklassen gehen von W0-I bis W3-I (wobei der Buchstabe „I" für die Innenraumabdichtung steht). Leider konnte die bisherige Klassifizierung aus der Bauregelliste (s. o.) und dem ZDB-Merkblatt für Verbundabdichtungen von A, B und C sowie A0 und B0 hier nicht übernommen werden und ist auch nicht einfach übertragbar, weil es sich in DIN 18534 nur um Innenraumabdichtungen handelt. Die Unterscheidungen der Bauregelliste der Innenbereiche A und C (öffentlich geregelter Bereich) sowie A0 (nicht öffentlich geregelter Privat-Bereich) werden in der DIN 18534 nicht vorgenommen und sind hier bislang auch so nicht vorgesehen.

Im Weiteren ist die jeweilige Abdichtung auch nach der Rissklasse des Untergrundes, siehe DIN 18534-1 Tabelle 2 und der Rissüberbrückungsfähigkeit des jeweiligen Abdichtungsstoffes sowie nach der jeweils erforderlichen Zuverlässigkeit der Abdichtung auszuwählen und dementsprechend zu

planen (vgl. informativen Anhang A zu DIN 18534-1).
Außerdem enthält der Teil 1 der DIN 18534 noch alle allgemeinen Anforderungen an die Abdichtung selbst, den Untergrund, die Übergänge, Anschlüsse und Durchdringungen sowie Bewegungsfugen. Neu sind hier die Anforderungen an Abdichtungen über Dämmstoff-Untergründen, Lastverteilungsschichten und Nutzschichten. Es wird auch auf bauliche Erfordernisse zur Untergrundbeschaffenheit, Gefälle, Entwässerung, Installationen und Fugen/Risse im Teil 1 eingegangen. Es folgt Grundsätzliches zu den hier genormten Abdichtungsstoffen, Bauarten und Systemen sowie Planungs- und Baugrundsätze für Innenraumabdichtungen, wie auch Angaben zur Ausführung und Instandhaltung.
Letztlich gibt es zum Teil 1 noch einen informativen Anhang A mit den Kriterien für die Auswahl von Abdichtungsbauarten auch im Hinblick auf die Beurteilung der jeweiligen Zuverlässigkeit von Abdichtungen in Innenräumen.
In den sog. Stoffteilen der DIN 18534 (Teil 2 für bahnenförmige Abdichtungsstoffe und Teil 3 für flüssig zu verarbeitende Abdichtungsstoffe) sind dann den o. g. Wasser-Einwirkungsklassen und Rissklassen die jeweiligen Abdichtungsstoffe, Bauweisen und Systeme im Einzelnen zugeordnet und die stoffspezifischen Anforderungen für die gewählte Abdichtungsausführung beschrieben.
Je nach zulässiger Rissüberbrückungsfähigkeit der einzelnen Abdichtungsstoffe bzw. den Abdichtungsbauweisen und Systemen werden diese in den sog. Stoffteilen Teil 2 und 3 der DIN 18534 den einzelnen Rissklassen nach Tabelle 2 zugeordnet, sodass der Planer damit seine geeignete Abdichtung für den jeweiligen Untergrund auswählen kann.
Zur unterschiedlich möglichen Lage der jeweiligen Abdichtungsschichten enthält E DIN 18534-1 die nachfolgenden Bilder 1 bis 3 zur Erläuterung für die Planung.
Im Bild 1 ist die Lage von bahnenförmigen Abdichtungen nach E DIN 18534-2 unterhalb der Lastverteilungs- bzw. Schutz- und/oder Nutzschicht dargestellt, mit dem Nachteil, dass hierbei der Belagsaufbau oberhalb der Abdichtung im wasserbeanspruchten, ggf. dauerfeuchten Bereich liegt (wie bisher nach DIN 18195-5), was erfahrungsgemäß je nach baulichen Gegebenheiten auch zu hygienischen und anderen Problemen führen kann. Außerdem ist die Ausführung von vertikalen Belagsuntergründen auf der wasserzugewandten Seite einer bahnenförmigen Wandabdichtung oftmals mit einigen Problemen und ggf. auch lastabtragenden Durchdringungen (z. B. Telleranker) in der Abdichtung verbunden.
Im Bild 2 ist die heutzutage häufiger ausgeführte obenliegende Abdichtungsschicht im Verbund mit Fliesen- und Plattenbelägen dargestellt, die im Allgemeinen eine baupraktisch einfachere Ausführung und hygienischere Abdichtungsvariante darstellt, wobei der Estrich oder Putz als Abdichtungsuntergrund im geschützten trockenen Bereich liegt.
Bild 3 zeigt dann die Kombination der beiden v. g. Lagen von Abdichtungsschichten, wobei die untere Lage als zusätzlicher Feuchte-

Tabelle 2: Rissklassen typischer Abdichtungsuntergründe

| Rissklasse | Maximale Rissaufweitung/ Rissneubildung nach Aufbringen der Abdichtung | Beispiel Abdichtungsuntergrund, ggf. inkl. Arbeitsfugen, ohne statischen Nachweis der Rissbreitenbeschränkung |
|---|---|---|
| R1-I | bis ca. 0,2 mm | Stahlbeton, Mauerwerk, Estrich, Putze, kraftschlüssig geschlossene Fugen von Gips- und Gipsfaserplatten[a] |
| R2-I | bis ca. 0,5 mm | kraftschlüssig geschlossene Fugen von plattenförmigen Bekleidungen, Fugen von großformatigem Mauerwerk und erddruckbelastetes Mauerwerk (jeweils ohne Putz) |
| R3-I | bis ca. 1,0 mm, zusätzlich Rissuferversatz bis ca. 0,5 mm | Aufstandsfugen von Mauerwerk, Materialübergänge |

[a] Andere plattenförmige Bekleidungen nach Herstellerangabe
[Quelle: Entwurf DIN 18534-1, Gelbdruck 07-2015]

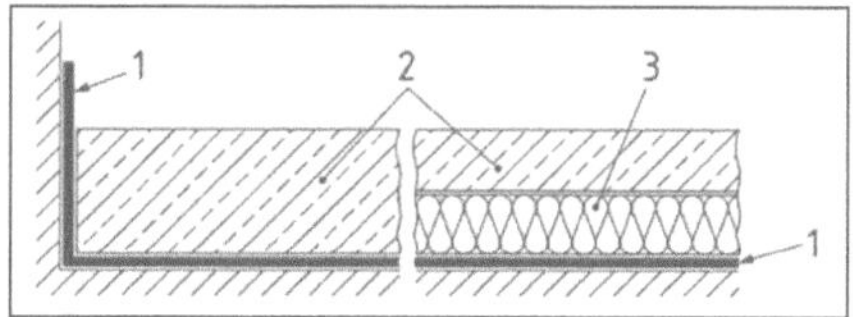


Bild 1: Abdichtung unterhalb der Lastverteilungs- bzw. Schutz- und Nutzschicht

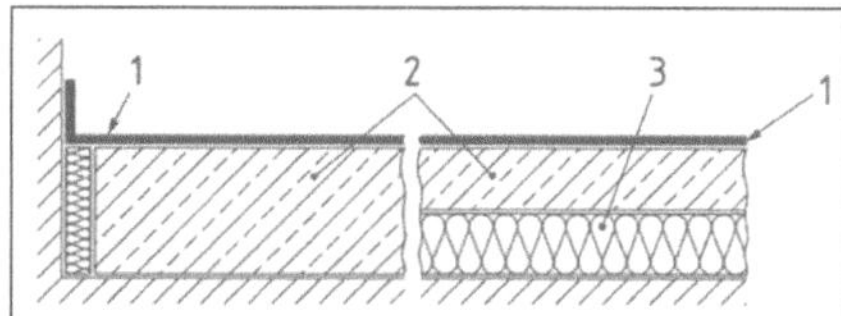


Bild 2: Abdichtung auf der Lastverteilungs- bzw. Schutz- und Nutzschicht

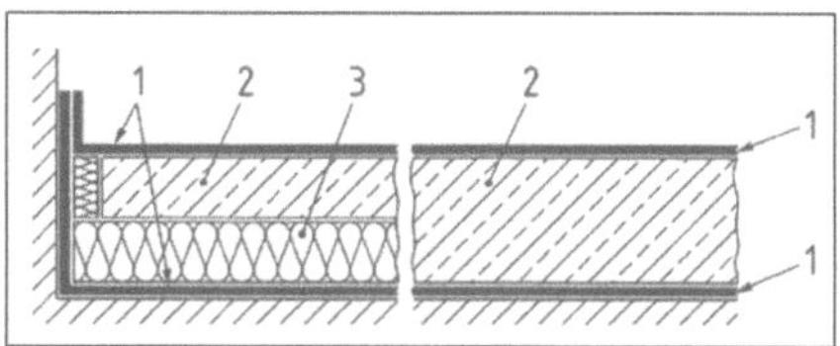


Bild 3: Abdichtung unterhalb und auf der Lastverteilungs- bzw. Schutz- und Nutzschicht

Bilder 1 bis 3: Lage der Abdichtungsschicht auf den jeweiligen Untergründen
[Quelle: Entwurf DIN 18534-1, Gelbdruck 07-2015, dort Bilder 4 – 6]

schutz des schützenswerten Bauwerks fungiert und die obere Abdichtungsschicht die sog. „Tagwasser"-Abdichtung der direkt wasserbeanspruchten Nutzungsebene darstellt. Wichtig ist dabei, dass beide Abdichtungsschichten unabhängig voneinander zu entwässern sind und beide vollständig wasserdicht in allen Details auszuführen sind, wobei sie untereinander nicht zwingend verbunden werden müssen, sondern eher jede für sich allein funktionsfähig und bspw. hinter-/unterlaufsicher sein müssen. Mit der Kombination von diesen zwei Abdichtungsschichten kann auch eine höhere Zuverlässigkeit des Feuchteschutzes erreicht werden, wenn dies objektspezifisch erforderlich ist (z. B. Nassraumabdichtungen in feuchteempfindlichen Holz- oder Stahlkonstruktionen oder bei benachbarten hochwertigen Nutzungen oder besonders schützenswerten Anlagen, Archive usw.).

**Im Teil 2 der DIN 18534** findet man die bereits gewohnten bahnenförmigen Abdichtungsstoffe der DIN 18195-5 wieder (z. B. Bitumenbahnen, Kunststoffbahnen und Elastomerbahnen) und es wurden auch noch einige aktuelle Weiterentwicklungen der v. g. Abdichtungsbahnen, z. B. mit Selbstklebeschicht und mit hochliegender Trägerlage u. a. in Abstimmung mit der ebenfalls aktualisierten DIN V 20000-202 (bzw. zukünftig DIN SPEC 20000-202) neu aufgenommen.

**Im Teil 3 der DIN 18534** sind erstmals, die aus dem ZDB-Merkblatt für Verbundabdichtungen (Ausgabe 2010) seit vielen Jahren bekannten, flüssig zu verarbeitenden Verbundabdichtungssysteme (AIV-F) mit Nutz- u. Schutzschicht aus Fliesen und Platten aufgenommen worden (vgl. auch ETAG 022-1). Im Einzelnen wurden hier folgende flüssig zu verarbeitenden Abdichtungsstoffe mit folgenden Mindesttrockenschichtdicken ($t_{min}$) aufgenommen:

a. Polymerdispersionen (DM) $t_{min} \geq 0,5$ mm (zwei kontrastfarbige Aufträge zur Schichtdicken-Kontrolle)
b. Rissüberbrückende mineralische Dichtschlämmen (CM) $t_{min} \geq 2,0$ mm
c. Reaktionsharze (RM) $t_{min} \geq 1,0$ mm

Diese geregelten o. g. Verbundabdichtungssysteme (AIV-F) benötigen jeweils ein gültiges abP (nach PG-AIV-F) oder eine europäische CE-Kennzeichnung nach ETAG 022.

Die DIN 18534-3 enthält auch erstmals Angaben zur Sicherstellung und Prüfung der ausgeführten Schichtdicken und Regelungen für eine Bestätigungsprüfung der Mindesttrockenschichtdicke in begründeten Zweifelsfällen.

Nachdem im Mai 2015 die ersten drei Teile der DIN 18534 bis zum Gelbdruck bearbeitet waren, wurde über weitere Entwürfe zu Verbundabdichtungen mit Fliesen und Platten mit bahnenförmigen und plattenförmigen Abdichtungsstoffen im Arbeitsausschuss beraten, weil dafür entsprechende Erhebungsbögen und Normungsanträge dem DIN vorgelegt wurden und diese Systeme auch seit einigen Jahren in der Baupraxis eingesetzt werden.

In einem Entwurf als Teil 4 zu DIN 18534 werden nun bahnenförmige Abdichtungen im Verbund mit Fliesen und Platten (AIV-B) geregelt, die nach den Prüfgrundsätzen „PG-AIV-B" ein

allgemeines bauaufsichtliches Prüfzeugnis besitzen oder nach ETAG 022-2 mit einer entsprechenden ETA und CE-Kennzeichnung geprüft sind. Dies sind z. B. ≥ 0,2 mm dicke vlieskaschierte Kunststoffbahnen auf thermoelastischer oder elastomerer Basis, die auch profiliert sein können und als gesamtes Abdichtungssystem (ggf. mit Einlagen und Verstärkungen) geprüft sein müssen (z. B. bestehend aus den Komponenten: Abdichtungsbahn, Verstärkungseinlage, Dichtband, Dichtkleber, Verlegemörtel, Fliesenkleber).
Weil derartige bahnenförmigen Verbundabdichtungen bislang nur für eine Haftzugfestigkeit von mindestens 0,2 N/mm$^2$ geprüft werden (und im Allgemeinen stoffbedingt auch keine nennenswert höheren Haftzugwerte leisten können) sollten diese AIV-B nicht in mechanisch hoch beanspruchten Bodenflächen und nicht bei höheren Wandbeanspruchungen (z. B. mit sehr schweren Wandbelägen, bei mechanischer Beanspruchung oder bei höheren Wänden bspw. > 4 m Höhe) eingesetzt werden. Dieser Entwurf zu DIN 18534-4 wurde zur Gelbdruck-Erstellung im Juli 2015 verabschiedet.
Im Weiteren hat der Arbeitsausschuss begonnen einen Vorentwurf zu einem künftigen Teil 5 für Abdichtungen mit plattenförmigen Abdichtungen im Verbund mit Fliesen und Platten (AIV-P) zu beraten, wobei aber noch einige Fragen und Grundlagen zu diesen Abdichtungssystemen im Detail zu klären sind, sodass dazu noch keine konkreten Angaben hier gemacht werden können. Die Beratungen zu diesem Vorentwurf eines Teils 5 zu DIN 18534 sollen im Januar 2016 fortgesetzt werden. Dabei ist auch zu beachten, dass es sich bei diesen plattenartigen Verbundabdichtungen zum einen um beschichtete Trägerplatten handelt, bei denen die Abdichtungsschicht durch eine werksseitig aufgetragene flüssig zu verarbeitende Verbundabdichtung (ähnlich E DIN 18534-3 AIV-F) oder durch eine werksseitig applizierte bahnenförmige Verbundabdichtung (ähnlich E DIN 18534-4 AIV-B) erbracht wird und lediglich die Fügestellen mit Dichtbändern und Dichtkleber (o. ä.) überbrückt werden. Zum anderen gibt es plattenförmige Verbundabdichtungen aus selbständig „wasserdichten“ Platten (z. B. spez. Schaumkunststoffe XPS o. ä.), die keine zusätzliche Abdichtungsschicht benötigen und nur an den Fügestellen zusätzliche Abdichtungen bzw. Fugenabdichtungen erforderlich sind. Insbesondere die Stoffgruppe der „wasserdichten“ Platten (z. B. aus spez. extrudierten Polystyrol XPS, o. ä.) bedarf noch einiger Einzelklärungen von speziellen Fragen des Arbeitsausschusses, bevor diese in diesem Entwurf zur DIN 18534-5 geregelt werden können.
Einzelne Bauteile aus beschichteten plattenförmigen Verbundabdichtungen, wie z. B. sog. Dusch-Boards mit eingebautem Ablauf oder verfliesbare Stellwände als Duschabtrennung o. ä. haben sich aber bereits seit einigen Jahren in der Baupraxis bewährt und können auch jetzt schon als „Einbauteil“ mit abP oder ETA bzw. CE-Kennzeichnung eingesetzt werden.
Letztlich bleibt auch bei den plattenförmigen Verbundabdichtungen darauf hinzuweisen, dass diese bislang nur für Haftzugfestigkeiten von 0,2 N/mm$^2$ (nach PG-AIV-P) geprüft werden und dementsprechend bei Anwendungen mit höheren mechanischen Beanspruchungen der Belagsflächen zumindest Bedenken bestehen. Außerdem sind dem Verfasser keine geregelten Prüfungen dieser AIV-Platten als selbsttragende Trockenbaukonstruktionen in Boden- oder Wandanwendungen bekannt, sodass auch dazu derzeit grundsätzliche Bedenken für diesen Anwendungsbereich von AIV-P, z. B. als selbstragende Untergrundkonstruktion für Fliesen- und Plattenbeläge, zu berücksichtigen sind. Dass derartige AIV-P in der Baupraxis bereits als Trockenbau-Sonderkonstruktionen vereinzelt eingesetzt werden, ändert an diesen grundsätzlichen Bedenken derzeit nichts. Eine langjährige positive Bewährung und theoretisch richtige Anerkennung liegt hierfür bislang in der Fachwelt nach Ansicht des Verfassers noch nicht ausreichend vor.

## 4 Zuverlässigkeit und Auswahl der Abdichtungsart nach E DIN 18534 (Anhang A)

Der Entwurf der DIN 18534 beinhaltet verschiedenste Abdichtungsarten für Innenräume, die selbstverständlich nicht alle vollständig gleichwertig sind, weil sie zum Teil erhebliche stoffliche und bauartspezifische Unterschiede aufweisen, die der Planer und Ausführende wissen und bei der Abdichtungsplanung sowie auch bei deren Ausführung berücksichtigen muss. Beispielsweise sind alle Verbundabdichtungen mit Fliesen und Platten nach E DIN 18534-3 (AIV-F) (wie auch nach dem neuen Entwurf DIN 18534-4

AIV-B) nur auf Untergründen der untersten Rissklasse R1-I (bis 0,2 mm Rissbreitenänderung) zugelassen, während bahnenförmige Abdichtungen nach E DIN 18534-2 auf Untergründen bis zur höchsten Rissklasse R3-I (bis 1,0 mm Rissbreitenänderung und 0,5 mm Rissflankenversatz) zugelassen sind (und ggf. auch noch höhere Rissüberbrückungen schadensfrei leisten können). Auch die sonstigen Beanspruchbarkeiten, Haftzugfestigkeiten von Verbundabdichtungen (AIV) sowie andere Performance-Werte der hier geregelten, verschiedenen Abdichtungsstoffe und den daraus bestehenden Abdichtungsbauarten sind zum Teil höchst unterschiedlich, sodass man hier nicht von absolut gleichwertigen Abdichtungsbauarten ausgehen darf, die in allen Anwendungsfällen gleichwertig einsetzbar sind. Vielmehr ist es eine zentrale Aufgabe des Planers für den jeweiligen baulichen Anwendungsfall, die Beanspruchung, die spezifische Risikolage und das Sicherheits- und Dauerhaftigkeitsbedürfnis des Bauherrn/Auftraggebers eine objektspezifisch geeignete, zuverlässige und ausreichend dauerhafte Abdichtungsbauart auszuwählen, zu planen und ausführen zu lassen, wobei der Ausführungsüberwachung erfahrungsgemäß auch eine besondere Bedeutung zukommt. Beispielsweise ist es nach den Prüfgrundsätzen für AIV's zulässig, in der Prüfung etwaig auftretende Leckagen an der zu prüfenden (freiliegenden) AIV-Abdichtung, sogar mehrmalig, nachzubessern und dann erneut auf Dichtheit zu prüfen. Im Gegensatz dazu liegt diese „2. Chance" in der Baupraxis meistens nicht vor, es sei denn man macht Anstau- oder andere Dichtheitsproben vor der Belagerstellung, sodass die erstellte Abdichtung von Beginn an wasserdicht sein und über die vorgesehene Nutzungsdauer auch bleiben muss.

Weil „Wasser einen spitzen Kopf hat und konsequent ist" muss der Planer von Abdichtungen in Innenräumen in seinen Planungsüberlegungen ebenfalls konsequente Prinzipien zur Zuverlässigkeit und Dauerhaftigkeit gegen die zu erwartenden Wassereinwirkungen und gegen sämtliche baulichen Unwägbarkeiten berücksichtigen, damit der Schutz vor Feuchteschäden an der Bausubstanz ausreichend erbracht wird. Dazu kann es auch erforderlich sein mehrlagige bzw. kombinierte Abdichtungsbauarten (z. B. nach E DIN 18534-1, hier Bild 3) anzuwenden, insbesondere wenn ein hohes, dauerhaftes Schutzziel erreicht werden soll (z. B. Nassraumabdichtung über/neben hochwertigen Nutzräumen in einem Gebäude o. ä.). Einzelne Hinweise dazu enthält der informative Anhang zu E DIN 18534-1.

## 5 Zusammenfassung und Ausblick

Wie im Vorstehenden dargelegt, beinhaltet die neue E DIN 18534 sowohl die bisher gewohnten Regeln für Abdichtungen in Innenräumen der noch gültigen DIN 18195-5 (2011) als auch die neu aufgenommen Abdichtungsstoffe und Systeme (z. B. die Verbundabdichtungen AIV-F u. a.). Damit wurde ein wesentlicher Schritt zur Aktualisierung und Regelung von bundesweit praktizierten Abdichtungen für Innenräume in dieser Norm vollzogen.

Die verwendeten Begriffe sind in der neuen E DIN 18195 „Begriffe" als Terminologie-Norm für alle fünf neuen Abdichtungsnormen (E DIN 18531 bis 18535) geregelt und wurden ebenfalls als Gelbdruck mit Datum „07-2015" Anfang Juni 2015 veröffentlicht. Darin wird auch der Begriff des „Nassraumes" nicht mehr durch die Notwendigkeit eines Bodenablaufes definiert, sondern vielmehr von der zu erwartenden Wassereinwirkung und der geplanten Raumnutzung abhängig gemacht.

Die neue E DIN 18534 in den Teilen 1–3 steht mit dem Gelbdruck seit Anfang Juni 2015 der Fachöffentlichkeit zur Kenntnisnahme und für Einsprüche bis 5. Oktober 2015 zur Verfügung. Es wäre schön, wenn sich möglichst viele DIN-Nutzer, Planer, Ausführende und Produkthersteller damit beschäftigen würden und soweit erforderlich Hinweise zu notwendigen Ergänzungen, Klarstellungen und Verbesserungsvorschläge an das DIN-Institut in Berlin einreichen würden. Die Normenentwürfe können kostenfrei im „Norm-Entwurfs-Portal" des DIN-Instituts eingesehen und darüber auch Einsprüche eingereicht werden. (Internet-Link: http://www.din.de/cmd?level=tpl-artikel&languageid=de&cmstextid=norm-entwurfs-portal)

Für die bahnenförmigen Verbundabdichtungen (AIV-B) wurde zwischenzeitlich ein weiterer Entwurf als Teil 4 zur DIN 19534 erarbeitet, weil diese im ersten Anlauf noch nicht in die DIN 18534, Teil 1–3 aufgenommen werden konnten. Der diesbezügliche Normentwurf zum Teil 4 (AIV-B) wurde im Juli 2015 zur Gelbdruckerstellung verabschiedet und wird voraussichtlich bis Oktober 2015 vom DIN-Institut veröffentlicht.

Für weitere Regelungen von plattenförmigen Verbundabdichtungen (AIV-P) in einem geplanten Teil 5 von DIN 18534 sind derzeit noch klärende Beratungen im DIN-Arbeitsausschuss erforderlich, sodass dazu frühestens im späten Frühjahr 2016 ein konkreter Normen-Entwurf zu erwarten ist, dessen Inhalte derzeit aber noch nicht konkretisierbar sind.

Derzeit sind die v. g. bahnen- und plattenartigen Verbundabdichtungsstoffe für die Anwendung in Innenräumen auf europäischer Ebene in ETAG 022, Teil 2 (AIV-B) und in ETAG 022, Teil 3 (AIV-P) mit ETA und CE-Kennzeichnung geregelt.

## 6 Regelwerke und Fachliteratur


[1] DIN 18195, Teile 1–10 und Beiblatt 1 „Bauwerksabdichtungen" (zuletzt im Dez. 2011 aktualisiert)

[2] DIN V 20000-202 Anwendung von Bauprodukten in Bauwerken – Anwendungsnorm für Abdichtungsbahnen nach Europäischen Produktnormen zur Verwendung von Bauwerksabdichtungen (Ausgabe Dez. 2001)

[3] E DIN 18534 „Abdichtungen von Innenräumen" (Teil 1–3 Gelbdruck-Entwürfe von 02-2015)

[4] Prüfgrundsätze für Abdichtungen im Verbund (flüssig, bahnen+plattenförmig) PG-AIV des DIBt Berlin

[5] ETAG 022-1 bis -3 „Flüssig zu verarbeitende, bahnen- und plattenförmige Verbundabdichtungen"

[6] ZDB-Merkblatt „Verbundabdichtungen" (AIV-F), ZDB Berlin

[7] ZDB-Leitfaden Hinweise für die Planung und Ausführung von Abläufen und Rinnen in Verbindung mit Abdichtungen im Verbund (AIV)

[8] Forschungsbericht: Schadenfreie niveaugleiche Türschwellen, AIBAU, Aachen 2010

[9] Erich Cziesielski; Michael Bonk: Fachbuchreihe Schadensfreies Bauen – Band 8: Schäden an Abdichtungen in Innenräumen. IRB-Verlag

[10] H.-G. Marx u.a.: Fachbuchreihe Schadensfreies Bauen - Band 25: Schäden an Belägen und Bekleidungen aus Keramik, Natur- und Betonwerkstein. IRB-Verlag

[11] G. Zimmermann u.a.: Fachbuchreihe Schadensfreies Bauen – Band 38: Wasserschäden. IRB-Verlag

[12] Dieter Ansorge: Bäder – Planung, Ausführung, Nutzung. IRB-Verlag

[13] Aachener Bausachverständigentage 2010 Tagungsband – Konfliktfeld Innenbauteile (Vortrag zu AIV von G. Klingelhöfer)

[14] GIPS-Merkblatt Nr. 5 Bäder und Feuchträume im Holz- und Trockenbau

[15] E.-U. Niemer; G. Klingelhöfer; J. Schütz: Praxis-Handbuch Fliesen. Rudolf Müller Verlag u.v.a.m.

***Dipl.-Ing. Gerhard Klingelhöfer, BDB***

*Studium des Bauingenieurwesens, beratender Ingenieur der Ingenieurkammer Hessen und öffentlich bestellt und vereidigter Sachverständiger für Schäden an Gebäuden. Seit 1993 eigenes Ingenieur- und Sachverständigenbüro für Bautechnik mit den Schwerpunkten: Tragwerksplanung, Bauphysik, Bauwerksabdichtung, Sanierungsplanungen und Gutachten. Lehrbeauftragter an der Technischen Hochschule Mittelhessen in Gießen; Fachbuchautor zum Fliesenhandbuch und Fachreferent. Seminarorganisator des BDB-Bildungswerkes BG Gießen-Wetzlar und Vorstandsmitglied in der Bezirksgruppe Gießen des BDB, Technischer Berater der Klingelhöfer Unternehmensgruppe; Ombudsmann des 1. Hess. Tiefengeothermieprojekts Trebur der ÜWGeo.*

# Bodenlose Probleme: Zur Schimmelpilz- und Tauwassergefahr bodentiefer Fensteranlagen

Dipl. Ing. (FH) Johannes Volland,
Ingenieurbüro für energieeffizientes Bauen und Sanieren von Gebäuden, Regensburg

**Einleitung**

Der heutige Wunsch an offenes und helles Wohnen führt dazu, dass bei Gebäuden verstärkt bodentiefe Fenstertüren geplant und im Bestand Brüstungsfenster zu Balkon- und Terrassentüren umgebaut werden.
Die Forderung nach barrierefreiem Bauen zwingt zur Ausführung von schwellenlosen Türen.
Der Wunsch nach einem besseren Wärmeschutz im Fensterbereich wird oft durch den Tausch des Fensterglases umgesetzt und nicht durch den Austausch des gesamten Fensters.
Allerdings kommt es seit einiger Zeit immer häufiger zu privaten und gerichtlichen Auseinandersetzungen wegen Schimmelpilz- und Tauwasserbildung an Fenstern und Fenstertüren.
Die Tauwasserbildung ist bei bodentiefen Fensteranlagen deswegen problematisch, weil diese im Schwellenbereich zu Feuchteschäden und schlimmstenfalls zu Schimmelpilzbildung führen kann.
Diese Schäden sind nicht nur bei der Fenstererneuerung im Altbau, sondern auch bei gut gedämmten und luftdichten Neubauten zu beobachten.

**Inhalt des Vortrags**

1. Wann kommt es zur Tauwasserbildung und wann bilden sich Schimmelpilze?
2. Wie kann die Tauwasser- und Schimmelpilzbildung an bodentiefen Fensteranlagen vermieden werden?
3. In welchem Umfang ist die Bildung von Tauwasser zulässig?
4. Wie ist mit Feuchtigkeit im Schwellenbereich umzugehen?

## 1 Wann kommt es zur Tauwasserbildung und wann bilden sich Schimmelpilze?

### *1.1 Wann kommt es zur Tauwasserbildung?*

Zur Tauwasserbildung kommt es, wenn der Sättigungsdampfdruck erreicht ist.
Den Sättigungsdampfdruck in Abhängigkeit der Temperatur kann aus der Tabelle C.1 der DIN 4108-3 abgelesen werden.
Nach DIN 4108-2 muss bei nachfolgendem Raumklima an der Gebäudehülle Schimmelpilzfreiheit gewährleistet sein:

- 20 °C Innentemperatur
- 50 % relative Luftfeuchtigkeit

Die Oberflächentemperatur, bei der Tauwasser ausfällt, kann wie folgt bestimmt werden:
Bei 20 °C Innentemperatur und 100 % Luftfeuchtigkeit kann aus Tabelle C.1 ein Sättigungsdampfdruck von 2337 Pa abgelesen werden.
Bei 50 % Luftfeuchtigkeit ergibt sich ein Dampfdruck von 1168,5 Pa.
Aus der Tabelle C.1 der DIN 4108-3 kann abgelesen werden, dass bei 9,2 °C der Sättigungsdampfdruck 1163 Pa beträgt.

**Das bedeutet:**

Bei genormten Randbedingungen der DIN 4108-2 mit

- 20 °C Innentemperatur und
- 50 % innere Luftfeuchtigkeit

ist der Sättigungsdampfdruck nach Tabelle C.1 der DIN 4108-3 bei einer Temperatur von 9,2 °C erreicht. Bei einer Bauteiloberflächentemperatur von 9,2 °C fällt also unter genormten Klimabedingungen Tauwasser an.

Tabelle 1: (Auszug) Tab C.1 DIN 4108-3 [1] Sättigungsdampfdruck für Wasserdampf in Luft über flüssigem Wasser bzw. über Eis in Abhängigkeit von der Temperatur

| Temperatur in °C | Sättigungsdampfdruck, in Pa, für Temperaturschritte in Zehntel °C | | | | | | | | | |
|---|---|---|---|---|---|---|---|---|---|---|
| | ,0 | ,1 | ,2 | ,3 | ,4 | ,5 | ,6 | ,7 | ,8 | ,9 |
| 30 | 4241 | 4265 | 4289 | 4314 | 4339 | 4364 | 4389 | 4414 | 4439 | 4464 |
| 29 | 4003 | 4026 | 4050 | 4073 | 4097 | 4120 | 4144 | 4168 | 4192 | 4216 |
| 28 | 3778 | 3800 | 3822 | 3844 | 3867 | 3889 | 3912 | 3934 | 3957 | 3980 |
| 27 | 3563 | 3584 | 3605 | 3626 | 3648 | 3669 | 3691 | 3712 | 3734 | 3756 |
| 26 | 3359 | 3379 | 3399 | 3419 | 3440 | 3460 | 3480 | 3501 | 3522 | 3542 |
| 25 | 3166 | 3185 | 3204 | 3223 | 3242 | 3261 | 3281 | 3300 | 3320 | 3340 |
| 24 | 2982 | 3000 | 3018 | 3036 | 3055 | 3073 | 3091 | 3110 | 3128 | 3147 |
| 23 | 2808 | 2825 | 2842 | 2859 | 2876 | 2894 | 2911 | 2929 | 2947 | 2964 |
| 22 | 2642 | 2659 | 2675 | 2691 | 2708 | 2724 | 2741 | 2757 | 2774 | 2791 |
| 21 | 2486 | 2501 | 2516 | 2532 | 2547 | 2563 | 2579 | 2594 | 2610 | 2626 |
| 20 | 2337 | 2351 | 2366 | 2381 | 2395 | 2410 | 2425 | 2440 | 2455 | 2470 |
| 19 | 2196 | 2210 | 2224 | 2238 | 2252 | 2266 | 2280 | 2294 | 2308 | 2323 |
| 18 | 2063 | 2076 | 2089 | 2102 | 2115 | 2129 | 2142 | 2155 | 2169 | 2182 |
| 17 | 1937 | 1949 | 1961 | 1974 | 1986 | 1999 | 2012 | 2024 | 2037 | 2050 |
| 16 | 1817 | 1829 | 1841 | 1852 | 1864 | 1876 | 1888 | 1900 | 1912 | 1924 |
| 15 | 1704 | 1715 | 1726 | 1738 | 1749 | 1760 | 1771 | 1783 | 1794 | 1806 |
| 14 | 1598 | 1608 | 1619 | 1629 | 1640 | 1650 | 1661 | 1672 | 1683 | 1693 |
| 13 | 1497 | 1507 | 1517 | 1527 | 1537 | 1547 | 1557 | 1567 | 1577 | 1587 |
| 12 | 1402 | 1411 | 1420 | 1430 | 1439 | 1449 | 1458 | 1468 | 1477 | 1487 |
| 11 | 1312 | 1321 | 1330 | 1338 | 1347 | 1356 | 1365 | 1374 | 1383 | 1393 |
| 10 | 1227 | 1236 | 1244 | 1252 | 1261 | 1269 | 1278 | 1286 | 1295 | 1303 |
| 9 | 1147 | 1155 | 1163 | 1171 | 1179 | 1187 | 1195 | 1203 | 1211 | 1219 |

### *1.2 Wann kommt es zur Schimmelpilzbildung?*

Nach DIN 4108-2 muss aber nicht die Tauwasserfreiheit an der Gebäudehülle gewährleistet sein, sondern die Schimmelpilzfreiheit. Schimmelpilze entstehen an Baustoffoberflächen nicht erst, wenn der Sättigungsdampfdruck in der Raumluft erreicht ist, sondern können sich schon nach DIN 4108-2 und DIN EN ISO 13788 bei einer **relativen Luftfeuchtigkeit von 70–80 %** bilden.

Dies liegt daran, dass innerhalb der Kapillaren schon bei einem geringeren Anteil an Wasserdampf Kondensation stattfindet.

Aufgrund dieses Sachverhalts kommt es innerhalb der Kapillaren unter Ansatz eines genormten Raumklimas nach DIN 4108-2 bei einem Sättigungsdampfdruck von 1460 Pa (1168/0,8) schon zur Tauwasserbildung. Aus Tabelle C.1 der DIN 4108-3 ergibt sich bei einer Temperatur von 12,6 °C der Sättigungsdampfdruck von 1458 Pa.

**Das bedeutet:**

Bei genormten Randbedingungen der DIN 4108-2 mit

- 20 °C Innentemperatur und
- 50 % innere Luftfeuchtigkeit

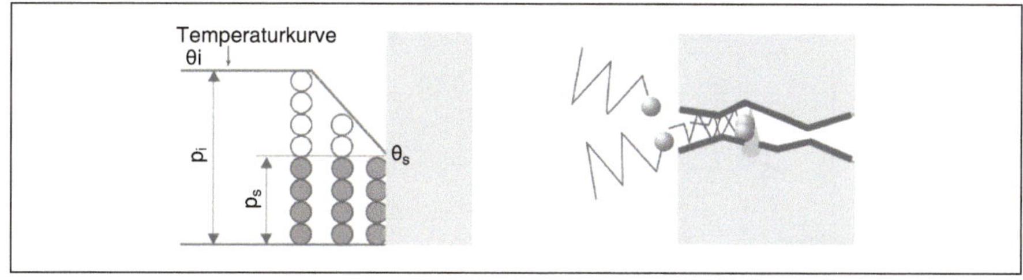


Links: Taupunkttemperatur $\theta_S$ in Abhängigkeit des bei $\theta_I$ möglichen und des vorhandenen Dampfdrucks $p_i/p_S$.
Rechts: Schema der Wasserdampfkondensation in Kapillaren
Bild 1: Wasserdampfkondensation in Kapillaren ([2] Bild 6.43)

ist der Sättigungsdampfdruck nach Tabelle C.1 der DIN 4108-3 in den Kapillaren bei einer Temperatur von 12,6 °C erreicht (Kapillarkondensation). Bei einer Bauteiloberflächentemperatur von 12,6 °C besteht also unter genormten Klimabedingungen Schimmelpilzgefahr.
Aus diesem Grund muss die Gebäudehülle so konstruiert werden, dass an keiner Stelle der Außenhaut die Oberflächentemperatur bei genormten Klimabedingungen unter 12,6 °C fällt. Sicherheitshalber sollte die Konstruktion aber so gewählt werden, dass die Oberflächentemperaturen immer über 14 °C liegen. Das Passivhausinstitut verlangt bei zertifizierten Passivhäusern die Gewährleistung einer Oberflächentemperatur von 17 °C bei einer Außentemperatur von –10 °C.

## 2 Wie kann die Tauwasser- und Schimmelpilzbildung an bodentiefen Fensteranlagen vermieden werden

### *2.1 Normgerechter Einbau einer Fensteranlage in der Fensterlaibung Wärmebrückenminimierung:*

Wie Wärmebrücken im Anschlussbereich schimmelpilzfrei konstruiert werden können, ist unter anderem im Beiblatt 2 zur DIN 4108

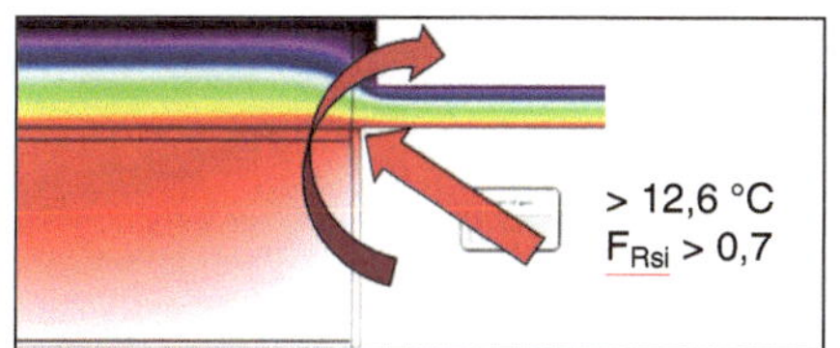


Bild 2: Darstellung der Anforderungen an den Feuchteschutz nach DIN 4108-2 [9]

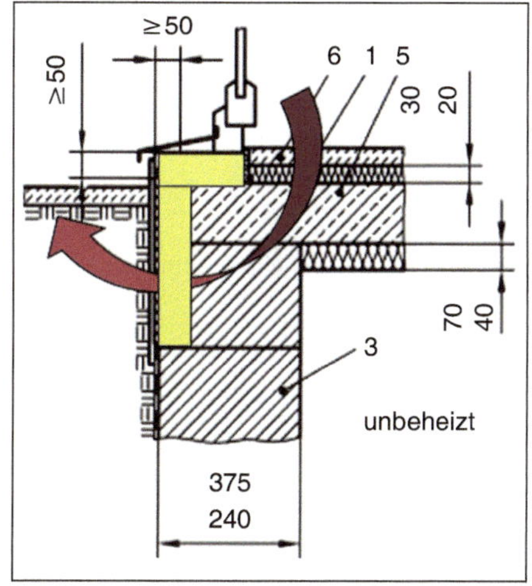


Bild 3: In Anlehnung an Bild 66 aus Beiblatt 2 zur DIN 4108 [3]

dargestellt. Im Beiblatt 2 zur DIN 4108 gibt es einige Abbildungen zur wärmebrücken- und tauwasserfreien Ausbildung von bodentiefen Fenstern. Werden Details so geplant und ausgeführt, müssen keine weiteren Nachweise bezüglich Wärmebrücken- und Tauwasserschutz geführt werden.
Zu beachten ist in Bild 3 die Lage der Abdichtung und die Dicke der Wärmedämmung im Sockelbereich. Zwischen Fensterstock und Bodenplatte muss mindestens eine Wärmedämmung von 50 mm Stärke eingebaut werden. Außerdem sollte die Wärmedämmung im Sockelbereich mindestens eine Dicke von 50 mm aufweisen.
Zu beachten ist auch in Bild 4 die Lage der Abdichtung und die Dicke der Wärmedäm-

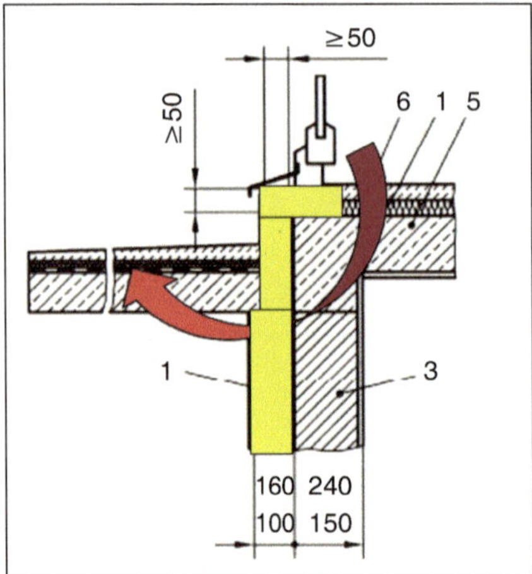


Bild 4: In Anlehnung an Bild 70 aus Beiblatt 2 zur DIN 4108 [3]

mung zwischen Balkonplatte und Außenwand.

Nachdem auch die Lage des Fensters in der Laibung dafür ausschlaggebend ist, ob diese tauwasser- und schimmelpilzfrei bleibt, gibt es hierfür im Leitfaden für den Fenstereinbau nach RAL Grafiken zur schimmelpilzfreien Lage des Fensters in der Laibung.

Die beste Lage des Fensters ist bei monolithischem Mauerwerk in der Mitte der Laibung. Ab der Mitte hin zur Innenkante kann ein $f_{Rsi}$-Wert von über 0,7 gewährleistet werden. Der niedrigste psi-Wert ergibt sich ebenfalls in der Mitte der Laibung (siehe Bild 5).

Wird das Mauerwerk außen mit einem WDVS verkleidet, sollte das Fenster an die Außenkante des Mauerwerks versetzt werden. Noch höhere innere Oberflächentemperaturen an der Fensterlaibung können durch das Versetzen des Fensters in die Dämmebene erzielt werden.

Wird das Mauerwerk außen mit einer Vorsatzschale verkleidet, sollte das Fenster ebenfalls in der Dämmebene liegen.

### Winddichter Einbau

Eine weitere wichtige Voraussetzung für die Tauwasser- und Schimmelpilzfreiheit von Bodentiefen Fensteranlagen ist der innere luftdichte Anschluss. Wenn die Fugen zwischen Mauerwerk und Fenster nicht luftdicht ausgeführt sind, sinken die Oberflächentemperatu-

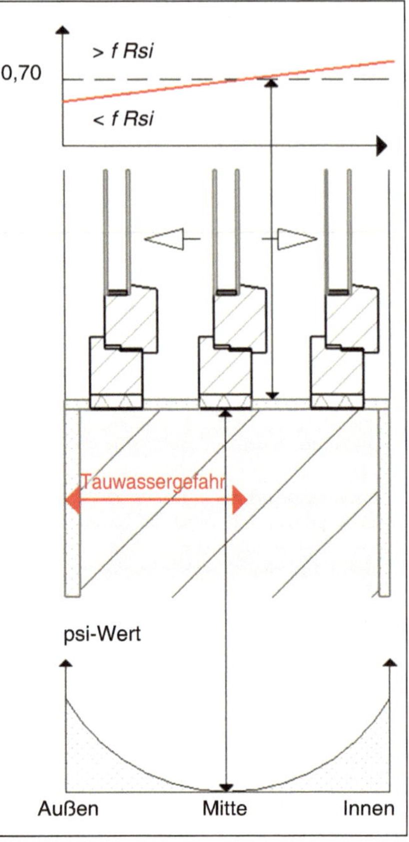


Bild 5: In Anlehnung zum Bild 4.18 aus RAL Leitfaden zur Montage [4]

ren in diesem Bereich und es kann zu Schimmelpilz- und Tauwasserbildung kommen.

In der DIN 4108-7 sind einige Beispiele enthalten, wie Fenster winddicht eingebaut werden können.

Im Bild 28 aus der DIN 4108-7 ist dargestellt, wie der untere Anschluss eines Fensters winddicht ausgebildet werden kann. Das Bild gilt auch für den unteren Anschluss von bodentiefen Fenstern.

Außerdem gibt es im RAL- Leitfaden zur Montage von Fenstern weitere Richtlinien zum winddichten Einbau von bodentiefen Fensteranlagen.

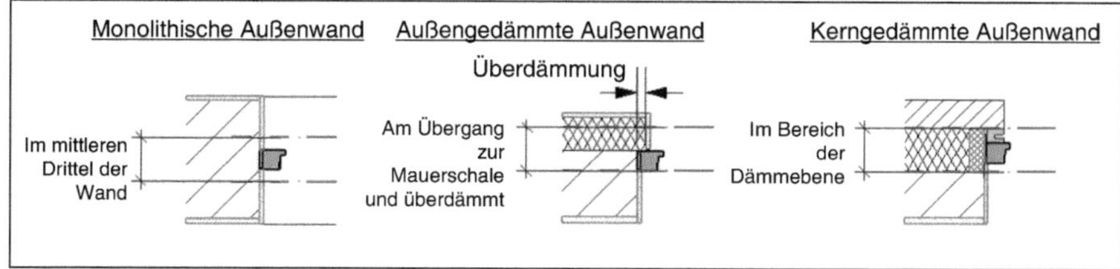


Bild 6: In Anlehnung an Bild 4.19 aus RAL Leitfaden zur Montage [4]

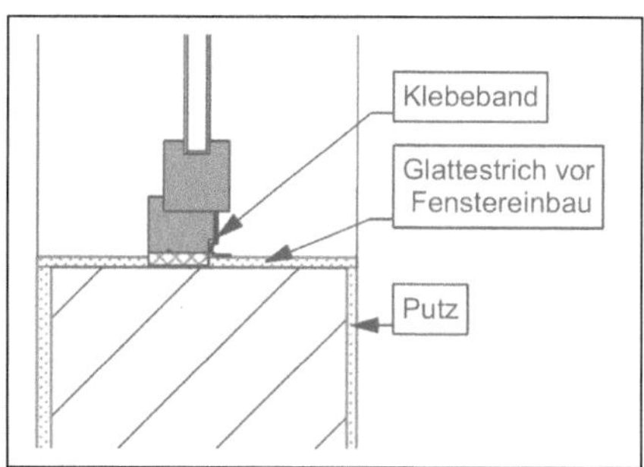


Bild 7: In Anlehnung an Bild 28 aus der DIN 4108-7 [5]

## 2.2 *Vermeidung von unterschiedlichen Oberflächentemperaturen an der Fensteroberfläche*

Die Wärmedurchlasskoeffizienten (U-Werte) der einzelnen Bauteile einer Fensteranlage, wie Rahmen und Glasscheibe sollten annähernd gleich sein.
Wenn die U-Werte des Rahmens und der Glasscheibe sehr niedrig sind, aber der Glasrandverbund eine hohe Wärmeleitfähigkeit aufweist, kann es hier verstärkt zur Tauwasserbildung kommen.
Der Glasrandverbund spielt hier eine wichtige Rolle. Wenn dieser bei einem energetisch hochwertigen Fenster aus einem gut leitenden Material ist, wie z. B. Aluminium, kann es in diesem Bereich zur Tauwasserbildung kommen. Bei Fenstern mit einem mittleren $U_W$-Wert < 1,1 W/(m²K) wird eine „Warme Kante" als Glasrandverbund empfohlen. Hierfür eignen sich in der Regel Kunststoffe, die eine geringe Wärmeleitfähigkeit aufweisen.
Es gibt jedoch keine Norm oder technische Richtlinie, die eine „Warme Kante" bei Wärmeschutzgläsern fordert.

## 2.3 *Vermeidung von zu hoher Feuchtigkeit in den Räumen*

Der Bewohner muss darauf hingewiesen werden, dass er, wenn keine Lüftungsanlage vorhanden ist, ausreichend Lüften und Heizen muss. Er ist dafür verantwortlich, dass ein Raumklima von 50 % Luftfeuchtigkeit und 20 °C Innentemperatur eingehalten wird.
Steigt die Luftfeuchtigkeit oder sinkt die Temperatur unter den genormten Klimabedingun-

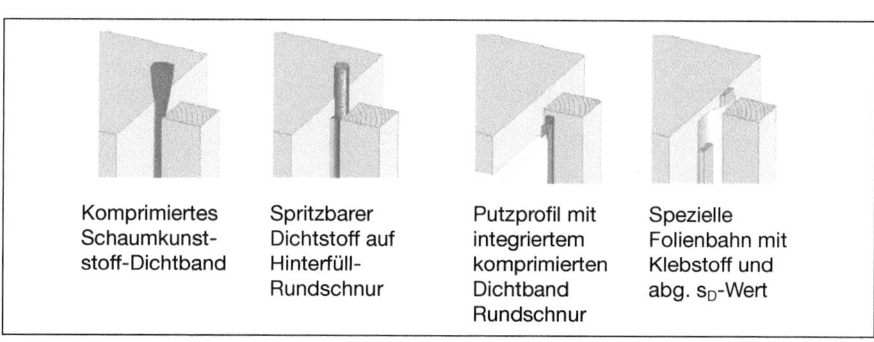


Bild 8: Winddichter Einbau von Fenstern nach RAL

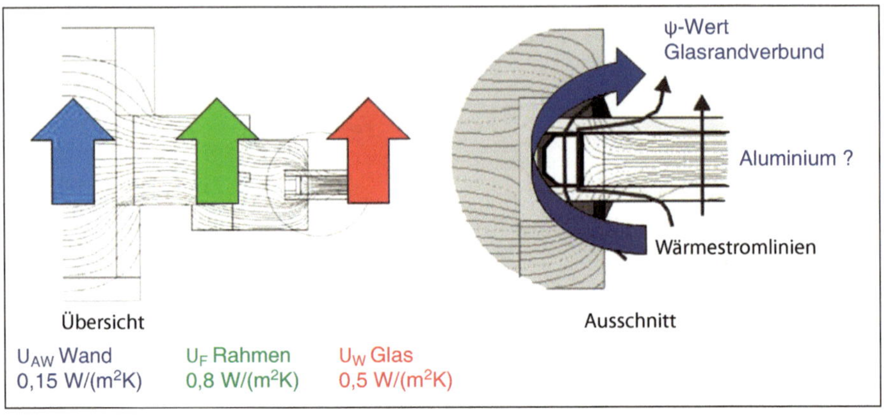


Bild 9: Darstellung der unterschiedlichen U- Werte bei Fensteranlagen

gen, kann es zur verstärkten Tauwasserbildung an Fensteranlagen kommen.
In der DIN 1946-6 ist beschrieben, ob und wann eine Lüftungsanlage für den Feuchtigkeitsschutz in beheizten Räumen notwendig ist und Fensterlüftung zur Sicherstellung des Feuchteschutzes nicht mehr ausreicht. Bei Neubauten muss nach DIN 1946-6 immer ein Lüftungskonzept erstellt werden, welches die Notwendigkeit einer Lüftungsanlage zur Gewährleistung des Feuchteschutzes untersucht.
Bei der Sanierung von Altbauten wird in folgenden Fällen ein Lüftungskonzept erforderlich:

- in Mehrfamilienhäuser, wenn mehr als 1/3 der Fenster einer Nutzungseinheit ausgetauscht werden,
- in Einfamilienhäuser, wenn mehr als 1/3 der Fenster ausgetauscht bzw. mehr als 1/3 der Dachfläche abgedichtet werden.

## 3 In welchem Umfang ist die Bildung von Tauwasser zulässig

Nach DIN 4108-2 Nr. 6.2.1 [7]:
*„An der ungünstigsten Stelle ist bei stationärer Berechnung unter den Randbedingungen nach 6.3 mindestens ein Temperaturfaktor von 0,70 und eine Oberflächentemperatur von 12,6 °C einzuhalten.*
***Fenster sind davon ausgenommen.*** *An den Schnittstellen zwischen Fensterelement und Baukörper ist der Temperaturfaktor $f_{Rsi} > 0{,}70$ einzuhalten“.*

Nach DIN 4108-2 darf sich am Fensterrahmen und an der Glasscheibe Tauwasser bilden. In der Fensterlaibung muss der Feuchteschutz nach DIN 4108-2 gewährleistet sein.
Nach DIN EN ISO 13788 [8]:
Hier gibt es eine Anmerkung unter 5.1:
*„Eine Tauwasserbildung auf Oberflächen kann zu Schäden an ungeschützten feuchteempfindlichen Baustoffen führen.* ***Sie kann vorübergehend und in kleinen Mengen annehmbar sein,*** *z. B. bei Fenstern und Fliesen in Badezimmern, sofern die Oberfläche die Feuchte nicht absorbiert und entsprechende Vorkehrungen zur Vermeidung eines Kontaktes der Feuchte mit angrenzenden empfindlichen Materialien getroffen werden“.*

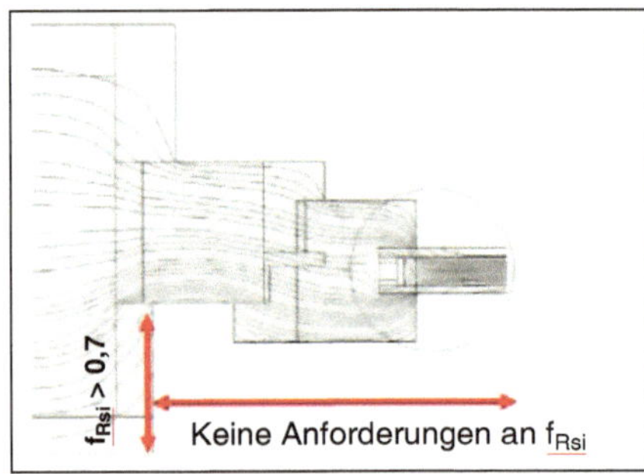


Bild 10: Darstellung der Anforderung bezüglich Tauwasserschutz nach DIN 4108-2 an einer Fensteranlage

Die Norm DIN EN ISO 13788 schränkt den zulässigen Tauwasserausfall an Fensteranlagen nach DIN 4108-2 ein. Hier heißt es, dass das anfallende Tauwasser an Fensteranlagen nicht zu Bauschäden führen darf. Nachdem aber die genaue Tauwassermenge unter genormten Randbedingungen nach [7] im Vorfeld nicht ermittelt werden kann, sollten Vorkehrungen getroffen werden, damit es zu keinen Bauschäden kommt.

## 4 Wie ist mit Feuchtigkeit im Schwellenbereich umzugehen

### – Vorhandenen Tauwasseranfall aufwischen

Die effektivste Möglichkeit, anfallendes Tauwasser zu beseitigen ist dieses aufzuwischen. Früher war die Bildung von Tauwasser an Fenstern geduldet und wurde vom Bewohner durch Aufwischen beseitigt. Nachdem aber viele Wohnungen tagsüber nicht bewohnt werden, ist dies keine Option mehr, die den Bewohnern zugemutet werden kann.

### – Für einen ausreichenden Luftwechsel sorgen

Die sicherste Methode Tauwasserausfall zu vermeiden, ist ausreichendes Lüften. Wird feuchte Luft kontinuierlich abtransportiert, kann diese nicht an kalten Stellen ausfallen. Wie ein Gebäude belüftet werden muss, ist in der DIN 1946-6 beschrieben. Ob regelmäßiges Lüften über Fenster ausreicht, oder eine Lüftungsanlage für den Feuchteschutz notwendig ist, kann über die Berechnung nach DIN 1946-6 ermittelt werden.

### – Einbau einer „Warmen Kante“ als Glasrandverbund

Der Einbau einer „Warmen Kante“ als Glasrandverbund verhindert den Tauwasserausfall im Randbereich der Glasscheibe. Sie ist eine effektive und kostengünstige Möglichkeit, Tauwasserausfall an Fensteranlagen zu vermeiden.

### – Feuchtabweisende Materialien verwenden

Nachdem der Tauwasserausfall an Fensteranlagen zulässig und nicht zu 100 % vermeidbar ist, sollten im Bodenbereich Materialien verwendet werden, die weitgehend feuchteunempfindlich sind.

Diese sind z. B.:

- Fliesen
- versiegelte Holzböden
- feuchteabweisende Laminatböden
- versiegelte Korkböden
- PVC- Böden

### – Fußbodenheizung im Laibungsbereich

Wird in den beheizten Räumen eine Fußbodenheizung verlegt, sollte diese mit in den Laibungsbereich des Fensters verlegt werden. Durch das Anheben der Fußbodenoberflächentemperatur wird anfallendes Tauwasser schneller verdunstet. Das Verdunsten des Wassers kann aber zu Wasserflecken auf den Fußböden führen.

## 5 Zusammenfassung

Werden bodentiefe Fensteranlagen wärmebrückenoptimiert und luftdicht eingebaut, ist die Tauwasser- und Schimmelpilzfreiheit im Laibungsbereich unter einem genormten Wohnraumklima nach [7] gewährleistet. Ausreichendes Lüften über Fenster oder besser über eine kontrollierte Lüftungsanlage sorgt darüber hinaus für das kontinuierliche Abführen von Feuchtigkeit aus den Räumen. Der zulässige Tauwasseranfall an der Fensterscheibe kann durch niedrige $U_G$-Werte und der Verwendung einer „Warmen Kante“ im Glasrandverbund minimiert werden.
Wird dann auch noch eine Fußbodenheizung im Laibungsbereich verlegt, wurde alles getan, um die Schimmelpilz- und Tauwassergefahr an bodentiefen Fensteranlagen zu minimieren.

## 6 Literatur


[1] DIN 4108-3: 2014-11 Wärmeschutz und Energie-Einsparung in Gebäuden – Teil 3: Klimabedingter Feuchteschutz

[2] Volland + Volland: Wärmeschutz und Energiebedarf nach EnEV – 2014 (Bild 6.43)

[3] DIN 4108 Bbl 2:2006-03

[4] RAL – Leitfaden zur Planung und Ausführung der Montage von Fenstern und Haustüren für Neubau und Renovierung: Ausgabe März 2014

[5] DIN 4108-7: 2011:01 Wärmeschutz und Energie-Einsparung in Gebäuden – Teil 7: Luftdichtheit von Gebäuden

[6] DIN 1946-6:2009-04 Raumlufttechnik – Teil 6: Lüftung von Wohnungen

[7] DIN 4108-2:2013-02 Wärmeschutz und Energie-Einsparung in Gebäuden – Teil 2: Mindestanforderungen an den Wärmeschutz

[8] DIN EN ISO 13788:2013-05 Wärme- und feuchtetechnisches Verhalten von Bauteilen und Bauelementen – Raumseitige Oberflächentemperatur zur Vermeidung kritischer Oberflächenfeuchte und Tauwasserbildung im Bauteilinneren
[9] Volland/Skora/Pils: Wärmebrücken erkennen – optimieren – berechnen – vermeiden

***Dipl.-Ing. (FH) Johannes Volland***
*Nach einer Schreinerlehre Bauingenieurstudium an der Fachhochschule Regensburg; Fortbildung zum Energieberater an der HWK München; Arbeitsschwerpunkte: Altbausanierung, bauphysikalische Beratung, Planung von Niedrigenergiehäusern; Wissenschaftlicher Mitarbeiter an der FH München; seit 1999 tätig als BAFA zugelassener Energieberater und verantwortlicher Sachverständiger nach ZVEnEV.*

# Schäden an Fenstern, Türen, Rollläden, Beschlägen: Montage und Einbruchhemmung

Alexander Dupp, ö.b.u.v. Sachverständiger, Girod-Kleinholbach

## 1 Montagerichtlinien

Grundsätzlich ist es so, dass jeder ausführende Gewerkunternehmer immer die allgemeinen anerkannten Regeln der Technik schuldet. Im Bereich der Fenster- und Türenmontage stellt der RAL-Leitfaden zur Montage die allgemeinen anerkannten Regeln der Technik dar. Unter Bezugnahme der EnEV und dem Grundsatz „innen dichter als außen" ist der Baukörperanschluss von Fenstern und Türen innen umlaufend luftdicht und außen umlaufend schlagregendicht auszuführen. Die unter Umständen von den Musterbeispielen auch aus dem RAL-Leitfaden vor Ort abweichenden baulichen Gegebenheiten bedürfen einer sorgfältigen Fachplanung entweder durch einen speziellen Fachplaner oder durch den beauftragten Fensterbauer. Auch ist es hier wichtig, dass die ineinandergreifenden Gewerke sich abstimmen und gegebenenfalls konstruktive Lösungen gemeinsam erarbeiten. Es kommt immer wieder zu Diskussionen, was die Abdichtung von bodentiefen Elementen im äußeren Bereich des Sockels beispielsweise gegen Drücken des Wassers angeht. Hier ist die Regelung wie folgt, dass der Spritzschutz im Sockelbereich auch zu den bodentiefen Elementen keine Regelleistung des Fensterbauers ist. Er kann diese selbstverständlich ausführen, muss aber die Verträglichkeit der zu verwendenden Materialien untereinander prüfen und entsprechend auf Nachfrage hin belegen. Dies ist eine Leistung, die dem Auftragnehmer auch gesondert zu vergüten ist, da es sich, wie zuvor erwähnt, nicht um eine Regelleistung des Fensterbauers handelt. Unsere Empfehlung ist immer die Andichtung von bodentiefen Fenstern und Türen, wie zuvor beschrieben der Spritzschutz im Sockel von einem Unternehmen aus einem Material durchführen zu lassen. Die unterschiedlichen Situation und Baukörperanschlüsse zum Beispiel beim zweischaligen Mauerwerk, können selbstverständlich in der Zeitabfolge, was die Andichtung der bodentiefen Elemente angeht, voneinander abweichend sein. So ist auch hier im Rahmen der Vorplanung detailliert unter den Gewerken mit den entsprechenden Fachplanern eine zeitliche Lösung zu erarbeiten.

Die Lastabtragung von Fenstern und Außentüren wird auch im RAL-Leitfaden zur Montage detailliert beschrieben. Es kommt oftmals zu Diskussionen, gerade was die Lastabtragung von Hebe-, Schiebetüren betrifft. Unsere Empfehlung geht dahin, dass beispielsweise bei Hebe-/Schiebetüren mit umlaufender Zarge und konstruktionsbedingten ca. 18 cm breiten Schwellen ein vollflächiger Unterbau herzustellen ist. Dieser vollflächige Unterbau kann beispielsweise aus einem Foamglasmaterial als sogenannter Sockel ausgeführt werden.

Bild 1–2: Formen der Lastabtragung des Schwellenprofils

Es ist beispielsweise auch darauf zu achten, dass die möglicherweise angrenzende Fußbodenheizung allgemein bei bodentiefen Elementen und insbesondere bei Schiebetüren möglichst nah und weit in den Bereich der Fensterlaibung zum Element hingelegt wird. Oftmals stellt sich die Problematik der Tauwasserbildung gerade im unteren Bereich auf der Innenseite dar. Dem vorausgegangen ist oftmals eine nicht nahe genug an das Bauteil Fenster/Tür herangeführte Fußbodenheizung, was wiederum dazu führt, dass die Oberflächentemperatur auf dem Fenster selbst zu gering ist und massiver Kondensatanfall die Folge ist. Abschließend zum Thema Schäden vermeiden durch Fenstermontage gilt nach wie vor der Grundsatz „innen dichter als außen" und der RAL-Leitfaden zur Montage, der die allgemeinen anerkannten Regeln der Technik darstellt. Im Besonderen möchten wir nochmals darauf hinweisen, dass unter Umständen, je nach vertraglicher Situation, der ausführende Fachunternehmer auch die Fachplanung übernommen hat. Dies wiederum hat zur Folge, dass er auch den hundertprozentigen Erfolg für die gesamte Maßnahme, die er durchführt, schuldet. Sollte er jedoch einen vorgeschalteten Fachplaner haben, der beispielsweise die Leistungsphase 5 und die damit verbundene Fachplanung und Detail- und Ausführungsplanung für das Gewerk Fenster hat, so ist auf jeden Fall der Fachunternehmer gegenüber dem Fachplaner bei Unstimmigkeiten und Ausführungsproblemen in der Hinweis- und Bedenkenanmeldungspflicht.

## 2 Einbruchhemmung

Jedes Jahr neue Rekorde: Die hohen Einbruchfallzahlen steigern sich auch 2015 erneut. Auf der anderen Seite bietet die Industrie immer neuere, bessere, sichere Maßnahmen an, um solche Taten zu verhindern. Und die Medien tun ihr Übriges, diese Einbruchschutzmaßnahmen auch entsprechend zu publizieren. Dennoch könnte man fast meinen, dass sich die Bevölkerung nicht dafür interessiert – jedenfalls bleiben die Absatzzahlen der Präventionsmaßnahmen am Fenster und an der Tür vielfach unter den Erwartungen.

Aus den von uns zahlreich begutachteten Schadensfällen wissen wir jedoch, dass Personen, die einen Einbruchdiebstahl in ihre Wohnung ihr Haus oder ihre Firma erleiden mussten, psychisch und materiell sehr stark gebeutelt wurden. Im Wohnungssegment ziehen fallweise Bewohner um, Hausbesitzer verkaufen ihre Immobilie oder investieren nach dem Einbruchsdelikt unverhältnismäßig hohe Beträge in ihre Sicherheit, dass selbst der tägliche Gebrauch eingeschränkt wird. Fest steht jedoch, dass jede Maßnahme nach einem Einbruchdiebstahl das vorangegangene Ereignis nicht ausbügeln kann.

Wir leben in einem Land, das für alles und jedes Vorschriften hat. Allem voran zu nennen sind die Brandschutzvorschriften, die detailliert beschreiben, wie Türen und Fenster, Fluchtwege, usw. auszusehen haben und wie sie entsprechend eingebaut werden müssen. Dieser Schutz vor Feuer ist in den Köpfen der Menschen angekommen, vielleicht auch weil es beispielsweise eine Pflicht zur Installation von Rauchmeldern gibt. Bedauerlicherweise ist bis jetzt noch niemand auf die Idee gekommen, dem Einbruchschutz den gleichen Stellenwert einzuräumen und eine derartige Verordnung zum Schutz des Eigentums zu schaffen.

Es kann doch nicht sein, dass im öffentlichen Bereich eine Tür mit einer Notentriegelung gefordert wird und es gleichzeitig die Möglichkeit gibt, mit einfachsten Mitteln von der Außenseite her eine solche Tür zu überwinden, weil sie eben gemäß den Brandschutzverordnungen nicht gegen Einbruch oder unberechtigten Zutritt gesichert ist.

In unserer täglichen Praxis müssen wir darüber hinaus feststellen, dass die Planer oft nicht über genügendes Detailwissen verfügen, wie Einbruchschutz aussehen kann. Im Bereich der Haustechnik werden von Architekten entsprechende Fachplaner für diesen Bereich hinzugezogen – warum nicht beim Einbruchschutz?

Aus unserer Sicht zeichnet es einen guten Fachplaner aus, wenn er sich für spezielle Fachgebiete einen Spezialisten zu Hilfe nimmt. Sachverständige können hier wertvolle Unterstützung bieten und Sicherheitskonzepte erstellen.

*Formulierungsblödsinn „in Anlehnung an"?*

Architekten formulieren wider besseren Wissens in Ausschreibungen oder Leistungsverzeichnissen teilweise sogar mit Bezugnahme auf die (alte) Norm DIN V ENV 1627–1630 oder auf die aktuelle DIN ENV 1627–1630 eine Einbruchshemmung in „Anlehnung" an eine RC-Sicherheitsabstufung. Solche Bezeichnungen wie beispielsweise „einbruchhemmendes Fenster in Anlehnung an WK/RC“ oder „Fensterbeschlag in Anlehnung an WK/RC“ sind fachlich falsch. Auch ein neuer PKW in Anlehnung an ein Flugzeug kann nicht fliegen! Wenn ein einbruchhemmendes Bauteil gefordert bzw. auch ausgeschrieben wird, dann muss die Leistung klar definiert und beschrieben sein. Bezeichnungen und Formulierungen wie „in Anlehnung an“ oder „ähnlich“ sind keine klaren Definitionen und führen, wie im nachfolgenden Fall beschrieben, zum Streit.

*Fallbeispiel:*
*Der Fensterbauer ist hinterher der Gekniffene*
Ein Kunde bestellt einen Fensterbaubetrieb zu seinem Haus, mit der Bitte, ihm die Fenster auszutauschen. Der Fachbetrieb nimmt Aufmaß, berät den Kunden in seiner Ausstellung und der Auftrag wird formuliert. Im Anschluss liefert und montiert er die Fenster. Im Detail wurde ein Holz-Aluminium-Fenster verkauft mit einbruchhemmenden Leistungseigenschaften nach DIN V ENV 1627–1630 in der Sicherheitsklasse WK2 unter Berücksichtigung, dass lediglich ein Fensterbeschlag in der Klasse WK2 verwendet werden würde. Der Kunde gab letztendlich an seine Versicherung die Information weiter, dass er neue Fenster im Haus erhalten habe, die gemäß des Leistungstextes des Fensterbauers der einbruchhemmenden Klasse WK2 nach DIN V ENV 1627-1630 entsprächen und auch der Beschlag dementsprechend ausgebildet wäre.
Ein gutes Jahr später fand ein Einbruch in diesem Haus statt. Der von der Kriminalpolizei damals bezifferte Gesamtschaden betrug 30.000 Euro. Aber: Der verantwortliche Schadensregulierer der Versicherung kam zu dem Entschluss, dass kein einbruchhemmendes Fenster vorliege, wie von dem Fensterbauer in der Auftragsbestätigung angegeben sowie auch von dem Endkunden an die Versicherung weitergegeben.
Unser Sachverständigenbüro wurde durch die Versicherung hinzugezogen mit der Bitte, die Sachlage und die Definition bzw. die eigentlichen Leistungseigenschaften des Fensters hinsichtlich der Einbruchhemmung und den damit verbundenen Prüfnachweisen festzustellen.
Im Rahmen unserer Recherche und Gutachtenerstellung wurde deutlich: Der Fensterbaubetrieb wurde auf Basis eines Cascading-ITTs seines Beschlaglieferanten theoretisch in die Lage versetzt, einbruchhemmende Fenster nach damaliger Norm DIN V ENV 1627-1630 herzustellen und zu montieren. Unabhängig davon, dass der Fensterbaubetrieb selbst im Detail die Inhalte des ITT nicht umgesetzt hatte, kam erschwerend hinzu, dass die Montage nicht den Bestimmungen entsprach: In der ITT gab es einen gekoppelten Verweis auf die Einhaltung der Montagerichtlinien aus der Norm sowie aus dem RAL Leitfaden zur Montage (damals Ausgabe 2010).
Schlimmer noch: Eine umlaufende sowie lastabtragende Befestigung am Baukörper war aufgrund der baulichen Gegebenheiten und den damit darüber befindlichen mauerwerksseitigen Rollladenkästen gar nicht möglich. Des Weiteren stimmte die nach Norm festgesetzte Druckfestigkeit des angrenzenden Mauerwerks nicht mit den normativen Vorgaben überein.
Im Ergebnis ist dann der Sachverhalt eingetreten, dass die Versicherung den Schaden nicht reguliert hat und der Versicherungsschutz seitens der Versicherung gekündigt wurde. Ein Gerichtsverfahren zwischen dem Hausbesitzer und dem Fensterbauer wurde angestoßen.

*Welche Schlüsse können gezogen werden?*
Der Fensterbauer war der hundertprozentige Fachplaner für sein Gewerk und schuldet letztendlich auch den hundertprozentigen Erfolg. Im Detail hätte der Mitarbeiter des Fensterbauers, der die Beratung durchgeführt hat, darauf hinweisen müssen, dass die Montage eines einbruchhemmenden Fensters aufgrund der örtlichen Gegebenheiten (Anbindung zum Mauerwerk) nicht möglich ist. Des Weiteren hätte er im Rahmen seiner Fachkenntnis auch unter besonderen Vergütungsansprüchen darauf hinweisen müssen, dass eine gesonderte Fachplanung zu erfolgen hat.

Derzeit beraten wir unterschiedlich große Fensterbaufirmen, die sich im Bereich der Einbruchhemmung weiterentwickeln. Unsere Empfehlung ist dabei immer, sich reiflich zu überlegen, ob der Bereich der Einbruchhemmung für das Unternehmen die richtige Fokussierung ist. Wenn man sich auf die Herstellung von Standard-Fenstern eingerichtet und konzentriert hat und dahingehend seine Fachkompetenz besitzt, so ist es nicht einfach damit getan, eine Prüfung zu absolvieren. Noch weniger Sinn macht die bloße Verwendung verschiedener einbruchhemmender Komponenten, um dann zu behaupten, dass damit ein einbruchhemmendes Fenster vorliegt.

Einbruchhemmende Fenster bis zur Widerstandsklasse RC 2 sind vielleicht für einen Herstellungsbetrieb die kleinere Hürde. Die darüber liegenden Klassen RC 3 bis RC 6 stellen jedoch in der jeweiligen Abstufung eine Kompetenzerhöhung von mindesten 80–90 Prozent dar. Hinzu kommt, dass die Entwicklung der einzelnen Komponenten, die in einbruchhemmenden Fenstern verbaut werden, schnell vorangeht und nicht nur die Stabilität sondern auch die bauphysikalischen Aspekte, die der Einsatz von unterschiedlichen Materialkombinationen mit sich bringt, im Detail berücksichtig werden müssen. Wichtig ist, in den Geschäftspapieren klar zu formulieren, welche einbruchhemmenden Eigenschaften das zu liefernde Produkt hat. Sollte ein Kunde zu Ihnen kommen, der lediglich den Beschlag mit einbruchhemmenden Wirkungen haben möchte, so formulieren

Tabelle 1: Erläuterungen zu den Widerstandsklassen

| Widerstandsklasse | Widerstandszeit | Tätertyp/Vorgehensweise (Modus operandi) |
|---|---|---|
| RC 1 N (neu) | Nur statische und dynamische Prüfung, keine manuelle Prüfung | Bauteile der Widerstandsklasse weisen einen begrenzten bis geringen Grundschutz gegen Aufbruchversuche mit körperlicher Gewalt (vorwiegend Vandalismus) wie Gegentreten, Gegenspringen, Schulterwurf, Hochschieben und Herausreißen auf. Zudem wird ein maximal 3 Minuten langer zerstörungsfreier Manipulationstest mit Kleinwerkzeugen zur Demontage von außen abschraubbarer Komponenten als Vorbereitung der weiteren Prüfungen durchgeführt. Fenster der Klasse RC 1 N werden deshalb gegebenenfalls bei erhöhtem Einbau (beispielsweise im Obergeschoss) eingesetzt, wenn mangels Standfläche eine Aufstiegshilfe erforderlich ist. Die Klasse wird lediglich mit Standardfensterglas ausgeführt. |
| RC 2 N (neu) | 3 Minuten | Der Gelegenheitstäter versucht, zusätzlich mit einfachen Werkzeugen, wie Schraubendreher, Zange und Keil, das verschlossene und verriegelte Bauteil aufzubrechen. Ein direkter Angriff auf die eingesetzte Verglasung ist nicht zu erwarten. Die Klasse wird lediglich mit Standardfensterglas (d. h. ohne Sicherheitsverglasung) ausgeführt. |
| RC 2 (alt WK 2) | 3 Minuten | Der Gelegenheitstäter versucht, zusätzlich mit einfachen Werkzeugen, wie Schraubendreher, Zange und Keil, das verschlossene und verriegelte Bauteil aufzubrechen. Eine Verglasung gemäß EN 356 ist ab der Klasse RC 2 vorgeschrieben. |
| RC 3 (alt WK 3) | 5 Minuten | Der gewohnt vorgehende Täter versucht zusätzlich mit einem zweiten Schraubendreher und einem Kuhfuß, das verschlossene und verriegelte Bauteil aufzubrechen. |
| RC 5 (alt WK 5) | 15 Minuten | Der erfahrene Täter setzt zusätzlich Elektrowerkzeuge, wie z. B. Bohrmaschine, Stich- oder Säbelsäge und Winkelschleifer mit einem max. Scheibendurchmesser von 125 mm ein. Zusätzlich zur Klassifizierung nach EN 356 muss die Verglasung den direkten Angriff während der RC5-Prüfung überstehen. |
| RC 6 (alt WK 6) | 20 Minuten | Der erfahrene Täter setzt zusätzlich leistungsfähige Elektrowerkzeuge, wie z. B. Bohrmaschine, Stich- oder Säbelsäge und Winkelschleifer mit einem max. Scheibendurchmesser von 250 mm ein. Zusätzlich zur Klassifizierung nach EN 356 muss die Verglasung den direkten Angriff während der RC6-Prüfung überstehen. |

Bild 3–5 Einbruchsspuren an Fenstern

sie das auch entsprechend. Vermeiden Sie in jedem Fall Bezeichnungen wie „in Anlehnung an RC 2“, „RC 2 ähnlich“, „Beschlag RC 2“ oder sonstige Dinge. Zu achten ist immer auch auf die Kombinationen von Einbruchhemmung, energetischen Anforderungen, Brandschutz-, Flucht- und Panikvorgaben z. B. bei öffentlichen Gebäuden. Es kommt durchaus vor, dass die Leistungseigenschaft „Einbruchwiderstand“ im Gegensatz zum Brandschutz steht. Und: Zögern Sie nicht, in Spezialfragen auch erfahrene Fachleute hinzuzuziehen.

Zu Bedenken gilt, dass die Täterschaft sich geändert hat. Oftmals reichen heute Bauteile der Sicherheitsklasse RC 2 gerade im Erdgeschoss und dem damit direkt zugänglichen Bereich, nicht mehr aus. Auch Gelegenheitstäter arbeiten heute mit größeren Hebelwerkzeugen und Brecheisen, dem ein RC 2 geprüftes Fenster unter Umständen nicht mehr standhält. Auch hier ähnlich wie im ersten Absatz der Montagerichtlinien, die Fachplanung hinsichtlich der neuzuliefernden, einbruchhemmenden Bauteile, die möglicherweise vom Fensterbauer übernommen wird, muss als Ganzheitliches funktionieren.

## 3 Stichworte zum Schluss

Die neue Fassung der DIN 18055, die nun endlich da ist, regelt die Leistungsanforderungen an Fenster im bundesweiten Einsatz. Parallel dazu kann auch die ift-Einsatzempfehlung für den Einsatz von Fenstern herangezogen werden. Zu Bedenken sind für den Fachplaner die Lage und der damit verbundene Ort, an dem Fenster und Türen, in welcher Art und Form auch immer, zur Verwendung kommen. Werden z. B. Fenster und Türen im nördlicheren Bereich der Bundesrepublik in verschiedensten Geländekategorien bzw. Gebäudehöhen geliefert und montiert, so regelt die ift-Einsatzempfehlung sowie auch die DIN 18055 die Leistungseigenschaften für die Fenster. Hier ist aber auch besonderes Augenmerk auf die Wahl des zu verwendenden Materials zu achten. Ein Hinweis an dieser Stelle: Fenster in Gebieten, die Seeluft- bzw. salzhaltige Luft aushalten müssen, sind im Vorfeld in der Ausschreibung mit den entsprechenden Hinweisen z. B. bei der Beschichtung von Holzfenstern, der Beschichtung von Aluminiumteilen und den Beschlägen zu beschreiben. Ein Hinweis auf die besonderen Pflegemaßnahmen, wenn nur Standardmaterialien, die beispielsweise den Witterungsverhältnissen im Binnenland ausreichend wären, reicht nicht aus.

Einen guten, fachplanenden Architekten zeichnet es aus, wenn er sich in verschiedenen Bereichen entsprechender Fachleute bedient. Der Sachverständige ist nicht der Feind des ausschreibenden Architekten oder des Werkunternehmers. Aus unserer Sicht muss die Kommunikation unter allen am Bau beteiligten Personen intensiver und öfter geführt werden. Dadurch lassen sich im Vorfeld auf präventive Art und Weise viele Schäden und anschließend damit verbundene Gerichtsprozesse vermeiden.

***Alexander Dupp***
*Ö.b.u.v. Sachverständiger für das Tischlerhandwerk mit Schwerpunkt Fenster und Türen, Sicherheitstechnik sowie das Rollladen- und Sonnenschutztechniker-Handwerk; er wird geführt auf der Errichterliste für mechanische Sicherungseinrichtungen des Landeskriminalamtes Rheinland-Pfalz und Hessen; Tätigkeit in verschiedenen Verbänden und Institutionen im Bereich der Normung sowie Entwicklung, im Besonderen der Einbruch- und Be-schusshemmung auf europäischer Ebene tätig; www.sachverstaendiger-tischler.de*

# 1. Podiumsdiskussion am 20.04.2015

***Frage:***
Auf welchen Zeitpunkt ist die Ermittlung des merkantilen Minderwertes abzustellen? Muss ggf. Geld zurückgezahlt werden, wenn sich z. B. bei Verkauf des Hauses 10 Jahre später herausstellt, dass die Höhe des erhaltenen merkantilen Minderwertes nicht gerechtfertigt war?

***Liebheit:***
Das OLG Hamm bezieht sich in dem von mir zitierten Urteil auf den Zeitpunkt der Abnahme. Das halte ich jedoch für fehlerhaft, da die Frage der Verringerung des Verkehrswertes erst nach Durchführung der Mangelbeseitigungsmaßnahmen geklärt werden kann.
Kniffka und Leupertz haben bei einer Diskussion zu diesem Thema in Hamm gesagt, dass man bei der Prüfung des merkantilen Minderwerts eigentlich auf den Zeitpunkt abstellen muss, an dem das Haus tatsächlich verkauft werden soll.
Nach meiner Auffassung begründet der merkantile Minderwert keinen nach dem Werkvertragsrecht ersatzfähigen Schaden, weil dessen Grundlage, ein Baumangel, nach dessen Beseitigung nicht mehr vorhanden ist.
Eine Verringerung des Veräußerungswerts eines Gebäudes wegen eines Mangels kann nur ein Kriterium eines technischen Minderwerts sein. Ob dem Besteller insoweit wirklich ein Schaden entstanden ist, kann erst zum Zeitpunkt des Verkaufs festgestellt werden. Der Gesetzgeber hat bei der Schuldrechtsmodernisierung im Jahr 2002 den subjektiven Fehlerbegriff als Grundlage einer Mängelhaftung geregelt. Danach hat der vereinbarte Verwendungszweck eine entscheidende Bedeutung für die Mängelhaftung. Wenn ein Bauherr ein Bauwerk zumindest zunächst selbst nutzen wollte und ihm das nach einer umfassenden Mängelbeseitigung ohne eine Beeinträchtigung der dem vereinbarten Zweck entsprechenden Funktionstauglichkeit möglich ist, kann zumindest zunächst kein ersatzfähiger Schaden festgestellt werden. Falls die Möglichkeit besteht, dass der Mangel nicht vollständig beseitigt wurde, kann der Besteller auf die Feststellung klagen, dass der Auftragnehmer zur restlosen Beseitigung des Mangels verpflichtet ist und weiterhin, dass er auch zum Ersatz des Schadens verpflichtet ist, der sich aus einer Verringerung des Veräußerungswerts seines Bauwerks ergibt.
Wenn ein merkantiler Minderwert einmal zuerkannt worden ist, dann ist er rechtskräftig festgestellt und kann nicht zurückgefordert werden.

***Zöller:***
Entsprechend Ihrer Darstellung ist der merkantile Minderwert die absolute Ausnahme. Ein solcher Ausnahmefall wäre z. B. der Austausch eines durch einen berühmten Architekten persönlich verlegten Bodenbelags. In diesem Fall verliert das Objekt nämlich an Originalität. Wie ist denn der merkantile Minderwert in Bezug zum technischen Minderwert einzustufen?

***Liebheit:***
Ein vorhandener technischer Mangel kann dazu führen, dass das gesamte Gebäude einen geringeren Veräußerungswert hat. Wenn der „berühmte Architekt“ den Mangel nicht selbst beseitigt, entspricht die Nacherfüllung nicht der geschuldeten Leistung in der Form eines Originals des „berühmten Architekten“. Das führt zu einem technischen Minderwert, der sich in solch einem Fall wohl nur auf den geringeren Veräußerungswert auswirkt.
Mein Vortrag bezog sich auf den Fall, dass durch die Nacherfüllung der Mangel in jeder Hinsicht vollständig beseitigt und dies durch einen Sachverständigen bestätigt worden ist.

***Frage:***
Muss beim Verkauf eines Objektes eine früher durchgeführte Mangelbeseitigung angegeben werden?

***Liebheit:***
Unter Berücksichtigung der aktuellen Rechtsprechung sollte man auf jeden Fall angeben, dass eine Mängelbeseitigung durchgeführt worden ist. Das ist sogar sinnvoll, weil nach der einhelligen Auffassung der Bausachverständigen eine Nacherfüllung zu einer Qualitätsverbesserung des Bauwerks führt.
Es besteht darüber hinaus Einigkeit unter Baufachleuten, dass sich z. B. aus einer Mängelbeseitigung, die vor zehn Jahren erfolgreich durchgeführt wurde, ergibt, dass keinerlei Risiko besteht, dass der Mangel nicht vollständig beseitigt wurde, wenn er seither nicht mehr erneut in Erscheinung getreten ist. Nach meiner subjektiven Auffassung kann man nicht wegen einer arglistigen Täuschung herangezogen werden, wenn man eine Nacherfüllung verschweigt, die fachgerecht ausgeführt und überwacht wurde und deren Erfolg ein Bausachverständiger bestätigt hat.

***Zöller:***
Das heißt also, man kann ein eventuell in Zukunft zu erwartendes Problem nicht zum jetzigen Zeitpunkt lösen.

***Frage:***
In der Energieeinsparverordnung sind die Anforderungen an die Innendämmung gestrichen worden. Bedeutet dies, dass jetzt immer die U-Werte für Neubauteile eingehalten werden müssen?

***Liebert:***
Nein. Die offizielle Begründung für die Herausnahme der Innendämmanforderungen aus der Energieeinsparverordnung (EnEV) 2014 lautet wie folgt:
*„Der Einbau von Dämmschichten auf der Innenseite ... soll entfallen; dieser Tatbestand ist in der Praxis schwer zu vollziehen und schreckt Bauherren wegen des Verlustes an Wohnfläche, der mit einer Pflicht zur Innendämmung einhergeht, davon ab, überhaupt eine Innendämmung vorzunehmen.*
*Bei der Innendämmung kann mit einer freiwilligen Lösung möglicherweise mehr Energieeinsparung erzielt werden als durch eine Vorschrift, die von eigentlich sinnvollen Maßnahmen abhält."*

***Liebheit:***
Teilweise werben Hersteller von Innendämmung damit, dass ihr Produkt den Anforderungen der EnEV entspricht. Damit soll beim Käufer die Vorstellung erweckt werden, dass er eine hochwertige, den neuesten Anforderungen entsprechende Innendämmungsmaßnahme erhält. Ist dies nicht der Fall, ist das Werk nach materiellem Recht mangelhaft. Produkthersteller gehen mit solch einer Werbung ein großes Risiko ein.

***Frage:***
In der DIN 4108-3 gibt es Anforderungen an den Wasseraufnahmekoeffizienten von Putzen. Die in den europäischen Normen genannten „Klassen" passen nicht dazu. Wird das in den deutschen Normen geklärt?

***Liebert:***
Die Werte aus der DIN 4108 und den Putznormen können nicht direkt miteinander verglichen werden. Der Wasseraufnahmekoeffizient beschreibt die Feuchteaufnahme eines Materials über die Benetzungsfläche.
In **DIN 4108-3:2014-11** wird als Kriterium für den Regenschutz von Putzen und Beschichtungen festgelegt, dass diese wasserabweisend sind, wenn sie einen Wasseraufnahmekoeffizienten $W_W \leq 0{,}5\ kg/(m^2 \cdot h^{0{,}5})$ haben. Dieser Koeffizient wird nach DIN EN ISO 15148 bestimmt.
Die kapillare Wasseraufnahme von Putzen ist in der europäischen Putznorm **E DIN EN 13914-1:2013-09** mit einem Verweis auf die Normen DIN EN 998-1 und EN 15824 definiert. Für <u>organische Außenputze</u> ist die Kategorie der Wasseraufnahme $W_3$ nach EN 15824:2009-10 ($W_3 \leq 0{,}1\ kg/(m^2 \cdot h^{0{,}5})$) angegeben. Die Wasseraufnahme für Außenputze wird in EN 15824 als Durchlässigkeitsrate für flüssiges Wasser nach EN 1062-3 bestimmt.

Für <u>Werkmörtel</u> findet man in der E DIN EN 13914-1:2013-09 Angaben zur kapillaren Wasseraufnahme, die den Klassen nach EN 998-1 entsprechen sollen. Für W0 sind hier keine Werte festgelegt, für W1 $C \leq 0{,}40\ kg/(m^2 \cdot min^{0{,}5})$ und für W2 $C \leq 0{,}20\ kg/(m^2 \cdot min^{0{,}5})$. (Achtung: Einheiten und Prüfungen unterscheiden sich.)
In der deutschen Putznorm in ihrer Ausgabe von 2005 (**DIN V 18550:2005-04**) wurde im normativen Anhang A – wie auch in DIN 4108-3 – die Bestimmung des Wasseraufnahmekoeffizienten von Putzen beschrieben und erfolgte ebenfalls in Anlehnung an DIN EN ISO 15148. Als wasserhemmend galten Putze mit $0{,}5 < w < 2{,}0\ kg/(m^2 \cdot h^{0{,}5})$ und als wasserabweisend mit $w \leq 0{,}5\ kg/(m^2 \cdot h^{0{,}5})$.

Die neue deutsche Putznorm DIN 18550 wurde an die europäische Norm angepasst. Seit 2014 werden die Außenputze in **DIN 18550-1:2014-12** behandelt. Hier findet man zum Thema des Wasseraufnahmekoeffizienten folgende Passage:
*„Der Oberputz sollte der Kategorie der Wasseraufnahme W2 nach DIN EN 998-1 entsprechen. Es dürfen auch Putze der Kategorie W1 nach DIN EN 998-1 eingesetzt werden, wenn diese Produkte zusätzlich die Anforderungen an wasserabweisende Außenputze mit* $w \leq 0{,}5$ *kg/(*$m^2 \cdot h^{0,5}$*) nach DIN EN ISO 15148 erfüllen."*
Die direkte Vergleichbarkeit der o. g. Grenzwerte ist nur bei gleicher zugrundeliegender Prüfnorm gegeben. Es muss unbedingt beachtet werden, dass die Werte aus den unterschiedlichen Normen sich nicht ohne Umrechnung und vor allem ohne sachkundige Interpretation vergleichen lassen.

***Frage:***
In einen Spitzboden ist durch Undichtheiten in der Bodentreppe Luftfeuchtigkeit aus dem Wohn- in den Spitzbodenbereich eingedrungen. Eine Lüftung des Spitzbodens ist nicht vorgesehen. Es kam zur Schimmelpilzbildung. Der Schimmelpilz ist entfernt und der befallene Bereich getrocknet worden. Die Freimessung hat sowohl im Spitzbodenbereich als auch im Wohnbereich nichts ergeben.
War diese Sanierung fachgerecht?

***Moriske:***
Ja, dies ist sachgerecht. Wenn zusätzlich die Dachluke vernünftig abgedichtet wird, damit keine Luftfeuchtigkeit in den Spitzbodenbereich gelangen kann und für eine dauerhafte Belüftung des Spitzbodens gesorgt wird, wird keine Schimmelpilzbildung mehr zu erwarten sein.

***Frage:***
Besteht ein Risiko für die Nutzer des Innenraums, wenn ein klassisches Wärmedämmverbundsystem außen, im Bereich der Fensterlaibung, verschimmelt ist, weil während des Fensteröffnens Schimmelpilzsporen nach innen gelangen können?

***Moriske:***
Für die Nutzung des Innenraums wird daraus kein größeres Problem entstehen. Einzelfälle sind natürlich möglich.
Aus anderen bautechnischen Gründen sollte allerdings die Ursache für das Auftreten des Schimmelpilzbefalls, in der Regel ein Feuchteschaden, beseitigt werden.

***Zöller:***
Das wird angesichts der Diskussion, die zurzeit zum Algen- und Schimmelpilzbefall auf Oberflächen von Wärmedämmverbundsystemen geführt wird, nicht immer möglich sein.
Wie kann ein üblicher Zustand definiert und welche Standards können festgelegt werden?
Ein keimfreier Zustand kann als Standard sicherlich nicht gefordert werden, da selbst Außenluft einen höheren Gehalt an Schimmelpilzsporen aufweisen kann.
Bei besonderer individueller Disposition (z. B. Schimmelpilzallergiker) kann nicht auf einen üblichen Standard abgestellt werden. Die dann erforderlichen höheren Standards können nicht von vornherein vorausgesetzt werden.

***Frage:***
Beinhaltet das Vorhandensein von Schimmel auch immer ein Gesundheitsrisiko?

***Moriske:***
Wie Herr Zöller bereits ausführlich dargestellt hat, können bestimmte Allergiker geschwächter und empfänglicher als gesunde Personen auf Schimmelpilzbildungen reagieren. Aber auch ein erhöhtes persönliches Risiko bedeutet nicht immer, dass man sofort krank wird.
In den Empfehlungen des Schimmelpilzleitfadens haben wir die Möglichkeit des erhöhten Risikos berücksichtigt und empfehlen in der Praxis mit einer abgestuften Vorgehensweise zu verfahren. Diese Empfehlung wird auch bundesweit herausgegeben.
Es muss allerdings auch berücksichtigt werden, dass z. B. ein Allergiker, der nie lüftet, zu einem großen Teil selbst zu seinen Problemen beiträgt.

***Frage:***
Handelt es sich bei einem Wärmedämmverbundsystem aus Mineralwolle, bei dem die Dämmplatten z. B. durch die Art der Lagerung bereits vor dem Einbau mit Schimmelpilzsporen kontaminiert worden sind, um einen Normalzustand?

***Moriske:***
Dämmplatten werden grundsätzlich nicht keimfrei angeliefert. Das ist der Normalzustand. Im Umkehrschluss kann gesagt werden, dass allein der Nachweis von Keimen im

Material kein Anlass sein kann, die Wand zu öffnen bzw. zu demontieren.
Ein keimfreies Gebäude ist nicht herstellbar!
Wenn das Dämmmaterial an der Baustelle feucht gelagert und auch feucht eingebaut wird, geht es allerdings nicht nur um den Keimgehalt des Materials. Die Schimmelpilzsporen werden in dieser Situation weiter wachsen. Dann handelt es sich somit um einen aktiven Befall und nicht nur um eine Kontamination. Das ist eine andere Situation.

***Zöller:***
Das Umweltbundesamt wird in erster Linie die Gefahrenabwehr in den Vordergrund stellen. Eigentümer, die keine Ansprüche gegen Dritte stellen können, bekommen durch den Leitfaden Handlungsempfehlungen an die Hand, um eventuelle gesundheitliche Risiken einschätzen bzw. vermeiden zu können.
Wenn die Frage des Risikos beantwortet ist, können darüber hinaus Fragen zu juristischen Ansprüchen entstehen, die aber nicht mehr Gegenstand von Risikobetrachtungen sind. Dazu zählt zum Beispiel die Frage, ob ein Befall verbleiben und gegenüber dem Innenraum wirksam und dauerhaft abgeschottet werden kann oder ob bei einer Neubauleistung von einer Befallsfreiheit im Sinne eines bauüblichen Zustands in allen Bauteilschichten auszugehen ist, auch in solchen, die nicht in Verbindung mit Innenräumen stehen.

***Frage:***
Herr Moriske, Sie sagten, dass eine Desinfektion keine Sanierung ist.
Reicht es also nicht aus, wenn Oberflächen desinfiziert werden? Müssen die Materialien grundsätzlich ausgetauscht werden? Wie geht man mit Bauteilflächen um, die sich in Raumbereichen befinden, die keine raumlufttechnische Verbindung zum Innenraum haben?

***Moriske:***
Die Desinfektion von Bauteilflächen in Bereichen, die keine Verbindung zu dauerhaft genutzten Räumen haben, ist möglich. Per Definition handelt es sich dabei nicht um eine Sanierung.
Im neuen Schimmelpilz-Leitfaden steht allerdings auch, dass nicht in jedem Fall saniert werden muss. Je nach Einzelfall sind abgestufte Maßnahmen ausreichend.
Bei einem Spitzboden, der in keiner raumlufttechnischen Verbindung zum Innenraum steht, reicht es aus, den Befall abzuwischen und zu desinfizieren. Es muss dabei sichergestellt sein, dass keine Rückstände von der behandelten Fläche in den Wohnbereich gelangen können.

***Zöller:***
Ein jahrhundertealter feuchter Keller, der sicherlich mit verschiedensten Schimmelpilzarten befallen ist, kann also auch in Zukunft so gelassen werden, sofern es keine Auswirkungen auf den Innenbereich gibt.

***Moriske:***
Dazu ein Beispiel: Bei Bundesbauten sollte durch Lüftungsanlagen die angesaugte Luft bewusst durch alte Kellerräume geleitet werden. Im Winter sollte die Luft so angewärmt und im Sommer gekühlt werden. In solchen Fällen können die Wände im Keller nicht einfach desinfiziert werden. Hier sind umfangreichere Maßnahmen erforderlich.

***Zöller:***
Schimmelpilze werden sich aber in solchen Räumen bilden können, weil gerade im Sommer die von außen einströmende Luft an den kühlen Bauteiloberflächen der alten Kellerräume zu hoher relativer Luftfeuchtigkeit führt. Die Maßnahmen werden daher wiederholt durchzuführende Reinigungsmaßnahmen beinhalten müssen, die gegebenenfalls mit wiederholt auszuführender Desinfektion zu kombinieren sind.

***Frage:***
Wenn von einem abgedichteten Schimmelpilzbefall keine gesundheitliche Gefahr ausgeht, verbleibt dann trotzdem ein merkantiler Minderwert?

***Liebheit:***
Eine Vertragsauslegung dürfte ergeben, dass ein Bauwerk ohne Schimmelpilzbefall geschuldet ist, so dass es unabhängig davon als mangelhaft zu bewerten ist, ob eine gesundheitliche Gefahr vom Schimmelpilzbefall ausgeht. Das müsste das Gericht mit einem Sachverständigen klären.
Wenn der Schimmelpilzbefall in einer Weise abgedichtet ist, dass ein Sachverständiger bestätigt, dass von ihm in Zukunft keinerlei Beeinträchtigung der Funktionstauglichkeit des Gebäudes ausgeht und die vollständige Beseitigung nur mit einem erheblichen Aufwand möglich ist, dann kann diese unverhält-

nismäßig sein. Ist die Beseitigung des Mangels unverhältnismäßig, kann ein technischer Minderwert verbleiben, der zu einer Verringerung des Veräußerungswerts des Gebäudes führen kann. Das sind Fragen, die das Gericht durch eine konstruktive Zusammenarbeit mit einem Sachverständigen klären muss.

***Moriske:***
Die Tatsache von Schimmel im Gebäude muss nicht immer auf einen baulichen oder durch den Nutzer hervorgerufenen Mangel hinweisen. Es kann sich auch um eine allgemeine Hintergrundkonzentration aus verschiedenen Materialien im Gebäude handeln. Es ist Aufgabe eines Sachverständigen zu prüfen, ob die vorgefundene Keimkonzentration von einem akuten Befall herrührt oder von einem Feuchtigkeitsschaden. In diesen Fällen handelt es sich um einen Mangel. Wenn ein Mangel sachgerecht beseitigt worden ist, ist aus hygienischer Sicht der normale, gesundheitsunbedenkliche Zustand wieder hergestellt und kein Minderwert gerechtfertigt.

***Frage:***
Wie definiert man Zugang? Sind die Türen auf Luftdichtheit zu prüfen? Gibt es spezielle Anforderungen?

***Moriske:***
Der Zugang der Luft und der darin möglicherweise enthaltenen Schimmelpilzsporen zu einem Innenraum erfolgt in der Regel über Türen und Fenster, aber auch durch Spalte und sonstige Undichtheiten. Es gibt keine Anforderungen an die Luftdichtheitsmaßnahmen außer denen, die ohnehin zur Vermeidung von Wärmeenergieverlusten bei Abdichtung von beheizten Bereichen gegenüber unbeheizten zu treffen sind (Beispiel: Dachluke zum ungedämmten Spitzboden).

***Frage:***
Desinfektion ist übergangsweise doch wohl auch im Wohnraum besser als nichts zu tun?

***Moriske:***
Wirkstoffe der Desinfektion sind im Wohnraum unerwünscht, weil die Gefahr der Rückstände besteht.

***Frage:***
Zum Hinweis Forschungsbedarf: Unterstützt das Umweltbundesamt die Forschung zum Thema Pumpeffekt bei schwimmenden Estrichen?

***Moriske:***
Das Umweltbundesamt hält es für sinnvoll, unter anderem auch den sogenannten Pumpeffekt und dadurch möglicherweise verursachten Eintrag von Schimmelsporen aus der Fußbodenkonstruktion in die Raumluft durch Messergebnisse absichern zu lassen.

***Frage:***
Schimmelpilz ist ein Indikator für Feuchtigkeit, deren Ursache geklärt werden muss. Gibt es darüber hinaus eine wissenschaftliche Grundlage zur Gesundheitsgefahr, die von diesen Schäden ausgehen soll?

***Moriske:***
Es gibt wissenschaftliche Grundlagen, die belegen, dass durch Schimmel im Innenraum Erkrankungen hervorgerufen werden. Einzig die Herstellung eines Dosis-Wirkungszusammenhanges ist derzeit nicht möglich. Das entlässt aber staatliche Stellen nicht von der Pflicht, Schimmel als Gesundheitsrisiko zu sehen, und zu fordern, dass Schimmel nicht in Wohnungen und Büros gehört. Die Hintergrundkontaminationen in verdeckt eingebauten Baustoffen sind davon ausgenommen.

***Frage:***
Sollten die Hersteller nicht verpflichtet werden, Desinfektionsmittel (vergleichbar zur Verkäuflichkeit rezeptpflichtiger Medikamente in Apotheken) nur an Fachfirmen zu verkaufen, die in der Handhabung und der Verarbeitung geschult sind?

***Moriske:***
Ja, desinfizierende Maßnahmen bei Schimmellbefall gehören in die Hand von Fachfirmen, die entsprechende Schulungen im Umgang nachweisen sollen.

***Frage:***
In welche Kategorie fallen Schimmelpilzbildungen im Fensterfalz?

***Moriske:***
Ein Befall im Fensterfalz innen ist in der Regel Kategorie 1 zuzuordnen.

***Frage:***
Bei einem Neubau kam es während der Bauzeit an der Unterseite der Holzschalung aus

OSB-Platten zum Schimmelbefall. Reicht eine Desinfektion und Abschottung zu den Wohnräumen aus? Die Wohnung ist ein Penthouse mit einem Pultdach.

***Moriske:***
Das ist kein Risiko für den Keimeintrag in die Innenraumluft, sofern die Platten nicht in direktem Luftkontakt zu Innenräumen stehen, sich im Dachquerschnitt befinden und zur Raumseite luftdicht abgeschottet sind sowie die Holzkonstruktion intakt ist. Häufig sind aber feucht gewordene Holzwerkstoffplatten, auch OSB-Platten, zumindest nach längerer Feuchtigkeitseinwirkung aufgequollen und mit Mycel auch in der Holzstruktur bewachsen. Derart vorgeschädigte Platten sollten ausgetauscht werden.

# 2. Podiumsdiskussion am 20.04.2015

***Frage:***
Ist Schimmelpilzbefall in der Wohnung die Folge von zu dichten Fenstern?

***Lange:***
Zu dichte Fenster gibt es nicht! Die Fenster sollen dichtschließend hergestellt werden und keine unkontrollierte Lüftung durch Undichtigkeiten zulassen.
Ob Schimmelpilzbefall entstehen kann, ist im Wesentlichen eine Frage der Außenwanddämmung und des Nutzerverhaltens. Eine schlechte Wärmedämmung in Kombination mit Wäschetrocknen im Wohnzimmer funktioniert eben nicht.

***Frage:***
Ist eine nachträgliche Falzlüftung empfehlenswert?

***Lange:***
Es sollten Komplettsysteme verwendet werden. Die Lüftung muss im Sinne der Energieeinsparverordnung kontrolliert eingesetzt werden können.

***Urbanek:***
In Bezug auf den Korrosionsschutz ist die technisch mögliche Schutzdauer im Verhältnis zum Gewährleistungsrecht oft unbefriedigend. Die Schutzdauer ist zwar ein klar definierter technischer Begriff, der einem aber nicht weiterhilft. Wenn z. B. ein Stahlträger nach dem Einbau nicht mehr zugänglich ist, sollte das angestrebte Schutzziel für den Korrosionsschutz des Stahlträgers der Lebenserwartung der gesamten Konstruktion entsprechen. Als Schutzziel sind nach dem Stand der Technik aber nur 15 Jahre möglich. Wie geht man damit juristisch um?

***Zöller:***
Wie ist es zu bewerten, wenn sich am Tag der Abnahme bereits zeigt, dass ein Bauteil vor Ablauf der Gewährleistungsfrist verschlissen sein wird?

***Liebheit:***
Das richtet sich nach der vereinbarten Soll-Beschaffenheit, bei deren Auslegung mangels einer anderen ausdrücklichen Vereinbarung die erkennbare Erwartung des Auftraggebers und der übliche technische Standard zu berücksichtigen sind. Die übliche Gewährleistungsfrist läuft nach fünf Jahren ab, weil davon ausgegangen wird, dass innerhalb dieses Zeitraums in der Regel alle wesentlichen Mängel in Erscheinung treten. Wenn sich nach vier Jahren und elf Monaten zeigt, dass der Korrosionsschutz die vertraglich vereinbarten 15–20 Jahre nicht halten wird, dann ist er auch juristisch gesehen mangelhaft.

***Zöller:***
Vor Ablauf der fünf Jahre tragen also der Unternehmer das Risiko und danach der Bauherr. Wie ist es allerdings zu bewerten, wenn vor Ablauf der fünf Jahre etwas verschlissen ist? Deutet das immer auf eine Mangelhaftigkeit hin oder unterliegt üblicher Verschleiß keiner Gewährleistungsfrist?
Bei Fassaden kann es z. B. durchaus üblich sein, dass Gewährleistungsfristen von z. B. zehn Jahren vereinbart werden. Nach acht Jahren tritt aber eine in diesem Zeitraum übliche Korrosion auf.

***Urbanek:***
Das Stattfinden von Korrosion und Vergehen von Beschichtungen ist nicht vermeidbar. Problematisch sind die nicht mehr zugänglichen Bereiche, in denen man darauf angewiesen ist, dass es funktioniert. Entsprechend den Hinweisen in der Literatur muss das Schutzziel und der Gewährleistungszeitraum bzw. die Lebenserwartung irgendwie miteinander vereinbart werden. Die Norm sagt allerdings, dass die Schutzziele nichts mit der Gewährleistung zu tun haben. Das Schutzziel ist lediglich eine technische Vorgabe, ausgehend von einer Abtragsrate, der für einen bestimmten Zeitraum widerstanden werden muss.

Welches Schutzziel ist das richtige? Selbst 15 Jahre sind ja nicht unbedingt ausreichend unter Berücksichtigung der üblichen Lebenserwartung von Gebäuden und dass eine Sanierung technisch nicht möglich ist.

***Zöller:***
In diesem Fall wäre also nicht der Verschleiß, sondern die Nicht-Zugänglichkeit bzw. die Nicht-Wartbarkeit der Mangeltatbestand.

***Liebheit:***
Ich kenne zwar kein Beispiel in Bezug auf den Korrosionsschutz, der 24. Zivilsenat des OLG Hamm musste aber beispielsweise in einem Fall die Haltbarkeit von Klebebändern für Unterspannbahnen beurteilen. Die Vertragsauslegung ergab, dass die Klebebänder ebenso wie die Unterspannbahnen mindestens 25 Jahre halten sollten. Die Beweisaufnahme ergab, dass es keine entsprechenden Erfahrungswerte gibt.
Herr Prof. Oswald wurde damals als Sachverständiger hinzugezogen und er erklärte, dass er kein Produkt kenne, das 25 Jahre gehalten hätte. Zehn Jahre wären ein realistischer Zeitraum.
Die Frage, wie ein Bauwerk hergestellt werden kann, dass man Bauteile, die im Lauf der Zeit verschleißen, erneuern kann, muss zunächst die Baupraxis beantworten. Wenn das für bestimmte Bauteile nicht möglich ist, muss der Auftragnehmer zur Vermeidung seiner Mängelhaftung insbesondere dann mit dem Auftraggeber nach dessen entsprechender umfassender Aufklärung einen Haftungsausschluss vereinbaren, wenn das Bauteil für die Funktionstauglichkeit des Bauwerks von Bedeutung ist.

***Urbanek:***
Es kann nicht alles so hergestellt werden, dass eine Wartung möglich ist, damit muss man leben. Unzugänglichkeiten sollten aber bei der Planung berücksichtigt werden. Für Korrosionsschutzsysteme definiert die Norm keine Schutzziele von 25 Jahren. Nach 15 Jahren muss in der Regel instandgesetzt werden.

***Frage:***
Worauf sind bräunliche Verfärbungen auf nichtrostenden Stahlprofilen im Außenbereich von Geländern zurückzuführen?

***Urbanek:***
Entweder treten diese Erscheinungsbilder im Rahmen einer Wärmebehandlung auf oder, was relativ wahrscheinlich ist, es wurden falsche Reinigungsmittel verwendet.

***Frage:***
Wie ist der Korrosionsschutz (Korrosionsschutzklasse II) von einer Fachwerkkonstruktion aus MSH-Profilen (Hohlrohren) im Innenraum zu bewerten, wenn die Bauteile nicht ohne zerstörende Eingriffe untersucht werden können?

***Urbanek:***
Sofern das Gebäude trocken ist, entspricht die Beanspruchung der Klasse C1 bzw. I. Eine Korrosionsbelastung ist also quasi nicht vorhanden. Solange keine Schäden zu sehen sind, können sie davon ausgehen, dass alles in Ordnung ist und sie können es einfach auf sich beruhen lassen.

***Frage:***
Herr Wigger, Sie haben in Ihrem Vortrag im Wesentlichen Probleme dargestellt. Ist es überhaupt sinnvoll, eine Kerndämmung auszuführen?

***Wigger:***
Natürlich können Kerndämmungen ausgeführt werden. Ich wollte Sie in meinem Vortrag nur für eventuelle Probleme sensibilisieren.
Wie geht man beispielsweise mit Wärmebrücken um? In diesen Bereichen können innenseitig Kalzium-Silikat-Platten angebracht werden. Dadurch wird nicht nur die Oberflächentemperatur erhöht, sondern auch durch das alkalische Milieu die Gefahr der Schimmelpilzbildung reduziert.
Dem Bauherrn muss verdeutlicht werden, welche zusätzlichen Maßnahmen erforderlich sind. Das wird häufig nicht vermittelt.

***Zöller:***
Wie wirkt sich die Kerndämmung auf Flächen aus, die nicht in die Dämmmaßnahme einbezogen werden können? Ist dort mit einem erhöhten Schimmelpilzrisiko zu rechnen?
In Ihrem Vortrag haben Sie z. B. Wärmebrücken im Bereich von durchgehenden Bindersteinen, die früher anstelle von Maueranker verwendet wurden, angesprochen. Ihre Untersuchungen haben doch ergeben, dass es keine Probleme auf der Innenseite gibt, da sich durch die Dämmung die Temperatur der

Innenwandoberfläche in der Regelfläche erhöht. Durch die Querverteilung der Wärme ist auch die Oberflächentemperatur im Bereich der Bindersteine höher als vor der Maßnahme.

***Wigger:***
Die Oberflächentemperatur ist in diesem Bereich zwar immer noch etwas niedriger im Vergleich zur Fläche, aber nicht so niedrig, dass dort Tauwasser ausfallen würde. Grundsätzlich wird die Gefahr der Schimmelpilzbildung verringert.
Im Bereich der Fensterlaibungen verändern sich die Oberflächentemperaturen aber schon negativ, so dass dort begleitende Maßnahmen durchgeführt werden sollten. Dort wird der Wärmebrückeneffekt häufig durch die Maßnahme verstärkt.

***Frage:***
Wie viele Öffnungen pro Quadratmeter sind für das Einbringen von Einblasdämmstoffen (z. B. Mineralwolle) erforderlich?

***Wigger:***
Das ist sehr stark von dem einzubringenden Material abhängig. Bei Mineralwolle oder vergleichbaren festen Systemen sind wesentlich mehr Öffnungen zum Befüllen des Hohlraums erforderlich als bei Schüttungen.

***Frage:***
Wie muss mit Wasser bzw. Feuchtigkeit im Schalenzwischenraum umgegangen werden?

***Wigger:***
Bei Feuchtigkeit im Schalenzwischenraum ist eine Hohlraumdämmung nicht zu empfehlen. Vorher muss die Ursache der Durchfeuchtung gefunden und behoben werden.

***Zöller:***
Das Grundproblem ist die Wasserführung auf der Innenseite der äußeren Schale. Wird durch das Einbringen des Dämmmaterials die Wasserleitung zum innenliegenden Mauerwerk größer? Gibt es Schlagregenbeanspruchungssituationen, bei denen keine Kerndämmung ausgeführt werden sollte?

***Wigger:***
Ich würde nicht so weit gehen wie z. B. bei Fachwerkbauten, bei denen grundsätzlich Westfassaden von den Maßnahmen ausgeschlossen werden sollten.
Weitere Parameteruntersuchungen zu diesem Thema sind erforderlich, um herauszufinden, wie viel Einfluss die Wasseraufnahmefähigkeit der verwendeten Steine hat und ob die Möglichkeit der Wasserabführung im Bereich von Lüftungsöffnungen sinnvoll ist.
Man darf aber nicht vergessen, dass es diese Art der Hohlraumdämmungen schon seit Jahrzehnten gibt. Untersuchungen an vor 40 Jahren verfüllten Fassaden haben ergeben, dass keine Auffeuchtung der Konstruktion vorlag.

***Zöller:***
Zum Abschluss möchte ich die Ergebnisse des heutigen Tages zusammenfassen:

- Herr Liebheit hat über den merkantilen Minderwert gesprochen, der eine rein kaufmännische Größe darstellt ohne technischen Hintergrund. Ein merkantiler Minderwert, der nur auf dem Verdacht basiert, etwas könnte aufgrund eines vollständig beseitigten Mangels eventuell weniger Wert sein, gibt es zumindest im Werkvertragsrecht nicht.
- Des Weiteren wurden die wichtigsten Neuerungen in den Regelwerken vorgestellt. Im Tagungsband können Sie alles im Einzelnen nachlesen.
- Herr Moriske hat über eine weitere wichtige Neuerung, nämlich die Einführung von nutzungsabhängigen Hygienestufen im neuen Schimmelpilzleitfaden gesprochen. Es soll die übliche Beschaffenheit von schadensfreien Gebäuden definiert werden, die nicht keimfrei sein können, um so einen größeren Praxisbezug herzustellen.
- In meinem Beitrag über die Zukunftsfähigkeit von Wärmedämmverbundsystemen habe ich solche mit EPS-Dämmplatten aufgegriffen. Hier besteht der größte Diskussionsbedarf. Die derzeit öffentlich betriebene negative Auseinandersetzung mit dem Thema ist sicherlich übertrieben. Über Systeme, die sich seit Jahrzehnten praktisch bewährt haben, kann nicht von heute auf morgen gesagt werden, dass sie nicht mehr den anerkannten Regeln der Technik entsprechen sollen.
- Über die Geschichte des Fensterbaus haben wir einen interessanten Vortrag gehört. Bei der Instandsetzung von Fenstern und Fassaden muss differenziert und detailliert vorgegangen werden. Bei großen Fensteranlagen ist es sinnvoll, einen Fassadenberater hinzuzuziehen.

- Dem Korrosionsschutz können sehr unterschiedliche Vorstellungen, wie lange die Schutzsysteme funktionieren sollten, zu Grunde liegen. Ein entscheidender Faktor ist dabei die Wartbarkeit bzw. Zugänglichkeit der betroffenen Bauteile, die bereits in der Planungsphase berücksichtigt werden sollte.
- Zuletzt konnten wir hören, dass nachträgliche Hohlraumdämmungen kostengünstige und einfache Wärmeschutzmaßnahmen sind. Weitere Materialuntersuchungen sind sicherlich sinnvoll zur besseren Risikoabwägung bei schlagregenbeanspruchten Fassaden, bei denen Durchfeuchtungsschäden entstehen können. Bisher besteht nur die Kenntnis darüber, dass nicht ausreichend schlagregensichere zweischalige Mauerwerkswände nicht mit Kerndämmungen versehen werden sollten.

# 1. Podiumsdiskussion am 21.04.2015

***Zöller:***
Herr Pruß, nach Ihrem Vortrag habe ich mir die Frage gestellt, ob die klassische Funktion des früheren Baumeisters wiederbelebt werden sollte.
Sie haben bereits angedeutet, dass die Probleme bei der Durchführung von Großprojekten eher politisch begründet sind. Es sind zu viele Personen beteiligt, die Einfluss nehmen wollen. Welche Rolle hat dabei noch der Architekt?

***Pruß:***
Der Baumeister hat früher die Gesamtverantwortung getragen. Er war vom ersten bis zum letzten Tag dabei und für das gesamte Projekt und das Ergebnis verantwortlich. Das ist heutzutage nicht mehr der Fall. Typischerweise werden gerade bei Bauprojekten der öffentlichen Hand die Zuständigkeiten und Verantwortlichkeiten schritt- und abschnittsweise getrennt. Dabei geht sehr viel Know-how verloren.

***Zöller:***
Ich kenne ein Projekt aus dem privaten Baubereich, bei dem, im Glauben Kosten einsparen zu können, die Leistungsphasen 5–9 der HOAI einzeln an verschiedene Büros vergeben wurde. Das erzeugte deutliche „Reibungsverluste", weil jedes Büro Schuld, sogar von Kleinigkeiten, dem anderen zuwies. Grundlage eines Architektenvertrags ist das Vertrauen zwischen den Beteiligten, das aber leider nicht selten fehlt. Eine Vertrauensbasis ist besonders schwer herzustellen, wenn der Staat der Bauherr ist und maßgebliche Entscheidungen nicht durch Einzelpersonen verantwortungsbewusst, sondern eher anonym in Gremien mit wechselndem Personal getroffen und nachträglich geändert werden. In dem von Ihnen aufgeführten Beispiel liegt alles in einer Hand. Das vereinfacht das Vorgehen.

***Pruß:***
Der Wissensverlust durch Trennung in einzelne Projekt-Phasen ist enorm. Es konnte mir noch niemand erklären, warum die Vermeidung dieser Trennung nicht auch bei öffentlichen Bauvorhaben praktiziert werden kann. Ein Verantwortlicher sollte ein Projekt von Anfang bis Ende begleiten. Das gilt auch für den Realisierungspartner, der nicht als Letzter und somit als „Unwissender" dazukommen sollte, um dann die Fehler Anderer zu korrigieren oder dafür funktionale Verantwortung übernehmen zu müssen.
Die angesprochenen PPP-Projekte (public private partnership, Formen der Zusammenarbeit zwischen Einheiten der öffentlichen Partnerschaften, Privatunternehmen und Non-Profit-Organisationen) funktionieren nach einem Lebenszyklusansatz. Vom ersten Tag an sitzen Betreiber, Errichter, Finanzier und das gesamte Planungsteam in einem Boot. Es gibt zwar auch Beispiele, bei denen PPP-Projekte nicht funktionieren, aber das ist nicht die Regel.

***Zöller:***
Oft wird als Gegenargument angeführt, dass bei privater Ausführung der Maßnahme als PPP-Projekt die Gesamtkosten einschließlich der Unterhaltskosten deutlich geringer sein könnten.

***Pruß:***
Dazu gibt es leider keine veröffentlichten Vergleichszahlen. Der Betrieb von Gebäuden der öffentlichen Hand wird nicht standardisiert dokumentiert oder gebenchmarkt.

***Frage:***
Beim Bau des Berliner Flughafens wurde vor zwei bzw. drei Jahren der Vertrag des zuständigen Architekturbüros gekündigt. Die Öffentlichkeit reagierte erstaunt darüber, dass gerade der „Kopf", der alles über das Projekt wusste, abgesetzt wurde. War dieses Vorgehen mit ein Grund für das dann folgende Desaster?

***Pruß:***
Für diese Vorgehensweise habe ich keine Erklärung. Ich kenne allerdings auch nicht die Entscheidungsgrundlagen derjenigen, die diese Kündigung ausgesprochen haben. Sie wurden nicht veröffentlicht.
Es ist sicherlich nicht der richtige Weg, bei eventuellen Planungsfehlern gerade die verantwortlichen Planer zu entlassen, denn die Fehler bleiben.

***Zöller:***
Aufgrund der öffentlichen Stellungnahmen der Büroleiter konnte man schon den Eindruck gewinnen, dass es sich dabei um eine Überreaktion gehandelt hatte.

***Pruß:***
Es handelt sich dabei um ein Hin- und Herschieben von Schuld und Verantwortung. Die Baufirmen behaupten, es liege an der schlechten Planung. Der Planer behauptet, es liege an schlechten Baufirmen. Diese Diskussion führt zu keiner Lösung. Es fehlt ein auf Vertrauen basiertes Vorgehen.

***Zöller:***
Das heißt in der Konsequenz, dass sich entweder ein großes Architekturbüro der Aufgabe annimmt, das in der Lage ist, Detailplanung und Controlling selbst auszuführen, oder der Nutzer mietet die benötigten Flächen von einem Investor an.

***Pruß:***
Genau! Das Problem des Berliner Flughafens ist nicht primär die Architektur- und Projektplanung, sondern vor allem die Planung der TGA (Technische Gebäudeausrichtung) bzw. des Brandschutzes. Die Planung dieser hochkomplexen Gewerke hat dort zu Problemen geführt. Die erforderliche Vorlaufzeit, um Angebote auf der Grundlage einer abgestimmten Planung auf dem Markt einholen zu können, hat man sich nicht genommen. Insofern ist es auch logisch, dass das Projekt in einem Dilemma geendet hat.

***Frage:***
Es gibt deutliche Unterschiede zwischen einer Kostenschätzung eines Planers, mit den im Rahmen der DIN 276 zulässigen unterschiedlichen Stufen der Abweichung, und der Kostenkalkulation einer großen Bauunternehmung. Erklärt das auch die Kostenerhöhungen bei Bauvorhaben der öffentlichen Hand?

***Pruß:***
Wenn eine Bauunternehmung sagt, was ein Bauprojekt kosten wird, dann muss sie sich daran halten. Der Planer hat in Abhängigkeit von der Projektphase eine mögliche Varianz von bis zu 30 %. Für wen solche Zahlen von Nutzen sein sollen, habe ich bisher nicht verstanden.

***Frage:***
In den Fachregeln des Dachdeckerhandwerks werden für hinterlüftete Bekleidungen aus Stülpschalung mit Nut- und Federbrettern Hinterlüftungsöffnungen in der Fassade oben und unten gefordert. Sind diese, entsprechend der Aussage in ihrem Vortrag, nicht mehr erforderlich?

***Kehl:***
Ja, die Ausführung ohne Hinterlüftungsöffnungen bei kleinteiligen Fassaden ist bereits seit mindestens 20 Jahren geregelt. Dies steht bereits in der DIN 68600-2:1996 und in den Zimmererfachregeln. Die Erkenntnisse stammen aus den 80er Jahren vom Fraunhofer Institut für Bauphysik und wurden auch in aktuelleren Messungen, wie gezeigt, bestätigt.
Durch unterschiedliche Druckverhältnisse vor und hinter der Schalung kommt es zu einem „Pumpeffekt". Die Luftdurchlässigkeit kleinteiliger Fassaden ist hoch und ausreichend, um einen Luftwechsel zu erzeugen. Dies konnten wir durch Versuche an der Berner Fachhochschule bestätigen.
An einem Beispielobjekt wurde zu Prüfzwecken Kunstnebel hinter eine Holzfassade gepumpt. Es passierte erstmal nichts. Bei einem Windstoß wurde dann auf einmal die gesamte Fassade weiß, da der eingebrachte Kunstnebel zeitgleich über alle Fugen der Fassade ausgetreten war.
Ich empfehle das Prinzip: „Oben zu – unten offen!" Letzteres, damit hinter die Fassade gelangtes Wasser schadensfrei ablaufen kann.

***Frage:***
Bei einem gering geneigten und belüfteten Flachdach mit Blechabdeckung ist es vermehrt zur Sekundärtauwasserbildung auf der Unterseite der Deckung gekommen. Deckt sich dieses Erscheinungsbild mit Ihren Erfahrungswerten und ist diese Situation simulierbar?

***Kehl:***
Ich habe keine Erfahrungen mit diesem Erscheinungsbild. Mit einem geeigneten Klimadatensatz kann man die Unterkühlung der Dachoberfläche und damit das Auffeuchten der darunter liegenden Schalung realitätsnah abbilden, abtropfendes Wasser kann man aber nicht simulieren.

***Frage:***
In der neuen DIN 4108 wird auf die Notwendigkeit hygrothermischer Simulation verwiesen. Die DIN 4108 ist bauaufsichtlich eingeführt. Die Norm für die hygrothermische Simulation ist jedoch nicht bauaufsichtlich eingeführt.
Ist nun die hygrothermische Simulation und die dazugehörige Norm über den Umweg DIN 4108 eingeführt und ein zwingend durchzuführender Nachweis beim Feuchteschutz?

***Kehl:***
Neben der DIN 4108-3 gibt es mittlerweile zahlreiche nationale und internationale Normen, die für bestimmte Fälle hygrothermische Nachweise mittels Simulation fordern. Dazu zählt z. B. die DIN 68800-2 von 2012 oder die SIA 271 von 2007. Zudem gibt es seit über 14 Jahren das WTA Merkblatt 6-2, das gerade wieder überarbeitet wurde. Im Holzbau und auch bei Innendämmung ist der Einsatz der hygrothermischen Berechnungen gängige Praxis, natürlich nur dort, wo das Glaserverfahren ungeeignet ist. Damit wird nachvollziehbar, dass hygrothermische Simulation anerkannte Regel der Technik ist.

***Holm:***
In der DIN 4108-3:2001-07 ist bereits der Hinweis auf die hygrothermische Simulation für Gründächer, Innendämmungen, Schlagregen und Baufeuchte enthalten. In der aktuellen Version der DIN 4108-3 ist der Hinweis im Anhang D enthalten. Fakt ist, dass sie eigentlich anerkannte Regel der Technik ist.

***Zöller:***
Bei der Nennung des Verfahrens in einem normativen Anhang von einer eingeführten Norm kann man vermuten, dass es sich um anerkannte Regel der Technik handelt. Das gilt, auch wenn man davon ausgehen muss, dass das Verfahren nur so gut ist, wie derjenige, der es anwendet.

***Kehl:***
Noch ein ergänzender Hinweis: Nachdem die DIN 4108-3 verabschiedet worden ist, hat sich der Normungsausschuss meines Wissens nach sofort wieder zusammengesetzt. Geplant ist nun, dass die hygrothermische Simulation im Anhang D erweitert wird, um für die Fälle bei denen das Glaser-Verfahren nicht angewendet werden kann, eine entsprechende „Handlungsanweisung" zu bekommen. Grundlage dazu werden sicherlich auch die WTA Merkblätter sein.

***Frage:***
Im Planungsalltag, z. B. der Denkmalpflege gibt es permanent die Notwendigkeit Tauwassernachweise zu führen, z. B. in Bezug auf Innendämmungen oder bei Bauteilen, die ans Erdreich angrenzen. Den Vorträgen kann man entnehmen, dass es im Moment eigentlich kein Verfahren gibt, das im Planungsalltag von normalen Ingenieuren angewendet werden kann. Diese Situation ist sehr unbefriedigend.

***Kehl:***
Für Innendämmung ist das vereinfachte Verfahren nach Glaser vollkommen ungeeignet, da es die Feuchteaufnahme der Baustoffe nicht berücksichtigt. Das weiß man eigentlich schon seit über 30 Jahren. Damit man aber nicht alles rechnen muss, hat die WTA im Merkblatt 6-4 für Innendämmung einen vereinfachten Nachweis herausgebracht. Dieser kann unter den dort angegebenen Randbedingungen genutzt werden. Ansonsten müssen für Innendämmung die dynamischen Berechnungsverfahren verwendet werden. Für Innendämmungen sind diese Verfahren gut geeignet. Dass diese Berechnungsverfahren nicht von jedem Ingenieur eingesetzt werden können, ist ein anderes Thema. Dafür gibt es Weiterbildungen oder, wenn man es nicht selber machen will, Spezialisten bzw. Fachplaner.

***Zöller:***
Deswegen gibt es vereinfachte Verfahren. In den Anfangszeiten des Glaserverfahrens gab es keine kostenfrei im Internet erhältlichen Rechenprogramme, die Berechnungen waren vergleichsweise aufwändig. Deswegen gab es vereinfachte Ansätze der nachweisfreien Konstruktionen, bei denen nicht alles berechnet werden muss. So ist es jetzt auch bei der hygrothermischen Simulation.

***Frage:***
Wie beurteilen Sie die technische Entwicklung bei Schaumglas?

***Holm:***
Aufgrund der begrenzten Vortragszeit konnte ich nicht über alle auf dem Markt vorhandenen Materialien sprechen.
In den letzten Jahren gab es auch bei Schaumglas viele Innovationen, die zu neuen Anwendungsmöglichkeiten geführt haben. Manche Anwendungsbereiche wurden früher aus bauphysikalischer Sicht eher kritisch gesehen. Diese Probleme konnten durch kontinuierliche Forschung und Entwicklung teilweise gelöst und in den Griff bekommen werden.

# 2. Podiumsdiskussion am 21.04.2015

***Zöller:***
Herr Herold, vielen Dank, dass Sie sich spontan bereit erklärt haben, an dieser Diskussion teilzunehmen. Sie haben bereits während der letzten Tagung über die Normungsarbeit des Ausschusses DIN 18532 berichtet. Könnten Sie kurz den aktuellen Stand der Bearbeitung zusammenfassen?

***Herold:***
Die Arbeiten im Normenausschuss DIN 18532 (befahrbare Flächen, wie Parkdächer, Parkflächen, Tiefgaragen bis hin zu Brücken) befinden sich in der abschließenden Phase. Die Norm soll noch in diesem Jahr als Entwurf erscheinen.
Ein zentraler Punkt der Bearbeitung ist der Umgang mit Beschichtungen, die vielfach im Bereich von Parkbauten eingesetzt werden.
Einerseits gibt es für befahrene Flächen von Parkhäusern die klassischen Abdichtungen (bahnenförmig oder flüssig) und andererseits werden auch nur Beschichtungen mit Oberflächenschutzsystemen ausgeführt.
Entsprechend den Anforderungen im Eurocode 2 (Bemessung und Konstruktion von Stahlbeton und Spannbetontragwerken) ist die Dauerhaftigkeit von Betonbauteilen insbesondere bei Einwirkung von Chloriden sicherzustellen. Das Bauteil muss aber auch eine abdichtungstechnische Wirksamkeit gegenüber Wasser aufweisen. Dabei geht es vor allem um die Sicherstellung der Nutzung der Bereiche unterhalb dieser Bauteile. Beide Funktionen müssen zugleich erfüllt werden.
Man kann darüber philosophieren, ob schichtbildende Maßnahmen (Beschichtungen im klassischen Sinn) zum Schutz eines Bauteils auch hinsichtlich der weitergehenden Nutzererfordernisse eine Form von Abdichtung darstellen können. Das ist abhängig von der Art der vorgesehenen Nutzung. Um die Art der Nutzung besser zu berücksichtigen, wurden z. B. auch in der neuen DIN 18533 (Abdichtung erdberührter Bauteile) verschiedene Nutzungsklassen eingeführt. Auch bei den befahrbaren Flächen in DIN 18532 sind übereinanderliegende Parkflächen hinsichtlich des Abdichtungserfordernisses anders zu bewerten als ein gedämmtes Parkdeck über einem hochwertig genutzten Raum.
Um die in der Praxis seit langem in diesem Bereich angewendeten Beschichtungen nunmehr auch regelungstechnisch zu erfassen wurden in DIN 18532 Regelungen getroffen, mit denen unter bestimmten Nutzungsbedingungen Beschichtungen neben dem Bauteilschutz auch für Abdichtungszwecke verwendet werden können. Dabei wird gleichzeitig auf die hierbei erforderlichen besonderen Instandhaltungsmaßnahmen hingewiesen. Es werden einheitliche Begriffe verwendet und es wird auf die gleichzeitig geltenden Regelungen für den Betonschutz verwiesen. In den zurzeit überarbeiteten Regeln für den Betonschutz wird ebenso auf hierfür auch verwendbaren Abdichtungsmaßnahmen nach DIN 18532 verwiesen. Der Planer hat somit die Möglichkeit den Betonschutz mit Beschichtungen zugleich auch als geregelte Maßnahme für Abdichtungszwecke anzuwenden oder eine Abdichtung zugleich auch als Maßnahme für den Betonschutz zu planen, ohne dadurch in Widerspruch zu geltenden Regelwerken zu geraten.
Über konkrete Inhalte der DIN 18532 kann im Rahmen dieser Veranstaltungsreihe möglicherweise beim nächsten Mal gesprochen werden.

***Zöller:***
Wie ist der Stand der Diskussion im Normenausschuss in Bezug auf das Thema Schutz gegen Unterläufigkeit von bahnenförmigen Abdichtungen?
Wenn durch Fehlstellen chloridhaltiges Wasser unter lose verlegte Bahnen gelangen und so langanhaltend auf den Beton einwirken kann, ist das korrosionstechnisch problematisch.

***Herold:***
Im Hinblick auf den Betonschutz können Abdichtungen gegen chloridhaltiges Wasser, die lose verlegt oder nur teilweise verklebt sind und die somit im Fall von Undichtheiten unterläufig sein können, nicht akzeptiert werden.
Entsprechend den Anforderungen der alten DIN 18195 dürfen Abdichtungen in diesem Bereich grundsätzlich auch lose verlegt werden. Dabei stand bisher nur die gewünschte Abdichtungsfunktion im Vordergrund. Die Auswirkungen der Unterläufigkeit können z. B. durch Abschottungssysteme begrenzt werden.
Bei Parkdecks sind die Maßstäbe aufgrund des zugleich erforderlichen Betonschutzes jedoch höher anzusetzen. Danach sollte eine Unterläufigkeit nicht zulässig sein. Unter Berücksichtigung des Betonschutzes werden deshalb vermutlich in der DIN 18532 lose verlegte Abdichtungen nicht zugelassen werden können, um nicht in Widerspruch zu den Reglungen des Betonschutzes zu geraten. Hierüber ist jedoch noch keine abschließende Entscheidung getroffen worden.
Die neue DIN 18532 führt Regelungen für die Abdichtung für die Nutzung des Gebäudes und Regelungen für die Beschichtung zum Schutz des Bauteils zusammen. Dadurch wird Planungssicherheit geschaffen.

***Frage:***
Warum hat der Planer die Dokumentationspflicht? Er kennt doch nur seine Planung und nicht das, was später tatsächlich ausgeführt wird.

***Herzberg:***
Das ist zwar richtig, aber es muss diese Dokumentation geben. Sie kann auch als extra Position in der Leistungsbeschreibung aufgeführt sein oder es erfolgt der Hinweis auf die erforderliche Dokumentation am Ende der Baumaßnahme.
In den Anfängen der Normenausschusssitzung war geplant zu fordern, dass ein Schild mit den Angaben über die verwendeten Materialien auf dem Dach befestigt wird. Davon wurde wieder Abstand genommen, weil man nicht wusste, wo dieses Schild montiert werden soll und nicht sichergestellt werden konnte, dass die Angaben z. B. im Fall einer Sanierung des Daches aktualisiert werden.
Grundsätzlich sollte diese Dokumentation beim Bauherrn bzw. Betreiber des Gebäudes vorhanden sein. Das ist ein hoher Anspruch, aber wenn nichts gefordert wird, bekommt man auch nichts zurück.
Dachdecker können nur mit Kenntnis der verwendeten Materialien Reparaturarbeiten an in der Regel Kunststoffdachbahnen ausführen. Bei Bitumendachbahnen tritt das Problem nicht auf.

***Zöller:***
Auch Sachverständige sind auf diese Informationen angewiesen, um z. B. Öffnungsarbeiten zu Untersuchungszwecken auf dem Dach durchführen zu können. Die verwendeten Materialien müssen bekannt sein, damit Öffnungsstellen in der Dachbahn auch wieder fachgerecht geschlossen werden können.

***Frage:***
Wieso ist auf den Kunststoffdachbahnen nicht die Typenbezeichnung beispielsweise in den Überlappungsbereichen eingeprägt?

***Herzberg:***
Diese Frage müsste an die Industrie gestellt werden.
Technisch machbar ist es. Kennzeichnungen sollten möglichst auf beiden Seiten der Bahn angebracht werden, damit sie auf jeden Fall sichtbar sind. Ob das nützt, bleibt allerdings offen, denn eine Kunststoffdachbahn A aus 2005 kann möglicherweise nicht mit einer Kunststoffdachbahn A aus 2015 verbunden werden, da sich ggf. zwischenzeitlich die Rezeptur der Bahn erheblich verändert hat.

***Zöller:***
Aber dazu wird der Hersteller sich äußern können – wenn man weiß oder erkennen kann, wer die Bahn produzierte.

***Klingelhöfer:***
Ein Hersteller sagte mir einmal in einer Pause der Normenausschusssitzung, dass er froh ist, wenn die Bahnen das ganze Jahr über die gleiche Farbe haben. Die Rohstoffe zur Herstellung der Bahnen werden in der ganzen Welt eingekauft mit einer gewissen Bandbreite in Bezug auf die Zusammensetzungen. Es muss daher sehr genau untersucht werden, ob die Materialien sich dauerhaft miteinander verbinden lassen oder nicht.

***Zöller:***
Die im Zusammenhang mit dem Forschungsvorhaben „Übergänge zwischen bahnenför-

migen und flüssigen Abdichtungen" genannte „Haftzugprüfung von Hand" wäre vermutlich auch in diesem Bereich ein sinnvoller und schnell vor Ort ausführbarer Versuch.

***Anmerkung Liebheit:***
Der BGH hat in dem Schallschutzurteil von 2007 klargestellt, dass es nicht die Aufgabe eines Normenausschusses ist, vertragsrechtliche Regelungen zu treffen. In dem Urteil des BGH. v 14.06.2007 - VII ZR 45/06 heißt es: „Ohne vertragsrechtliche Bedeutung und irreführend ist es, dass Ziff. 3.1 des Beiblatts 2 zu DIN 4109 lautet: „Ein erhöhter Schallschutz einzelner oder aller Bauteile nach diesen Vorschlägen muss ausdrücklich zwischen dem Bauherrn und dem Entwurfsverfasser vereinbart werden ...". Diese Formulierung suggeriert eine vertragsrechtliche Bedeutung des Beiblatts 2 zu DIN 4109, die sie nicht hat. Nach §§ 133, 157 BGB bedarf die Vereinbarung eines erhöhten Schallschutzes keiner „ausdrücklichen" Vereinbarung, sondern kann sich aus den Umständen ergeben."
Das gilt entsprechend für eine Dachabdichtung. Ob der Unternehmer eine Herstellung schuldet, die den in K1 oder K2 geregelten Anforderungen entspricht, richtet sich nach den vom BGH herausgearbeiteten Kriterien der Auslegung der Beschaffenheitsvereinbarung. Der Erwerber kann unabhängig von ihrem Wortlaut erwarten, dass das Werk den üblichen Qualitäts- und Komfortstandards entspricht, die vergleichbare zeitgleich erstellte Bauwerke aufweisen und unter Berücksichtigung der grundsätzlichen Verhältnisse des Bauwerks und seines generellen technischen und qualitativen Zuschnitts sowie seines architektonischen Anspruchs.
Es ist nicht die Aufgabe des Normenausschusses zu regeln, welche vertragsrechtlichen Vereinbarungen die Parteien treffen müssen. Wenn ein Bauträger beispielsweise davon ausgeht, dass bei einem hochwertigen Gebäude mangels einer abweichenden Vereinbarung entsprechend dem technischen Regelwerk „nur K1" ausgeführt werden muss, obwohl es inzwischen dem üblichen Qualitätsstandard entspricht, bei solch einem Gebäude die Voraussetzungen von „K2" zu erfüllen, dann ist dieser – hier lediglich unterstellte - Standard geschuldet. Eine Ausführung entsprechend „K1" wäre dann nur geschuldet, wenn die Parteien nach einer ausführlichen Belehrung des Bestellers über den „üblichen Standard" eine Ausführung vereinbart haben, die „K1" entspricht. Die Regelung der vertragsrechtlichen Frage, unter welchen Voraussetzungen ein Erwerber einen bestimmten Qualitätsstandard erwarten darf, ist nicht Aufgabe des Normenausschusses. Die zum Zeitpunkt des Vertragsschlusses übliche Baupraxis und die Qualitätsanforderungen dürften sich allerdings nach den technischen Vorgaben des Normenausschusses richten, so dass sie auf diese Weise letztlich für die Auslegung der Beschaffenheitsvereinbarung relevant sind.

***Herzberg:***
Ich werde diese Aussage im Normenausschuss vorbringen und anregen, darüber nachzudenken.

***Klingelhöfer:***
In der DIN 4109 stand lange Zeit, dass der erhöhte Schallschutz nach Beiblatt 2 der DIN 4109 separat vereinbart werden muss, sonst gilt nur der Mindestschallschutz. Der Passus, dass die Parteien einen erhöhten Schallschutz explizit vereinbaren müssen, steht nicht mehr in dieser Norm. Das ist der Punkt, den Herr Liebheit angesprochen hat.
Ein Beispiel: Bei einer sehr hochwertigen Produktionsanlage stand sowohl im Exposé als auch im Vertrag, dass hochwertige Leistungen erbracht werden. Auf der Dachfläche wurde K1 ausgeführt. Der Investor steht nun auf dem Standpunkt, dass aufgrund des Vertrages ein K2-Dach hätte ausgeführt werden müssen. Das Ergebnis in dem angestrengten Rechtsgutachten war: „Wenn hochwertige Leistungen vereinbart werden, dann gilt das auch für das Dach, also ist ein K2-Dach geschuldet".

***Zöller:***
Kann das Schallschutzbeispiel so einfach auf Dächer übertragen werden?
Beim Schallschutz ist die Erwartung an einen bestimmten, spürbaren (hörbaren) höheren Standard bei entsprechend höheren Kosten leicht nachvollziehbar. Ist allerdings ein K1-Dach wirklich spürbar schlechter? Herr Herzberg, sie sagten vorhin, dass Sie noch nie ein ausgeführtes K2-Dach gesehen hätten.

***Herzberg:***
K1-Dächer sind nicht grundsätzlich schlecht. Im Sinne der K2-Regelung muss dabei ein Mindestgefälle von 2 % hergestellt werden. Ein Gefälle ist zwar grundsätzlich gut, aber

nicht immer realisierbar, insbesondere auf Terrassen. Dort ist ein Gefälle nur mit entsprechend hohem Terrassenaufbau herstellbar, aber dann muss bereits in der Statik ein Deckensprung eingeplant werden. Normalerweise sehe ich nie einen Deckensprung auf der Baustelle. Trotzdem kann ich eine hochwertige Abdichtung herstellen, indem ich beispielsweise höherwertige Bahnen verwende und wirklich trittfeste Wärmedämmung benutze. Die Anforderungen an K2 werden aber damit nicht erfüllt. Das heißt im Umkehrschluss, im Normalfall kann eine Terrasse eines Penthauses aufgrund der planerischen Gegebenheiten nicht in K2 ausgeführt werden.

***Zöller:***
Die Übertragung von juristischen Überlegungen von einem technischen Sachbereich in einen anderen ist nicht ohne weiteres möglich, da es eventuell andere, nicht übertragbare technische Zusammenhänge gibt. Warum soll ein intensiv begrüntes Dach, welches ohne Gefälle ausgeführt werden soll, so viel schlechter sein als ein Dach ohne Begrünung?

***Klingelhöfer:***
Bei meinem Beispielobjekt steht das Wasser in den Kehlen und es haben sich im Bereich der Pfützen Rotalgen und auf der verlegten hochpolymeren Dachbahn Ablagerungen gebildet. Die Unterkonstruktion besteht aus einer weitgespannten, durchhängenden Stahlkonstruktion. Die Abläufe befinden sich im Bereich der Stützen, also an den wahrscheinlich höchsten Punkten der Dachoberfläche!
Warum heißt es in der Norm, nicht planbares Gefälle? Dass im Bereich der Stützen der höchste Punkt der Dachfläche sein wird, ist bekannt. Warum wird der Ablauf, in Abstimmung mit der Statik, nicht im Bereich der zu erwartenden Durchbiegung gesetzt, also am voraussichtlich tiefsten Punkt?

***Zöller:***
Es geht hier nicht um die Frage der Pfützenbildung, sondern ob eine Dachfläche, die statt 2 % Gefälle nur 1,8 % Gefälle aufweist, allein deswegen mangelhaft ist. Die Anordnung von Abläufen an Tiefpunkten, z. B. in Feldmitten von weit gespannten Decken, ist eine sinnvollere Maßnahme als die bloße Vorgabe einer bestimmten prozentualen Neigung, die unter Berücksichtigung von zulässigen Ebenheitstoleranzen und Durchbiegungen im besten Fall soeben noch Gegengefällestrecken vermeiden kann.

***Klingelhöfer:***
Wenn die Norm 2 % Mindestgefälle fordert, muss eben in der Planung von größer 3 % Gefälle ausgegangen werden, damit im Endeffekt die gewünschten 2 % erreicht werden.

***Frage:***
Wenn ein K1-Dach nur 0 % Gefälle haben muss, führt das nicht dazu, dass 30 % der Dachfläche ein Gegengefälle haben werden?

***Herzberg:***
Bei einem K1-Dach mit 0° Gefälle kann ein schwerer Oberflächenschutz einen Teil der eventuell entstehenden Wasseransammlung verdrängen. Außerdem wird ja nicht ausgeschlossen, dass trotzdem eine Ausgleichsschicht zur Vermeidung von Gegengefälle aufgebracht wird.
Ein Dach ohne geplantes Gefälle bedeutet außerdem nicht automatisch, dass man 2 % Gegengefälle erhält. Es kann sein, muss aber nicht.

***Zöller:***
Die Norm trifft eine Planungsvorgabe, die Gegengefälle vermeiden soll. Wesentlich ist dabei die Vermeidung von größeren Wasseransammlungen. So wird im Einzelfall die Neigung zu bewerten sein, ob sich daraus negative Folgen, wie zum Beispiel das erhöhte Risiko von Undichtheiten oder eine verkürzte Nutzungsdauer der Abdichtung, ergeben können. Die Bewertung soll damit nicht die formale Einhaltung einer bestimmten Neigung berücksichtigen, sondern die Funktion und damit technische Aspekte.

***Liebheit:***
Die Gefälleanforderung zu erfüllen ist insbesondere bei Altbauten teilweise problematisch und steht im Widerspruch zum Wunsch nach einem barrierefreien Zugang zur Dachterrasse. Ein ggf. erforderlicher 40 cm hoher Aufbau auf der Dachterrasse zur fachgerechten Herstellung eines Gefälles kann zu einem Höhensprung von 20 cm zum Innenraum führen. Daraus kann sich ein Minderwert für die ganze Wohnung ergeben, wie das OLG Hamm kürzlich entschieden hat.
Zur Klärung der geschuldeten Soll-Beschaffenheit ist es eine von Bausachverständigen zu beantwortende Frage, ob nach der Bau-

praxis ein barrierefreier Zugang zur Dachterrasse den üblichen Qualitäts- und Komfortstandards entspricht oder die Herstellung einer Dachterrasse mit einem Gefälle. Insoweit ist eine Gesamtschau erforderlich, die auch die üblichen Wünsche der Erwerber berücksichtigt, soweit diese bekannt oder erkennbar sind.

Meiner Ansicht nach sollte sich der Normenausschuss mit vertragrechtlichen Regelungen zurückhalten und dieses Thema der Rechtsprechung überlassen.

***Zöller:***

Die Formulierung von Qualitätsklassen beinhaltet selbstverständlich juristische, aber auch technische Aspekte. Es ist eine Entscheidung des Planers, die Abdichtung unter Abwägung der Zuverlässigkeit und der Kosten bei jeweils gegenläufigen Interessen abzuwägen und festzulegen. Man darf nicht glauben, dass nach den heutigen Qualitätskriterien eine Abdichtung der Klasse K2 zwangsläufig qualitativ besser ist als eine der Klasse K1. Eine gefällelos verlegte Abdichtung ist unter bestimmten Voraussetzungen zuverlässiger, dauerhafter und damit besser als eine Abdichtung nach K2, die sonst keine weiteren Zuverlässigkeitsmerkmale erfüllt. Das aus dem Kontext gelöste Merkmal, die Gefällegebung, werden wir in Bezug zur Qualität eines Dachs heute leider nicht abschließend diskutieren können.

***Frage:***

Warum wurden die Bezeichnungen für die Rissklassen abstrakt gewählt und nicht entsprechend der Anforderung? Zum Beispiel wäre statt Rissklasse R2-E die Bezeichnung R 0,5 besser nachvollziehbar.

***Honsinger:***

Die Bezeichnungen für die Rissklassen wurden nicht willkürlich gewählt. Die Terminologie in der neuen Normenreihe für Bauwerksabdichtungen musste aufeinander abgestimmt werden, um Irritationen zu vermeiden. Sie basiert auf Festlegungen, die in einem übergeordneten Gremium, dem so genannten Koordinierungsausschuss, bestehend aus den Obleuten der Einzelnormen unter der Leitung des Vorsitzenden des DIN-Fachbereichs „Feuchteschutz“, getroffen wurden. Ganz konkret mussten auch in anderen Normen der Reihe, wie z. B. für die Abdichtung von befahrenen Verkehrsflächen, Rissklassen präzisiert werden. Daher ist der Zusatz „-E“ für erdberührte Bauteile und z. B. „-V“ für Verkehrsflächen erforderlich. Weiterhin werden die Rissklassen nicht ausschließlich durch die Rissbreite, wie z. B. ≤ 0,5 mm, charakterisiert. Auch der Rissversatz muss in die Klassifizierung der Risseinwirkungen einbezogen werden. Die Präzisierung der Rissklassen ohne eine zahlenmäßige Sortierung mag zunächst abstrakt erscheinen. Bei genauer Betrachtung handelt es sich bei der Rissklassenangabe „Rx-E“ um eine nachvollziehbare und praktikable Bezeichnung.

***Frage:***

Erfahrungsgemäß werden Dränanlagen oft weder bemessen, fachgerecht ausgeführt noch gewartet. Die Satzungen vieler Städte sehen keine Einleitung des Dränwassers in die Vorflut vor.

Warum werden Dränungen noch immer in den Abdichtungsnormen berücksichtigt?

***Honsinger:***

Das Thema Dränanlagen wurde in letzter Zeit im Normenausschuss sehr engagiert und teils kontrovers diskutiert. Die 25 Jahre alte DIN 4095 „Dränung zum Schutz baulicher Anlagen“ ist nicht mehr in allen Punkten zeitgemäß und eine Überarbeitung daher dringend erforderlich. Ich gehe davon aus, dass dies auch in naher Zukunft passieren wird.

Dränanlagen können aber durchaus funktionsgerecht geplant, ausgeführt und unterhalten werden. Eine funktionsfähige Dränung übernimmt eine exakt definierte Funktion im Abdichtungssystem eines Kellerbaukörpers und kann somit die Anforderungen an die Bauwerksabdichtung beeinflussen. Mit einer dauerhaft funktionierenden Dränung reicht eine weniger aufwändige Abdichtung der erdberührten Wände und Bodenplatten oberhalb des Bemessungsgrundwasserstandes aus. Dem wurde bei der Präzisierung der Wassereinwirkungsklasse W1.2-E (Situation 2) Rechnung getragen.

***Zöller:***

Dränanlagen müssen nicht verpflichtend gebaut werden. Die Abdichtungsnorm sieht Alternativen vor. Oft ist die Ausführung problematisch wegen der prinzipiell steigenden Bemessungswasserstände, da Niederschlagswasser häufig unmittelbar dem Baugrund zuzuführen ist. Trotzdem sollen Dränungen nicht von vornherein in der Norm für die Abdichtung ausgeschlossen werden. Es gibt diese bautechnische Möglichkeit, sie kann eine durchaus geeignete Maßnahme darstellen.

***Honsinger:***
Ergänzend möchte ich noch anfügen, dass, wenn bei der hier in Rede stehenden Wassereinwirkungsklasse W1.2-E (Situation 2) die Randbedingungen für eine dauerhafte Dränfunktion nicht erfüllt werden können, die Abdichtung unter Berücksichtigung der nächsthöheren Wassereinwirkungsklasse (W2.1-E) geplant und ausgeführt werden muss.

***Frage:***
Ist ein Schutz der Abdichtung z. B. PMBC (KMB) und FLK gegen Hinterfeuchtung genormt? Gilt das auch für Beton, da nach Beddoe/Springenschmidt Wasser etwa 7 cm tief eindringt?

***Honsinger:***
Grundsätzlich müssen PMBC die Anforderungen nach DIN EN 15814 „Kunststoffmodifizierte Bitumendickbeschichtungen zur Bauwerksabdichtung – Begriffe und Anforderungen" erfüllen. Für die Verwendung bei drückendem Wasser (W2.1-E) müssen PMBC ein ergänzendes gültiges abP besitzen. Außerdem werden an den Übergang der Wandabdichtung auf wasserundurchlässige Bodenplatten aus Beton zusätzliche Anforderungen gestellt. So wird z. B. bei W2.1-E ein ergänzendes abP benötigt, in dem auch der Übergang der Abdichtung auf Bauteile aus wasserundurchlässigem Beton geregelt ist und für das die wasserdichte Verwendung im Übergang nachgewiesen wurde. Weiterhin werden Anforderungen an den Betonuntergrund gestellt. Werden alle Anforderungen erfüllt, besteht kein Risiko der Hinterfeuchtung.
FLK müssen den Anforderungen der DIN 18533 Teil 3 entsprechen. Für die Anwendungsbereiche in dieser Norm ist der Nachweis der Verwendbarkeit durch ein allgemeines bauaufsichtliches Prüfzeugnis (abP) zu erbringen. Auch für diese Bauart gilt, dass, wenn alle Anforderungen erfüllt werden, kein Risiko der Hinterfeuchtung besteht.

***Frage:***
Sind Lichtschächte bzw. deren Anschlüsse in den Regelungen zur Abdichtung erdberührter Bauteile einbezogen?

***Honsinger:***
Ganz klar, Ja! Die DIN 18533 ist ein sehr umfassendes Normenwerk, in dem auch Lichtschächte und Kelleraußentreppen im Detail geregelt sind.
Lichtschächte und Kelleraußentreppen, die für eine Wassereinwirkung durch drückendes Wasser zu planen sind und druckwasserdicht eingebunden werden sollen, müssen sich gemeinsam mit dem Gebäude setzen können, ohne dass die Abdichtung auf Abscheren beansprucht wird. Sollen Lichtschächte aus Einbauteilen verwendet werden, ist für den Anwendungsfall „Druckwasser" ein Eignungsnachweis erforderlich, der z. B. durch den Hersteller zu erbringen ist.

***Zöller:***
Besonders problematisch ist nicht das Wasser, das seitlich oder von unten auf den Lichtschacht einwirkt, sondern das von oben anfallende. Es gibt jetzt in der Norm die neue Regelung, dass Lichtschächte abgedeckt werden können, so dass die problematische Entwässerung des Lichtschachts entfallen kann, die mit einem hohen Aufwand für die Entwässerung oberhalb der Rückstauebene sowie mit Betriebsrisiken verbunden ist. Selbstverständlich darf Oberflächenwasser dann nicht in einen Lichtschacht gelangen können. Aber diese Anforderung der „Vermeidung unnötig hoher Beanspruchungen" gilt grundsätzlich.
Bei Nassräumen wird darüber diskutiert, welche Bereiche überhaupt eine Abdichtung benötigen. Im Vergleich zu den bisherigen Regelungen gibt es wesentliche Änderungen. So muss nun unter Badewannen und Duschtassen abgedichtet werden. Nicht spritzwasserbelastete Bereiche in privaten Wohnungsbädern sollen demnach einen Fliesenbelag erhalten.
Warum müssen jetzt unter Wannen Abdichtungen ausgeführt werden? Inwieweit spielt dabei der Zuverlässigkeitsaspekt eine Rolle?

***Klingelhöfer:***
Bereits im ZDB-Merkblatt ist aufgenommen, dass Abdichtungen unter Wannen auszuführen sind, wenn der Anschluss des Wannenrands an die Wandabdichtung ausschließlich mit einem elastischen Dichtstoff erfolgt. Dieser Anschluss kann nicht dauerhaft dicht sein. Auf eine Abdichtung unter der Wanne kann verzichtet werden, sofern sichergestellt ist, dass der Anschluss dauerhaft funktionsfähig

ist. Es gibt in der Zwischenzeit Dichtbahnen-/Klemmsysteme bzw. Wannenaufkantungen, die überfliest werden können, die diese Funktion erfüllen. Dies ist entsprechend in der Norm berücksichtigt worden. Außerdem enthält die neue DIN 18534 keine Anforderung, dass nicht spritzwasserbelastete Bereiche in privaten Wohnungsbädern einen Fliesenbelag erhalten müssten. Hier besteht weiterhin innenarchitektonische Gestaltungsfreiheit.

***Zöller:***
Zu Beginn meiner Sachverständigentätigkeit vor 20 Jahren kam es häufig vor, dass der Ablaufsiphon unter Dusch- bzw. Badewannen nicht sachgerecht gewartet wurde. Die Befestigungsschrauben wurden nach der Reinigung nicht wieder richtig angezogen, so dass in der Folge Undichtheiten unter der Wanne mit Wasserschäden und den darunterliegenden bzw. seitlich angrenzenden Wohnräumen aufgetreten sind. Aber in der Regel sollte man davon ausgehen, dass die Wasserableitung selbstverständlich dort genauso schadensfrei funktioniert wie z. B. bei Verbindungsstücken von Wasserleitungen, die durch das ganze Haus verlaufen und auch nicht nochmals durch Schutzrohre gegen mögliche Leckstellen gesichert werden.

***Klingelhöfer:***
Die DIN 18534 hat zunächst die Abdichtung unter Wannen vorgegeben, damit im Fall von eventuellen Undichtheiten die Untergrundfläche geschützt ist. Aber grundsätzlich ist davon auszugehen, dass die Verrohrungen unter der Wanne dicht sind.

***Zöller:***
Es ist also unter Zuverlässigkeitsaspekten zu empfehlen, diese Flächen abzudichten, aber die Abdichtung unter Wannen ist unter bestimmten Voraussetzungen nicht zwingend erforderlich.

***Klingelhöfer:***
Ja, Versicherungen haben viele Schäden zu begleichen, die auf gerissene Dichtstofffugen zurückzuführen sind mit in der Folge eindringendem Dusch- bzw. Badewasser in den nicht abgedichteten Bereich unter der Wanne. Das Wasser läuft dann z. B. an Rohrdurchführungen in die Konstruktion und verteilt sich auf der Rohdecke. Gerade bei Mietwohnungen halte ich es für sinnvoll, in diesen Bereichen Abdichtungen auszuführen. Die zusätzlichen Kosten für 2–3 m$^2$ abzudichtende Fläche sind im Verhältnis zu den möglichen Schadensfolgen sehr gering.

***Frage:***
Warum dürfen in nicht Spritzwasser beanspruchten Bereichen keine Raufasertapete aufgebracht werden?

***Klingelhöfer:***
In Innenbereichen ohne Wassereinwirkungen dürfen selbstverständlich Raufasertapeten aufgebracht werden. Die DIN 18534 fordert eine wasserabweisende Oberfläche erst für die Wassereinwirkungsklasse W0-I (d. h. bei geringer Wassereinwirkung). Dies kann auch mit einem wasserabweisenden Anstrich o. ä. erreicht werden. Es müssen jetzt nicht in jedem häuslichen Badezimmer alle Wandflächen bis zum Deckenanschluss gefliest werden.

***Frage:***
Wie wird in der Norm DIN 18534 das Thema Gefälle behandelt?

***Klingelhöfer:***
Das Thema wurde sehr intensiv diskutiert. So gibt es gute Gründe, in manchen Bereichen kein Gefälle zu fordern, z. B. in Großküchen, in Großbäckereien etc. Dort stört Gefälle den Handlungsablauf und die Aufstellung von Geräten und Einrichtungen. In der Regel tritt stehendes Wasser dort meistens nur im Zusammenhang mit Reinigungsarbeiten auf, das mit einem Gummiabzieher zu den Abläufen gezogen werden kann. Außerdem führt ein Oberflächengefälle von ca. 1,5 %–2 % auch nicht zu einem vollständigen Wasserablauf, was oft bei „Gefälleforderungen“ auch nicht beachtet wird. Deshalb wurde in der DIN 18534 nur eine Empfehlung zur Ausbildung eines Gefälles ausgesprochen.
Im Duschbereich sollte bei einer bodengleichen Dusche natürlich ein ausreichend starkes Gefälle vorgesehen werden, damit das Wasser zum Ablauf abgeleitet wird.

***Frage:***
Sind 1 mm oder 2 mm pro Meter als Gefälle ausreichend?

***Klingelhöfer:***
Nein, in dieser Größenordnung handelt es sich nicht um ein geplantes Gefälle, diese Maße liegen im Bereich der üblichen Bautole-

ranzen. Eventuelle Pfützenbildung ist so nicht vermeidbar. So beträgt z. B. der zulässige Höhenversatz beim Fliesenbelag bereits 1–2 mm.

***Frage:***
Wenn Abdichtungen in zwei Ebenen ausgeführt werden, müssen dann beide Ebenen entwässert werden?

***Klingelhöfer***
Der Normenentwurf sieht vor, dass jede abdichtende Schicht entwässert werden muss, also auch mehrstufige, hochbelastete Anschlüsse an Türen, zweistufige Abdichtungsebenen etc.

***Frage:***
Können in den Beanspruchungsklassen A0/B0 (mäßige Beanspruchung durch nichtdrückendes Wasser im Innen-/Außenbereich) bei privater Nutzung flüssig zu verarbeitende Abdichtungsstoffe ohne Prüfzeugnis ausgeführt werden?

***Klingelhöfer:***
In der neuen Norm ist dies nicht vorgesehen. Die DIN 18534, Teil 3, regelt flüssig zu verarbeitende Verbundabdichtungen nach PG AIV-F oder nach ETAG 022-1 entsprechend der Bauregelliste. Nicht geprüfte Abdichtungssysteme können nicht genormt werden.
Abgesehen davon, als Bauherr würde ich mich immer für ein geprüftes System entscheiden, insbesondere wenn die Kosten vergleichbar sind.

***Frage:***
Halten Sie es auch zur Erzielung einer Planungssicherheit für unabdingbar, dass Bahnenabdichtungen im Verbund mit Fliesenbelägen in die DIN 18534 aufgenommen werden müssen?
Gibt es belegbare Gründe, die dieser Notwendigkeit entgegenstehen?

***Klingelhöfer:***
Nach Abschluss der Beratungen über die hier vorgestellten ersten drei Teile der DIN 18534 und der Veröffentlichung dieser Gelbdrucke (Teil 1-3) Anfang Juni 2015 hat der DIN-Arbeitsausschuss die Beratungen zu einem ergänzenden Teil 4 der DIN 18534 über „Bahnenförmige Abdichtungen im Verbund mit Fliesen und Platten“ aufgenommen und mittlerweile bis zum Entwurf abgeschlossen. Die Veröffentlichung des Gelbdruckes zu DIN 18534-4 (AIV-B) ist voraussichtlich für Oktober 2015 geplant. Nach den vorgelegten Erhebungsbögen werden derartige bahnenförmigen Verbundabdichtungen (AIV-B, Mindestdicke der Kunststoff-Abdichtungsschicht $t \geq 0{,}2$ mm, profiliert oder vlieskaschiert) seit mehr als fünf Jahren von verschiedenen Herstellern vertrieben und von Verarbeitern in der Baupraxis erfolgreich eingesetzt. Außerdem sind derartige AIV-B bereits seit einigen Jahren in ETAG 022-2 auf europäischer Ebene geregelt. Mit deren Regelung in DIN 18534-4 wird zukünftig auch national diesbezüglich zumindest formal eine Planungssicherheit als „geregelte Bauweise“ geschaffen, die sich dann noch mit der Zeit als a. R. d. T. bewähren muss.
Nein, belegbare Gründe standen derzeit einer DIN-Regelung für bahnenförmige Verbundabdichtungen mit Fliesen und Platten nicht mehr entgegen (deshalb auch E DIN 18534-4).
Gewisse Bedenken sehe ich aber derzeit beispielsweise noch bezüglich der fehlenden Nahtprüfungen und Perforationsprüfungen nach den Prüfgrundsätzen PG-AIV-B für bahnenförmige Verbundabdichtungen im Vergleich zu den dickeren Abdichtungsbahnen nach DIN 18534-2. Außerdem beträgt die geprüfte Haftzugfestigkeit an der Oberfläche dieser Bahnen i. d. R. nur 0,2 N/mm$^2$ (im Gegensatz zu 0,5 N/mm$^2$ bei AIV-F), sodass man in mechanisch hoch belasteten Bereichen und bei hohen schweren Wandbelägen im Sinne der Zuverlässigkeit (vgl. DIN 18534-1, Anhang A) in Bezug auf AIV-B eher vorsichtig planen und eventuelle Einschränkungen und/oder ggf. zusätzliche Maßnahmen sowie andere Abdichtungsarten bedenken sollte.

# 3. Podiumsdiskussion am 21.04.2015

***Frage:***
Ist bei Fenstern die zusätzliche Herstellung einer Winddichtheitsebene von außen erforderlich oder reicht es, wenn dort der Schlagregenschutz sichergestellt ist? Der Schlagregenschutz kann auch durch die von Ihnen infrage gestellten Putzanschlüsse erreicht werden.

***Volland:***
Die Winddichtheit muss von innen und die Schlagregendichtigkeit von außen gesichert sein.

***Zöller:***
Der RAL-Leitfaden (Montageleitfaden Fenster und Türen der RAL-Gütegemeinschaft) fordert, dass innen luftdichte, außen winddichte und schlagregendichte Anschlüsse durch verschiedene Schichtenfolgen hergestellt werden. Wie kann es bewertet werden, wenn nicht alle geforderten Schichten ausgeführt worden sind? Das entscheidende Kriterium sollte doch die Funktionalität sein. Zusätzlich muss an dieser Stelle der Wärmeschutz sichergestellt sein.
Geht der Leitfaden mit seinen Anforderungen nicht etwas zu weit?

***Volland:***
Der RAL-Leitfaden gibt einen guten Überblick über technisch saubere Anschlusslösungen zwischen Fenster und Fensterlaibung. Es sollte aber der Ingenieurverstand mit eingesetzt werden, welcher Aufwand beim Einbau und Abdichten des Fensters gerechtfertigt ist. Im Neubau ist das meist kein Problem, im Altbau muss oft eine Kompromisslösung gefunden werden.
Die Konstruktion muss von innen luftdicht sein. Zwischen Fensterrahmen und -laibung wird eine Dämmung eingebaut und von außen muss verhindert werden, dass Schlagregen in die Konstruktion gelangen kann.

***Frage:***
Wie muss ein Gebäude beschaffen sein, damit bei bodentiefen Fenstern kein Tauwasser in diesem Bereich auftritt bzw. wie können mögliche Schadensfolgen minimiert werden? Muss z. B. auf dem Boden vor dem Fenster eine Rinne aus Metall zum Auffangen des Tauwassers angeordnet werden? Oder muss das Aufhängen eines schweren Vorhangs verboten werden? Der Wohnungsnutzer geht doch davon aus, dass vor dem Fenster auch ein solcher Vorhang aufgehängt werden kann, ohne dass dadurch Schäden entstehen.
Wie geht man mit so einer Situation sinnvoll um?

***Volland:***
Zur Berücksichtigung der Problematik von Vorhängen im Bereich von Fensterlaibungen muss an dieser Stelle im rechnerischen Nachweisen vergleichbar mit vor der Außenwand aufgestellten Schränken ein höherer Wärmeübergangswiderstand von 0,25 $m^2K/W$ angesetzt werden. Wenn beim rechnerischen Nachweis nach DIN 4108-2 mit Hilfe eines Isothermen-Programms die Oberflächentemperatur in der Fensterlaibung über 12,6 °C liegt, darf es hier auch hinter schweren Vorhängen zu keiner Schimmelpilzbildung kommen.
Wenn man sicher sein möchte, dass am Fenster im Bereich des Glasrandverbunds nicht zu viel Tauwasser ausfällt, sollte als Glasrandverbund eine „Warme Kante" gewählt werden. Eine Rinne im Bereich der Bodenschwelle finde ich nicht praktikabel.

***Zöller:***
Welche planerischen Anforderungen sind in solchen Situationen zu beachten?
Einige Sachverständigenkollegen sind der Meinung, dass zur Vermeidung von Tauwasser auf Fenstergläsern eine „Warme Kante" (Randverbundleisten aus Stoffen niedriger Wärmeleitfähigkeit, zum Beispiel aus Kunststoff oder nicht rostendem Stahl anstelle von

bisher üblichem Aluminium) ausgeführt werden muss. Dazu meinte Herr Rossa während der Tagung im letzten Jahr, dass die „Warme Kante" nicht grundsätzlich ausgeführt werden muss, dass sie zwar hilfreich sein kann zur Vermeidung von Oberflächentauwasser auf Gläsern, aber zumindest im letzten Jahr noch nicht als zwingend einzuhaltende anerkannte Regel der Technik angesehen wurde. Er vermutete aber, dass es in Zukunft dazu kommen wird. Wie ist der Stand der Dinge?

***Volland:***
Ich habe den gleichen Kenntnisstand. Ein Kollege vom Institut für Fenstertechnik in Rosenheim hat mir bestätigt, dass die „Warme Kante" keine Pflicht ist. Aber in der Norm steht auch, dass keine hohe Tauwasserbildung auftreten darf, so dass deshalb mit Schäden zu rechnen ist.
Bei zu erwartender erhöhter Tauwasserproblematik empfehle ich immer die „Warme Kante" als Vorsorgemaßnahme. Erhöhte Tauwasserbildung führt immer zum Schaden und dann ist es die Frage an den Gutachter bzw. Richter, ob man im Vorfeld hätte erkennen müssen, dass auf Grund des Wärmestandards des Gebäudes bzw. der Fenster eine „Warme Kante" notwendig gewesen wäre. Aber es gibt keine klare Richtlinie, die das vorschreibt.

***Dupp:***
Die „Warme Kante" ist seit mehr als 12 Jahren auf dem Markt und daher für mich – aus gutachterlicher Sicht – anerkannte Regel der Technik.

***Zöller:***
Würden Sie bei einem gerade fertiggestellten 8-Familien-Wohnhaus die Fenster wegen nicht vorhandener „Warmer Kante" austauschen lassen?

***Dupp:***
Ja. Die Scheiben sollten zwingend ausgetauscht werden. Der normale Randverbund wird heute doch nur noch aus finanziellen Gründen eingebaut. Ich finde, eine „Warme Kante" gehört in jedes neu eingebaute Fenster. Dies sollte auch normativ so festgeschrieben werden.

***Anmerkung Liebheit:***
Wenn zweifelsfrei feststeht, dass nur eine bestimmte Herstellungsweise den anerkannten Regeln der Technik entspricht, geht die Rechtsprechung davon aus, dass die Parteien stillschweigend vereinbart haben, dass deren Voraussetzungen erfüllt werden. Jede andere Ausführung ist dann mangelhaft, es sei denn, dass diese nach einer umfassenden Aufklärung und Beratung des Bestellers ausdrücklich mit ihm vereinbart wurde. Das ist in solch einem Fall also als erstes zu prüfen.
Solange es zweifelhaft ist, ob eine Herstellungsweise bereits den Status einer anerkannten Regel der Technik erlangt hat, also z. B. die Herstellung einer „Warmen Kante" grundsätzlich den anerkannten Regeln der Technik entspricht, stellt die Rechtsprechung primär darauf ab, dass ein Werk zweckentsprechend und funktionstauglich hergestellt werden muss. Tritt eine Mangelerscheinung auf, stellt sich die Frage, wie deren Ursache hätte verhindert werden können, weil der Auftragnehmer einen funktionstauglichen Erfolg schuldet. Das dürfte, wenn ich die fachtechnische Diskussion richtig verstanden habe, bei der Ausführung einer „Warmen Kante" unabhängig davon der Fall sein, ob diese Ausführung bereits eine anerkannte Regel der Technik ist. Wenn mit einer bestimmten Herstellungsweise ein Schadensrisiko vermieden werden kann, das bei einer anderen Herstellungsvariante nicht ausgeschlossen werden kann, ist grundsätzlich die Variante geschuldet, die das geringste Risiko zur Folge hat.
Im Rahmen der Aufklärungs- und Beratungspflicht sind allerdings auch die wirtschaftlichen Aspekte zu erörtern. Auf diese Weise bilden sich in der Baupraxis übliche Qualitätsstandards heraus, deren Realisierung der Auftraggeber auch ohne ausdrückliche Vereinbarung erwarten darf, sodass die Vertragsauslegung ergibt, dass diese Ausführung vertraglich geschuldet ist. Erst wenn mit Hilfe der Auslegungskriterien „zweckentsprechendes und funktionstaugliches Werk" und „übliche Qualitäts- und Komfortstandards" der geschuldete Erfolg geklärt ist, stellt sich in solch einem Fall also im nächsten Schritt die Frage, auf welche Weise dieser technisch realisiert werden kann. Insoweit ist es letztlich nicht relevant, ob eine Ausführung, die sich in der Praxis bewährt hat, bereits eine anerkannte Regel der Technik darstellt.

***Dupp:***
Der mögliche zusätzliche Energieverlust durch eine nicht vorhandene „Warme Kante" ist vernachlässigbar klein. Das entscheidende Kriterium ist die Vermeidung der Tauwasserbildung.

***Zöller:***
Wenn sich kein Tauwasser bildet, wird daher keine Notwendigkeit des Austauschs aller Fenster bzw. der Gläser bestehen. Wenn sich Tauwasser bildet, wird zu prüfen sein, worin die Ursache liegt. Wenn andere Ursachen als die nicht vorhandene „Warme Kante" vorliegen, wird sich auch nach Austausch der Fenster erneut Tauwasser bilden – dann ist niemandem mit dem Austausch der Gläser geholfen. Man kann daher nur dazu raten, bei noch zu errichtenden Fensteranlagen „Warme Kanten" einzusetzen, bei vorhandenen Fensteranlagen wird man aber prüfen müssen, ob durch den nicht unerheblichen Aufwand durch Austausch der Gläser tatsächlich ein Vorteil entstehen kann.

***Frage:***
Bei welchen Fensterprofilen kann ich die Zwei-Scheiben-Verglasung gegen eine Drei-Scheiben-Verglasung tauschen?

***Volland:***
Zunächst muss der Wärmeschutz des Gebäudes überprüft werden. Die KfW fördert aus bauphysikalischen Überlegungen nur dann den Einbau neuer Fenster, wenn der U-Wert der neuen Fenster nicht niedriger als der der Gebäudehülle ist. Wenn diese Rahmenbedingungen gegeben sind, muss geprüft werden, ob der Fensterfalz für eine Drei-Scheiben-Verglasung groß genug ist und ob die Statik des Rahmens ausreicht.

***Zöller:***
Wenn der Wärmeschutz nur in Teilflächen verbessert wird, verschlechtert sich zwar der Psi-Wert an den linearen Wärmebrücken, die Gesamtsituation wird sich aber verbessern. Unter Beibehaltung der Rahmenbedingungen werden die Oberflächentemperaturen in den nicht zusätzlich gedämmten Bereichen sich ggf. sogar verbessern, aber auf jeden Fall nicht verschlechtern.

***Volland:***
Im Bereich der Fenster wird die Situation nicht schlechter, das stimmt. Aber, sofern Wärmebrücken bisher nur deshalb unproblematisch waren, weil sich das Tauwasser bereits an der noch kühleren Fensterscheibe gebildet hat, können nach dem Fensteraustausch Probleme in diesen Bereichen entstehen. Wenn eine Lüftungsanlage eingebaut oder vorhanden ist, dürfen auch Glasscheiben mit einem besseren Ug-Wert als der U-Wert der Außenwand eingebaut werden.

***Zöller:***
Es wird bereits seit längerem diskutiert, ob die Tauwasserbildung an der Fensterscheibe zur Reduzierung des Feuchtegehaltes der Luft beiträgt oder ob sich die Luftfeuchtigkeit nur deshalb nach dem Fensteraustausch erhöht, weil die neu eingebauten Fenster luftdichter sind und deswegen die Infiltrationsrate geringer wird. Die an den Glasoberflächen sich bildende Tauwassermenge ist vergleichsweise gering. Wenn in einem Raum z. B. ein Raumluftentfeuchtungsgerät aufgestellt wird, werden die dort anfallenden Tauwassermengen erheblich größer sein, bevor sich die relative Luftfeuchtigkeit innerhalb des Raums ändert.

***Dupp:***
Dieser Position kann ich mich anschließen.

***Frage:***
Ist es mangelhaft, wenn unter einem bodentiefen Fenster Holzsockelleisten, Fertigparkett oder Teppich verlegt wird?

***Volland:***
Prinzipiell nein! Wenn aber erkennbar ist, dass das bodentiefe Fenster tauwasseranfällig ist und mit Tauwasserbildung und Ablauf von Kondenswasser zu rechnen ist, würde ich es schon als Mangel ansehen, wenn dort feuchteempfindliche Bodenbeläge eingebaut werden. Es liegt dann mit Sicherheit ein Beratungsfehler vor. Hierfür gibt es aber keine Norm.

***Frage:***
Ist es ein Nutzungsmangel, wenn die Wohnungsheizung über eine Nachtabsenkung geregelt ist, bei vor den Fenstern hängenden bodentiefen Vorhängen?

***Volland:***
Die Beheizung von Wohnräumen sollte dem Wärmestandard der Außenhülle angepasst werden. Wenn in einer Wohnung aufgrund von schlecht gedämmten Außenbauteilen die Gefahr von Schimmelpilzbildung vorhanden ist, kann es als Nutzungsmangel angesehen werden, wenn die Temperatur nachts abgesenkt wird. Vorhänge an schlecht gedämmten Fensterlaibungen stellen hier ein erhöhtes Risiko dar. Der Mieter muss, denke ich, aber vom Vermieter darauf hingewiesen werden.

***Frage:***
Entsprechen behindertengerechte Bodenschwellen mit Bürstendichtung den anerkannten Regeln der Technik? Hier kommt es bei heftigem Schlagregen zu Wassereintritt.

***Volland:***
Es gibt behindertengerechte Bodenschwellen, bei denen auch bei heftigem Regen kein Wasser eintritt.

***Frage:***
Beim Fenstereinbau wird eine Dichtstofffuge mit Hinterfüllband als dauerhaft luftdicht definiert. Beim Wanneneinbau gilt eine vergleichbare Fuge als wasserundicht. Ist das nicht ein Widerspruch?

***Volland:***
Wasserdicht und Luftdicht sind unterschiedliche Beanspruchungen. Ich persönlich traue der reinen Dichtstofffuge aber auf Dauer auch nicht.

***Frage:***
Ist der Einbruchsschutz bei Fenstern nur durch abschließbare Fenstergriffe herstellbar oder reicht es, wenn die Fenster schwergängiger gemacht werden?

***Dupp:***
Schwergängige Fenster sind für die tägliche Nutzung problematisch. Deswegen ist die erste Maßnahme der Einbau abschließbarer Griffe, die dann allerdings auch abgeschlossen werden müssen.

***Frage:***
Wie müssen Blendrahmen von einbruchhemmenden Fenstern an Mauerwerk aus Hbl-Steinen (Druckfestigkeitsklasse $<12$) befestigt werden?

***Dupp:***
Nach DIN EN 1627 (Einbruchhemmende Bauteile) muss die Druckfestigkeit des Mauerwerks $\geq 12$ sein.
In Mauerwerk, welches die in der DIN geforderte Druckfestigkeit nicht aufweist, kann kein im eingebauten Zustand geprüftes einbruchhemmendes Fenster montiert werden. Hier müssen andere konstruktive Lösungen entwickelt werden. Es kann z. B. eine Zarge eingebaut werden.
Das gilt genauso bei der Energieeinsparung, beim Tauwasserschutz und bei der Absturzsicherung. Ein Fenster ist ein hochtechnisches Bauteil, was viele Funktionen erfüllen kann, aber nur, wenn alle erforderlichen Rahmenbedingungen eingehalten werden.

***Frage:***
Unter welchen Bedingungen kann auf eine druckfeste Hinterfütterung der Anschlussfuge verzichtet werden?

***Dupp:***
Das steht in den Prüfzeugnissen. Es gibt z. B. im RAL-Leitfaden geprüfte Systeme mit 10 mm Fuge, bei denen keine druckfeste Hinterfütterung vorgesehen ist. Wenn also ein Prüfzeugnis nach DIN EN 1627 bis 1630 oder nach RAL vorliegt, ist diese Ausführung kein Problem.
Eine druckfeste Hinterfütterung kann auch von Nachteil sein. Wenn z. B. versucht wird ein Fenster (RC3) mit einer druckfesten Hinterfütterung mit einem Kuhfuß auszuhebeln, dann ist durch die Hinterfüllung ein Widerlager vorhanden und die gesamte angewendete Kraft kann direkt auf den Rahmen übertragen werden. Ohne druckfeste Hinterfüllung ist mehr Bewegung im Bauteil und es wird schwieriger.

***Frage:***
Wie beurteilen Sie den luftdichten Einbau von Fenstern und Türen mit dem Spezialschaum ClearoPAG 167?

***Dupp:***
Dieser Spezialschaum ist von der RAL-Gütegemeinschaft nicht anerkannt und insofern für eine Montage entsprechend der RAL-Gütesicherung nicht zugelassen. Das bedeutet nicht, dass das Produkt nicht funktionieren kann. Dies muss im Einzelfall genau geprüft werden.
Das Prüfzeugnis muss eingesehen werden, die Eignung für die jeweilige Anwendungssituation geprüft werden und die Fugendimensionierung muss beachtet werden. Gerade bei Maßnahmen in Altbauten variieren die Fugenbreiten sehr stark und die B2-Zulassung gilt nur für den Bereich zwischen 8 und 15 mm.

***Zöller:***
Zum Abschluss fasse ich den heutigen Tag kurz zusammen:
- Desaster Großprojekte
  Dabei handelt es sich im Wesentlichen um ein politisches Problem, das bisher nur im

privaten Bereich gelöst werden konnte. Hinzu kommt, dass sich Architekten einen Großteil ihres ursprünglichen Aufgabengebiets abnehmen lassen, das in der HOAI beschrieben ist. Ab einer gewissen Projektgröße sind nur noch große Architekturbüros in der Lage, die Aufgaben zu bewältigen. Aber grundsätzlich ist eine Lösung möglich.

- Simulierte Wirklichkeiten oder abgehobene Theorie?
  Die Aussagewerte der hygrothermischen Simulation sind stark davon abhängig, wer die Berechnung durchführt. Bei richtiger Anwendung der Programme besteht ein realitätsnaher Zusammenhang zwischen der Simulation und der Realität.
- Entwicklung neuer Dämmstoffe
  In den Hauptanwendungsbereichen werden die vorhandenen Dämmstoffmaterialien „nur" weiterentwickelt.
  Neue Dämmstoffe werden für Sonderbereiche, z. B. bei Fassaden, entwickelt. Zielsetzung der Entwicklungen ist vor allem die weitere Verringerung der Wärmeleitfähigkeit und damit der Dämmstoffdicke.
- Neue Normen
  In diesem sehr informativen Teil wurde vor allem die Entwicklung der neuen Normen vorgestellt. In diesem Zusammenhang wurde auch erneut das Thema Gefällegebung diskutiert. Ein Flachdach, das in der Ausführung die geforderten 2 % Gefälle nicht einhält, ist nicht automatisch mangelbehaftet. Hier muss differenziert beurteilt werden. Das Thema muss sicherlich in den Normungsausschüssen weiter diskutiert werden.
- Bodenlose Probleme ...
  ... konnten noch nicht abschließend gelöst werden. Wir haben einen guten Überblick bekommen, was im Bereich von Fenster- und Türanlagen falsch gemacht werden kann.

# VERZEICHNIS DER AUSSTELLER AACHEN 2015

*Während der Aachener Bausachverständigentage wurden in einer begleitenden Informationsausstellung den Sachverständigen und Architekten interessierende Messgeräte, Literatur und Serviceleistungen vorgestellt:*

**ACO HOCHBAU VERTRIEB GMBH**
Neuwirtshauser Straße 14,
97723 Oberthulba/Reith
Tel.: (0 97 36) 41 60
Fax: (0 97 36) 41 38
*ACO Kellerschutz an Lichtschacht und Kellerfenster unter Betrachtung des Wärmeschutzes und der Schnittstellen – ACO Therm Block. Barrierefreie Terrassenlösungen mit Fassadenrinnen*
www.aco-hochbau.de

**ADICON®**
**GESELLSCHAFT FÜR BAUWERKSABDICHTUNGEN MBH**
Max-Planck-Straße 6, 63322 Rödermark
Tel.: (0 60 74) 89 51 0
Fax: (0 60 74) 89 51 51
*Fachunternehmen für WU-Konstruktionen, Mauerwerksanierung und Betoninstandsetzung*
www.adicon.de

**ALLIED ASSOCIATES GEOPHYSICAL LTD.**
**BÜRO DEUTSCHLAND**
Butenwall 56, 46325 Borken
Tel.: (0 28 61) 80 85 64 8
Fax: (0 28 61) 90 26 95 5
*Verkauf, Vermietung, Service und Entwicklung von Messgeräten für zerstörungsfreie Untersuchungen von Bauwerken, Strassen, Schienenwegen, Baugrund, Ortung v. Hohlräumen, Leckagen, Feuchtigkeit, Schichtaufbau, Fehlstellen*
www.allied-germany.de
www.allied-associates.co.uk

**ALLTROSAN BAUMANN + LORENZ TROCKNUNGSSERVICE GMBH & CO. KG**
Stendorfer Straße 7, 27721 Ritterhude
Tel.: (0 42 92) 81 18 0
Fax: (0 42 92) 81 18 13
*Leckageortung, Sanierung von Wasser- und Schimmelschäden*
www.alltrosan.de

**ALUMAT FREY GMBH**
Im Hart 10, 87600 Kaufbeuren
Tel.: (0 83 41) 47 25
Fax: (0 83 41) 74 21 9
*Schwellenlose und schlagregendichte Magnetdoppeldichtungen für alle Außentüren mit werkseitig vormontierter Dichtungsbahn*
www.alumat.de

**BELFOR DEUTSCHLAND GMBH**
Keniastraße 24, 47269 Duisburg
Tel.: (02 03) 75 64 04 00
Fax: (02 03) 75 64 04 55
*Brand- und Wasserschadensanierung*
www.belfor.de

**BEUTH VERLAG GMBH UND BAUWERK VERLAG GMBH**
Burggrafenstraße 6, 10787 Berlin
Tel.: (0 30) 26 01 0
Fax: (0 30) 26 01 12 60
*Normungsdokumente und technische Fachliteratur*
www.beuth.de
www.bauwerk-verlag.de

**BIOLYTIQS GMBH**
Merowingerplatz 1a, 40225 Düsseldorf
Tel.: (02 11) 59 85 09 52
Fax: (02 11) 59 85 09 59
*Laboranalysen u.a. von Schimmelpilzen und holzzerstörenden Pilzen, Hygieneuntersuchungen von Klima- und Lüftungsanlagen nach VDI 6022, Sanierungskontrollen, Luftmessungen, Eigenkontrollen Fleischverarbeitung*
www.biolytiqs.de

**BIOMESS INGENIEURBÜRO GMBH**
Schelsenweg 24a,
41328 Mönchengladbach
Tel.: (0 21 66) 123 928 0
Fax: (0 21 66) 123 928 15
*Schadstoffe, Schimmel, Hygiene, Gutachten, Messungen, mikrobiolog. Labordienstleistungen, Mykologie, Trinkwasseruntersuchungen, Rasterelektronenmikroskopie, Sanierungsplanung* www.biomess.de

**BLOWERDOOR GMBH**
Zum Energie- und Umweltzentrum1,
31832 Springe-Eldagsen
Tel.: (0 50 44) 97 54 0
Fax: (0 50 44) 97 54 4
*MessSysteme für Luftdichtheit*
www.blowerdoor.de

**BUCHLADEN PONTSTRASSE 39**
Pontstraße 39, 52062 Aachen
Tel.: (02 41) 28 00 8
Fax: (02 41) 27 17 9
*Fachbuchhandlung, Versandservice*
www.buchladen39.de

**BUNDESANZEIGER VERLAG GMBH**
Amsterdamer Straße 192, 50735 Köln
Tel.: (02 21) 97 66 83 06
Fax: (02 21) 97 66 82 36
*Fachinformationen für Immobilienbewerter, Bausachverständige, Baujuristen*
www.bundesanzeiger-verlag.de

**BUNDESVERBAND DER BRAND- UND WASSERSCHADENBESEITIGER E.V.**
Jenfelder Straße 55 a, 22045 Hamburg
Tel.: (0 40) 66 99 67 96
Fax: (0 40) 44 80 93 08
*Beseitigung von Brand-, Wasser- und Schimmelschäden, Leckageortung*
www.bbw-ev.de

**BUNDESVERBAND FEUCHTE & ALTBAUSANIERUNG E.V.**
Am Dorfanger 19, 18246 Groß Belitz
Tel.: (01 73) 20 32 82 7
Fax: (03 84 66) 33 98 17
*Veranstalter der „Hanseatischen Sanierungstage", Förderung des wissenschaftlichen Nachwuchses, Vermittlung von Forschungsergebnissen aus der Altbausanierung*
www.bufas-ev.de

**BVS E.V.**
Charlottenstraße 79/80, 10117 Berlin
Tel.: (0 30) 25 59 38 0
Fax: (0 30) 25 59 38 14
*Bundesverband öffentlich bestellter und vereidigter sowie qualifizierter Sachverständiger e.V.; Bundesgeschäftsstelle Berlin*
www.bvs-ev.de

**CERAVOGUE GMBH & CO. KG**
Holtenstraße 7, 32457 Porta Westfalica
Tel.: (0 57 31) 15 33 45 8
Fax: (0 57 31) 15 33 47 6
*Das System zur optischen Wiederherstellung von keramischen Bodenbelägen nach Wasserschäden*
www.ceravogue.de

**DOYMA GMBH & CO – DICHTUNGS- UND BRANDSCHUTZSYSTEME**
Industriestraße 43-57, 28876 Oyten
Tel.: (0 42 07) 91 66 30 0
Fax: (0 42 07) 91 66 19 9
*Dichtungssysteme, Brandschutzsysteme*
www.doyma.de

**DRIESEN + KERN GMBH**
Am Hasselt 25, 24576 Bad Bramstedt
Tel.: (0 41 92) 8 17 00
Fax: (0 41 92) 81 70 99
*Handmessgeräte und Datenlogger für Feuchte, Temperatur, Luftgeschwindigkeit, $CO_2$, Staubpartikel; $CO_2$-Sensoren; Messwertgeber für Feuchte, Temperatur und Luftgeschwindigkeit, Luftdruck (barometrisch und Differenz) und $CO_2$*
www.driesen-kern.de

**DYWIDAG-SYSTEMS INTERNATIONAL GMBH**
Bereich Gerätetechnik, Germanenstraße 8,
86343 Königsbrunn
Tel.: (0 82 31) 9 60 70
Fax: (0 82 31) 96 07 10
*Spezialprüfgeräte für das Bauwesen, Bewehrungssuchgerät, Profometer, Betonprüfhammer, Haftzugprüfgerät, Feuchtigkeitsmessgeräte u.a.*
www.dsi-equipment.com

**ERNST & SOHN VERLAG FÜR ARCHITEKTUR UND TECHNISCHE WISSENSCHAFTEN GMBH & CO. KG**
Rotherstraße 21, 10245 Berlin
Tel.: (0 30) 47 03 12 00
Fax: (0 30) 47 03 12 70
*Fachbücher und Fachzeitschriften für Bauingenieure*
www.ernst-und-sohn.de

**FOKUS GMBH LEIPZIG**
Lauchstädter Straße 20, 04229 Leipzig
Tel.: (03 41) 21 74 86 0
Fax: (03 41) 21 74 87 0
*Dienstleistung: Dokumentation, Photogrammetrie und Bauvermessung*
*Software: metigo MAP – Software für Bildentzerrung, Digitale Kartierung, Analyse und Mengenermittlung*
www.fokus-GmbH-Leipzig.de

**FORUM VERLAG HERKERT GMBH**
Mandichostr. 18, 86504 Merching
Tel.: (0 82 33) 38 11 23
Fax: (0 82 33) 38 12 22
*Fachinformationen für die Bau- und Immobilienbranche*
www.forum-verlag.com
www.derbauschaden.de

**FRANKENNE**
An der Schurzelter Brücke 13,
52074 Aachen
Tel.: (02 41) 30 13 01
Fax: (02 41) 30 13 03 0
*Vermessungsgeräte, Messung von Maßtoleranzen, Zubehör für Aufmaße, Rissmaßstäbe, Bürobedarf, Zeichen- und Grafikmaterial*
www.frankenne.de

**FRAUNHOFER-INFORMATIONSZENTRUM RAUM UND BAU**
Nobelstraße 12, 70569 Stuttgart
Tel.: (07 11) 9 70 25 00
Fax: (07 11) 9 70 25 08
*Literaturservice, Fachbücher, Fachzeitschriften, Datenbanken/ elektronische Medien zu Baufachliteratur, SCHADIS® Volltext-Datenbank zu Bauschäden*
www.irb.fraunhofer.de

**FRAUNHOFER-INSTITUT FÜR BAUPHYSIK, ABTEILUNG HYGROTHERMIK**
Fraunhoferstraße 10, 83626 Valley
Tel.: (0 80 24) 64 30
Fax: (0 80 24) 64 33 66
*Beurteilung von Feuchteschutz, Lüftungsbedarf und sommerlichem Wärmeschutz durch hygrothermische Simulation*
www.ibp.fraunhofer.de
www.wufi.de

**GTÜ**
Gesellschaft für Technische Überwachung mbH
Vor dem Lauch 25, 70567 Stuttgart
Tel.: (07 11) 97 67 60
Fax: (07 11) 97 67 61 99
*Baubegleitende Qualitätsüberwachung*
www.gtue.de

**GUTJAHR SYSTEMTECHNIK GMBH**
Philipp-Reis-Straße 5–7, 64404 Bickenbach
Tel.: (0 62 57) 93 06 0
Fax: (0 62 57) 93 06 31
*Komplette Drain- und Verlegesysteme für Balkone, Terrassen, Außentreppen; bauaufsichtlich zugelassenes Fassadensystem; Produkte für den Innenbereich*
www.gutjahr.com

**HEINE OPTOTECHNIK**
Kientalstraße 7, 82211 Herrsching
Tel.: (0 81 52) 3 80
Fax: (0 81 52) 3 82 02
*Endoskope, Sachverständigen-Sets, Lupen mit und ohne Fotoadapter, Tiefenlupen*
www.heinetech.com

**HF SENSOR GMBH**
Weißenfelser Straße 67, 04229 Leipzig
Tel.: (03 41) 49 72 60
Fax: (03 41) 4 97 26 22
*Zerstörungsfreie Mikrowellen-Feuchtemesstechnik zur Analyse von Feuchteschäden in Bauwerken und auf Flachdächern*
www.hf-sensor.de

**HILTI DEUTSCHLAND AG**
Hiltistraße 2, 86916 Kaufering
Tel.: (08 00) 888 55 22
Fax: (08 00) 888 55 23
*Entwicklung, Herstellung und Direktvertrieb von Messtechnik, Abbau- und Befestigungstechnik*
www.hilti.de

**HOTTGENROTH SOFTWARE GMBH & CO. KG**
Von-Hünefeld-Straße 3, 50829 Köln
Tel.: (02 21) 70 99 34 00
Fax: (02 21) 70 99 34 01
*Software für Energieeffizienz, TGA, Lüftung, kaufmännische Software, Internet im Bauhaupt- und Nebengewerbe bei Planung, Auslegung und Simulation*
www.hottgenroth.de

**ICOPAL GMBH**
Capeller Str. 150, 59368 Werne
Tel.: (0 23 89) 79 70 0
Fax: (0 23 89) 79 70 20
*Hersteller von Produkten und Systemen für das Flachdach, für die Bauwerksabdichtung und für Detailabdichtungen aus Elastomerbitumen, Kunststoffen und Flüssigkunststoff auf Basis PMMA*
www.icopal.de

**ILD DEUTSCHLAND GMBH**
Am Steinbuckel 1, 63768 Hösbach
Tel.: (0 60 21) 59 95 14
Fax: (0 60 21) 59 95 55
*Leckortung und Dichtigkeitsprüfungen auf Abdichtungsbahnen (Flachdächer), Leckortungssysteme für Flachdächer*
www.ild-group.de

**INGENIEURKAMMER-BAU NRW (IK-BAU NRW)**
Körperschaft des öffentlichen Rechts
Zollhof 2, 40221 Düsseldorf
Tel.: (02 11) 13 06 70
Fax: (02 11) 13 06 71 50
*Berufsständische Selbstverwaltung und Interessenvertretung der im Bauwesen tätigen Ingenieurinnen und Ingenieure in Nordrhein-Westfalen*
www.ikbaunrw.de

**INSTITUT FÜR SACHVERSTÄNDIGENWESEN E.V. (IfS)**
Hohenzollernring 85–87, 50672 Köln
Tel.: (02 21) 91 27 71 12
Fax: (02 21) 91 27 71 99
*Aus- und Weiterbildung, Literatur und aktuelle Informationen für Sachverständige*
www.ifsforum.de

**ISOTEC GMBH**
Cliev 21, 51515 Kürten-Herweg
Tel.: (08 00) 11 21 12 9
Fax: (0 22 07) 84 76 51 1
*Bereits seit über 20 Jahren ist die ISOTEC-Gruppe spezialisiert auf die Sanierung von Feuchte- und Schimmelpilzschäden an Gebäuden*
www.isotec.de

**JATIPRODUCTS**
Kreuzberg 4, 59969 Hallenberg
Tel.: (0 29 84) 934 93 0
Fax: (0 29 84) 934 93 29
*Entwicklung, Herstellung und Vertrieb von Biozid-Produkten auf Basis von Aktivsauerstoff mit stabilisierenden Fruchtsäuren zur Bekämpfung von Schimmelpilzen, Sporen, Bakterien und Biofilmen*
www.jatiproducts.de

**KERN INGENIEURKONZEPTE**
Hagelberger Straße 17, 10965 Berlin
Tel.: (0 30) 78 95 67 80
Fax: (0 30) 78 95 67 81
*DÄMMWERK Bauphysik- und EnEV-Software, Software für Architekten und Ingenieure*
www.bauphysik-software.de

**KRASO® – KRASEMANN GMBH & CO. KG**
Max-Planck-Str. 2, 46414 Rhede
Tel.: (0 28 72) 95 35 0
Fax: (0 28 72) 95 35 35
*Druckwasserdichte Spezialartikel für den Betonbau; Systemlösungen in Kunststoff, Metall und Beton; Abdichtungstechnik; Fugenbandsysteme*
www.kraso.de

**MBS SCHADENMANAGEMENT**
Carl-Benz-Straße 1–5, 82266 Inning
Tel.: (0 81 43) 4 47 70
Fax: (0 81 43) 44 77 60 1
*Brand- und Wasserschaden, Leckortung, Bautrocknung/-beheizung, Messtechnik, Renovierung, Bauwerksabdichtung, Verkauf*
www.mbs-service.de

**PFEIFER GMBH**
Die Sanierungs-Experten
Tel.: (0 27 45) 92 21 0
Fax: (0 27 45) 92 21 20
Industriestraße 22, 57555 Brachbach
*Brand-, Wasser- und Elementarschäden*
www.pfeifer-gmbh.de

**POLYGONVATRO GMBH**
Billbrockdeich 32, 22113 Hamburg
24-Std.-Service: (08 00) 840 850 8
Sanierung von Brand- & Wasserschäden;
*Trocknungs- u. Sanierungsmethoden, Brandschadenbeseitigung, Messtechnik; z.B. Thermografie, Baufeuchtemessung, Leckageortung etc.*
www.polygonvatro.de

**RECOSAN GMBH**
Nordring 28, 47495 Rheinberg
Tel.: (0 28 43) 90 82 00
Fax: (0 28 43) 90 82 01 5
*Brand- und Wasserschadensanierung, Schimmelsanierung, Trocknungsservice*
www.reco-san.de

**REMMERS BAUSTOFFTECHNIK GMBH**
Bernhard-Remmers-Straße 13,
49624 Löningen
Tel.: (0 54 32) 8 30
Fax: (0 54 32) 39 85
*Systeme zur Bauwerksabdichtung und Mauerwerkssanierung, Fassadeninstandsetzung, Schimmelsanierung, Energetische Gebäudesanierung*
www.remmers.de

**ROEDER MESS-SYSTEM-TECHNIK**
Textilstraße 2 / Eingang G, 41751 Viersen
Tel.: (0 21 62) 50 12 48 0
Fax: (0 21 62) 50 12 48 4
*Messgeräte und Systemlösungen für Industrie, Handwerk und Dienstleister*
www.roeder-mst.de

**SACHVERSTÄNDIGENAUSRÜSTER ROLF H. STEFFENS**
Bergstraße 49, 50226 Frechen-Königsdorf
Tel.: (0 22 34) 6 44 00
Fax: (0 22 34) 6 55 73
*Prüf- und Messgeräte für Bausachverständige, komplettes HEINE-Programm*
www.steffens.de

**SAUGNAC MESSGERÄTE**
Schwabstraße 18, 70197 Stuttgart
Tel.: (07 11) 6 64 98 53
Fax: (07 11) 6 64 98 40
*Messgeräte zur langfristigen Erfassung und Dokumentation von Rissbewegungen und anderen Verformungen an Gebäuden und Bauwerken*
www.saugnac-messgerate.de

**SCANNTRONIK MUGRAUER GMBH**
Parkstraße 38, 85604 Zorneding
Tel.: (0 81 06) 2 25 70
Fax: (0 81 06) 2 90 80
*Datenlogger für Klima, Temperatur, Luft- und Materialfeuchte, Rissbewegungen, Spannung, Strom, Datenfernübertragung u.v.m.*
www.scanntronik.de

**SOPRO BAUCHEMIE GMBH**
Biebricher Straße 74, 65203 Wiesbaden
Tel.: (06 11) 17 07 0
Fax: (06 11) 17 07 25 0
*Innovative Produkte und Produktsysteme für die Gewerke Fliesenverlegung, Estricharbeiten, Putz- und Spachtelarbeiten, Abdichtungsarbeiten, Ofenbau und Mauerwerksbau sowie Garten- und Landschaftsbau*
www.sopro.com

**SPRINGER VIEWEG VERLAG SPRINGER FACHMEDIEN WIESBADEN GMBH**
Abraham-Lincoln-Straße 46,
65189 Wiesbaden
Tel.: (06 11) 78 78 0
Fax: (06 11) 78 78 78 20 4
*Verlag für Bauwesen, Konstruktiver Ingenieurbau, Baubetrieb und Baurecht*
www.springer.com/springer+vieweg

**STO SE & CO. KGAA**
Ehrenbachstraße 1, 79780 Stühlingen
Tel.: (0 77 44) 57 10 10
Fax: (0 77 44) 57 20 10
*Fassadensysteme, Fassaden- und Innenbeschichtungen, Lasuren, Lacke, Werkzeuge*
www.sto.de

**TEXPLOR EXPLORATION & ENVIRONMENTAL TECHNOLOGY GMBH**
Am Bürohochhaus 2–4, 14478 Potsdam
Tel.: (03 31) 70 44 00
Fax: (03 31) 70 44 02 4
*Zerstörungsfreie Untersuchung von Feuchteschäden / Bauwerksabdichtungen im Spezial-, Hoch- und Tiefbau*
www.texplor.com

**TPH BAUSYSTEME GMBH**
Nordportbogen 8, 22848 Norderstedt
Tel.: (040) 52 90 66 78 0
Fax: (040) 52 90 66 78 78
*Abdichtung von Tunneln, Injektionssysteme, Maschinentechnik, Fugenabdichtungen, Beschichtungen*
www.tph-bausysteme.com

**TRIFLEX GMBH & CO. KG**
Karlstraße 59, 32423 Minden
Tel.: (05 71) 38 78 00
Fax: (05 71) 38 78 07 38
*Hersteller von Abdichtungen und Beschichtungen auf Basis von Flüssigkunststoff für die Bereiche Balkone, Dächer, Parkdecks und Bauwerksabdichtugnen*
www.triflex.de

**TROTEC GMBH & CO. KG**
Grebbener Straße 7, 52525 Heinsberg
Tel.: (0 24 52) 96 24 00
Fax: (0 24 52) 96 22 00
*Messgeräte zur Feuchte-, Temperatur- und Klimamessung, Thermografie, Bauwerksdiagnostik, Leckageortung*
www.trotec.de

**URETEK DEUTSCHLAND GMBH**
Weseler Straße 110,
45478 Mülheim an der Ruhr
Tel.: (02 08) 3 77 32 50
Fax: (02 08) 3 77 32 51 0
*Tragfähigkeitserhöhung und Anhebung von Betonböden und Fundamenten mittels Injektion von Expansionsharzen*
www.uretek.de

**VERLAGSGESELLSCHAFT RUDOLF MÜLLER GMBH & CO. KG**
Stolberger Straße 84, 50933 Köln
Tel.: (02 21) 5 49 71 10
Fax: (02 21) 54 97 61 10
*Baufachinformationen, Technische Baubestimmungen, Normen, Richtlinien*
www.baufachmedien.de
www.rudolf-mueller.de

**VIDEODROHNE.TV – SACHVERSTÄNDIGENBÜRO FÜR LUFTBILDDOKUMENTATION**
Allensteiner Straße 9, 47239 Duisburg
Tel.: (0 21 51) 32 71 90 6
Fax: (0 21 51) 76 72 37 0
*Zustandsdokumentation von Fassaden und Dächern in großer Höhe und an schwer zugänglichen Stellen mittels Flugrobotern und hochwertigen Kamerasystemen*
www.videodrohne.tv

**WEBAC-CHEMIE GMBH**
Fahrenberg 22, 22885 Barsbüttel
Tel.: (040) 670 57 0
Fax: (040) 670 32 27
*Hersteller von bauchemischen Produkten, Injektionstechnik für nachträgliche Abdichtungen*
www.webac.de

**WINGS SERVICES GMBH**
Fernstudium an der Hochschule Wismar
Philipp-Müller-Straße 14, 23966 Wismar
Tel.: (0 38 41) 75 37 89 2
Fax: (0 38 41) 75 37 29 6
*Berufsbegleitendes Fernstudium „Master Bautenschutz (M.Sc)"/„Master Facility Management (M.Sc)"/„Master Architektur und Umwelt (M.Sc)"*
www.wings-fernstudium.de

**WÖHLER MESSGERÄTE KEHRGERÄTE GMBH**
Schützenstraße 41, 33181 Bad Wünnenberg
Tel.: (0 29 53) 7 31 00
Fax: (0 29 53) 7 39 61 00
*Blower-Check, Messgeräte für Feuchte, Wärme, Schall, Thermografie, Gebäudeluftdichtheit und Videoinspektion*
www.woehler.de

# Register 1975–2015

# Rahmenthemen der Aachener Bausachverständigentage

1975 – Dächer, Terrassen, Balkone
1976 – Außenwände und Öffnungsanschlüsse
1977 – Keller, Dränagen
1978 – Innenbauteile
1979 – Dach und Flachdach
1980 – Probleme beim erhöhten Wärmeschutz von Außenwänden
1981 – Nachbesserung von Bauschäden
1982 – Bauschadensverhütung unter Anwendung neuer Regelwerke
1983 – Feuchtigkeitsschutz und -schäden an Außenwänden und erdberührten Bauteilen
1984 – Wärme- und Feuchtigkeitsschutz von Dach und Wand
1985 – Rißbildung und andere Zerstörungen der Bauteiloberfläche
1986 – Genutzte Dächer und Terrassen
1987 – Leichte Dächer und Fassaden
1988 – Problemstellungen im Gebäudeinneren – Wärme, Feuchte, Schall
1989 – Mauerwerkswände und Putz
1990 – Erdberührte Bauteile und Gründungen
1991 – Fugen und Risse in Dach und Wand
1992 – Wärmeschutz – Wärmebrücken – Schimmelpilz
1993 – Belüftete und unbelüftete Konstruktionen bei Dach und Wand
1994 – Neubauprobleme – Feuchtigkeit und Wärmeschutz
1995 – Öffnungen in Dach und Wand
1996 – Instandsetzung und Modernisierung
1997 – Flache und geneigte Dächer. Neue Regelwerke und Erfahrungen
1998 – Außenwandkonstruktionen
1999 – Neue Entwicklungen in der Abdichtungstechnik
2000 – Grenzen der Energieeinsparung – Probleme im Gebäudeinneren
2001 – Nachbesserung, Instandsetzung und Modernisierung
2002 – Decken und Wände aus Beton – Baupraktische Probleme und Bewertungsfragen
2003 – Leckstellen in Bauteilen – Wärme – Feuchte – Luft – Schall
2004 – Risse und Fugen in Wand und Boden
2005 – Flachdächer – Neue Regelwerke – Neue Probleme
2006 – Außenwände: Moderne Bauweisen – Neue Bewertungsprobleme
2007 – Bauwerksabdichtungen: Feuchteprobleme im Keller und Gebäudeinneren
2008 – Bauteilalterung – Bauteilschädigung – Typische Schädigungsprozesse und Schutzmaßnahmen
2009 – Dauerstreitpunkte – Beurteilungsprobleme bei Dach, Wand und Keller
2010 – Konfliktfeld Innenbauteile
2011 – Flache Dächer: nicht genutzt, begangen, befahren, bepflanzt
2012 – Gebäude und Gelände – Problemfeld Gebäudesockel und Außenanlagen
2013 – Bauen und Beurteilen im Bestand
2014 – Qualitätsklassen im Hochbau: Standard oder Spitzenqualität?
2015 – Außenwände und Fenster

Verlage: bis 1978 Forum-Verlage, Stuttgart
ab 1979 Bauverlag, Wiesbaden / Berlin
ab 2001 Friedrich Vieweg & Sohn Verlagsgesellschaft mbH, Wiesbaden
ab 2008 Vieweg + Teubner Verlag / GWV Fachverlage GmbH, Wiesbaden
ab 2012 Springer Vieweg/Springer Fachmedien Wiesbaden GmbH

# Autoren der Aachener Bausachverständigentage

(die fettgedruckte Ziffer kennzeichnet das Jahr; die zweite Ziffer die erste Seite des Aufsatzes)

# Die Vorträge der Aachener Bausachverständigentage, geordnet nach Jahrgängen, Referenten und Themen

(die fettgedruckte Ziffer kennzeichnet das Jahr; die zweite Ziffer die erste Seite des Aufsatzes)

**75**/3
Groß, Herbert
Forschungsförderung des Landes Nordrhein-Westfalen.

**75**/7
Bindhardt, Walter
Der Bausachverständige und das Gericht.

**75**/13
Schild, Erich
Ziele und Methoden der Bauschadensforschung.
Dargestellt am Beispiel der Untersuchung des Schadensschwerpunktes Dächer, Dachterrassen, Balkone.

**75**/27
Hoch, Eberhard
Konstruktion und Durchlüftung zweischaliger Dächer.

**75**/39
Cammerer, Walter F.
Rechnerische Abschätzung der Durchfeuchtungsgefahr von Dächern infolge von Wasserdampfdiffusion.

---

**76**/5
Moelle, Peter
Aufgabenstellung der Bauschadensforschung.

**76**/9
Schnutz, Hans H.
Das Beweissicherungsverfahren. Seine Bedeutung und die Rolle des Sachverständigen.

**76**/23
Obenhaus, Norbert
Die Haftung des Architekten gegenüber dem Bauherrn.

**76**/43
Schild, Erich
Das Berufsbild des Architekten und die Rechtsprechung.

**76**/79
Schild, Erich
Untersuchung der Bauschäden an Außenwänden und Öffnungsanschlüssen.

**76**/109
Oswald, Rainer
Schäden am Öffnungsbereich als Schadensschwerpunkt bei Außenwänden.

**76**/121
Wesche, Karlhans; Schubert, Peter
Risse im Mauerwerk – Ursachen, Kriterien, Messungen.

**76**/143
Pfefferkorn, Werner
Längenänderungen von Mauerwerk und Stahlbeton infolge von Schwinden und Temperaturveränderungen.

**76**/163
Grunau, Edvard B.
Durchfeuchtung von Außenwänden.

---

**77**/7
Franzki, Harald
Die Zusammenarbeit von Richter und Sachverständigem, Probleme und Lösungsvorschläge.

**77**/17
Obenhaus, Norbert
Die Mitwirkung des Architekten beim Abschluß des Bauvertrages.

**77**/26
Zimmermann, Günter
Zur Qualifikation des Bausachverständigen.

**77**/49
Schild, Erich
Untersuchung der Bauschäden an Kellern, Dränagen und Gründungen.

**77**/68
Rogier, Dietmar
Schäden und Mängel am Dränagesystem.

**77**/76
Schild, Erich
Nachbesserungsmaßnahmen bei Feuchtigkeitsschäden an Bauteilen im Erdreich.

**77**/82
Horstschäfer, Heinz-Josef
Nachträgliche Abdichtungen mit starren Innendichtungen.

**77**/86
Brand, Hermann
Nachträgliche Abdichtungen auf chemischem Wege.

**77**/89
Herken, Gerd
Nachträgliche Abdichtungen mit bituminösen Stoffen.

**77**/101
Reichert, Hubert
Abdichtungsmaßnahmen an erdberührten Bauteilen im Wohnungsbau.

**77**/115
Muth, Wilfried
Dränung zum Schutz von Bauteilen im Erdreich.

---

**78**/5
Schild, Erich
Architekt und Bausachverständiger.

**78**/11
Böshagen, Fritz
Das Schiedsgerichtsverfahren.

**78**/17
Gehrmann, Werner
Abgrenzung der Verantwortungsbereiche zwischen Architekt, Fachingenieur und ausführendem Unternehmer.

**78**/38
Meyer, Hans-Gerd
Normen, bauaufsichtliche Zulassungen, Richtlinien, Abgrenzungen der Geltungsbereiche.

**78**/48
Aurnhammer, Hans Eberhardt
Verfahren zur Bestimmung von Wertminderungen bei Baumängeln und Bauschäden.

**78**/65
Schild, Erich
Untersuchung der Bauschäden an Innenbauteilen.

**78**/79
Oswald, Rainer
Schäden an Oberflächenschichten von Innenbauteilen.

**78**/90
Mayer, Horst
Verformungen von Stahlbetondecken und Wege zur Vermeidung von Bauschäden.

**78**/109
Arnds, Wolfgang
Rißbildungen in tragenden und nicht-tragenden Innenwänden und deren Vermeidung.

**78**/122
Schütze, Wilhelm
Schäden und Mängel bei Estrichen.

**78**/131 Gösele, Karl
Maßnahmen des Schallschutzes bei Decken, Prüfmöglichkeiten an ausgeführten Bauteilen.

---

**79**/7
Soergel, Carl
Die Prozeßrisiken im Bauprozeß.

**79**/14
Pott, Werner
Gesamtschuldnerische Haftung von Architekten, Bauunternehmern und Sonderfachleuten.

**79**/22
Bleutge, Peter
Umfang und Grenzen rechtlicher Kenntnisse des öffentlich bestellten Sachverständigen.

**79**/33
Schild, Erich
Dächer neuerer Bauart, Probleme bei der Planung und Ausführung.

**79**/38
Wolf, Gert
Neue Dachkonstruktionen, Handwerkliche Probleme und Berücksichtigung bei den Festlegungen, der Richtlinien des Dachdeckerhandwerks – Kurzfassung.

**79**/40
Gertis, Karl A.
Neuere bauphysikalische und konstruktive Erkenntnisse im Flachdachbau.

**79**/44
Rogier, Dietmar
Sturmschaden an einem leichten Dach mit Kunststoffdichtungsbahnen.

**79**/49
Kramer, Carl; Gerhardt, H. J.; Kuhnert, B. Die Windbeanspruchung von Flachdächern und deren konstruktive Berücksichtigung.

**79**/64
Schild, Erich
Fallbeispiel eines Bauschadens an einem Sperrbetondach.

**79**/67
Mantscheff, Jack
Sperrbetondächer, Konstruktion und Ausführungstechnik.

**79**/76
Zimmermann, Günter
Stand der technischen Erkenntnisse der Konstruktion Umkehrdach.

**79**/82
Oswald, Rainer
Schadensfall an einem Stahltrapezblechdach mit Metalleindeckung.

**79**/87
Stemmann, Dietmar
Konstruktive Probleme und geltende Ausführungsbestimmungen bei der Erstellung von Stahlleichtdächern.

**79**/101
Venter, Eckard
Metalleindeckungen bei flachen und flachgeneigten Dächern.

**80**/7
Bleutge, Peter
Die Haftung des Sachverständigen für fehlerhafte Gutachten im gerichtlichen und außergerichtlichen Bereich, aktuelle Rechtslage und Gesetzgebungsvorhaben.

**80**/24
Jagenburg, Walter
Architekt und Haftung.

**80**/32
Franzki, Harald
Die Stellung des Sachverständigen als Helfer des Gerichts, Erfahrungen und Ausblicke.

**80**/38
Schild, Erich
Veränderung des Leistungsbildes des Architekten im Zusammenhang, mit erhöhten Anforderungen an den Wärmeschutz.

**80**/44
Gertis, Karl A.
Auswirkung zusätzlicher Wärmedämmschichten auf das bauphysikalische Verhalten von Außenwänden.

**80**/49
Künzel, Helmut
Witterungsbeanspruchung von Außenwänden, Regeneinwirkung und thermische Beanspruchung.

**80**/57
Cammerer, Walter F.
Wärmdämmstoffe für Außenwände, Eigenschaften und Anforderungen.

**80**/65
Heck, Friedrich
Außenwand – Dämmsysteme, Materialien, Ausführung, Bewährung.

**80**/81
Rogier, Dietmar
Untersuchung der Bauschäden an Fenstern.

**80**/94
Klein, Wolfgang
Der Einfluß des Fensters auf den Wärmehaushalt von Gebäuden.

**80**/113
Seiffert, Karl
Die Erhöhung des optimalen Wärmeschutzes von Gebäuden bei erheblicher Verteuerung der Wärme-Energie.

---

**81**/7
Jagenburg, Walter
Nachbesserung von Bauschäden in juristischer Sicht.

**81**/14
Müller, Klaus
Der Nachbesserungsanspruch – seine Grenzen.

**81**/25
Schild, Erich
Probleme für den Sachverständigen bei der Entscheidung von Nachbesserungen.

**81**/31
Klocke, Wilhelm
Preisabschätzung bei Nachbesserungsarbeiten und Ermittlung von Minderwerten.

**81**/45
Rogier, Dietmar
Grundüberlegungen bei der Nachbesserung von Dächern.

**81**/61
Grün, Eckard
Beispiel eines Bauschadens am Flachdach und seine Nachbesserung.

**81**/70
Jürgensen, Nikolai
Beispiel eines Bauschadens am Balkon/Loggia und seine Nachbesserung.

**81**/75
Dartsch, Bernhard
Nachbesserung von Bauschäden an Bauteilen aus Beton.

**81**/96
Arnds, Wolfgang
Grundüberlegungen bei der Nachbesserung von Außenwänden.

**81**/103
Sand, Friedhelm
Beispiel eines Bauschadens an einer Außenwand mit nachträglicher Innendämmung und seine Nachbesserung.

**81**/108
Oswald, Rainer
Beispiel eines Bauschadens an einer Außenwand mit Riemchenbekleidung und seine Nachbesserung.

**81**/113
Schild, Erich
Grundüberlegungen bei der Nachbesserung von erdberührten Bauteilen.

**81**/121
Höffmann, Heinz
Beispiel eines Bauschadens an einem Keller in Fertigteilkonstruktion und seine Nachbesserung.

**81**/128
Schlotmann, Bernhard
Beispiel eines Bauschadens an einem Keller mit unzureichender Abdichtung und seine Nachbesserung.

---

**82**/7
Schild, Erich
Die besondere Situation des Architekten bei der Anwendung neuer Regelwerke und DIN-Vorschriften.

**82**/11
Döbereiner, Walter
Die Haftung des Sachverständigen im Zusammenhang mit den anerkannten Regeln der Technik.

**82**/23
Pott, Werner
Haftung von Planer und Ausführendem bei Verstößen gegen allgemein anerkannte Regeln der Bautechnik.

**82**/30
Hummel, Rudolf
Die Abdichtung von Flachdächern.

**82**/36
Oswald, Rainer
Zur Belüftung zweischaliger Dächer.

**82**/44
Rogier, Dietmar
Dachabdichtungen mit Bitumenbahnen.

**82**/54
Dahmen, Günter
Die neue DIN 4108 und die Wärmeschutzverordnung, ihre Konsequenzen für Planer und Ausführende, winterlicher und sommerlicher Wärmeschutz.

**82**/63
Casselmann, Hans F.
Die neue DIN 4108 und die Wärmeschutzverordnung, ihre Konsequenzen für Planer und Ausführende, Tauwasserschutz im Inneren von Bauteilen nach DIN 4108, Ausg. 1981.

**82**/76
Schild, Erich
Zum Problem der Wärmebrücken; das Sonderproblem der geometrischen Wärmebrücke.

**82**/81
Trümper, Heinrich
Wärmeschutz und notwendige Raumlüftung in Wohngebäuden.

**82**/91
Künzel, Helmut
Schlagregenschutz von Außenwänden, Neufassung in DIN 4108.

**82**/97
Pohlenz, Rainer
Die neue DIN 4109 – Schallschutz im Hochbau, ihre Konsequenzen für Planer und Ausführende.

**82**/109
Knop, Wolf D.
Wärmedämm-Maßnahmen und ihre schalltechnischen Konsequenzen.

---

**83**/9
Jagenburg, Walter
Abweichen von vertraglich vereinbarten Ausführungen und Änderungen bei der Nachbesserung.

**83**/15
Schild, Erich
Verhältnismäßigkeit zwischen Schäden und Schadensermittlung, Ausforschung – Hinzuziehen von Sonderfachleuten.

**83**/21
Klopfer, Heinz
Bauphysikalische Betrachtungen zum Wassertransport und Wassergehalt in Außenwänden.

**83**/38
Cziesielski, Erich
Außenwände – Witterungsschutz im Fugenbereich – Fassadenverschmutzung.

**83**/57
Casselmann, Hans F.
Feuchtigkeitsgehalt von Wandbauteilen.

**83**/66
Knötel, Dietbert
Schäden und Oberflächenschutz an Fassaden.

**83**/78
Achtziger, Joachim
Meßmethoden – Feuchtigkeitsmessungen an Baumaterialien.

**83**/85
Dahmen, Günter
Kritische Anmerkungen zur DIN 18195.

**83**/95
Rogier, Dietmar
Abdichtung erdberührter Aufenthaltsräume.

**83**/103
Grube, Horst
Konstruktion und Ausführung von Wannen aus wasserundurchlässigem Beton.

**83**/113
Oswald, Rainer
Abdichtung von Naßräumen im Wohnungsbau.

**83**/119
Schumann, Dieter
Schlämmen, Putze, Injektagen und Injektionen. Möglichkeiten und Grenzen der Bauwerkssanierung im erdberührten Bereich.

---

**84**/9
Pott, Werner
Regeln der Technik, Risiko bei nicht ausreichend bewährten Materialien und Konstruktionen – Informationspflichten/-grenzen.

**84**/16
Jagenburg, Walter
Beratungspflichten des Architekten nach dem Leistungsbild des § 15 HOAI.

**84**/22
Schild, Erich
Fortschritt, Wagnis, Schuldhaftes Risiko.

**84**/33
Haferland, Friedrich
Wärmeschutz an Außenwänden – Innen-, Kern- und Außendämmung, k-Wert und Speicherfähigkeit.

**84**/47
Lühr, Hans Peter
Kerndämmung – Probleme des Schlagregens, der Diffusion, der Ausführungstechnik.

**84**/59
König, Norbert
Bauphysikalische Probleme der Innendämmung.

**84**/71
Oswald, Rainer
Technische Qualitätsstandards und Kriterien zu ihrer Beurteilung.

**84**/76
Schild, Erich
Flaches oder geneigtes Dach – Weltanschauung oder Wirklichkeit.

**84**/79
Rogier, Dietmar
Langzeitbewährung von Flachdächern, Planung, Instandhaltung, Nachbesserung.

**84**/89
Hummel, Rudolf
Nachbesserung von Flachdächern aus der Sicht des Handwerkers.

**84**/94
Liersch, Klaus W.
Bauphysikalische Probleme des geneigten Daches.

**84**/105
Dahmen, Günter
Regendichtigkeit und Mindestneigungen von Eindeckungen aus Dachziegel und Dachsteinen, Faserzement und Blech.

**85**/9
Jagenburg, Walter
Umfang und Grenzen der Haftung des Architekten und Ingenieurs bei der Bauleitung.

**85**/14
Siegburg, Peter
Umfang und Grenzen der Hinweispflicht des Handwerkers.

**85**/30
Schild, Erich
Inhalt und Form des Sachverständigengutachtens.

**85**/38
Pilny, Franz
Mechanismus und Erfassung der Rißbildung.

**85**/49
Oswald, Rainer
Rissebildungen in Oberflächenschichten, Beeinflussung durch Dehnungsfugen und Haftverbund.

**85**/58
Rybicki, Rudolf
Setzungsschäden an Gebäuden, Ursachen und Planungshinweise zur Vermeidung.

**85**/68
Schubert, Peter
Rißbildung in Leichtmauerwerk, Ursachen und Planungshinweise zur Vermeidung.

**85**/76
Dahmen, Günter
DIN 18550 Putz, Ausgabe Januar 1985.

**85**/83
Künzel, Helmut
Anforderungen an die thermo-mechanischen Eigenschaften von Außenputzen zur Vermeidung von Putzschäden.

**85**/89
Rogier, Dietmar
Rissebewertung und Rissesanierung.

**85**/100
Ruffert, Günther
Ursachen, Vorbeugung und Sanierung von Sichtbetonschäden.

**86**/9
Vygen, Klaus
Die Beweismittel im Bauprozeß.

**86**/18
Jagenburg, Walter
Juristische Probleme im Beweissicherungsverfahren.

**86**/23
Schild, Erich
Die Nachbesserungsentscheidung zwischen Flickwerk und Totalerneuerung.

**86**/32
Oswald, Rainer
Zur Funktionssicherheit von Dächern.

**86**/38
Dahmen, Günter
Die Regelwerke zum Wärmeschutz und zur Abdichtung von genutzten Dächern.

**86**/51
Steinhöfel, Hans-Joachim
Nutzschichten bei Terrassendächern.

**86**/57
Zimmermann, Günter
Die Detailausbildung bei Dachterrassen.

**86**/63
Lohmeyer, Gottfried
Anforderungen an die Konstruktion von Parkdecks aus wasserundurchlässigem Beton.

**86**/71
Oswald, Rainer
Begrünte Dachflächen – Konstruktionshinweise aus der Sicht des Sachverständigen.

**86**/76
Haack, Alfred
Parkdecks und befahrbare Dachflächen mit Gußasphaltbelägen.

**86**/93
Hoch, Eberhard
Detailprobleme bei bepflanzten Dächern.

**86**/99
Wolf, Gert
Begrünte Flachdächer aus der Sicht des Dachdeckerhandwerks.

**86**/104
Lamers, Reinhard
Ortungsverfahren für Undichtigkeiten und Durchfeuchtungsumfang.

**86**/111
Rogier, Dietmar
Grundüberlegungen und Vorgehensweise bei der Sanierung genutzter Dachflächen.

---

**87**/9
Ehm, Herbert
Möglichkeiten und Grenzen der Vereinfachung von Regelwerken aus der Sicht der Behörden und des DIN.

**87**/16
Jagenburg, Walter
Tendenzen zur Vereinfachung von Regelwerken, Konsequenzen für Architekten, Ingenieure und Sachverständige aus der Sicht des Juristen.

**87**/21
Oswald, Rainer
Grenzfragen bei der Gutachtenerstattung des Bausachverständigen.

**87**/25
Gertis, Karl A.
Speichern oder Dämmen? Beitrag zur k-Wert-Diskussion.

**87**/30
Pohl, Wolf-Hagen
Konstruktive und bauphysikalische Problemstellungen bei leichten Dächern.

**87**/53
Schild, Erich
Das geneigte Dach über Aufenthaltsräumen, Belüftung – Diffusion – Luftdichtigkeit.

**87**/60
Lamers, Reinhard
Fallbeispiele zu Tauwasser- und Feuchtigkeitsschäden an leichten Hallendächern.

**87**/68
Kniese, Arnd
Großformatige Dachdeckungen aus Aluminium- und Stahlprofilen.

**87**/80
Dahmen, Günter
Stahltrapezblechdächer mit Abdichtung.

**87**/87
Balkow, Dieter
Glasdächer – bauphysikalische und konstruktive Probleme.

**87**/94
Oswald, Rainer
Fassadenverschmutzung, Ursachen und Beurteilung.

**87**/101
Liersch, Klaus W.
Leichte Außenwandbekleidungen.

**87**/109
Schaupp, Wilhelm
Außenwandbekleidungen, Einschlägige DIN-Normen und bauaufsichtliche Regelungen.

---

**88**/9
Jagenburg, Walter
Die Produzentenhaftung, Bedeutung für den Baubereich.

**88**/17
Werner, Ulrich
Die Grenzen des Nachbesserungsanspruchs bei Bauschäden.

**88**/24
Bleutge, Peter
Aktuelle Aspekte der neuen Sachverständigenordnung, Werbung des Sachverständigen.

**88**/32
Schild, Erich
Fragen der Aus- und Fortbildung von Bausachverständigen.

**88**/38
Gertis, Karl A.
Temperatur und Luftfeuchte im Inneren von Wohnungen, Einflußfaktoren, Grenzwerte.

**88**/45
Künzel, Helmut
Instationärer Wärme- und Feuchteaustausch an Gebäudeinnenoberflächen.

**88**/52
Usemann, Klaus W.
Was muß der Bausachverständige über Schadstoffimmissionen im Gebäudeinneren wissen?

**88**/72
Oswald, Rainer
Der Feuchtigkeitsschutz von Naßräumen im Wohnungsbau nach dem neuesten Diskussionsstand.

**88**/77
Herken, Gerd
Anforderungen an die Abdichtung von Naßräumen des Wohnungsbaues in DIN-Normen.

**88**/82
Lamers, Reinhard
Abdichtungsprobleme bei Schwimmbädern, Problemstellung mit Fallbeispielen.

**88**/88
Schulze, Horst
Fliesenbeläge auf Gipsbauplatten und Spanplatten in Naßbereichen.

**88**/100
Grosser, Dietger
Der echte Hausschwamm (Serpula lacrimans), Erkennungsmerkmale, Lebensbedingungen, Vorbeugung und Bekämpfung.

**88**/111
Dahmen, Günter
Naturstein- und Keramikbeläge auf Fußbodenheizung.

**88**/121
Pohlenz, Rainer
Schallschutz von Holzbalkendecken bei Neubau- und Sanierungsmaßnahmen.

**88**/135
Braun, Eberhard
Maßgenauigkeit beim Ausbau, Ebenheitstoleranzen, Anforderung, Prüfung, Beurteilung.

---

**89**/9
Bleutge, Peter
Urheberschutz beim Sachverständigengutachten, Verwertung durch den Auftraggeber, Eigenverwertung durch den Sachverständigen.

**89**/15
Neuenfeld, Klaus
Die Feststellung des Verschuldens des objektüberwachenden Architekten durch den Sachverständigen.

**89**/21
Soergel, Carl
Die Prüfungs- und Hinweispflicht der am Bau Beteiligten.

**89**/27
Schild, Erich
Mauerwerksbau im Spannungsfeld zwischen architektonischer Gestaltung und Bauphysik.

**89**/35
Kirtschig, Kurt
Zur Funktionsweise von zweischaligem Mauerwerk mit Kerndämmung.

**89**/41
Dahmen, Günter
Wasseraufnahme von Sichtmauerwerk, Prüfmethoden und Aussagewert.

**89**/48
Pauls, Norbert
Ausblühungen von Sichtmauerwerk, Ursachen – Erkennung – Sanierung.

**89**/55
Lamers, Reinhard
Sanierung von Verblendschalen, dargestellt an Schadensfällen.

**89**/61
Pfefferkorn, Werner
Dachdecken- und Geschoßdeckenauflage bei leichten Mauerwerkskonstruktionen, Erläuterungen zur DIN 18530 vom März 1987.

**89**/75
Jeran, Alois
Außenputz auf hochdämmendem Mauerwerk, Auswirkung der Stumpfstoßtechnik.

**89**/87
Schubert, Peter
Aussagefähigkeit von Putzprüfungen an ausgeführten Gebäuden, Putzzusammensetzung und Druckfestigkeit.

**89**/95
Cziesielski, Erich
Mineralische Wärmedämmverbundsysteme, Systemübersicht, Befestigung und Tragverhalten, Rißsicherheit, Wärmebrückenwirkung, Detaillösungen.

**89**/109
Künzel, Helmut
Wärmestau und Feuchtestau als Ursachen von Putzschäden bei Wärmedämmverbundsystemen.

**89**/115
Oswald, Rainer
Die Beurteilung von Außenputzen, Strategien zur Lösung typischer Problemstellungen.

**89**/122
Weber, Helmut
Anstriche und rißüberbrückende Beschichtungssysteme auf Putzen.

---

**90**/9
Bleutge, Peter
Beweiserhebung statt Beweissicherung.

**90**/17
Jagenburg, Walter
Juristische Probleme bei Gründungsschäden.

**90**/25
Schild, Erich
Allgemein anerkannte Regeln der Bautechnik.

**90**/35
Bölling, Willy H.
Gründungsprobleme bei Neubauten neben Altbauten, zeitlicher Verlauf von Setzungen.

**90**/41
Arnold, Karlheinz
Erschütterungen als Rißursachen.

**90**/49
Weber, Ulrich
Bergbauliche Einwirkungen auf Gebäude, Abgrenzungen und Möglichkeiten der Sanierung und Vermeidung.

**90**/61
Prinz, Helmut
Grundwasserabsenkung und Baumbewuchs als Ursache von Gebäudesetzungen.

**90**/69
Hilmer, Klaus
Ermittlung der Wasserbeanspruchung bei erdberührten Bauwerken.

**90**/80
Dahmen, Günter
Dränung zum Schutz baulicher Anlagen, Neufassung DIN 4095.

**90**/91
Cziesielski, Erich
Wassertransport durch Bauteile aus wasserundurchlässigem Beton, Schäden und konstruktive Empfehlungen.

**90**/101
Arendt, Claus
Verfahren zur Ursachenermittlung bei Feuchtigkeitsschäden an erdberührten Bauteilen.

**90**/108
Schumann, Dieter
Nachträgliche Innenabdichtungen bei erdberührten Bauteilen.

**90**/121
Hübler, Manfred
Bauwerkstrockenlegung, Instandsetzung feuchter Grundmauern.

**90**/130
Lamers, Reinhard
Unfallverhütung beim Ortstermin.

**90**/135
Kamphausen, P. A.
Bewertung von Verkehrswertminderungen bei Gebäudeabsenkungen und Schieflagen.

**90**/143
Kamphausen, P. A.
Bausachverständige im Beweissicherungsverfahren.

---

**91**/9
Werner, Ulrich
Auslegung von HOAI und VOB, Aufgabe des Sachverständigen oder des Juristen?

**91**/22
Mauer, Dietrich
Auslegung und Erweiterung der Beweisfragen durch den Sachverständigen.

**91**/27
Jagenburg, Walter
Die außervertragliche Baumängelhaftung.

**91**/35
Cziesielski, Erich
Gebäudedehnfugen.

**91**/43
Pfefferkorn, Werner
Erfahrungen mit fugenlosen Bauwerken.

**91**/49
Dahmen, Günter
Dehnfugen in Verblendschalen.

**91**/57
Schellbach, Gerhard
Mörtelfugen in Sichtmauerwerk und Verblendschalen.

**91**/72
Baust, Eberhard
Fugenabdichtung mit Dichtstoffen und Bändern.

**91**/82
Lamers, Reinhard
Dehnfugenabdichtung bei Dächern.

**91**/88
Hauser, Gerd; Maas, Anton
Auswirkungen von Fugen und Fehlstellen in Dampfsperren und Wärmedämmschichten.

**91**/96
Oswald, Rainer
Grundsätze der Rißbewertung.

**91**/100 Schießl, Peter
Risse in Sichtbetonbauteilen.

**91**/105
Fix, Wilhelm
Das Verpressen von Rissen.

**91**/111
Jürgensen, Nikolai
Öffnungsarbeiten beim Ortstermin.

---

**92**/9
Vogel, Eckhard
Europäische Normung, Rahmenbedingungen, Verfahren der Erarbeitung, Verbindlichkeit, Grundlage eines einheitlichen europäischen Baumarktes und Baugeschehens.

**92**/20
Bleutge, Peter
Aktuelle Probleme aus dem Gesetz über die Entschädigung von Zeugen und Sachverständigen (ZSEG).

**92**/33
Schild, Erich
Zur Grundsituation des Sachverständigen bei der Beurteilung von Schimmelpilzschäden.

**92**/42
Ehm, Herbert
Die zukünftigen Anforderungen an die Energieeinsparung bei Gebäuden, die Neufassung der Wärmeschutzverordnung.

**92**/46
Achtziger, Joachim
Wärmebedarfsberechnung und tatsächlicher Wärmebedarf, die Abschätzung des erhöhten Heizkostenaufwandes bei Wärmeschutzmängeln.

**92**/54
Trümper, Heinrich
Natürliche Lüftung in Wohnungen.

**92**/64
Hausladen, Gerhard
Lüftungsanlagen und Anlagen zur Wärmerückgewinnung in Wohngebäuden.

**92**/65
Zeller, M.; Ewert, M.
Berechnung der Raumströmung und ihres Einflusses auf die Schwitzwasser- und Schimmelpilzbildung auf Wänden.

**92**/70
Pult, Peter
Krankheiten durch Schimmelpilze.

**92**/73
Erhorn, Hans
Bauphysikalische Einflußfaktoren auf das Schimmelpilzwachstum in Wohnungen.

**92**/84
Arndt, Horst
Konstruktive Berücksichtigung von Wärmebrücken, Balkonplatten, Durchdringungen, Befestigungen.

**92**/90
Oswald, Rainer
Die geometrische Wärmebrücke, Sachverhalt und Beurteilungskriterien.

**92**/98
Hauser, Gerd
Wärmebrücken, Beurteilungsmöglichkeiten und Planungsinstrumente.

**92**/106
Dahmen, Günter
Die Bewertung von Wärmebrücken an ausgeführten Gebäuden, Vorgehensweise, Meßmethoden und Meßprobleme.

**92**/115
Kießl, Kurt
Wärmeschutzmaßnahmen durch Innendämmung, Beurteilung und Anwendungsgrenzen aus feuchtetechnischer Sicht.

**92**/125
Cziesielski, Erich
Die Nachbesserung von Wärmebrücken durch Beheizung der Oberflächen.

---

**93**/9
Werner, Ulrich
Erfahrungen mit der neuen Zivilprozeßordnung zum selbständigen Beweisverfahren.

**93**/17
Bleutge, Peter
Der deutsche Sachverständige im EG-Binnenmarkt – Selbständiger, Gesellschafter oder Angestellter, Tendenzen in der neuen Muster-SVO des DIHT.

**93**/24
Meyer, Hans Gerd
Brauchbarkeits-, Verwendbarkeits- und Übereinstimmungsnachweise nach der neuen Musterbauordnung.

**93**/29
Cziesielski, Erich
Belüftete Dächer und Wände, Stand der Technik.

**93**/38
Künzel, Helmut; Großkinsky, Theo
Das unbelüftete Sparrendach, Meßergebnisse, Folgerungen für die Praxis.

**93**/46
Liersch, Klaus W.
Die Belüftung schuppenförmiger Bekleidungen, Einfluß auf die Dauerhaftigkeit.

**93**/54
Schulze, Horst
Holz in unbelüfteten Konstruktionen des Wohnungsbaus.

**93**/65
Stauch, Detlef
Unbelüftete Dächer mit schuppenförmigen Eindeckungen aus der Sicht des Dachdeckerhandwerks.

**93**/69
Steger, Wolfgang
Die Tragkonstruktionen und Außenwände der Fertigungsbauarten in den neuen Bundesländern – Mängel, Schäden mit Instandsetzungs- und Modernisierungshinweisen.

**93**/75
Friedrich, Rolf
Die Dachkonstruktionen der Fertigteilbauweisen in den neuen Bundesländern, Erfahrungen, Schäden, Sanierungsmethoden.

**93**/92
Tanner, Christoph
Die Messung von Luftundichtigkeiten in der Gebäudehülle.

**93**/85
Dahmen, Günter
Leichte Dachkonstruktionen über Schwimmbädern – Schadenserfahrungen und Konstruktionshinweise.

**93**/100
Oswald, Rainer
Zur Prognose der Bewährung neuer Bauweisen, dargestellt am Beispiel der biologischen Bauweisen.

**93**/108
Lamers, Reinhard
Wintergärten, Bauphysik und Schadenserfahrung.

**94**/9
Motzke, Gerd
Mängelbeseitigung vor und nach der Abnahme – Beeinflussen Bauzeitabschnitte die Sachverständigenbegutachtung?

**94**/17
Weidhaas, Jutta
Die Zertifizierung von Sachverständigen.

**94**/21
Tredopp, Rainer
Qualitätsmanagement in der Bauwirtschaft.

**94**/26
Schlapka, Franz-Josef
Qualitätskontrollen durch den Sachverständigen.

**94**/35
Dahmen, Günter
Die neue Wärmeschutzverordnung und ihr Einfluß auf die Gestaltung von Neubauten.

**94**/46
Schickert, Gerald
Feuchtemeßverfahren im kritischen Überblick.

**94**/64
Kießl, Kurt
Feuchteeinflüsse auf den praktischen Wärmeschutz bei erhöhtem Dämmniveau.

**94**/72
Oswald, Rainer
Baufeuchte – Einflußgrößen und praktische Konsequenzen.

**94**/79
Schubert, Peter
Feuchtegehalte von Mauerwerkbaustoffen und feuchtebeeinflußte Eigenschaften.

**94**/86
Schnell, Werner
Das Trocknungsverhalten von Estrichen – Beurteilung und Schlußfolgerungen für die Praxis.

**94**/97
Grosser, Dietger
Feuchtegehalte und Trocknungsverhalten von Holz und Holzwerkstoffen.

**94**/111
Oswald, Rainer
Das aktuelle Thema: Gesundheitsrisiken durch Faserdämmstoffe? Konsequenzen für Planer und Sachverständige.

**94**/112
Lohrer, Wolfgang
Das aktuelle Thema: Gesundheitsrisiken durch Faserdämmstoffe? Konsequenzen für Planer und Sachverständige.

**94**/114
Muhle, Hartwig
Das aktuelle Thema: Gesundheitsrisiken durch Faserdämmstoffe? Konsequenzen für Planer und Sachverständige.

**94**/118
Draeger, Utz
Das aktuelle Thema: Gesundheitsrisiken durch Faserdämmstoffe? Konsequenzen für Planer und Sachverständige.

**94**/120
Royar, Jürgen
Das aktuelle Thema: Gesundheitsrisiken durch Faserdämmstoffe? Konsequenzen für Planer und Sachverständige.

**94**/124
Diskussion Gesundheitsgefährdung durch künstliche Mineralfasern?

**94**/128
Anhang zur Mineralfaserdiskussion Presseerklärung des Bundesministeriums für Umwelt, Naturschutz und Reaktorsicherheit und des Bundesministeriums für Arbeit vom 18. 3. 1994.

**94**/130
Lamers, Reinhard
Feuchtigkeit im Flachdach – Beurteilung und Nachbesserungsmethoden.

**94**/139
Hupe, Hans-Heiko
Leitungswasserschäden – Ursachenermittlung und Beseitigungsmöglichkeiten.

**94**/146 Jebrameck, Uwe
Technische Trocknungsverfahren.

**95**/9
Motzke, Gerd
Übertragung von Koordinierungs- und Planungsaufgaben auf Firmen und Hersteller, Grenzen und haftungsrechtliche Konsequenzen für Architekten und Ingenieure.

**95**/23
Kolb, E. A.
Die Rolle des Bausachverständigen im Qualitätsmanagement.

**95**/35
Erhorn, Hans
Die Bedeutung von Mauerwerksöffnungen für die Energiebilanz von Gebäuden.

**95**/51
Balkow, Dieter
Dämmende Isoliergläser – Bauweise und bauphysikalische Probleme.

**95**/55
Pohl, Wolf-Hagen
Der Wärmeschutz von Fensteranschlüssen in hochwärmegedämmten Mauerwerksbauten.

**95**/74
Schmid, Josef
Funktionsbeurteilungen bei Fenstern und Türen.

**95**/92
Memmert, Albrecht
Das Berufsbild des unabhängigen Fassadenberaters.

**95**/109
Pohlenz, Rainer
Schallschutz – Fenster und Lichtflächen.

**95**/119
Oswald, Rainer
Die Abdichtung von niveaugleichen Türschwellen.

**95**/125
Schulze, Jörg
Das aktuelle Thema: Der Streit um das „richtige“ Fenster im Altbau.

**95**/127
Löfflad, Hans
Das aktuelle Thema: Der Streit um das „richtige“ Fenster im Altbau.

**95**/131
Gerwers, Werner
Das aktuelle Thema: Der Streit um das „richtige“ Fenster im Altbau.

**95**/133
Willmann, Klaus
Das aktuelle Thema: Der Streit um das „richtige“ Fenster im Altbau.

**95**/135
Dahmen, Günter
Rolläden und Rolladenkästen aus bauphysikalischer Sicht.

**95**/142
Horstmann, Herbert
Lichtkuppeln und Rauchabzugsklappen – Bauweisen und Abdichtungsprobleme.

**95**/151
Froelich, Hans
Dachflächenfenster – Abdichtung und Wärmeschutz.

---

**96**/9
Jagenburg, Walter
Baumängel im Grenzbereich zwischen Gewährleistung und Instandhaltung

**96**/15
Arlt, Joachim
Die Instandsetzung als Planungsleistung – Leistungsbild, Vertragsgestaltung, Honorierung, Haftung

**96**/23
Oswald, Rainer
Instandsetzungsbedarf und Instandsetzungsmaßnahmen am Altbaubestand Deutschlands – ein Überblick

**96**/31
Lamers, Reinhard
Nachträglicher Wärmeschutz im Baubestand

**96**/40
Meisel, Ulli
Einfache Untersuchungsgeräte und -verfahren für Gebäudebeurteilungen durch den Sachverständigen

**96**/49
Franke, Lutz
Imprägnierungen und Beschichtungen auf Sichtmauerwerks- und Natursteinfassaden – Entwicklungen und Erkenntnisse

**96**/56
Fuhrmann, Günter
Beschichtungssysteme für Flachdächer – Beurteilungsgrundsätze und Leistungserwartungen

**96**/65
Brenne, Winfried
Balkoninstandsetzung und Loggiaverglasung – Methoden und Probleme

**96**/74
Gerner, Manfred
Das aktuelle Thema: Die Fachwerksanierung im Widerstreit zwischen Nutzerwünschen, Wärmeschutzanforderungen und Denkmalpflege; Fachwerkinstandsetzung und Fachwerkmodernisierung aus der Sicht der Denkmalpflege

**96**/78
Künzel, Helmut
Das aktuelle Thema: Die Fachwerksanierung im Widerstreit zwischen Nutzerwünschen, Wärmeschutzanforderungen und Denkmalpflege; Instandsetzung und Modernisierung von Fachwerkhäusern für heutige Wohnanforderungen

**96**/81 Nuss, Ingo
Beurteilungsprobleme bei Holzbauteilen

**96**/94
Dahmen, Günter
Nachträgliche Querschnittsabdichtungen – ein Systemvergleich

**96**/105
Weber, Helmut
Sanierputz im Langzeiteinsatz – ein Erfahrungsbericht

---

**97**/9
Sangenstedt, Hans Rudolf
Rolle und Haftung des staatlich anerkannten Sachverständigen

**97**/17
Jagenburg, Walter
Dreißigjährige Gewährleistung als Regelfall? Das Organisationsverschulden

**97**/25
Bleutge, Peter
Erfahrungen mit dem ZSEG

**97**/35
Borsch-Laaks, Robert
Diskussionsstand und Regelwerke zur Luftdichtheit von Dächern

**97**/50
Stauch, Detlef
Neue Beurteilungskriterien für Unterdächer, Unterdeckungen und Unterspannungen im ausgebauten Dach

**97**/56
Adriaans, Richard
Zellulosedämmstoffe im geneigten Dach – ein Erfahrungsbericht

**97**/63
Oswald, Rainer; Dahmen, Günter
Dämmelemente beim Dachausbau – Systeme und Probleme

**97**/70
Dahmen, Günter
Das unbelüftete Blechdach und die Regelwerke des Klempnerhandwerks

**97**/78
Künzel, Hartwig M.
Untersuchungen an unbelüfteten Blechdächern

**97**/84
Oswald, Rainer
Pfützen auf dem Dach – ein ewiger Streitpunkt?

**97**/91
Bauder, Paul-Hermann
Das aktuelle Thema: Argumente für einlagige Abdichtungen aus Bitumenbahnen

**97**/92
Herken, Gerd
Das aktuelle Thema: DIN 18195 Bauwerksabdichtungen, Teile 1-6, Entwurf Dezember 1996

**97**/95
Krings, Jürgen
Abdichtung mit Flüssigkunststoffen

**97**/98
Stauch, Detlef
Anforderungen an Dachabdichtungssysteme

**97**/100
Deutsche Bauchemie
Stellungnahme für den Tagungsband „Aachener Bausachverständigentage 1997“

**97**/101
Haack, Alfred
Die Abdichtung von Fugen in Flachdächern und Parkdecks aus WU-Beton

**97**/114
Kurth, Norbert
Schadenprobleme bei Pflasterbelägen auf Parkdecks und Parkplatzflächen

**97**/119 Cziesielski, Erich
Der Diskussionsstand beim Umkehrdach

---

**98**/9
Motzke, Gerd
Minderwert und Schadenersatzansprüche bei Baumängeln aus juristischer Sicht

**98**/22
Eschenfelder, Dieter Gebrauchstauglichkeit von Bauprodukten

**98**/27
Oswald, Rainer
Beurteilungsgrundsätze für hinzunehmende Unregelmäßigkeiten

**98**/32
Becker, Klaus
Moderner Holzbau – Schwachstellen und Beurteilungsprobleme

**98**/40
Cziesielski, Erich
Keramische Beläge auf wärmegedämmten Außenwänden

**98**/50
Oster, Karl Ludwig
Die Nachbesserung und Sanierung von Wärmedämmverbundsystemen

**98**/57
Gierlinger, Erwin
Putz im Sockelbereich

**98**/70
Künzel, Helmut
Erfahrungen mit zweischaligem Mauerwerk – Kerndämmung, Hinterlüftung, Vormauerschale, Außenputz

**98**/77
Pohl, Reiner
Beurteilungsprobleme bei Stürzen, Konsolen und Ankern in Verblendschalen

**98**/82
Schubert, Peter
Keine Probleme mit Putz auf Leichtmauerwerk

**98**/85
Gierlinger, Erwin
Putzrisse auf Leichtmauerwerk – ist der Stein oder der Putz ursächlich?

**98**/90
Künzel, Helmut
Die Putze sind dem Mauerwerk anzupassen

**98**/92
Dahmen, Günter
Sonnenschutz in der Praxis – Welcher Sonnenschutz ist bei nicht klimatisierten Gebäuden geschuldet?

**98**/101
Blaich, Jürgen
Algen auf Fassaden

**98**/108
Oswald, Rainer
Die Wasserführung auf Fassaden – Fassadenverschmutzung und der Streit über die richtige Tropfkante

---

**99**/9
Oswald, Rainer
Neue Bauweisen und Bauschadensforschung

**99**/13 Soergel, Carl
Entwicklungen im privaten Baurecht

**99**/34
Jagenburg, Walter
Baurecht als Hemmschuh der technischen Entwicklung?

**99**/46
Bleutge, Peter
Entwicklungen im Berufsbild und in der Haftung des Sachverständigen

**99**/59
Braun, Eberhard
Die neue DIN 18 195 – Bauwerksabdichtungen

**99**/65
Stauch, Detlef
Die Entwicklung des Regelwerkes des deutschen Dachdeckerhandwerks

**99**/72
Dahmen, Günter
Erfahrungen und Regeln zu spachtelbaren Naßraumabdichtungen

**99**/81
Ebeling, Karsten
Konstruktionsregeln für Wannen aus WU-Beton

**99**/90
Klopfer, Heinz
Wassertransport und Beschichtungen bei WU-Beton-Wannen

**99**/100
Kohls, Arno
Anwendungsmöglichkeiten und -grenzen von Dickbeschichtungen

**99**/105
Buss, Eckart
Bitumen als Abdichtungs-/Konservierungsstoff

**99**/112
Warmbrunn, Dietmar
Große VBN-Umfrage unter öffentlich bestellten und vereidigten (Bau-)Sachverständigen

**99**/121
Oswald, Rainer
Die Berücksichtigung von Dickbeschichtungen in DIN E 18 195: 1998-9

**99**/127
Ruhnau, Ralf
Abdichtungen von Neubauten mit Betonit

**99**/135
Kabrede, Hans-Axel
Nachträgliches Abdichten erdberührter Bauteile

**99**/141
Lamers, Reinhard
Prüfmethoden für Bauwerksabdichtungen

---

**00**/9
Oswald, Rainer
Qualitätsprobleme – bei Bauträgerprojekten systembedingt?

**00**/15
Schulze-Hagen, Alfons
Die Haftung bei Qualitätskontrollen

**00**/26
Bleutge, Peter
Der Diskussionsstand zur Entschädigung des gerichtlich tätigen Sachverständigen

**00**/33
Dahmen, Günter
Die neue Energieeinsparverordnung – Konsequenzen für die Baupraxis und die Arbeit des Sachverständigen

**00**/42
Wolff, Dieter
Haustechnik und Energieeinsparung – Beurteilungsprobleme für den Sachverständigen

**00**/48
Achtziger, Joachim
Leisten neue Dämmmethoden, was sie versprechen?
– Kalziumsilikatplatten, hochdämmende Beschichtungen -

**00**/56
Metzemacher, Heinrich
Gipsputz und Kalziumsulfatestrich – im Wohnungsbad fehl am Platz?

**00**/62
Voos, Rudolf
Stolperstufen, Überzähne, Rutschgefahr – Problemfälle bei Fliesenbelägen

**00**/69
Quack, Friedrich
DIN-Normen und andere technische Regeln – ein nur bedingt geeigneter Bewertungsmaßstab?

**00**/72
Vogel, Eckhard
DIN-Normen und andere technische Regeln – ein nur bedingt geeigneter Bewertungsmaßstab?

**00**/80
Oswald, Rainer
Die Bedeutung von technischen Regeln für die Arbeit des Bausachverständigen, erläutert am Beispiel der Dichtstoff-Fußboden-Randfuge

**00**/86
Moriske, Heinz-Jörn
Plötzlich auftretende „schwarze“ Ablagerungen in Wohnungen – das „Fogging“-Phänomen

**00**/92
Froelich, Hans
Haus- und Wohnungstüren: Verformungsprobleme und Schallschutz

**00**/100
Lamers, Reinhard
Die Bewährung innen gedämmter Fachwerkbauten

---

**01**/1
Keldungs, Karl-Heinz
Die „Unmöglichkeit“ und „Unverhältnismäßigkeit“ einer Nachbesserung aus juristischer Sicht

**01**/5
Jagenburg, Walter
Rechtliche Probleme bei Bauleistungen im Bestand

**01**/10
Hegner, Hans-Dieter
Die energetische Ertüchtigung des Baubestandes

**01**/20
Oswald, Rainer
Alte und neue Risse im Bestand – Beurteilungsregeln und -probleme

**01**/27
Hilmer, Klaus
Schäden bei Unterfangungen – die neue DIN 4123

**01**/39
Grünberger, Anton
Biozide, rissüberbrückende und schmutzabweisende Beschichtungen – ein Erfahrungsbericht

**01**/42
Wetzel, Christian
Rechnerunterstützte, systematische Zustandsbeschreibung von Gebäuden – der EPIQRGebäudepass

**01**/50
Cziesielski, Erich
Hinterlüftete Wärmedämmverbundsysteme im Altbau – sinnvoll oder risikoreich?

**01**/57
Hegner, Hans-Dieter
Das aktuelle Thema: Wie luftdicht muss ein Gebäude sein? Die Berücksichtigung der Luftdichtheit in der EnEV

**01**/59
Reiß, Johann
Das aktuelle Thema: Wie luftdicht muss ein Gebäude sein? Effektivität von Lüftungsanlagen im praktischen Einsatz – Wie groß ist der Einfluss des Nutzers?

**01**/67
Zeller, Joachim
Das aktuelle Thema: Wie luftdicht muss ein Gebäude sein?
Möglichkeiten und Grenzen der Luftdichtheitsprüfung

**01**/71
Dahmen, Günter
Das aktuelle Thema: Wie luftdicht muss ein Gebäude sein?
Typische Schwachstellen der Luftdichtheit; die Luftdichtheit als Beurteilungsproblem

**01**/76
Moriske, Heinz-Jörn
Das aktuelle Thema: Wie luftdicht muss ein Gebäude sein?
Luftwechselrate und Auswirkungen auf die Raumluftqualität

**01**/81
Venzmer, H.
Dauerthema aufsteigende Feuchte – Programmierte Fehlschläge, Lösungsansätze und Perspektiven für die Baupraxis

**01**/95
Rahn, Axel C.
Bauteilheizung als Maßnahme gegen aufsteigende Feuchtigkeit

**01**/103
Arendt, Claus
Der Aussagewert und die Praxistauglichkeit von Feuchtemessmethoden bei aufsteigender Feuchtigkeit

**01**/111
Lamers, Reinhard
„Elektronische Wundermittel" und andere Exotika zur Beseitigung von Mauerfeuchte

---

**02**/01
Motzke, Gerd
Konsequenzen der Schuldrechtsreform für die Mangelbeurteilung durch den Sachverständigen

**02**/15
Bleutge, Peter
Die Haftung und Entschädigung des Sachverständigen auf der Grundlage neuer gesetzlicher Regelungen

**02**/27
Oswald, Rainer
Produktinformation und Bauschäden

**02**/34
Schießl, Peter
Die Beurteilung und Behandlung von Rissen in den neuen Regeln DIN 1045-1: 2001 und der Instandsetzungsrichtlinie für Betonbauteile

**02**/41
Cziesielski, Erich/Schrepfer, Thomas
Risse in Industriefußböden – Ursachen und Bewertung

**02**/50
Schießl, Peter
Streitpunkte bei Parkdecks: Gefällegebung und Oberflächenschutz unter Berücksichtigung der neuen Regelungen von DIN 1045

**02**/58
Schlapka, Franz-Josef
Fugen und Überzähne bei Fertigteildecken, Abweichungen bei Geschosshöhen und Durchgangsmaßen – kritische Anmerkungen zur Anwendung der Maßtoleranzen – Norm DIN 18202

**02**/70
Brameshuber, Wolfgang
WU-Beton nach neuer Norm

**02**/75
Oswald, Rainer
Pro + Kontra – Das aktuelle Thema: Sind Abdichtungskombinationen im Druckwasser dauerhaft? Einleitung: Anwendungsfälle und Regelwerksituation zu Abdichtungskombinationen

**02**/80
Rodinger, Christoph
1. Beitrag: Abdichtungsbahnen und WU-Beton

**02**/84
Kohls, Arno
2. Beitrag: Kunststoffmodifizierte Bitumendickbeschichtungen und WU-Beton

**02**/88
Braun, Eberhard
3. Beitrag: Die Leistungsgrenzen von Kombinationen zwischen WU-Beton und hautförmigen Abdichtungen

**02**/95
Zanocco, Erich
Fliesen auf Stahlbetonuntergrund (Betonuntergrund)

**02**/102
Oswald, Rainer
Streitpunkte bei der Abdichtung erdberührter Bodenplatten

---

**03**/01
Schulze-Hagen, Alfons
Zum Begriff des wesentlichen Mangels in der VOB/B

**03**/06
Ubbelohde, Helge-Lorenz
Der notwendige Umfang und die Genauigkeitsgrenzen von Qualitätskontrollen und Abnahmen

**03**/15
Dorff, Robert
Die Praxis der Berücksichtigung von Wärmebrücken und Luftundichtheiten – ein kritischer Erfahrungsbericht

**03**/21
Tanner, Christoph; Ghazi-Wakili Karim
Wärmebrücken in Dämmstoffen

**03**/31
Dahmen, Günter
Beurteilung von Wärmebrücken – Methoden und Praxishinweise für den Sachverständigen

**03**/41
Spitzner, Martin H.
Flankenübertragung und Fehlstellen bei Dampfsperren – Wann liegt ein ernsthafter Mangel vor?

**03**/55
Gierga, Michael
Luftdichtheit von Ziegelmauerwerk – Ursachen mangelnder Luftdichtheit und Problemlösungen

**03**/61
Oswald, Rainer
Theorie und Praxis der Fensteranschlüsse – ein kommentiertes Fallbeispiel

**03**/66
Scheller, Herbert
Anschlussausbildung bei Fenstern und Türen – Regelwerktheorie und Baustellenpraxis

**03**/77
Sedlbauer, Klaus; Krus Martin
Schimmelpilze aus der Sicht der Bauphysik: Wachstumsvoraussetzungen, Ursachen und Vermeidung

**03**/94
Gabrio, Thomas
Nachweis, Bewertung und Sanierung von Schimmelpilzschäden in Innenräumen

**03**/113
Moriske, Heinz-Jörn
Beurteilung von Schimmelpilzbefall in Innenräumen – Fragen und Antworten

**03**/120
Oswald, Rainer
Schimmelpilzbewertung aus der Sicht des Bausachverständigen

**03**/127
Graeve, Holger
Praxisprobleme bei der Rissverspressung in Betonbauteilen mit hohem Wassereindringwiderstand

**03**/134
Pohlenz, Rainer
Schallbrücken – Auswirkungen auf den Schallschutz von Decken, Treppen und Haustrennwänden

---

**04**/01
Motzke, Gerd
Tatsachenfeststellung und -bewertung durch den Sachverständigen – Auswirkungen der Zivilprozessrechtsreform in 1. und 2. Instanz

**04**/09
Weidhaas, Jutta
Außergerichtliche Streitschlichtung durch den Sachverständigen

**04**/15
Bleutge, Peter
Die Novellierung des ZSEG durch das JVEG – Das neue Justizvergütungs- und -entschädigungsgesetz (JVEG)

**04**/26
Staudt, Michael
Das neue JVEG aus der Sicht des BVS

**04**/29
Schubert, Peter
Neue Erkenntnisse zu Rissbildungen in tragendem Mauerwerk

**04**/38
Klaas, Helmut
Fugen und Risse in Verblendschalen und Bekleidungen

**04**/50
Cziesielski, Erich; Schrepfer, Thomas; Fechner, Otto
Beurteilung von Rissen im Putz von Wämedämmverbundsystemen aus technischer Sicht

**04**/62
Schießl, Peter; Wiegrink, Karl-Heinz
Verformungsverhalten und Rissbildungen bei Calciumsulfat-Estrichen – Die Spannungsbedingungen in Oberflächenschichten

**04**/87
Rapp, Andreas
Fugen bei Parkettböden und anderen Holzbelägen

**04**/94
Schießl, Peter; Beddoe, Robin Wassertransport in WU-Beton – kein Problem!

**04**/100
Fechner, Otto
WU-Beton bei hochwertiger Nutzung: mit Belüftung sicherer!

**04**/103
Oswald, Rainer
Praktische Erfahrungen bei hochwertig genutzten Räumen mit WU-Betonbauteilen – Anmerkungen zur neuen WU-Richtlinie des DAfStb

**04**/119
Ihle, Martin
Risse in Betonwerkstein

**04**/126
Ranke, Hermann
Standards für die Bauzustandsdokumentation vor Beginn von Baumaßnahmen

---

**05**/01
Motzke, Gerd
Behindert das Baurecht die Baurationalisierung? – Missverständnisse zwischen Recht und Technik am Beispiel der Flachdächer

**05**/10
Bossenmayer, Horst-J.
Qualitätsverlust durch europäische Normung? – Eine kritische Würdigung

**05**/15
Herold, Christian
Europäische Normen und Zulassungen für Abdichtungsprodukte und ihre nationale Anwendung

**05**/31
Schulze-Hagen, Alfons
Die Abgrenzung der Verantwortlichkeit zwischen Planer und Dachdecker im Spiegel von Gerichtsentscheidungen

**05**/38
Haushofer, Bert A.
Qualitätsklassen bei Flachdächern – Zur Neufassung der DIN 18531 – Konsequenzen für die Vertragsgestaltung und die Dachbeurteilung

**05**/46
Oswald, Rainer/Sous, Silke
Praxisbewährung von Dachabdichtungen – Zur Transparenz von Produkteigenschaften

**05**/58
Stauch, Detelf
Praktische Konsequenzen der neuen Windlastnormen – Neue Formen der Windsogsicherung

**05**/64
Thomas, Stefan
Praktische Konsequenzen der neuen Dachentwässerungsnormen – Erfahrungen mit Schwerkraft-und Unterdruckentwässerungen

**05**/70
Moriske, Heinz-Jörn
Sanierung von Schimmelpilzbefall: Der neue Leitfaden des Umweltbundesamtes – Praktische Konsequenzen für den Bausachverständigen

**05**/74
Winter, Stefan
Schimmel unter Dachüberständen – Zur Verwendung von Holzwerkstoffen im Dachbereich

**05**/80
Zöller, Matthias
Vereinfachte Dachdetails – Zur Neufassung von DIN 18195-8/9 und DIN 18531-3

**05**/88
Oswald, Rainer
Bauaufsichtliche Prüfzeugnisse als Grundlage für zuverlässige Abdichtungsprodukte

**05**/90
Simonis, Udo
Bauaufsichtliche Prüfzeugnisse als Hemmschuh der Produktentwicklung

**05**/92
Oswald, Rainer
Aussagewert und Missbrauch von Prüfzeugnissen

**05**/100
Krings, Jürgen
Abdichtungen mit Flüssigkunststoffen – Neue Entwicklungen und Regelwerksituation

**05**/110
Oswald, Rainer
Regeln zur Instandsetzung von Flachdächern – Anmerkungen zum Teil 4 von DIN 18531

---

**06**/1
Motzke, Gerd
Gleichwertigkeit von Werkleistungen aus technischer und juristischer Sicht

**06**/15
Zöller, Matthias
Die energetische Gebäudequalität als Mangelstreitpunkt

**06**/22
Keskari-Angersbach, Jutta
Streithema Oberflächenqualität bei Putzen und Gipsbauplatten

**06**/29
Pöter, Hans
Bewertung von Unregelmäßigkeiten bei Stahlleichtbaufassaden

**06**/38
Ebeling, Karsten
Streitpunkte beim Sichtbeton – Praxishinweise zu neuen Merkblättern

**06**/47
Oswald, Rainer
Vertragssoll knapp verfehlt – was tun?

**06**/61
Schmieskors, Ernst
Die Sicherheit von Dachtragwerken aus der Sicht der Bauordnung

**06**/65
François Colling
Die Sicherheit und Dauerhaftigkeit von Holztragwerken in Dächern

**06**/70
Ubbelohde, Helge Lorenz
Empfehlung/Richtlinie zur wiederkehrenden Überprüfung von Hochbauten und baulichen Anlagen hinsichtlich der Standsicherheit

**06**/84
Laidig, Matthias
Dichte Häuser benötigen eine geregelte Lüftung

**06**/90
Vogler, Ingrid
Ein wirtschaftlicher Wohnungsbau erfordert den selbstverantwortlichen Nutzer

**06**/94
Oswald, Rainer
Das Beurteilungsdilemma des Sachverständigen im Lüftungsstreit

**06**/100
Froelich, Hans
Glasschäden sachgerecht beurteilen

**06**/105
Eicke-Hennig, Werner
Zur Energieeffizienz von Glasfassaden

---

**07**/1
Jansen, Günther
Die Entwicklung des Mangelbegriffs im Werkvertragsrecht nach der Schuldrechtsreform 2002

**07**/09
Nieberding, Felix
Haftungsrisiken bei nachträglicher Bauwerksabdichtung

**07**/20
Zöller, Matthias
Wichtige Neuerungen in Regelwerken – ein Überblick

**07**/40
Oswald, Rainer
Grundlagen der Abdichtung erdberührter Bauteile

**07**/54
Ruhnau, Ralf
Bahnenförmige und flüssige Bauwerksabdichtungen für erdberührte Bauteile – aktuelle Problemstellungen

**07**/61
Heldt, Petra
Prüfgrundsätze für Kombinationsabdichtungen

**07**/66
Hohmann, Rainer
Elementwandkonstruktionen in drückendem Wasser – wirklich immer a.R.d.T.?

**07**/79
Fritz, Martin
Die Erläuterungen zur WU-Richtlinie (2006) – DAfStb-Heft 555

**07**/93
Kohls, Arno
Schwimmbecken und Behälter – zum neuen Teil 7 von DIN 18195

**07**/102
Simonis, Udo
Die Berücksichtigung aggressiver Medien bei der Nassraumabdichtung

**07**/117
Berg, Alexander
Verfahren zur Bauwerkstrocknung, Randbedingungen und Erfolgskontrollen

**07**/125
Hankammer, Gunter
Restrisiken nach der Bauwerkstrocknung

**07**/135
Warscheid, Thomas
Mikrobielle Belastungen in Estrichen im Zusammenhang mit Wasserschäden

**07**/151
Moriske, Heinz-Jörn
Risiken der Bauwerkstrocknung aus der Sicht des Umweltbundesamtes

**07**/155
Keppeler, Stephan
Nachträgliche flüssige und hautförmige druckwasserhaltende Innenabdichtungen und Schleierinjektionen

**07**/162
Tetz, Christoph
Statische Probleme bei nachträglich druckwasserhaltend abgedichteten Kellern

**07**/169
Dahmen, Heinz-Peter
Nachträgliche WU-Betonkonstruktionen in der Praxis

**08**/1
Liebheit, Uwe
Lebensdauer und Alterung von Bauteilen aus rechtlicher Sicht

**08**/16
Oswald, Rainer
Die Dauerhaftigkeit und Wartbarkeit als Beurteilungskriterium und Qualitätsmerkmal

**08**/22
Vogdt, Frank Ulrich
Bedeutung der Lebensdauer und des Instandsetzungsaufwandes für die Nachhaltigkeit von Bauweisen

**08**/30
Zöller, Matthias
Wichtige Neuerungen in Regelwerken – ein Überblick

**08**/43
Schulz, Wolf-Dieter
Beurteilung des Korrosionsschutzes von Stahlbauteilen im üblichen Hochbau

**08**/54
Wirth, Stefan
Korrosionen an Leitungen

**08**/63
Raupach, Michael
Elementwandkonstruktionen in drückendem Wasser – wirklich immer a. R.d. T.?

**08**/74
Venzmer, Helmuth
Bauteile – Biozide – Natur, Bemerkungen zu biozid eingestellten Fassadenbeschichtungen

**08**/81
Gieler, Rolf P.
Leistungsfähigkeit in Regelwerken – mehr Transparenz oder Haftungsfalle?

**08**/93
Herold, Christian
Lebensdauerdaten in Regelwerken – der europäische Ansatz

**08**/104
Esser, Elmar
Lebensdauerdaten in Regelwerken – eine Haftungsfalle!

**08**/108
Liebheit, Uwe
Rechtliche Konsequenzen von Lebensdauerdaten in Regelwerken

**08**/115
Winter, Stefan
Erfahrungen mit der Inspektion von Holztragwerken

**08**/124
Haustein, Tilo
Konstruktiver und chemischer Holzschutz in geneigten Dächern

**08**/138
Sieberath, Ulrich
Typische Fehler bei Holzfenstern und Holztüren

---

**09**/1
Oswald, Rainer
Die Ursachen des Dauerstreits über Baumängel und Bauschäden
Ein Rückblick auf Dauerstreitpunkte aus 35 Jahren Aachener Bausachverständigentage

**09**/10
Liebheit, Uwe
Sind Rechtsfragen für Sachverständige tabu?
Zur Aufgabenabgrenzung zwischen Richtern und Sachverständigen

**09**/35
Pohlenz, Rainer
DIN-gerecht = mangelhaft?
Zur werkvertraglichen Bedeutung nationaler und europäischer Regelwerke im Schallschutz

**09**/51
Feist, Wolfgang
Wie viel Dämmung ist genug?
Wann sind Wärmebrücken Mängel?

**09**/58
Albrecht, Wolfang
Ist der Dämmstoffmarkt noch überschaubar?
Erfahrungen und Probleme mit neuen Dämmstoffen

**09**/69
Ebeling, Karsten
Ist Bauwerksabdichtung noch nötig?
Zu den Leistungsgrenzen von WU-Betonbauteilen und Kombinationsbauweisen

**09**/84
Zöller, Matthias
Bahnenförmig oder flüssig, mehrlagig oder einlagig, mit oder ohne Gefälle?
Zur Theorie und Praxis von Bauwerksabdichtungen

**09**/95
Ziegler, Martin
Hydraulischer Grundbruch bei tiefen Baugruben

**09**/109
Winter, Stefan
Ist Belüftung noch aktuell?
Zur Zuverlässigkeit unbelüfteter Wand- und Dachkonstruktionen

**09**/119
Borsch-Laaks, Robert
Wie undicht ist dicht genug?
Zur Zuverlässigkeit von Fehlstellen in Luftdichtheitsschichten und Dampfsperren

**09**/133
Oswald, Rainer
Wie ungenau ist genau genug?
Zum Detaillierungsgrad von Baubeschreibungen...Einleitung:...aus
der Sicht des Bausachverständigen

**09**/136
Niepmann, Hans-Ulrich
Wie ungenau ist genau genug?
Zum Detailliertheitsgrad von Baubeschreibungen...1. Beitrag:...aus der Sicht der Bauträger

**09**/142
Heinrich, Gabriele
Wie ungenau ist genau genug?
Zum Detailliertheitsgrad von Baubeschreibungen...2. Beitrag:...aus Sicht der Verbraucher

**09**/148
Liebheit, Uwe
Wie ungenau ist genau genug?
Zum Detailliertheitsgrad von Baubeschreibungen...3. Beitrag:...aus der Sicht des Juristen

**09**/159
Nitzsche, Frank
Wie viel Untersuchungsaufwand muss sein und wer legt ihn fest?
– Zur Gutachtenpraxis des Bausachverständigen

**09**/172
Oswald, Rainer
Wie viel Abweichung ist zumutbar?
Zum Diskussionsstand über hinzunehmende Unregelmäßigkeiten

---

**10**/1
Meiendresch, Uwe
Abschied vom Bauprozess?
Helfen Schiedsgerichte, Schlichter oder Mediation?

**10**/07
Schulze-Hagen, Alfons
Neuerungen im Gewährleistungsrecht:
Auswirkungen auf die Begutachtung von Mängeln

**10**/12
Moriske, Heinz-Jörn
Schadstoffe im Gebäudeinnern – Chancen und Gefahren einer Zertifizierung

**10**/19
Spilker, Ralf
Wichtige Neuerungen in bautechnischen Regelwerken – ein Überblick

**10**/28
Abert, Bertram
Was nützen Schnellestriche und Faserbewehrungen?

**10**/35
Borsch-Laaks, Robert
Zur Schadensanfälligkeit von Innendämmungen
Bauphysik und praxisnahe Berechnungsmethoden

**10**/50
Liebert, Géraldine/Sous, Silke
Baupraktische Detaillösungen für Innendämmungen bei hohem Wärmeschutzniveau

**10**/62
Keppeler, Stephan
Innendämmungen mit einem kapillaraktiven Dämmstoff, Praxiserfahrungen

**10**/70
Klingelhöfer, Gerhard
Verbundabdichtungen in Nassräumen – Regelwerkstand 2010
Erfahrungen mit bahnenförmigen Verbundabdichtungen und Entkopplungsbahnen

**10**/83
Keskari-Angersbach, Jutta
Dünnlagenputze, Tapeten, Beschichtungen: Typische Beurteilungsprobleme
und Rissüberbrückungseigenschaften

**10**/89
Oswald, Rainer
Sind Rissbildungen im modernen Mauerwerksbau vermeidbar?
Einleitung: Die Zulässigkeit von Rissen im Hochbau

**10**/93
Meyer, Günter
Sind Rissbildungen im modernen Mauerwerksbau vermeidbar?
1. Beitrag: Verhalten von großformatigem Mauerwerk aus bindemittelgebundenen Baustoffen

**10**/100
Meyer, Udo
Sind Rissbildungen im modernen Mauerwerksbau vermeidbar?
2. Beitrag: Risssicherheit bei Ziegelmauerwerk

**10**/103
Heide, Michael
Sind Rissbildungen im modernen Mauerwerksbau vermeidbar?
3. Beitrag: Regeln für zulässige Rissbildungen im Innenbereich

**10**/119
Pohlenz, Rainer
Schallschutz von Treppen
Fehlerquellen und Instandsetzung

**10**/132
Zöller, Matthias
Sind Schäden bei Außentreppen vermeidbar? Empfehlungen zur Abdichtung und Wasserführung

**10**/139
Irle, Achim
Streitpunkte bei Treppen

---

**11**/1
Liebheit, Uwe
Neue Entwicklungen im Baurecht –
Konsequenzen für den Bausachverständigen

**11**/21
Zöller, Matthias
Planerische Voraussetzungen für Flachdächer mit hohen Zuverlässigkeitsanforderungen

**11**/32
Michels, Kurt
Sturm, Hagelschlag, Jahrhundertregen – Praxiskonsequenzen für Dachabdichtungs-Werkstoffe und Flachdachkonstruktionen

**11**/41
Oswald, Martin
Der Wärmeschutz bei Dachinstandsetzungen – Typische Anwendungen und Streitfälle bei der Erfüllung der EnEV

**11**/50
Hegger, Thomas
Brandverhalten Dächer

**11**/59
Rühle, Josef
Das abdichtungstechnische Schadenspotential von Photovoltaik- und Solaranlagen

**11**/67
Hoch, Eberhard
50 Jahre Flachdach – Bautechnik im Wandel der Zeit

**11**/75
Flohrer, Claus
Sind WU-Dächer anerkannte Regel der Technik?

**11**/84
Krupka, Bernd W.
Typische Fehlerquellen bei Extensivbegrünungen

**11**/91
Oswald, Rainer
Normen – Qualitätsgarant oder Hemmschuh der Bautechnik?
1. Beitrag: Nutzen und Gefahren der Normung aus der Sicht des Sachverständigen

**11**/95
Sommer, Hans-Peter
Normen – Qualitätsgarant oder Hemmschuh der Bautechnik?
2. Beitrag: Einheitliche Standards für alle Abdichtungsaufgaben – Zur Notwendigkeit einer übergreifenden Norm für Bauwerksabdichtungen

**11**/99
Herold, Christian
Normen – Qualitätsgarant oder Hemmschuh der Bautechnik?
3. Beitrag: Notwendigkeit und Vorteile einer Neugliederung der Abdichtungsnormen aus der Sicht des Deutschen Instituts für Bautechnik (DIBt)

**11**/108
Michels, Kurt
Normen – Qualitätsgarant oder Hemmschuh der Bautechnik?
4. Beitrag: Gemeinsame Abdichtungsregeln für nicht genutzte und genutzte Flachdächer – Vorteile und Probleme

**11**/112
Vater, Ernst-Joachim
Normen – Qualitätsgarant oder Hemmschuh der Bautechnik?
5. Beitrag: Zur Konzeption einer neuen Norm für die Abdichtung von Flächen des fahrenden und ruhenden Verkehrs

**11**/120
Wilmes, Klaus / Zöller, Matthias
Niveaugleiche Türschwellen – Praxiserfahrungen und Lösungsansätze

**11**/132
Spitzner, Martin H.
DIN Fachbericht 4108-8:2010-09 – Vermeiden von Schimmelwachstum in Wohngebäuden – Zielrichtung und Hintergründe

**11**/146
Oswald, Rainer
Sind Schimmelgutachten normierbar? Kritische Anmerkungen zum DIN-Fachbericht 4108-8:2010-09

**12**/1
Liebheit, Uwe
Verantwortlichkeiten der Planenden und Ausführenden im Sockelbereich

**12**/17
Zöller, Matthias
Die Wasserführung auf der Geländeoberfläche – typische Streitpunkte zur Wasserbelastung im Sockelbereich und an Eingängen

**12**/23
Meyer-Ricks, Wolf D.
Landschaftsgärtnerische Planungen im Sockelbereich – Regeln, Problempunkte

**12**/30
Oswald, Rainer
Sockel-, Querschnitts- und Fußpunktabdichtungen in der neuen DIN 18533

**12**/35
Weißert, Markus
Sockelausbildung bei Putz und Wärmedämm-Verbundsystemen (verputzte Außenwärmedämmung)

**12**/50
Borsch-Laaks, Robert
Sockelausbildung bei Holzbauweisen – Abdichtung, Diffusionsprobleme, Dauerhaftigkeit

**12**/63
Karg, Gerhard
Schädlingsbefall und Kleintiere im Sockelbereich

**12**/71
Götz, Jürgen
Zur Effektivität und Wirtschaftlichkeit bei Gründungen von nicht unterkellerten Gebäuden ohne Frostschürzen

**12**/81
Oswald, Martin / Sous, Silke
Zur realistischen Berücksichtigung des Erdreichs bei der Wärmeschutzberechnung: Randzonen und Wärmebrücken

**12**/92
Fouad, Nabil A.
Lastabtragende Wärmedämmschichten – Einsatzbereiche und Anwendungsgrenzen

**12**/104
Oswald, Rainer
Schimmelpilz und kein Ende – Schimmelpilzsanierung
1. Beitrag: Sachstand zum DIN-Fachbericht 4108-8

**12**/107
Deitschun, Frank
2. Beitrag: Sachstand zur BVS-Richtlinie

**12**/112
Becker, Norbert
3. Beitrag: Sachstand zum DHBV-Merkblatt/ WTA-Merkblatt

**12**/117
Moriske, Heinz-Jörn / Szewzyk, Regine
4. Beitrag: Aktuelle Anforderungen des Umweltbundesamtes an die Sanierung und den Sanierer bei Schimmelpilzbefall

**12**/126
Liebert, Géraldine
Wichtige Neuerungen in Regelwerken – ein Überblick

**12**/137
Bosseler, Bert
Erfassung und Bewertung von Schäden an Hausanschluss- und Grundleitungen – Typische Schadensbilder und -ursachen, Inspektionstechniken, Wechselwirkungen

**12**/144
Ulonska, Dietmar
Lagesicherheit von Belägen im Außenbereich

---

**13**/1
Jansen, Günther
Besondere Anforderungen und Risiken für den Planer beim Bauen im Bestand

**13**/8
Maas, Anton
Auswirkung der künftigen Energieeinsparverordnung auf das Bauen im Bestand

**13**/16
Bleutge, Katharina
Zerstörende Untersuchungen durch den Bausachverständigen – Resümee zu einem langjährigen Juristenstreit

**13**/25
Zöller, Matthias
Risiken bei der Bestandsbeurteilung: Zum notwendigen Umfang von Voruntersuchungen

**13**/33
Tanner, Christoph
Sachgerechte Anwendung der Bauthermografie: Wie Thermogrammbeurteilungen nachvollziehbar werden

**13**/43
König, Norbert
Messtechnische Bestimmung des U-Wertes vor Ort

**13**/51
Walther, Wilfried
Typische Fehlerquellen bei der Luftdichtheitsmessung

**13**/56
Harazin, Holger
Erfahrungen beim Umgang mit einem Messgerät auf Mikrowellenbasis zur Feuchtebestimmung am Baustoff Porenbeton

**13**/64
Schürger, Uwe
Feuchtemessung zur Beurteilung eines Schimmelpilzrisikos, Bewertung erhöhter Feuchtegehalte

**13**/73
Patitz, Gabriele
Ultraschall- und Radaruntersuchungen: Praktikable Methoden für den Bausachverständigen?

**13**/87
Jäger, Wolfram
Typische konstruktive Schwachstellen bei Aufstockung und Umnutzung

**13**/101
Oswald, Rainer
Das aktuelle Thema: Wärmedämm-Verbundsysteme (WDVS) in der Diskussion
1. Beitrag: Einleitung

**13**/105
Buecher, Bodo
2. Beitrag: Ist das Überputzen und Überdämmen von WDVS zulässig?

**14**/114
Kodim, Corinna
3. Beitrag: Bei Wohngebäuden im Bestand ist mit Feuchtigkeit im Keller zu rechnen

**14**/121
Hartmann, Thomas
4. Beitrag: Lüften und Heizen im Untergeschoss

**14**/127
Moriske, Heinz-Jörn
5. Beitrag: Handlungsempfehlung zur mikrobiologischen Beurteilung von Feuchteschäden in Fußböden und Nebenräumen

**14**/133
Zöller, Matthias
6. Beitrag: Feuchteschutztechnische Maßnahmen und deren Bewertung im Altbau

**14**/140
Beyen, Kai
Qualitätsklassen bei Wärmedämm-Verbundsystemen

**14**/145
Rossa, Michael
Qualitätsunterschiede bei Fenstern: Welche Qualität ist geschuldet?

---

**15**/01
Liebheit, Uwe
Merkantiler Minderwert – auch nach einer Mängelbeseitigung?

**15**/20
Liebert, Géraldine
Wichtige Neuerungen in Regelwerken – ein Überblick

**15**/37
Moriske, Heinz-Jörn
Nutzungsabhängige Hygienestufen – neue Lösungsansätze zur Beurteilung von Schimmelschäden („Raumklassenkonzept" bei Schimmelbefall)

**15**/40
Zöller, Matthias
Die Zukunftsfähigkeit von Wärmedämmverbundsystemen

**15**/51
Lange, Michael
Wenn Fenster und Glasfassaden in die Jahre kommen

**15**/64
Urbanek, Dirk H.
Außen hui – Innen pfui?
Korrosionsschutz verdeckt liegender Fassadenteile, Bewährung hinterwässerter Fassaden, Fehlerquellen bei der Wasserführung

**15**/80
Wigger, Heinrich/Westermann, Carolin
Nachträgliche Hohlraumdämmung von zweischaligem Mauerwerk unter Berücksichtigung des Schlagregenschutzes

**15**/89
Pruß, Rainer
Immerwährende Bauruinen?
Desaster Großprojekte

**15**/101
Kehl, Daniel
Simulierte Wirklichkeit oder abgehobene Theorie? Aussagewert hygrothermischer Simulationen

**15**/109
Holm, Andreas
Entwicklung neuer Dämmstoffe – zukunftsweisende Innovation oder Sackgasse?

**15**/114
Zöller, Matthias
1. Beitrag: Einleitung

**15**/119
Herzberg, Heinz-Christian
2. Beitrag: Flachdachabdichtung DIN 18531, Ausgabe 2015/2016 – Was wird sich ändern?

**15**/123
Honsinger, Detlef J.
3. Beitrag: Abdichtung von erdberührten Bauteilen, DIN 18533

**15**/131
Klingelhöfer, Gerhard
4. Beitrag: Nassraumabdichtung, DIN 18534

**15**/139
Volland, Johannes
Bodenlose Probleme: Zur Schimmelpilz- und Tauwassergefahr bodentiefer Fensteranlagen

**15**/147
Dupp, Alexander
Schäden an Fenstern, Türen, Rollläden, Beschlägen: Montage und Einbruchhemmung

# Stichwortverzeichnis

(die fettgedruckte Ziffer kennzeichnet das Jahr; die zweite Ziffer die erste Seite des Aufsatzes)